"十三五"江苏省高等学校重点教材
（编号：2016-1-066）

高等职业

应用数学

下 册（第二版）

主编 朱 翔 傅小波 杨先伟
参编 王先婷 米倩倩 朱永强 吴吟吟 黄 飞
戴培培 汤菊萍 王 兰 刘宗宝 屈寅春

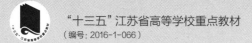

高等教育出版社·北京

内容简介

本书按照学以致用、够用为度的原则，从贴近专业、贴近应用、贴近学生的学习实际出发，由长期从事高等数学教学经验丰富的教师编写完成。本书根据高职教育教学的特点对高职院校数学知识体系进行梳理、重组和优化，强调基础，突出应用，重视素质培养。

每章开篇都以具体的应用性导例与本章核心内容相呼应，且在相关知识点后有对导例完整的解答；每章有对本章知识点的总结梳理、总复习题以及拓展阅读材料；将 MATLAB 的使用融入各章节的学习与运算中，为学生今后的工程实践做好准备。同时，本书对重要的知识点附上了微课视频，读者扫描二维码即可进行自主学习。

全书分上、下两册，下册包括拉普拉斯变换，级数，向量与空间解析几何，多元函数微分学，多元函数积分学，矩阵及其运算，线性方程组，特征值、特征向量及二次型，数值计算等内容。

本书适合高职高专各工科专业和经管类专业学生使用，也可作为成人教育或继续教育学院的教学用书，同时也适用于社会自学者。

图书在版编目(CIP)数据

应用数学.下册/朱翔,傅小波,杨先伟主编.--2版.--北京:高等教育出版社,2018.12（2022.8 重印）

ISBN 978-7-04-050962-5

Ⅰ.①应… Ⅱ.①朱… ②傅… ③杨… Ⅲ.①应用数学-高等职业教育-教材 Ⅳ.①O29

中国版本图书馆 CIP 数据核字(2018)第 258322 号

策划编辑 马玉珍　　责任编辑 马玉珍　　封面设计 张　楠　　版式设计 徐艳妮
插图绘制 于　博　　责任校对 吕红颖　　责任印制 存　怡

出版发行	高等教育出版社	网　　址	http://www.hep.edu.cn
社　　址	北京市西城区德外大街4号		http://www.hep.com.cn
邮政编码	100120	网上订购	http://www.hepmall.com.cn
印　　刷	唐山嘉德印刷有限公司		http://www.hepmall.com
开　　本	787mm×1092mm 1/16		http://www.hepmall.cn
印　　张	20.75	版　　次	2015年3月第1版
字　　数	460千字		2018年12月第2版
购书热线	010-58581118	印　　次	2022年8月第6次印刷
咨询电话	400-810-0598	定　　价	39.80元

物 料 号　50962-00

第二版前言

本书在第一版的基础上，根据近几年的教学改革实践，并结合当前高职教育教学现状和发展趋势进行了一次全面的修订。本次修订保留了原书注重贴近高职学生基础与认知规律、注重数学文化的渗透、注重数学应用与实践的特点，着重在以下几方面进行了修订。

(1) 进一步优化知识体系，对于重要的概念、方法加大篇幅，图文并茂，举一反三，让抽象概念形象化、具体化；对于繁琐、难懂、应用性不强的知识点进行删减。将原书中的线性代数部分进行了结构调整，强调矩阵，弱化行列式的运算，并把线性方程组的求解作为一条主线进行知识构建。

(2) 进一步完善教材各章节重要知识点的专业案例和应用实例，为项目化案例教学与课堂数学实践活动的开展提供更广泛的适用空间。每章章首都以具体的应用性导例与本章核心内容相呼应，且在相关知识点后有对导例完整的解答，这些导例有引起兴趣、点明重点的作用；引例以现实中的实际问题导入，改变直接讲授理论给学生带来的突然和不适；书中较多的例题具有实际背景，反映了数学的应用，并逐步引入数学建模的思想。

(3) 重视基础性。全书虽减少了大量的推导演绎过程，以突出结论、应用方法和实用性，但为了体现数学的严密性、方法性与逻辑性，教材对于重要的定理与性质仍然给出了较为详尽的推导过程，例如牛顿 - 莱布尼茨公式等。

(4) 将 MATLAB 的使用融入各章节的学习与运算中，为学生今后工程实践做好准备。部分应用性较强的知识点（极限、微分、定积分、微分方程、傅里叶级数、矩阵）单独设立应用单元。

(5) 进一步丰富课后习题，重点扩充应用题型部分，将数学应用能力的培养充分融入基础数学知识的学习。

(6) 建设立体化教材，将课程在线资源与教材有机融合，使学生的学习更便捷、高效。

全书分上、下两册，上册由无锡职业技术学院朱翔、刘宗宝、屈寅春任主编，下册由朱翔、傅小波、杨先伟任主编。朱永强、吴吟吟、王先婷、黄飞、米倩倩、戴培培、汤菊萍、王兰等老师参与了编写，并提供了大量案例素材。本书由战学秋教授主审，提出了许多宝贵意见和建议，在此表示感谢。

限于编者的水平，书中难免存在不足之处，敬请读者批评指正。

编　者

2018 年 4 月

第一版前言

本书是《应用数学》的下册部分。全书是在“系统改革高职课程体系”的大背景下，为了适应高职高专基础课的改革要求，抓好高职高专公共基础课的教材建设，体现现行高职高专公共基础课教学的基本要求，结合高等职业教育的现状和发展趋势而编写的。

本书编写中努力体现以下特点：

（1）进一步优化课程体系，降低理论要求，扩大知识容量，强调实际应用，从而体现创新教学体系。

（2）注重理论联系实际，由浅入深、由易到难，部分内容采用提出问题、分析问题、解决问题、最后总结出概念并推广的方式讲解，适合各类高职学校根据不同的教学要求实施分层次教学的需要。

（3）为了便于巩固应掌握的基础知识和引导应用，书中配有大量的例题，练习题和习题，每章末还附有复习题，书末有参考答案。

（4）内容叙述力求简明扼要，通俗易懂，深入浅出，富于启发性。

（5）注意培养学生的数学素质和应用意识，激发学生的学习兴趣；激发学生自主学习，进而提高学生的综合素质和创新能力。

本书由无锡职业技术学院朱翔、傅小波担任主编，田星主审。其中第一章由吴吟吟编写，第二章由米倩倩编写，第三、四章由刘宗宝、杨先伟编写，第五章由屈寅春编写，第六章由王先婷编写，第七、八章由毛珍玲、朱翔编写，第九章由傅小波编写，第十章由朱永强、黄飞编写。

由于时间仓促，编者水平有限，书中缺点和错误之处在所难免，恳请读者批评指正。

编　者

2014 年 12 月

目　录

第 7 章　拉普拉斯变换 ………… 1

§7.1　拉普拉斯变换的概念与性质 ……… 2

7.1.1　拉普拉斯变换的概念…… 2

7.1.2　拉普拉斯变换的性质…… 4

练习 7.1 ……… 9

习题 7.1 ……… 9

§7.2　拉氏变换的逆变换 ……… 10

练习 7.2 ……… 12

习题 7.2 ……… 12

§7.3　拉氏变换的 MATLAB 运算 ……… 13

练习 7.3 ……… 14

§7.4　拉氏变换应用举例 ……… 15

练习 7.4 ……… 18

习题 7.4 ……… 18

本章小结 ……… 19

复习题七 ……… 19

阅读材料　拉普拉斯 ……… 20

第 8 章　级数 ……… 21

§8.1　数项级数 ……… 22

8.1.1　数项级数及其敛散性 … 22

8.1.2　数项级数的基本性质 … 23

练习 8.1 ……… 25

习题 8.1 ……… 25

§8.2　数项级数的审敛法 ……… 26

8.2.1　正项级数及其审敛法 … 26

8.2.2　交错级数及莱布尼茨定理 ……… 29

8.2.3　级数的绝对收敛与条件收敛 ……… 30

练习 8.2 ……… 31

习题 8.2 ……… 32

§8.3　幂级数 ……… 33

8.3.1　函数项级数的概念 …… 33

8.3.2　幂级数及其收敛区间 ……… 33

8.3.3　幂级数的运算及性质 ……… 35

练习 8.3 ……… 37

习题 8.3 ……… 37

§8.4　函数的幂级数展开式 …… 38

8.4.1　泰勒(Tayler)级数与泰勒公式 ……… 38

8.4.2　将函数展开成幂级数的方法 ……… 39

练习 8.4 ……… 43

习题 8.4 ……… 43

§8.5　傅里叶级数及其应用 …… 44

8.5.1　三角级数 ……… 44

8.5.2　周期为 2π 的函数的傅里叶级数 ……… 45

8.5.3　周期为 $2l$ 的函数的傅里叶级数 ……… 48

8.5.4　函数的延拓 ……… 49

8.5.5　正弦展开或余弦展开 ……… 50

8.5.6　傅里叶级数的应用 …… 52

练习 8.5 …… 53
习题 8.5 …… 53
本章小结 …… 53
复习题八 …… 54
阅读材料 傅里叶及其主要贡献 …… 56

第 9 章 向量与空间解析几何 …… 59

§9.1 空间直角坐标系与空间向量 …… 60
9.1.1 空间直角坐标系的概念 …… 60
9.1.2 空间点的直角坐标 …… 60
9.1.3 向量的概念 …… 61
9.1.4 向量的线性运算 …… 62
9.1.5 向量的坐标表示 …… 64
9.1.6 利用坐标作向量的线性运算 …… 64
9.1.7 向量的模与两点间的距离公式 …… 65
练习 9.1 …… 66
习题 9.1 …… 66
§9.2 向量的数量积和向量积 …… 67
9.2.1 向量的数量积 …… 67
9.2.2 向量的向量积 …… 68
9.2.3 向量的关系及判断 …… 70
9.2.4 向量的方向余弦的坐标表示 …… 70
练习 9.2 …… 71
习题 9.2 …… 71
§9.3 空间平面与直线的方程 …… 73
9.3.1 平面方程 …… 73
9.3.2 直线方程 …… 75
9.3.3 线、面位置关系讨论 …… 79
练习 9.3 …… 82
习题 9.3 …… 83
§9.4 曲面与空间曲线及其方程 …… 85
9.4.1 曲面方程的概念 …… 85
9.4.2 空间曲线及其方程 …… 92
练习 9.4 …… 95
习题 9.4 …… 96
§9.5 MATLAB 三维作图 …… 97
9.5.1 三维曲线绘图 …… 97
9.5.2 空间曲面绘图 …… 100
练习 9.5 …… 105
本章小结 …… 106
复习题九 …… 107
阅读材料 解析几何 …… 108

第 10 章 多元函数微分学 …… 111

§10.1 多元函数的基本概念与偏导数 …… 112
10.1.1 邻域的概念 …… 112
10.1.2 多元函数的概念 …… 112
10.1.3 一阶偏导数的定义及其计算法 …… 114
10.1.4 高阶偏导数 …… 116
10.1.5 偏导数的 MATLAB 计算 …… 117
练习 10.1 …… 118
习题 10.1 …… 118
§10.2 全微分及其应用 …… 119
10.2.1 全微分的定义 …… 119
10.2.2 全微分在近似计算方面的应用 …… 120
练习 10.2 …… 121
习题 10.2 …… 121
§10.3 多元复合函数与隐函数的微分法 …… 123
10.3.1 多元复合函数的求导法则 …… 123
10.3.2 二元隐函数的求导公式 …… 125
练习 10.3 …… 125

习题 10.3 …… 126
§10.4 偏导数的几何应用 …… 127
10.4.1 方向导数 …… 127
10.4.2 空间曲线的切线和法平面 …… 128
10.4.3 曲面的切平面和法线 …… 129
练习 10.4 …… 130
习题 10.4 …… 131
§10.5 多元函数的极值和最值 …… 132
10.5.1 二元函数的极值 …… 132
10.5.2 多元函数的最值 …… 133
10.5.3 二元函数的条件极值 …… 135
练习 10.5 …… 137
习题 10.5 …… 137
本章小结 …… 138
复习题十 …… 138
阅读材料 最小二乘法 …… 140
第 11 章 多元函数积分学 …… 143
§11.1 二重积分的概念与性质 …… 144
11.1.1 两个引例 …… 144
11.1.2 二重积分的概念 …… 145
11.1.3 二重积分的性质 …… 146
练习 11.1 …… 147
习题 11.1 …… 147
§11.2 二重积分的计算方法 …… 149
11.2.1 利用直角坐标系计算二重积分 …… 149
11.2.2 利用极坐标计算二重积分 …… 153
11.2.3 二重积分的 MATLAB 计算 …… 155
练习 11.2 …… 157
习题 11.2 …… 157
§11.3 二重积分的应用 …… 158
11.3.1 曲面的面积 …… 158
*11.3.2 物理应用 …… 160
练习 11.3 …… 163
习题 11.3 …… 163
本章小结 …… 164
复习题十一 …… 165
阅读材料 多元微积分学 …… 166
第 12 章 矩阵及其运算 …… 169
§12.1 矩阵的概念 …… 170
12.1.1 矩阵的定义 …… 170
12.1.2 几种特殊的矩阵 …… 171
练习 12.1 …… 173
习题 12.1 …… 173
§12.2 矩阵的运算 …… 174
12.2.1 矩阵的线性运算 …… 174
12.2.2 矩阵的乘法 …… 176
12.2.3 矩阵的转置 …… 178
12.2.4 矩阵的应用 …… 179
练习 12.2 …… 181
习题 12.2 …… 182
§12.3 方阵的行列式 …… 183
12.3.1 n 阶行列式 …… 183
12.3.2 行列式的性质 …… 185
12.3.3 行列式的计算 …… 186
12.3.4 行列式的应用 …… 187
练习 12.3 …… 189
习题 12.3 …… 190
§12.4 方阵的逆矩阵 …… 191
12.4.1 逆矩阵的概念 …… 191
12.4.2 逆矩阵的存在性 …… 191
练习 12.4 …… 193
习题 12.4 …… 193
§12.5 矩阵运算的 MATLAB 操作 …… 194
12.5.1 矩阵的创建 …… 194
12.5.2 矩阵及其元素的修改 …… 196

12.5.3 矩阵的加减、数乘、转置、乘法运算 …… 198
12.5.4 矩阵的逆矩阵 ……… 199
12.5.5 行列式的运算 ……… 200
练习 12.5 …… 200
§12.6 应用实例 …… 202
12.6.1 本章导例的求解 …… 202
12.6.2 应用实例:网络的矩阵分割和连接 …… 203
本章小结 …… 205
复习题十二 …… 205
阅读材料 行列式 …… 207

第 13 章 线性方程组 …… 209

§13.1 高斯消元法与矩阵的初等行变换 …… 211
13.1.1 高斯消元法与行阶梯形方程组 …… 211
13.1.2 矩阵的初等行变换 … 212
练习 13.1 …… 215
习题 13.1 …… 216
§13.2 线性方程组解的判定 …… 217
13.2.1 矩阵的秩 …… 217
13.2.2 线性方程组解的判定 …… 217
练习 13.2 …… 221
习题 13.2 …… 221
§13.3 *n* 维向量 …… 223
13.3.1 *n* 维向量的概念 …… 223
13.3.2 线性组合和线性表示 …… 224
13.3.3 线性相关性 …… 225
13.3.4 向量组的秩 …… 227
练习 13.3 …… 228
习题 13.3 …… 228
§13.4 线性方程组解的结构 …… 230
13.4.1 齐次线性方程组解的结构 …… 230
13.4.2 非齐次线性方程组解的结构 …… 232
练习 13.4 …… 233
习题 13.4 …… 234
§13.5 MATLAB 实验 …… 235
13.5.1 矩阵化为行最简形的运算 …… 235
13.5.2 矩阵的秩 …… 235
13.5.3 向量组的线性相关性判别 …… 235
13.5.4 线性方程组的求解 …… 236
练习 13.5 …… 238
§13.6 应用实例 …… 239
13.6.1 减肥配方的实现 …… 239
13.6.2 交通流量的分析 …… 239
本章小结 …… 240
复习题十三 …… 241
阅读材料 线性方程组 …… 243

第 14 章 特征值、特征向量及二次型 …… 245

§14.1 特征值和特征向量 …… 247
14.1.1 特征值与特征向量的概念 …… 247
14.1.2 特征值与特征向量的求法 …… 247
14.1.3 有关特征值和特征向量的几个重要结论 …… 250
练习 14.1 …… 250
习题 14.1 …… 250
§14.2 相似矩阵与对角化 …… 251
14.2.1 相似矩阵的概念和性质 …… 251
14.2.2 矩阵的相似对角化 … 252
14.2.3 特征值、特征向量、相似对角化的

MATLAB 求解 ········ 254
练习 14.2 ······················ 255
习题 14.2 ······················ 255
§14.3 二次型及其标准形 ······ 256
14.3.1 二次型的概念及其矩阵表示 ·············· 256
14.3.2 用配方法化二次型为标准形 ·············· 258
14.3.3 正定二次型 ············ 259
练习 14.3 ······················ 261
习题 14.3 ······················ 262
§14.4 应用实例 ················· 263
14.4.1 本章导例的求解 ······ 263
14.4.2 二次型判别多元函数的极值问题 ······ 263
本章小结 ···························· 264
复习题十四 ························· 265
阅读材料 二次型发展简介 ······ 266

第 15 章 数值计算 ················ 269

§15.1 误差的基本概念 ········ 271
15.1.1 误差的来源与分类 ···················· 271
15.1.2 绝对误差 ·············· 272
15.1.3 相对误差 ·············· 272
15.1.4 有效数字 ·············· 273
练习 15.1 ······················ 274
习题 15.1 ······················ 275
§15.2 非线性方程的数值解法 ······················ 276
15.2.1 方程的根的隔离 ······ 276
15.2.2 二分法 ················· 277
15.2.3 迭代法 ················· 280
15.2.4 牛顿法(切线法) ······ 283
15.2.5 弦截法 ················· 285
练习 15.2 ······················ 288
习题 15.2 ······················ 288
§15.3 线性方程组的数值解法 ······················ 290
15.3.1 高斯消去法 ··········· 290
15.3.2 主元消去法 ··········· 292
练习 15.3 ······················ 295
习题 15.3 ······················ 295
§15.4 数据插值 ················· 296
15.4.1 线性插值与抛物线插值 ···················· 296
15.4.2 拉格朗日插值多项式 ················ 298
15.4.3 拉格朗日插值多项式 MATLAB 求解 ···················· 300
15.4.4 分段插值 ············· 301
练习 15.4 ······················ 302
习题 15.4 ······················ 302
§15.5 最小二乘拟合 ··········· 304
15.5.1 最小二乘拟合 ········ 304
15.5.2 最小二乘拟合 MATLAB 求解 ········ 306
练习 15.5 ······················ 308
习题 15.5 ······················ 308
§15.6 数值积分 ················ 309
15.6.1 数值积分的基本思想 ···················· 309
15.6.2 牛顿-科茨(Newton-Cotes)求积公式 ······ 309
15.6.3 复合梯形求积公式 ··· 310
15.6.4 辛普森公式(抛物线公式) ················ 312
练习 15.6 ······················ 313
习题 15.6 ······················ 313
本章小结 ···························· 314
复习题十五 ························· 315
阅读材料 计算数学发展史 ······ 316

参考文献 ···························· 319

第 7 章　拉普拉斯变换

在数学中，为了把复杂的计算转化为较简单的计算，一般采用对问题进行数学变换的方法. 拉普拉斯变换（简称拉氏变换）就是其中的一种方法. 拉氏变换是分析、求解微分方程的常用方法. 由于它既能简化计算，又具有特殊的物理意义，所以在工程技术上有着广泛的应用. 本章将扼要介绍拉氏变换的基本概念、运算性质、拉氏逆变换及拉氏变换的简单应用.

【导例】 单位脉冲电路问题

如下图 7－1 所示并联电路中，外加电流为单位脉冲函数 $\delta(t)$ 的电流源，电容 C 上初始电压为零，求电路中的电压函数 $U(t)$.

拉氏变换广泛应用于电子电路相关问题的分析研究. 根据电子电路的原理建立起微分方程后，利用拉氏变换可以高效地变换求解. 学习完本章知识后，我们再具体研究上述单位脉冲电路问题.

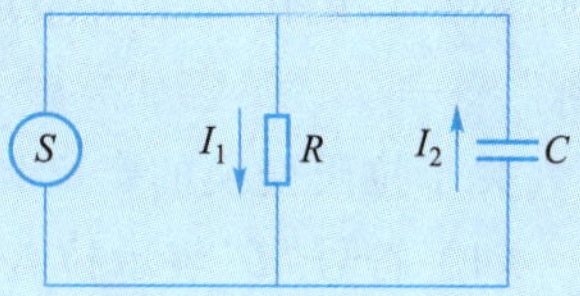

图 7－1

§7.1　拉普拉斯变换的概念与性质

7.1.1　拉普拉斯变换的概念

定义 1　设函数 $f(t)$ 的定义域为 $[0,+\infty)$，若广义积分

$$\int_0^{+\infty} f(t)\mathrm{e}^{-pt}\mathrm{d}t$$

在 p 的某一取值范围内收敛，则由此积分确定了一个关于 p 的函数，记作 $F(p)$，即

$$F(p)=\int_0^{+\infty} f(t)\mathrm{e}^{-pt}\mathrm{d}t. \tag{7-1}$$

拉普拉斯变换

江苏建筑职业技术学院—刘东方

函数 $F(p)$ 称为 $f(t)$ 的**拉普拉斯(Laplace)变换**，简称**拉氏变换**. 公式 7－1 称为函数 $f(t)$ 的拉氏变换式，用记号 $L[f(t)]$ 表示，即

$$F(p)=L[f(t)].$$

若 $F(p)$ 是 $f(t)$ 的拉氏变换(也称像函数)，则 $f(t)$ 称为 $F(p)$ 的**拉氏逆变换**(也称像原函数)，记作 $L^{-1}[F(p)]$，即

$$f(t)=L^{-1}[F(p)].$$

关于拉氏变换的定义，在这作以下说明：

(1) 符号"L"表示拉普拉斯变换，这是一种运算符号，L 作用于 $f(t)$ 时，便得出函数 $F(p)$.

(2) 求 $f(t)$ 的拉氏变换，就是通过广义积分 $F(p)=\int_0^{+\infty} f(t)\mathrm{e}^{-pt}\mathrm{d}t$，把 $f(t)$ 转化为 $F(p)$ 的过程.

(3) 在定义中，只要求 $f(t)$ 在 $t\geqslant 0$ 时有定义，为了研究拉氏变换性质的方便，以后总假定：当 $t<0$ 时，$f(t)\equiv 0$.

(4) 在较广泛的研究中，拉氏变换式中的参数 p 可在复数范围内取值，为计算方便，本章只限定 p 为实数.

例 1　求单位阶梯函数 $u(t)=\begin{cases}0, & t<0,\\ 1, & t\geqslant 0\end{cases}$ 的拉氏变换.

解　由拉普拉斯变换的定义，知

$$L[u(t)]=\int_0^{+\infty}\mathrm{e}^{-pt}\mathrm{d}t=\frac{1}{p}\quad(p>0),$$

即这个积分在 $p>0$ 时收敛，

所以

$$L[u(t)]=\frac{1}{p}\quad(p>0).$$

例 2　求指数函数 $f(t)=\mathrm{e}^{at}$ ($t\geqslant 0$，a 是常数)的拉氏变换.

解　根据公式 7－1，有

$$L[\mathrm{e}^{at}]=\int_0^{+\infty}\mathrm{e}^{at}\mathrm{e}^{-pt}\mathrm{d}t=\int_0^{+\infty}\mathrm{e}^{-(p-a)t}\mathrm{d}t=\frac{1}{p-a}\quad(p>a).$$

例 3　求一次函数 $f(t)=at(t\geqslant 0, a$ 为常数)的拉氏变换.

解　根据公式 7－1,有

$$L[at]=\int_0^{+\infty} at\mathrm{e}^{-pt}\mathrm{d}t=-\frac{a}{p}\int_0^{+\infty} t\mathrm{d}(\mathrm{e}^{-pt})$$

$$=-\left[\frac{at}{p}\mathrm{e}^{-pt}\right]_0^{+\infty}+\frac{a}{p}\int_0^{+\infty}\mathrm{e}^{-pt}\mathrm{d}t.$$

根据洛必达法则,计算可得

$$\lim_{t\to+\infty}\left(-\frac{at}{p}\mathrm{e}^{-pt}\right)=-\lim_{t\to+\infty}\frac{at}{p\mathrm{e}^{pt}}=-\lim_{t\to+\infty}\frac{a}{p^2\mathrm{e}^{pt}}.$$

当 $p>0$ 时,上述极限为 0,即

$$\lim_{t\to+\infty}\left(-\frac{at}{p}\mathrm{e}^{-pt}\right)=0.$$

所以

$$L[at]=\frac{a}{p}\int_0^{+\infty}\mathrm{e}^{-pt}\mathrm{d}t=-\left[\frac{a}{p^2}\mathrm{e}^{-pt}\right]_0^{+\infty}=\frac{a}{p^2}\quad(p>0).$$

例 4　求正弦函数 $f(t)=\sin\omega t(t>0)$的拉氏变换.

解

$$L[\sin\omega t]=\int_0^{+\infty}\sin\omega t\mathrm{e}^{-pt}\mathrm{d}t$$

$$=\left[-\frac{1}{p^2+\omega^2}\mathrm{e}^{-pt}(p\sin\omega t+\omega\cos\omega t)\right]_0^{+\infty}$$

$$=\frac{\omega}{p^2+\omega^2}\quad(p>0).$$

用同样的方法可求得

$$L[\cos\omega t]=\frac{p}{p^2+\omega^2}\quad(p>0).$$

在许多实际问题中,常常会遇到一种在极短时间内集中作用的量,如瞬时冲击力、单位脉冲电流等,这种瞬间作用的量不能用通常的函数去描述,需要用到工程技术中常见的一种函数——狄拉克函数. 下面我们给出狄拉克函数的定义及其拉氏变换.

首先,设函数 $\delta_\tau(t)=\begin{cases}0, & t<0,\\ \dfrac{1}{\tau}, & 0\leqslant t\leqslant\tau,\\ 0, & \tau<t,\end{cases}$ 其中 τ 是很小的正数. 称 $\tau\to 0$ 时,$\delta_\tau(t)$的极限 $\delta(t)=\lim\limits_{\tau\to 0}\delta_\tau(t)$为**狄拉克(Dirac)函数**,简称 δ－函数.

狄拉克函数的特点是:当 $t\neq 0$ 时,$\delta(t)=0$;当 $t=0$ 时,$\delta(t)$的值为无穷大,即

$$\delta(t)=\begin{cases}0, & t\neq 0,\\ \infty, & t=0.\end{cases}$$

$\delta_\tau(t)$和 $\delta(t)$的图形如图 7－2 与图 7－3 所示.

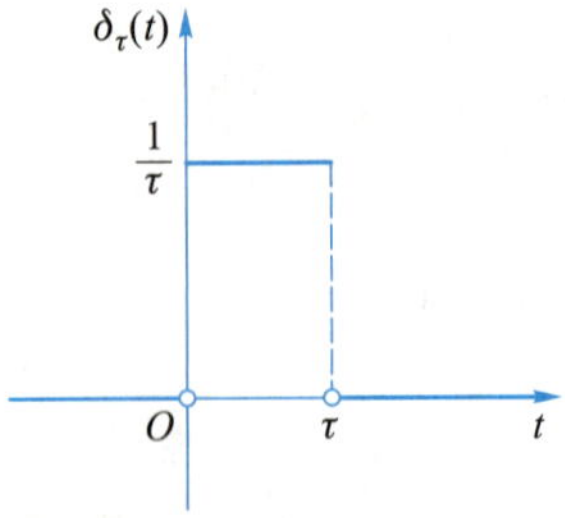

图 7-2

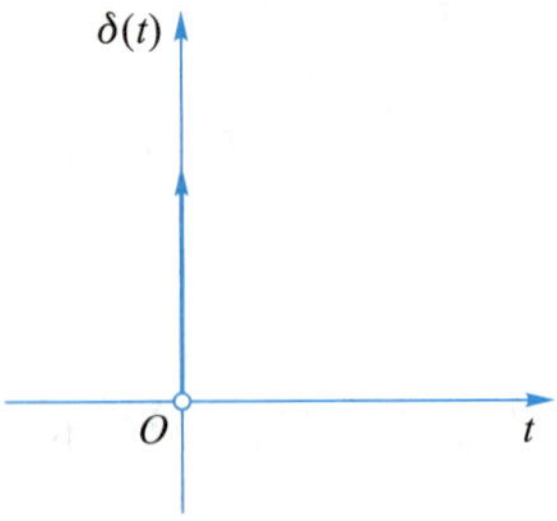

图 7-3

显然，对任何 $\tau>0$，有 $\int_{-\infty}^{+\infty}\delta_\tau(t)\,\mathrm{d}t=\int_0^\tau\frac{1}{\tau}\mathrm{d}t=1$，所以规定

$$\int_{-\infty}^{+\infty}\delta(t)\,\mathrm{d}t=1.$$

工程技术中常将 $\delta(t)$ 叫做单位脉冲函数.

例 5 求狄拉克函数 $\delta(t)$ 的拉氏变换.

解 先对 $\delta_\tau(t)$ 作拉氏变换

$$L[\delta_\tau(t)]=\int_0^{+\infty}\delta_\tau(t)\mathrm{e}^{-pt}\mathrm{d}t=\int_0^\tau\frac{1}{\tau}\mathrm{e}^{-pt}\mathrm{d}t=\frac{1}{\tau p}(1-\mathrm{e}^{-\tau p}),$$

则 $\delta(t)$ 的拉氏变换为

$$L[\delta(t)]=\lim_{\tau\to0}L[\delta_\tau(t)]=\lim_{\tau\to0}\frac{1-\mathrm{e}^{-\tau p}}{\tau p},$$

由洛必达法则计算可得

$$\lim_{\tau\to0}\frac{1-\mathrm{e}^{-p\tau}}{p\tau}=\lim_{\tau\to0}\frac{p\mathrm{e}^{-p\tau}}{p}=1,$$

所以

$$L[\delta(t)]=1.$$

7.1.2 拉普拉斯变换的性质

下面介绍拉氏变换的主要性质，利用这些性质可以快速准确地求一些较为复杂的函数的拉氏变换.

性质 1（线性性质） 若 a_1、a_2 是常数，且

$$L[f_1(t)]=F_1(p),\quad L[f_2(t)]=F_2(p),$$

则

$$\begin{aligned}L[a_1f_1(t)+a_2f_2(t)]&=a_1L[f_1(t)]+a_2L[f_2(t)]\\&=a_1F_1(p)+a_2F_2(p).\end{aligned}\tag{7-2}$$

性质 1 表明，函数的线性组合的拉氏变换等于各函数的拉氏变换的线性组合. 该性质可以推广到有限个函数的线性组合的情形.

例 6 求函数 $f(t)=\frac{1}{a}(1-\mathrm{e}^{-at})$ 的拉氏变换.

解 由性质 1 知

$$L\left[\frac{1}{a}(1-e^{-at})\right]=\frac{1}{a}L[1-e^{-at}]$$
$$=\frac{1}{a}\{L[1]-L[e^{-at}]\}$$
$$=\frac{1}{a}\left[\frac{1}{p}-\frac{1}{p+a}\right]=\frac{1}{p(p+a)}.$$

性质 2(平移性质) 若 $L[f(t)]=F(p)$,则

$$L[e^{at}f(t)]=F(p-a). \tag{7-3}$$

性质 2 表明,像原函数乘以 e^{at},等于其像函数作位移 a,因此这个性质称为平移性质.

例 7 求 $L[e^{-at}\sin\omega t]$.

解 已知

$$L[\sin\omega t]=\frac{\omega}{p^2+\omega^2},$$

因此,根据平移性质有

$$L[e^{-at}\sin\omega t]=\frac{\omega}{(p+a)^2+\omega^2}.$$

同样也可得

$$L[e^{-at}\cos\omega t]=\frac{p+a}{(p+a)^2+\omega^2}.$$

性质 3(延滞性质) 若 $L[f(t)]=F(p)$,则

$$L[f(t-a)]=e^{-ap}F(p)\quad(a>0). \tag{7-4}$$

在该性质中,函数 $f(t-a)$ 表示函数 $f(t)$ 在时间上滞后了 a 个单位,所以这个性质称为延滞性质,如图 7-4 所示.

例 8 求函数 $u(t-a)=\begin{cases}0, & t<a,\\ 1, & t\geqslant a\end{cases}$ 的拉氏变换.

解 由 $L[u(t)]=\dfrac{1}{p}$ 及性质 3 得

$$L[u(t-a)]=e^{-ap}\frac{1}{p}.$$

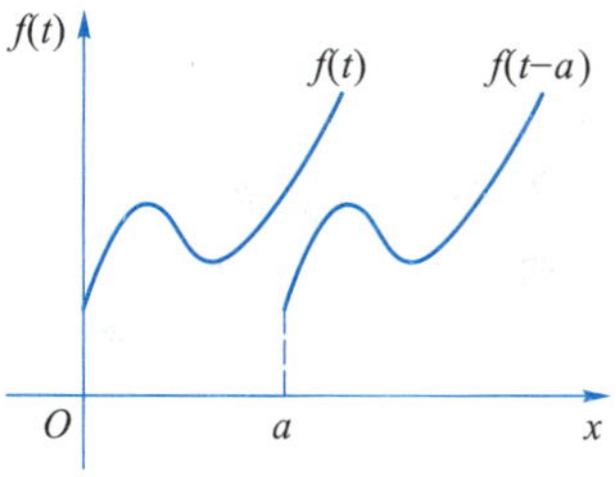

图 7-4

在实际应用中,为了突出"滞后"这一特点,常在 $f(t-a)$ 这个函数上再乘以 $u(t-a)$,所以延滞性质也常表示为

$$L[u(t-a)f(t-a)]=e^{-ap}F(p). \tag{7-5}$$

性质 4(微分性质) 若 $L[f(t)]=F(p)$,并设 $f(t)$ 在 $[0,+\infty)$ 上连续,$f'(t)$ 为分段连续函数,则

$$L[f'(t)]=pF(p)-f(0). \tag{7-6}$$

微分性质表明:一个函数求导后取拉氏变换,等于这个函数的拉氏变换乘以参数 p,再减去该函数的初始值.

类似地,在相应条件成立时,可以推得二阶导数以及高阶导数的拉氏变换公式:

$$\begin{aligned}L[f''(t)] &= pL[f'(t)] - f'(0)\\ &= p\{pL[f(t)] - f(0)\} - f'(0)\\ &= p^2F(p) - [pf(0) + f'(0)],\end{aligned}$$

用同样的方法可以求得

$$L[f'''(t)] = p^3F(p) - [p^2f(0) + pf'(0) + f''(0)],$$

一般地,可得

$$L[f^{(n)}(t)] = p^nF(p) - [p^{n-1}f(0) + p^{n-2}f'(0) + \cdots + f^{(n-1)}(0)]. \quad (7-7)$$

特别地,若 $f(0) = f'(0) = \cdots = f^{(n-1)}(0) = 0$,则

$$L[f^{(n)}(t)] = p^nF(p). \quad (n = 1,2,\cdots) \quad (7-8)$$

利用这个性质,可将函数的微分运算化为代数运算.这是拉氏变换的一个重要特点.

例9 利用微分性质求 $L[\sin \omega t]$.

解 设 $f(t) = \sin \omega t$,则

$$f(0) = 0,\quad f'(t) = \omega\cos \omega t,\quad f'(0) = \omega,\quad f''(t) = -\omega^2\sin \omega t.$$

由微分性质得

$$\begin{aligned}L[f''(t)] = L[-\omega^2\sin \omega t] &= p^2L[f(t)] - [pf(0) + f'(0)]\\ &= p^2L[\sin \omega t] - \omega,\end{aligned}$$

即

$$-\omega^2L[\sin \omega t] = p^2L[\sin \omega t] - \omega,$$

移项并化简,得

$$L[\sin \omega t] = \frac{\omega}{p^2 + \omega^2},$$

同理可得

$$L[\cos \omega t] = \frac{p}{p^2 + \omega^2}.$$

例10 利用微分性质,求 $f(t) = t^n$ 的拉氏变换,其中 n 是正整数.

解 $f(t) = t^n$,则

$$f'(t) = nt^{n-1},\ f''(t) = n(n-1)t^{n-2},\cdots,\ f^{(n)}(t) = n!,$$

则

$$f(0) = f'(0) = \cdots = f^{(n-1)}(0) = 0.$$

所以

$$L[f^{(n)}(t)] = p^nL[f(t)].$$

又因为

$$L[n!] = n!\cdot L[1] = \frac{n!}{p},$$

所以

$$L[f(t)] = L(t^n) = \frac{n!}{p\cdot p^n} = \frac{n!}{p^{n+1}}.$$

性质5(积分性质) 若 $L[f(t)]=F(p)$,且 $f(t)$ 在 $[0,+\infty)$ 上连续,则

$$L\left[\int_0^t f(x)\mathrm{d}x\right]=\frac{F(p)}{p}. \tag{7-9}$$

积分性质表明:一个函数积分后再取拉氏变换,等于这个函数的像函数除以参数 p.

拉氏变换除了上述五个主要性质外,根据拉氏变换的定义,还可得到下列性质.

性质6 若 $L[f(t)]=F(p)$,则当 $a>0$ 时,有

$$L[f(at)]=\frac{1}{a}F\left(\frac{p}{a}\right). \tag{7-10}$$

性质7 若 $L[f(t)]=F(p)$,则

$$L[t^n f(t)]=(-1)^n F^{(n)}(p). \tag{7-11}$$

性质8 若 $L[f(t)]=F(p)$,且 $\lim\limits_{t\to 0}\dfrac{f(t)}{t}$ 存在,则

$$L\left[\frac{f(t)}{t}\right]=\int_p^{+\infty}F(p)\mathrm{d}p. \tag{7-12}$$

例11 求 $L\left[\dfrac{\sin t}{t}\right]$.

解 因为 $L[\sin t]=\dfrac{1}{p^2+1}$,且 $\lim\limits_{t\to 0}\dfrac{\sin t}{t}=1$,所以,由公式 7-12,得

$$L\left[\frac{\sin t}{t}\right]=\int_p^{+\infty}\frac{1}{p^2+1}\mathrm{d}p=\arctan p\Big|_p^{+\infty}=\frac{\pi}{2}-\arctan p.$$

根据例11的结果,可推得一个广义积分值:

因为

$$L\left[\frac{\sin t}{t}\right]=\frac{\pi}{2}-\arctan p,$$

即

$$\int_0^{+\infty}\frac{\sin t}{t}\mathrm{e}^{-pt}\mathrm{d}t=\frac{\pi}{2}-\arctan p.$$

因此,当 $p=0$ 时,得到广义积分的值

$$\int_0^{+\infty}\frac{\sin t}{t}\mathrm{d}t=\frac{\pi}{2}.$$

这个结果用原来的广义积分的计算方法是得不到的.

为应用方便,把常用拉氏变换的性质和常用函数的拉氏变换公式列成表 7-1 和表 7-2 如下,以备查用.

表 7-1

序号	$L[f(t)]=F(p)$
1	$L[a_1f_1(t)+a_2f_2(t)]=a_1L[f_1(t)]+a_2L[f_2(t)]$
2	$L[\mathrm{e}^{at}f(t)]=F(p-a)$
3	$L[f(t-a)u(t-a)]=\mathrm{e}^{-ap}F(p)\quad(a>0)$

续表

序号	$L[f(t)]=F(p)$
4	$L[f'(t)]=pF(p)-f(0)$ $L[f^{(n)}(t)]=p^nF(p)-[p^{n-1}f(0)+p^{n-2}f'(0)]+\cdots+f^{(n-1)}(0)]$
5	$L\left[\int_0^t f(x)\mathrm{d}x\right]=\dfrac{F(p)}{p}$
6	$L[f(at)]=\dfrac{1}{a}F\left(\dfrac{p}{a}\right)\quad(a>0)$
7	$L[t^nf(t)]=(-1)^nF^{(n)}(p)$
8	$L\left[\dfrac{f(t)}{t}\right]=\int_p^{+\infty}F(p)\mathrm{d}p$

表 7－2

序号	$f(t)$	$F(p)$
1	$\delta(t)$	1
2	$u(t)$	$\dfrac{1}{p}$
3	t	$\dfrac{1}{p^2}$
4	$t^n(n=1,2,3,\cdots)$	$\dfrac{n!}{p^{n+1}}$
5	e^{at}	$\dfrac{1}{p-a}$
6	$1-\mathrm{e}^{-at}$	$\dfrac{a}{p(p+a)}$
7	$t\mathrm{e}^{at}$	$\dfrac{1}{(p-a)^2}$
8	$t^n\mathrm{e}^{at}(n=1,2,3,\cdots)$	$\dfrac{n!}{(p-a)^{n+1}}$
9	$\sin\omega t$	$\dfrac{\omega}{p^2+\omega^2}$
10	$\cos\omega t$	$\dfrac{p}{p^2+\omega^2}$
11	$\sin(\omega t+\varphi)$	$\dfrac{p\sin\varphi+\omega\cos\varphi}{p^2+\omega^2}$
12	$\cos(\omega t+\varphi)$	$\dfrac{p\cos\varphi-\omega\sin\varphi}{p^2+\omega^2}$

续表

序号	$f(t)$	$F(p)$
13	$t\sin\omega t$	$\dfrac{2\omega p}{(p^2+\omega^2)^2}$
14	$t\cos\omega t$	$\dfrac{p^2-\omega^2}{(p^2+\omega^2)^2}$
15	$e^{-at}\sin\omega t$	$\dfrac{\omega}{(p+a)^2+\omega^2}$
16	$e^{-at}\cos\omega t$	$\dfrac{p+a}{(p+a)^2+\omega^2}$
17	$\sin\omega t-\omega t\cos\omega t$	$\dfrac{2\omega^3}{(p^2+\omega^2)^2}$
18	$\dfrac{1}{a^2}(1-\cos at)$	$\dfrac{1}{p(p^2+a^2)}$
19	$e^{at}-e^{bt}$	$\dfrac{a-b}{(p-a)(p-b)}$
20	$2\sqrt{\dfrac{t}{\pi}}$	$\dfrac{1}{p\sqrt{p}}$
21	$\dfrac{1}{\sqrt{\pi t}}$	$\dfrac{1}{\sqrt{p}}$

练习 7.1

1. 应用拉氏变换的条件是什么？定义中对广义积分的收敛讨论是针对哪个函数？
2. 画图说明拉氏变换的平移性质.
3. 求下列函数的拉氏变换.

(1) $3t$； (2) $u(t)=\begin{cases}0, & t<0,\\ 3, & t\geqslant 0;\end{cases}$

(3) $2\sin 2t+3\cos 2t$； (4) $e^{3t}\cos 2t$.

习题 7.1

1. 求下列函数的拉氏变换.

(1) $3e^{-4t}$； (2) t^2+6t-3；

(3) $5\sin 2t-3\cos 2t$； (4) $\sin 2t\cos 2t$；

(5) $1+te^t$； (6) $e^{3t}\sin 4t$.

2. 对下列各函数验证拉氏变换的微分性质：

$$L[f'(t)]=pL[f(t)]-f(0).$$

(1) $f(t)=3e^{2t}$； (2) $f(t)=\cos 5t$；

(3) $f(t)=t^2+2t-4$.

3. 设 $f(t)=t\sin at$，

(1) 验证：$f''(t)+a^2f(t)=2a\cos at$；

(2) 利用(1)及拉氏变换的微分性质，求 $L[f(t)]$.

§7.2　拉氏变换的逆变换

前面我们主要讨论了由已知函数 $f(t)$ 求它的像函数 $F(p)$ 的问题. 现在我们要讨论拉氏逆变换，即由像函数 $F(p)$ 求它的像原函数 $f(t)$. 对于常用的像函数 $F(p)$ 可以直接从拉氏变换表中查找. 应注意的是，在用拉氏变换表求逆变换时，要结合使用拉氏变换的性质. 为此，在这里把常用拉氏变换的性质用逆变换形式列出如下.

性质 1（线性性质）

$$L^{-1}[a_1F_1(p)+a_2F_2(p)]$$
$$=a_1L^{-1}[F_1(p)]+a_2L^{-1}[F_2(p)]=a_1f_1(t)+a_2f_2(t)\quad (a_1,a_2\text{ 是常数}).$$

拉普拉斯逆变换

江苏建筑职业技术学院—刘东方

性质 2（平移性质）

$$L^{-1}[F(p-a)]=e^{at}L^{-1}[F(p)]=e^{at}f(t).$$

性质 3（延滞性质）

$$L^{-1}[e^{-ap}F(p)]=f(t-a)u(t-a).$$

例 1　求下列像函数的逆变换.

(1) $F(p)=\dfrac{1}{p+3}$;　　(2) $F(p)=\dfrac{1}{(p-2)^3}$;

(3) $F(p)=\dfrac{2p-5}{p^2}$;　　(4) $F(p)=\dfrac{4p-3}{p^2+4}$.

解　(1) 将 $a=-3$ 代入表 7－2 中(5)，得 $f(t)=L^{-1}\left[\dfrac{1}{p+3}\right]=e^{-3t}$;

(2) 由性质 2 及表 7－2 中(8)得

$$f(t)=L^{-1}\left[\frac{1}{(p-2)^3}\right]=e^{2t}L^{-1}\left[\frac{1}{p^3}\right].$$
$$=\frac{e^{2t}}{2}L^{-1}\left[\frac{2!}{p^3}\right]=\frac{1}{2}t^2e^{2t};$$

(3) 由性质 1 及表 7－2 中(2)、(3)，得

$$f(t)=L^{-1}\left[\frac{2p-5}{p^2}\right]=2L^{-1}\left[\frac{1}{p}\right]-5L^{-1}\left[\frac{1}{p^2}\right]=2-5t;$$

(4) 由性质 1 及表 7－2(9)、(10)，得

$$f(t)=L^{-1}\left[\frac{4p-3}{p^2+4}\right]=4L^{-1}\left[\frac{p}{p^2+4}\right]-\frac{3}{2}L^{-1}\left[\frac{2}{p^2+4}\right]$$
$$=4\cos 2t-\frac{3}{2}\sin 2t.$$

例 2　求 $F(p)=\dfrac{2p+3}{p^2-2p+5}$ 的逆变换.

解　$f(t)=L^{-1}\left[\dfrac{2p+3}{p^2-2p+5}\right]=L^{-1}\left[\dfrac{2(p-1)+5}{(p-1)^2+4}\right]$

$$=2L^{-1}\left[\frac{p-1}{(p-1)^2+4}\right]+\frac{5}{2}L^{-1}\left[\frac{2}{(p-1)^2+4}\right]$$

$$=2e^{t}L^{-1}\left[\frac{p}{p^{2}+4}\right]+\frac{5}{2}e^{t}L^{-1}\left[\frac{2}{p^{2}+4}\right]$$

$$=2e^{t}\cos 2t+\frac{5}{2}e^{t}\sin 2t$$

$$=e^{t}\left(2\cos 2t+\frac{5}{2}\sin 2t\right).$$

在运用拉氏变换解决工程技术中的应用问题时，通常遇到的像函数是有理分式，对于有理分式一般可采用部分分式方法将它分解为较简单的分式之和，然后再利用拉氏变换表求出像原函数.

例 3 求 $F(p)=\dfrac{p+9}{p^{2}+5p+6}$ 的逆变换.

解 先将 $F(p)$ 分解为两个最简分式之和

$$\frac{p+9}{p^{2}+5p+6}=\frac{p+9}{(p+2)(p+3)}=\frac{A}{p+2}+\frac{B}{p+3},$$

用待定系数法求得 $A=7,B=-6$，所以

$$\frac{p+9}{p^{2}+5p+6}=\frac{7}{p+2}-\frac{6}{p+3}$$

于是

$$f(t)=L^{-1}[F(p)]=L^{-1}\left[\frac{7}{p+2}-\frac{6}{p+3}\right]=7L^{-1}\left[\frac{1}{p+2}\right]-6L^{-1}\left[\frac{1}{p+3}\right]$$

$$=7e^{-2t}-6e^{-3t}.$$

例 4 求 $F(p)=\dfrac{p+3}{p^{3}+4p^{2}+4p}$ 的逆变换.

解 先将 $F(p)$ 分解为几个简单分式之和

$$\frac{p+3}{p^{3}+4p^{2}+4p}=\frac{p+3}{p(p+2)^{2}}=\frac{A}{p}+\frac{B}{p+2}+\frac{C}{(p+2)^{2}}$$

用待定系数法求得

$$A=\frac{3}{4},B=-\frac{3}{4},C=-\frac{1}{2}.$$

所以

$$F(p)=\frac{p+3}{p^{3}+4p^{2}+4p}=\frac{\frac{3}{4}}{p}-\frac{\frac{3}{4}}{p+2}-\frac{\frac{1}{2}}{(p+2)^{2}}$$

于是

$$f(t)=L^{-1}[F(p)]=L^{-1}\left[\frac{3}{4}\frac{1}{p}-\frac{3}{4}\frac{1}{p+2}-\frac{1}{2}\frac{1}{(p+2)^{2}}\right]$$

$$=\frac{3}{4}L^{-1}\left[\frac{1}{p}\right]-\frac{3}{4}L^{-1}\left[\frac{1}{p+2}\right]-\frac{1}{2}L^{-1}\left[\frac{1}{(p+2)^{2}}\right]$$

$$=\frac{3}{4}-\frac{3}{4}e^{-2t}-\frac{1}{2}te^{-2t}.$$

例 5 求 $F(p)=\dfrac{p^{2}}{(p+2)(p^{2}+2p+2)}$ 的逆变换.

解 先将 $F(p)$ 分解为几个简单分式之和

$$F(p)=\frac{p^2}{(p+2)(p^2+2p+2)}=\frac{A}{p+2}+\frac{Bp+C}{p^2+2p+2}.$$

用待定系数法求得 $A=2,B=-1,C=-2$. 所以

$$\begin{aligned}\frac{p^2}{(p+2)(p^2+2p+2)}&=\frac{2}{p+2}-\frac{p+2}{p^2+2p+2}\\&=\frac{2}{p+2}-\frac{p+1}{(p+1)^2+1}-\frac{1}{(p+1)^2+1},\end{aligned}$$

于是

$$\begin{aligned}f(t)&=L^{-1}\left[\frac{1}{(p+2)(p^2+2p+2)}\right]\\&=L^{-1}\left[\frac{2}{p+2}\right]-L^{-1}\left[\frac{p+1}{(p+1)^2+1}\right]-L^{-1}\left[\frac{1}{(p+1)^2+1}\right]\\&=2\mathrm{e}^{-2t}-\mathrm{e}^{-t}\cos t-\mathrm{e}^{-t}\sin t\\&=2\mathrm{e}^{-2t}-\mathrm{e}^{-t}(\cos t+\sin t).\end{aligned}$$

练习 7.2

求下列各函数的拉氏逆变换.

1. $F(p)=\dfrac{2}{p-3}$;

2. $F(p)=\dfrac{2}{9p^2+1}$;

3. $F(p)=\dfrac{3}{(p-1)(p-2)}$.

习题 7.2

求下列各函数的拉氏逆变换.

1. $F(p)=\dfrac{4p}{p^2+16}$;

2. $F(p)=\dfrac{2p-8}{p^2+36}$;

3. $F(p)=\dfrac{p}{(p+3)(p+5)}$;

4. $F(p)=\dfrac{4}{p^2+4p+10}$;

5. $F(p)=\dfrac{p^2+1}{p(p-1)^2}$;

6. $F(p)=\dfrac{p+2}{p^3+4p^2+4p}$.

§7.3 拉氏变换的 MATLAB 运算

MATLAB 软件中,用于求拉氏变换指令函数是 laplace,具体调用格式如下:

laplace(functions,variable)

返回函数 functions 的拉氏变换,variable 为计算结果指定变量,若缺省则默认变量 s.

例 1 求 $f(t)=e^{-at}$拉氏变换.

解

输入命令:

```
>> syms t a x
>> f = exp( - a * t);
>> L1 = laplace(f,x)
>> L2 = laplace(f)
```

输出结果:

```
L1 =
    1/(a + x)
L2 =
    1/(a + s)
```

例 2 求 $f(t)=\sin\omega t$ 拉氏变换.

解

输入命令:

```
>> syms w t x
>> f = sin(w * t);
>> laplace(f,x)
```

输出结果:

```
ans =
     w/(w^2 + x^2)
```

例 3 求 $f(t)=t^2+6t-3$ 拉氏变换.

解

输入命令:

```
>> syms  t x
>>  f = t^2 + 6 * t - 3;
>> laplace(f,x)
```

输出结果:

```
ans =
     6/x^2 - 3/x + 2/x^3
```

MATLAB 软件中,用于求拉氏逆变换指令函数是 ilaplace,具体调用格式如下:

ilaplace(functions,variable)

返回函数 functions 的拉氏逆变换，variable 计算结果指定变量，若缺省则默认变量 t.

例 4 求 $f(t)=\dfrac{1}{(u-a)^2}$ 拉氏逆变换.

解

输入命令：

```
>> syms u a
>> f =1/(u-a)^2 ;
>> IL1 =ilaplace(f,t)
>> IL2 =ilaplace(f)
```

输出结果：

```
IL1 =
      x*exp(a*x)
IL2 =
      t*exp(a*t)
```

例 5 求 $f(t)=\dfrac{1}{u^2-a^2}$ 拉氏逆变换.

解

输入命令：

```
>> syms u a
>> f =1/(u^2 -a^2) ;
>> ilaplace(f)
```

输出结果：

```
ans =
      exp(a*t)/(2*a) - exp( -a*t)/(2*a)
```

练习 7.3

1. 写出计算下列拉氏变换的 MATLAB 程序.

(1) $2\sin 2t+3\cos 2t$；　(2) $e^{3t}\cos 2t$；

(3) t^2+6t-3；　(4) $e^{3t}\sin 4t$.

2. 写出计算下列拉氏逆变换的 MATLAB 程序.

(1) $F(p)=\dfrac{2}{p-3}$；　(2) $F(p)=\dfrac{3}{(p-1)(p-2)}$；

(3) $F(p)=\dfrac{4p}{p^2+16}$；　(4) $F(p)=\dfrac{4}{p^2+4p+10}$.

§7.4 拉氏变换应用举例

由于拉氏变换能够将微分运算和积分运算转化为代数运算，所以它在解微分方程及电路分析中，有着独特的作用.

例 1 求微分方程 $x'(t)+2x(t)=0$ 满足初始条件 $x(0)=3$ 的解.

解 第一步 对方程两端取拉氏变换，并设 $L[x(t)]=X(p)$，

$$L[x'(t)+2x(t)]=L[0],$$

$$L[x'(t)]+2L[x(t)]=0,$$

$$pX(p)-x(0)+2X(p)=0.$$

将初始条件 $x(0)=3$ 代入上式，得

$$(p+2)X(p)=3.$$

这样，原来的微分方程经过拉氏变换后，就得到了一个像函数的代数方程.

第二步 解出 $X(p)$

$$X(p)=\frac{3}{p+2}.$$

第三步 求像函数的逆变换

$$x(t)=L^{-1}[X(p)]=L^{-1}\left[\frac{3}{p+2}\right]=3e^{-2t}.$$

这样就得到了微分方程的解 $x(t)=3e^{-2t}$.

由例 1 可知，用拉氏变换解常系数线性微分方程的运算过程如图 7－5 所示.

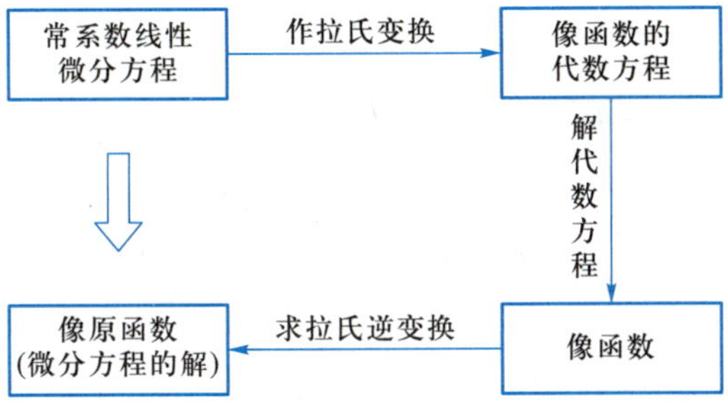

图 7－5

例 2 求 $y''-3y'+2y=2e^{-t}$满足初始条件 $y(0)=2,y'(0)=-1$ 的解.

解 对所给微分方程的两边分别作拉氏变换，并设

$$L[y(t)]=Y(p)=Y,$$

得

$$[p^2Y-py(0)-y'(0)]-3[pY-y(0)]+2Y=\frac{2}{p+1},$$

将初始条件 $y(0)=2,y'(0)=-1$ 代入，得到 Y 的代数方程

$$(p^2-3p+2)Y=\frac{2}{p+1}+2p-7,$$

即

$$(p^2-3p+2)Y=\frac{2p^2-5p-5}{p+1},$$

解得

$$Y=\frac{2p^2-5p-5}{(p+1)(p-2)(p-1)}.$$

将上式分解为部分分式

$$Y=\frac{\frac{1}{3}}{p+1}+\frac{4}{p-1}-\frac{\frac{7}{3}}{p-2}.$$

再取逆变换,得到满足所给初始条件的方程的解为

$$y(t)=\frac{1}{3}e^{-t}+4e^{t}-\frac{7}{3}e^{2t}.$$

例 3 求微分方程 $y''+4y=2\sin 2t$ 满足初始条件 $y(0)=0, y'(0)=1$ 的解.

解 方程两端取拉氏变换,得

$$L[y'']+4L[y]=2L[\sin 2t].$$

设 $L[y(t)]=Y(p)$,并将初始条件代入,得

$$p^2Y(p)-1+4Y(p)=\frac{4}{p^2+4},$$

求得

$$Y(p)=\frac{p^2+8}{(p^2+4)^2}=\frac{1}{p^2+4}+\frac{4}{(p^2+4)^2}.$$

所以

$$\begin{aligned}y(t)&=L^{-1}[Y(p)]=L^{-1}\left[\frac{1}{p^2+4}+\frac{4}{(p^2+4)^2}\right]\\&=L^{-1}\left[\frac{1}{p^2+4}\right]+L^{-1}\left[\frac{4}{(p^2+4)^2}\right]\end{aligned}$$

查表得

$$\begin{aligned}y(t)&=\frac{1}{2}\sin 2t+\frac{1}{4}(\sin 2t-2t\cos 2t)\\&=\frac{3}{4}\sin 2t-\frac{1}{2}t\cos 2t,\end{aligned}$$

即为所给微分方程满足初始条件的解.

用拉氏变换还可以解常系数线性微分方程组.

例 4 求微分方程组

$$\begin{cases}x''-2y'-x=0,\\x'-y=0,\end{cases}$$

满足初始条件 $x(0)=0, x'(0)=1, y(0)=1$ 的解.

解 设 $L[x(t)]=X(p)=X, L[y(t)]=Y(p)=Y$.

对方程组取拉氏变换,得到

$$\begin{cases}p^2X-px(0)-x'(0)-2(pY-y(0))-X=0,\\pX-x(0)-Y=0.\end{cases}$$

将初始条件 $x(0)=0, x'(0)=1, y(0)=1$ 代入,整理后得

$$\begin{cases}(p^2-1)X-2pY+1=0,\\pX-Y=0.\end{cases}$$

解此方程组,得

$$\begin{cases}X(p)=\dfrac{1}{p^2+1},\\[2ex]Y(p)=\dfrac{p}{p^2+1}.\end{cases}$$

取逆变换,得所求的解为

$$\begin{cases}x(t)=\sin t,\\y(t)=\cos t.\end{cases}$$

从上述例题可以看出:在用拉氏变换求解微分方程的过程中,初始条件同时代入求解式中,求出的结果即为满足初始条件的特解.避免了微分方程一般解法中,先求通解再求特解的复杂运算过程.

在电路问题的常见分析中,根据电路的有关原理建立起微分方程后,同样可利用拉氏变换加以解决.

例 5 如图 7-6 所示,一个由电阻 $R=10\ \Omega$,电感 $L=2$ H 和电压 $u=50\sin 5t$ V 所组成的电路,开关 S 合上后,电路中有电流通过,求电流 $i(t)$ 的变化规律.

解 由回路电压定律,得

$$u_R+u_L=u.$$

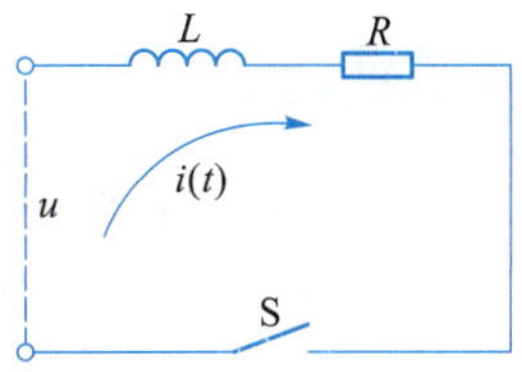

图 7-6

而

$$u_R=Ri,\quad u_L=L\frac{\mathrm{d}i}{\mathrm{d}t},$$

故有

$$2\frac{\mathrm{d}i}{\mathrm{d}t}+10i(t)=50\sin 5t.$$

设 $L[i(t)]=F(p)$,并对上面方程两端取拉氏变换,得

$$[pF(p)-i(0)]+5F(p)=25\cdot\frac{5}{p^2+25},$$

代入初始条件 $i(0)=0$,整理后得

$$F(p)=\frac{125}{(p+5)(p^2+25)}=\frac{\frac{5}{2}}{p+5}-\frac{\frac{5}{2}p}{p^2+25}+\frac{\frac{25}{2}}{p^2+25},$$

再取逆变换,得

$$i(t)=\frac{5}{2}\mathrm{e}^{-5t}-\frac{5}{2}\cos 5t+\frac{5}{2}\sin 5t,$$

即

$$i(t)=\frac{5}{2}\mathrm{e}^{-5t}+\frac{5}{2}\sqrt{2}\sin\left(5t-\frac{\pi}{4}\right),$$

就是所求的电流变化规律.

例6 【本章导例】 单位脉冲电路问题

解 设经过 R、C 的电流分别为 $I_1(t)$ 和 $I_2(t)$，由电学原理知

$$I_1(t)=\frac{U(t)}{R},\quad I_2(t)=C\frac{\mathrm{d}U(t)}{\mathrm{d}t},$$

由基尔霍夫定律知

$$\begin{cases}C\dfrac{\mathrm{d}U(t)}{\mathrm{d}t}+\dfrac{U(t)}{R}=\delta(t),\\U(0)=0.\end{cases}$$

设 $L[U(t)]=U(p)$，对方程两边取拉氏变换，得

$$C[pU(p)-U(0)]+\frac{U(p)}{R}=1.$$

将 $U(0)=0$ 带入，得

$$U(p)=\frac{1}{Cp+\dfrac{1}{R}}=\frac{1}{C}\times\frac{1}{p+\dfrac{1}{RC}}.$$

取拉氏逆变换，得

$$U(t)=L^{-1}[U(p)]=\frac{1}{C}\mathrm{e}^{-\frac{1}{RC}t}.$$

其物理意义表示，由于在一瞬间电路受单位脉冲电流的作用，电容的电压由零跃变到 $\frac{1}{C}$，然后电容 C 向电阻 R 按指数衰减规律放电.

练习 7.4

1. 考虑拉普拉斯变换及其逆变换在应用方面的优势和缺陷.
2. 叙述如何应用拉氏变换求微分方程的解.

习题 7.4

1. 用拉氏变换解下列微分方程.

(1) $\dfrac{\mathrm{d}i}{\mathrm{d}t}+5i=12\mathrm{e}^{-3t}, i(0)=0$;

(2) $\dfrac{\mathrm{d}^2y}{\mathrm{d}t^2}+\omega^2y=0, y(0)=0, y'(0)=\omega$;

(3) $y''(t)-3y'(t)+2y(t)=4, y(0)=0, y'(0)=1$;

(4) $x''(t)+2x'(t)+5x(t)=0, x(0)=1, x'(0)=5$.

2. 解下列微分方程组.

(1) $\begin{cases}x'+x-y'=\mathrm{e}^t,\\y'+3x-2y=2\mathrm{e}^t,\end{cases}$ $x(0)=y(0)=1$;

(2) $\begin{cases}x''+2y=0\\y'+x+y=0\end{cases}$, $x(0)=0, x'(0)=1, y(0)=1$.

本章小结

一、主要内容

1. 拉普拉斯变换的概念.
2. 拉普拉斯变换的基本性质(表 7－1).
3. 常用拉普拉斯变换公式(表 7－2).
4. 拉氏逆变换的概念、性质和应用.
5. 运用 MATLAB 软件计算拉氏变换和逆变换.
6. 用拉氏变换解常系数线性微分方程,运算过程如图 7－5.

二、学习指导

1. 结合拉氏变换的性质,求解初等函数的拉氏变换,是本章学习的一个重点.同学们需重点理解拉氏变换的线性性质、平移性质、延滞性质和微分性质.

2. 掌握拉氏逆变换的求法是本章的另一个学习重点.同学们应结合拉氏变换的基本公式和性质去更好地理解拉氏逆变换.

3. 求微分方程及微分方程组的解是拉氏变换的一个重要应用.求解过程为:首先通过拉氏变换将微分方程转化为代数方程,求出代数方程的解;然后再对代数方程的解进行拉氏逆变换,从而求出原微分方程的解.这里,对代数方程的解进行拉氏逆变换求原微分方程解的过程,技巧性很强,同学们需加强对这部分知识的练习.

复习题七

1. 求下列函数的拉氏变换.

(1) $f(t)=\begin{cases}8, & 0\leqslant t<2,\\ 6, & t\geqslant 2;\end{cases}$　　(2) $f(t)=8\sin^2 3t$;

(3) $f(t)=1-te^{-t}$;　　(4) $f(t)=e^{-2t}\sin 6t$.

2. 求下列像函数的逆变换.

(1) $F(p)=\dfrac{p}{p+3}$;　　(2) $F(p)=\dfrac{1}{p(p-1)^2}$;

(3) $F(p)=\dfrac{3p+9}{p^2+2p+10}$;　　(4) $F(p)=\dfrac{p^3}{(p-1)^4}$.

3. 用拉氏变换解下列微分方程.

(1) $y''+2y'=e^{-2t}, y(0)=y'(0)=0$;

(2) $y''+9y'=\cos 3t, y(0)=y'(0)=0$.

4. 用拉氏变换解微分方程组.

$$\begin{cases} x''+y'+3x=\cos 2t, & x\big|_{t=0}=\dfrac{1}{5},x'\big|_{t=0}=0, \\ y''-4x'+3y=\sin 2t, & y\big|_{t=0}=0,y'\big|_{t=0}=\dfrac{6}{5}. \end{cases}$$

阅 读 材 料

拉 普 拉 斯

拉普拉斯（Laplace,1749—1827),法国数学家,天文学家.法国科学院院士.1749 年 3 月 23 日生于法国西北部卡尔瓦多斯的博蒙昂诺日,1827 年 3 月 5 日卒于巴黎.1795 年任巴黎综合工科学校教授,后又在高等师范学校任教授.1816 年被选为法兰西学院院士,1817 年任该院院长.

拉普拉斯是天体力学的主要奠基人,天体演化学的创立者之一,分析概率论的创始人,应用数学的先驱.

拉普拉斯用数学方法证明了行星的轨道大小只有周期性变化,这就是著名的拉普拉斯定理.他发表的天文学、数学和物理学的论文有 270 多篇,其中最有代表性的论著有《天体力学》《宇宙体系论》和《概率分析理论》.

拉普拉斯生于法国诺曼底的博蒙,他从青年时期就显示出卓越的数学才能,18 岁时离家赴巴黎,决定从事数学工作.他带着一封推荐信去找当时法国著名学者达朗贝尔,但被后者拒绝接见.拉普拉斯就给达朗贝尔寄去一篇力学方面的论文,这篇论文出色至极,得到了达朗贝尔的肯定,并促成拉普拉斯到巴黎军事学校任教.拉普拉斯还同拉瓦锡一起工作了一个时期,他们测定了许多物质的比热.1780 年,他们两人证明了,将一种化合物分解为其组成元素所需的热量就等于这些元素形成该化合物时所放出的热量.这可以看做是热化学的开端,而且,它也是继布拉克关于潜热的研究工作之后,向能量守恒定律迈进的又一个里程碑.

拉普拉斯的著作《天体力学》,集各家之大成,第一次提出了“天体力学”的学科名称,是经典天体力学的代表著作.1796 年,他因发表研究太阳系稳定性的动力学问题的著名论著《宇宙体系论》,而被誉为法国的牛顿和天体力学之父.《宇宙体系论》是拉普拉斯另一部名垂千古的杰作,在这部书中,他独立于康德,提出了科学的太阳系起源理论——星云说.康德的星云说是从哲学角度提出的,而拉普拉斯则从数学、力学角度充实了星云说.因此,人们常常把他们两人的星云说称为“康德－拉普拉斯星云说”.

拉普拉斯在数学和物理学方面也有重要贡献，1812 年他发表了重要的数学论著《概率分析理论》,以他的名字命名的拉普拉斯变换和拉普拉斯方程,在科学技术的各个领域有着广泛的应用.

第 8 章　级　　数

级数是无限个离散型量之和的一种数学结构形式，它分为数项级数和函数项级数. 函数项级数是表示函数、特别是非初等函数的一个重要工具，又是研究函数性质的一个重要手段，在数值计算和电学、力学等学科中有着广泛的应用；数项级数是函数项级数的特殊情况，它又是研究函数项级数的基础. 本章首先讨论数项级数的概念和性质、数项级数的收敛与发散，并在此基础上研究两类特殊的函数项级数：幂级数和傅里叶级数.

【导例】 银行永久取款问题

设银行的存款年利率为 i，依复利计算，想要在第一年末提取 1 元，第二年末提取 4 元，第三年末提取 $3^2=9$ 元，…，在第 n 年末提取 n^2 元，若要想如此永远地提取下去，问至少需要事先存入多少本金？

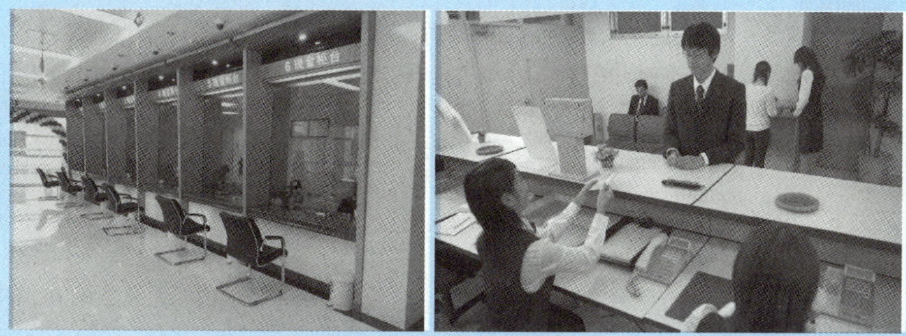

本章导例是研究无穷多个数相加是否收敛的问题. 在学习了幂级数展开式的相关知识后，我们就可以给出本例的具体解答过程.

§8.1 数项级数

8.1.1 数项级数及其敛散性

定义1 如果给定一个数列

$$u_1, u_2, u_3, \cdots, u_n, \cdots,$$

则由此数列构成的表达式

$$u_1 + u_2 + u_3 + \cdots + u_n + \cdots$$

称为(常数项)无穷级数，简称数项级数，记作 $\sum\limits_{n=1}^{\infty} u_n$，即

$$\sum_{n=1}^{\infty} u_n = u_1 + u_2 + u_3 + \cdots + u_n + \cdots, \tag{8-1}$$

其中第 n 项 u_n 称为级数(8-1)的一般项或通项.

从形式上看，数项级数是无穷多项之和，我们知道有限个数相加的和一定存在，那么无限个数相加是否一定有和呢？下面通过极限这个工具来讨论这个问题.

定义2 数项级数(8-1)的前 n 项之和，记为

$$s_n = \sum_{i=1}^{n} u_i = u_1 + u_2 + u_3 + \cdots + u_n,$$

称为数项级数(8-1)的前 n 项部分和，也简称部分和.

当 n 依次取 1,2,3,…时，得到一个新的数列 $\{s_n\}$，称数列 $\{s_n\}$ 为级数(8-1)的部分和数列. 给定一个级数 $\sum\limits_{n=1}^{\infty} u_n$，就唯一确定一个部分和数列 $\{s_n\}$，其中 $S_n = \sum\limits_{i=1}^{n} u_i$.

定义3 设级数 $\sum\limits_{n=1}^{\infty} u_n$ 的部分和数列为 $\{s_n\}$.

(1) 如果 $\lim\limits_{n\to\infty} s_n = s$(有限数)，则称级数 $\sum\limits_{n=1}^{\infty} u_n$ 收敛，并称极限值 s 为级数的和，并写成

$$s = \sum_{n=1}^{\infty} u_n = u_1 + u_2 + u_3 + \cdots + u_n + \cdots;$$

(2) 如果部分和数列 $\{s_n\}$ 没有极限，则称级数 $\sum\limits_{n=1}^{\infty} u_n$ 发散.

应用定义讨论级数敛散性时，需要求出部分和 s_n 的表达式，然后考虑其极限.

例1 判别级数 $\sum\limits_{n=1}^{\infty} \dfrac{1}{n(n+1)}$ 的敛散性.

解 因为 $u_n = \dfrac{1}{n(n+1)} = \dfrac{1}{n} - \dfrac{1}{n+1}$，

所以级数的前 n 项部分和

$$s_n = \frac{1}{1\times2} + \frac{1}{2\times3} + \cdots + \frac{1}{n(n+1)} = \left(1 - \frac{1}{2}\right) + \left(\frac{1}{2} - \frac{1}{3}\right) + \cdots + \left(\frac{1}{n} - \frac{1}{n+1}\right) = 1 - \frac{1}{n+1},$$

$$\lim_{n\to\infty} s_n = \lim_{n\to\infty}\left(1 - \frac{1}{n+1}\right) = 1.$$

所以级数 $\sum\limits_{n=1}^{\infty}\dfrac{1}{n(n+1)}$ 收敛，其和为 1.

例 2 讨论几何级数(等比级数)

$$\sum_{n=0}^{\infty} aq^n = aq^0 + aq^1 + aq^2 + aq^3 + \cdots + aq^n + \cdots (a \neq 0)$$

的敛散性.

解 前 n 项部分和 $s_n = aq^0 + aq^1 + aq^2 + aq^3 + \cdots + aq^{n-1}$,

(1) 当 $|q| < 1$ 时, $\lim\limits_{n\to\infty} q^n = 0, s_n = \dfrac{a(1-q^n)}{1-q}, \lim\limits_{n\to\infty} s_n = \dfrac{a}{1-q}$;

(2) 当 $|q| > 1$ 时, $\lim\limits_{n\to\infty} q^n = \infty, s_n = \dfrac{a(1-q^n)}{1-q}, \lim\limits_{n\to\infty} s_n = \infty$;

(3) 当 $q = 1$ 时, $s_n = na, \lim\limits_{n\to\infty} s_n = \infty$;

(4) 当 $q = -1$ 时, $s_n = \dfrac{a[1-(-1)^n]}{2}$, $\{s_n\}$ 极限不存在.

综上所述，几何级数当且仅当 $|q| < 1$ 时收敛，其和为 $\dfrac{a}{1-q}$；当 $|q| \geqslant 1$ 时，级数发散.

例 3 证明级数 $\sum\limits_{n=1}^{\infty}\dfrac{1}{n}$ 是发散的.

证明 由拉格朗日中值定理

$$\ln(n+1) - \ln n = \frac{1}{\xi} < \frac{1}{n} \quad (n < \xi < n+1),$$

故

$$\begin{aligned} S_n &= 1 + \frac{1}{2} + \frac{1}{3} + \cdots + \frac{1}{n} > (\ln 2 - \ln 1) + (\ln 3 - \ln 2) + \cdots + [\ln(n+1) - \ln n] \\ &= \ln(n+1), \end{aligned}$$

从而有 $\lim\limits_{n\to\infty} s_n \geqslant \lim\limits_{n\to\infty} \ln(1+n) = +\infty$，即证得级数 $\sum\limits_{n=1}^{\infty}\dfrac{1}{n}$ 是发散的.

称级数 $\sum\limits_{n=1}^{\infty}\dfrac{1}{n}$ 为调和级数，在判别其他级数的敛散性时，常与此级数比较.

由例 3 可知，级数的前 n 项部分和有时很难用一个表达式来表示，这时我们就需要运用极限理论来判断 s_n 的极限是否存在. 其中有一个单调有界原理：单调且有界的数列必定存在极限.

例 4 讨论级数 $\sum\limits_{n=1}^{\infty}\dfrac{1}{n^2}$ 的敛散性.

解

$$\begin{aligned} s_n &= 1 + \frac{1}{2^2} + \frac{1}{3^2} + \cdots + \frac{1}{n^2} < 1 + \frac{1}{1\times 2} + \frac{1}{2\times 3} + \cdots + \frac{1}{(n-1)n} \\ &= 1 + \left(\frac{1}{1} - \frac{1}{2}\right) + \left(\frac{1}{2} - \frac{1}{3}\right) + \cdots + \left(\frac{1}{n-1} - \frac{1}{n}\right) = 2 - \frac{1}{n} < 2, \end{aligned}$$

又 $\{s_n\}$ 是单调增加的，根据单调有界原理可知 $\lim\limits_{n\to\infty} s_n$ 存在，即原级数收敛.

8.1.2 数项级数的基本性质

性质 1 若级数 $\sum\limits_{n=1}^{\infty} u_n$ 收敛于和 s, k 为任意常数，则级数 $\sum\limits_{n=1}^{\infty} ku_n$ 也收敛，且其和

为 ks,即

$$\sum_{n=1}^{\infty} ku_n = k\sum_{n=1}^{\infty} u_n.$$

性质2 若级数 $\sum\limits_{n=1}^{\infty} u_n$、$\sum\limits_{n=1}^{\infty} v_n$ 分别收敛于和 s、σ,则级数 $\sum\limits_{n=1}^{\infty} (u_n \pm v_n)$ 也收敛,且其和为 $s+\sigma$,即

数项级数的性质

无锡职业技术学院—黄飞

$$\sum_{n=1}^{\infty} (u_n \pm v_n) = \sum_{n=1}^{\infty} u_n \pm \sum_{n=1}^{\infty} v_n.$$

利用反证法可以得到另一个有用的结论:若级数 $\sum\limits_{n=1}^{\infty} u_n$ 收敛,$\sum\limits_{n=1}^{\infty} v_n$ 发散,则级数 $\sum\limits_{n=1}^{\infty} (u_n \pm v_n)$ 一定发散.

性质3 若加上、去掉或改变级数 $\sum\limits_{n=1}^{\infty} u_n$ 的有限项,不改变级数的敛散性,但对于收敛的级数其和要改变.

例如,级数 $\sum\limits_{n=1}^{\infty} \dfrac{1}{n+1}$ 可以看做级数 $\sum\limits_{n=1}^{\infty} \dfrac{1}{n}$ 去掉第一项,故这两个级数具有相同的敛散性,而 $\sum\limits_{n=1}^{\infty} \dfrac{1}{n}$ 发散,故 $\sum\limits_{n=1}^{\infty} \dfrac{1}{n+1}$ 发散.

性质4 对收敛级数的项任意加括号后所成的级数仍然收敛,且其和不变.

注意,若加括号后所成的级数收敛,则不能断定去括号后原来的级数也收敛. 例如以 $[1+(-1)]$ 作为通项的级数 $[1+(-1)]+[1+(-1)]+\cdots+[1+(-1)]+\cdots$ 收敛于0,但去掉了括号后的新级数

$$\sum_{n=1}^{\infty} u_n = \sum_{n=1}^{\infty} (-1)^{n-1} = 1+(-1)+1+(-1)+\cdots+(-1)^{n-1}+\cdots$$

却是发散的.

根据性质4可得如下推论:如果加括号后所成的级数发散,则原来级数也发散.

性质5(级数收敛的必要条件) 若级数 $\sum\limits_{n=1}^{\infty} u_n$ 收敛,则其通项极限为零,即 $\lim\limits_{n\to\infty} u_n=0$.

注意 通项的极限为零绝不是级数收敛的充分条件,例如,调和级数 $\sum\limits_{n=1}^{\infty} \dfrac{1}{n}$ 的通项的极限 $\lim\limits_{n\to\infty} \dfrac{1}{n}=0$,但它是发散的.

该性质常用来证明一个级数发散,即若一个级数的通项不趋于零,则该级数 $\sum\limits_{n=1}^{\infty} u_n$ 必定发散.

例5 判别下列级数的敛散性.

(1) $\sum\limits_{n=1}^{\infty} \dfrac{2+(-1)^n}{3^n}$; (2) $\sum\limits_{n=1}^{\infty} \dfrac{n+10}{n(n+1)}$.

解 (1) 因为 $\sum\limits_{n=1}^{\infty} \dfrac{2}{3^n} = 2\sum\limits_{n=1}^{\infty} \dfrac{1}{3^n}$ 收敛,$\sum\limits_{n=1}^{\infty} \dfrac{(-1)^n}{3^n} = \sum\limits_{n=1}^{\infty} \left(-\dfrac{1}{3}\right)^n$ 收敛,由性质2,

$\sum_{n=1}^{\infty}\frac{2+(-1)^n}{3^n}$收敛,且

$$\sum_{n=1}^{\infty}\frac{2+(-1)^n}{3^n}=2\sum_{n=1}^{\infty}\frac{1}{3^n}+\sum_{n=1}^{\infty}\left(-\frac{1}{3}\right)^n=2\cdot\frac{\frac{1}{3}}{1-\frac{1}{3}}+\frac{-\frac{1}{3}}{1-\left(-\frac{1}{3}\right)}=\frac{3}{4}.$$

(2) 因为$\frac{n+10}{n(n+1)}=\frac{1}{n+1}+\frac{10}{n(n+1)}$,

由例 1 可知级数 $\sum_{n=1}^{\infty}\frac{10}{n(n+1)}=10\sum_{n=1}^{\infty}\frac{1}{n(n+1)}$是收敛的,而级数 $\sum_{n=1}^{\infty}\frac{1}{n+1}$发散,所以原级数发散.

例 6 考察下列级数的敛散性.

(1) $\sum_{n=1}^{\infty}\frac{n}{2n+1}$; (2) $\sum_{n=1}^{\infty}\left(\frac{n-1}{n}\right)^n$.

解 (1) 通项 $u_n=\frac{n}{2n+1}$,因为$\lim\limits_{n\to\infty}u_n=\frac{1}{2}\neq0$,所以原级数发散.

(2) 通项 $u_n=\left(\frac{n-1}{n}\right)^n=\left(1-\frac{1}{n}\right)^n$,因为$\lim\limits_{n\to\infty}u_n=\lim\limits_{n\to\infty}\left[\left(1+\frac{1}{-n}\right)^{-n}\right]^{-1}=\frac{1}{\mathrm{e}}\neq0$,所以级数发散.

练习 8.1

1. 讨论级数与数列的区别及联系是什么.
2. 讨论下列级数的敛散性.

(1) $\sum_{n=1}^{\infty}\left[\frac{3}{4^n}+\frac{(-1)^n}{3^n}\right]$; (2) $\sum_{n=1}^{\infty}\ln\frac{n}{n+1}$; (3) $\sum_{n=1}^{\infty}\frac{1}{n(n+2)}$;

(4) $\sum_{n=1}^{\infty}\frac{1}{\sqrt[n]{n}}$; (5) $\sum_{n=1}^{\infty}\cos\frac{1}{n}$; (6) $\sum_{n=1}^{\infty}\frac{1}{\sqrt{n+1}+\sqrt{n}}$.

习题 8.1

1. 用定义判别下列级数的敛散性. 若收敛,求出级数的和.

(1) $\frac{1}{2}-\frac{1}{4}+\frac{1}{8}+\cdots+\frac{(-1)^{n-1}}{2^n}+\cdots$; (2) $\sum_{n=1}^{\infty}\frac{n}{2^n}$;

(3) $\sum_{n=1}^{\infty}(\sqrt{n+1}-\sqrt{n})$; (4) $\sum_{n=1}^{\infty}\frac{1}{4n^2-1}$.

2. 用性质判定下列级数的敛散性,若收敛求出其和.

(1) $\sum_{n=1}^{\infty}\frac{1+n}{3-5n}$; (2) $\sum_{n=1}^{\infty}\frac{3\times2^n-2\times3^n}{6^n}$;

(3) $\sum_{n=1}^{\infty}\left(\frac{2n-4}{2n+1}\right)^n$; (4) $\sum_{n=1}^{\infty}2^n\sin\frac{\pi}{2^n}$.

§8.2 数项级数的审敛法

8.2.1 正项级数及其审敛法

一般的常数项级数，它的各项可以是正数、负数或者零．现在我们先讨论各项都是正数或零的级数．

定义 1 若级数 $\sum_{n=1}^{\infty} u_n$ 满足 $u_n \geqslant 0 (n=1,2,\cdots)$，则称该级数为正项级数．

这种级数特别重要，以后将看到许多级数的收敛性问题可归结为正项级数的收敛性问题．

显然，正项级数 $\sum_{n=1}^{\infty} u_n$ 的前 n 项部分和数列 $\{s_n\}$ 是一个单调增加数列：$s_1 \leqslant s_2 \leqslant s_3 \leqslant \cdots$．根据极限理论中单调有界数列必有极限的准则，判定正项级数是否收敛，只要看 s_n 是否有界．如果 $\{s_n\}$ 有界，那么 $\{s_n\}$ 有极限，从而级数收敛；反之，如果 $\{s_n\}$ 无界，那么 $\{s_n\}$ 无极限，从而级数发散．因此，我们得到如下重要的结论．

定理 1（正项级数的收敛原理） 正项级数 $\sum_{n=1}^{\infty} u_n$ 收敛的充分必要条件是：它的部分和数列 $\{s_n\}$ 有界．

该定理是建立正项级数审敛法的理论基础．从应用上说，定理 1 给判断正项级数的敛散性带来一定的方便，可以将求部分和数列 $\{s_n\}$ 的极限问题转化为判断 $\{s_n\}$ 有无上界的问题，这时就可以用适当放大或缩小的方法来解决．

正项级数的比较审敛法

无锡职业技术学院—屈寅春

定理 2（比较审敛法） 设 $\sum_{n=1}^{\infty} u_n$ 和 $\sum_{n=1}^{\infty} v_n$ 都是正项级数，且 $u_n \leqslant v_n (n=1,2,\cdots)$．若级数 $\sum_{n=1}^{\infty} v_n$ 收敛，则级数 $\sum_{n=1}^{\infty} u_n$ 收敛；反之，若级数 $\sum_{n=1}^{\infty} u_n$ 发散，则级数 $\sum_{n=1}^{\infty} v_n$ 发散．

证明 设级数 $\sum_{n=1}^{\infty} v_n$ 收敛于和 σ，则级数 $\sum_{n=1}^{\infty} u_n$ 的部分和

$$s_n = u_1 + u_2 + \cdots + u_n \leqslant v_1 + v_2 + \cdots + v_n \leqslant \sigma \quad (n=1,2,\cdots),$$

即部分和数列 $\{s_n\}$ 有界，由定理 1 知级数 $\sum_{n=1}^{\infty} u_n$ 收敛．

反之，设级数 $\sum_{n=1}^{\infty} u_n$ 发散，则级数 $\sum_{n=1}^{\infty} v_n$ 必发散．因为若级数 $\sum_{n=1}^{\infty} v_n$ 收敛，由上面已证明的结论，将有级数 $\sum_{n=1}^{\infty} u_n$ 也收敛，与假设矛盾．

注意到级数的每一项同乘不为零的常数 k 以及去掉级数前面部分的有限项不会影响级数的收敛性．于是条件“$u_n \leqslant v_n (n=1,2,\cdots)$”可改为“$u_n \leqslant kv_n$（$k>0$ 为常数，$n \geqslant N$，N 为任意给定的正整数）”，条件中 $n \geqslant N$ 表示，判别不等式 $u_n \leqslant kv_n$ 不一定要求从级数的第一项起成立，而只需从 N 项起成立就可以了．

例 1 讨论 p 级数 $\sum\limits_{n=1}^{\infty}\dfrac{1}{n^p}$的敛散性.

解 设 $p\leqslant 1$. 因为$\dfrac{1}{n^p}\geqslant\dfrac{1}{n}(n=1,2,\cdots)$,而已知调和级数 $\sum\limits_{n=1}^{\infty}\dfrac{1}{n}$发散,由比较审敛法知此时级数也发散.

设 $p>1$. 因为当 $k-1\leqslant x\leqslant k$ 时,有$\dfrac{1}{k^p}\leqslant\dfrac{1}{x^p}$,所以

$$\frac{1}{k^p}=\int_{k-1}^{k}\frac{1}{k^p}\mathrm{d}x\leqslant\int_{k-1}^{k}\frac{1}{x^p}\mathrm{d}x\quad(k=2,3,\cdots),$$

从而级数 $\sum\limits_{n=1}^{\infty}\dfrac{1}{n^p}$的部分和

$$\begin{aligned}s_n&=1+\sum_{k=2}^{n}\frac{1}{k^p}\leqslant 1+\sum_{k=2}^{n}\int_{k-1}^{k}\frac{1}{x^p}\mathrm{d}x=1+\int_{1}^{n}\frac{1}{x^p}\mathrm{d}x\\&=1+\frac{1}{p-1}\left(1-\frac{1}{n^{p-1}}\right)<1+\frac{1}{p-1}\quad(n=2,3,\cdots),\end{aligned}$$

这表明数列$\{s_n\}$有界,所以级数 $\sum\limits_{n=1}^{\infty}\dfrac{1}{n^p}$收敛.

综上所述,p 级数 $\sum\limits_{n=1}^{\infty}\dfrac{1}{n^p}$当 $p>1$ 时收敛;当 $p\leqslant 1$ 时发散.

例 2 判断下列正项级数的敛散性.

(1) $\sum\limits_{n=1}^{\infty}\dfrac{1}{3^n+100}$; (2) $\sum\limits_{n=2}^{\infty}\dfrac{1}{\sqrt[3]{n^2-1}}$.

解 (1) 因为

$$0<\frac{1}{3^n+100}<\frac{1}{3^n}=\left(\frac{1}{3}\right)^n,$$

而级数 $\sum\limits_{n=1}^{\infty}\left(\dfrac{1}{3}\right)^n$ 是公比为$\dfrac{1}{3}$的等比级数,是收敛的,由比较审敛法可知所给级数收敛.

(2) 因为

$$\frac{1}{\sqrt[3]{n^2-1}}>\frac{1}{\sqrt[3]{n^2}}=\frac{1}{n^{\frac{2}{3}}},$$

而 p 级数 $\sum\limits_{n=1}^{\infty}\dfrac{1}{n^{\frac{2}{3}}}\left(p=\dfrac{2}{3}<1\right)$发散,由比较审敛法可知所给级数发散.

定理 2 给出的是比较审敛法的不等式形式. 比较审敛法还有极限形式,它在应用中往往更为方便.

定理 3(比较审敛法的极限形式) 设 $\sum\limits_{n=1}^{\infty}u_n$ 和 $\sum\limits_{n=1}^{\infty}v_n$ 都是正项级数,

(1) 如果极限$\lim\limits_{n\to\infty}\dfrac{u_n}{v_n}=l\ (0\leqslant l<+\infty)$,且级数 $\sum\limits_{n=1}^{\infty}v_n$ 收敛,则级数 $\sum\limits_{n=1}^{\infty}u_n$ 收敛;

(2) 如果极限$\lim\limits_{n\to\infty}\dfrac{u_n}{v_n}=l>0$,且级数 $\sum\limits_{n=1}^{\infty}v_n$ 发散,则级数 $\sum\limits_{n=1}^{\infty}u_n$ 发散.

例 3 判别下列级数的敛散性.

(1) $\sum\limits_{n=1}^{\infty}\sin\dfrac{1}{n}$; (2) $\sum\limits_{n=1}^{\infty}\dfrac{\sqrt{n}}{(n+1)(2n-5)}$.

解 (1) 因为

$$\lim_{n\to\infty}\frac{\sin\dfrac{1}{n}}{\dfrac{1}{n}}=1>0\ ,$$

而级数 $\sum\limits_{n=1}^{\infty}\dfrac{1}{n}$ 发散,由定理 3 知所给级数也发散.

(2) 因为

$$\lim_{n\to\infty}\frac{\dfrac{\sqrt{n}}{(n+1)(2n-5)}}{\dfrac{1}{n^{\frac{3}{2}}}}=\lim_{n\to\infty}\frac{1}{2-3\dfrac{1}{n}-5\dfrac{1}{n^{2}}}=\frac{1}{2}>0,$$

而级数 $\sum\limits_{n=1}^{\infty}\dfrac{1}{n^{\frac{3}{2}}}$ 是收敛的,由定理 3 知所给级数收敛.

用比较审敛法审敛时，需要找到一个已知敛散性的级数 $\sum\limits_{n=1}^{\infty}v_n$ 作为比较的基准.最常选用作基准级数的是几何级数 $\sum\limits_{n=1}^{\infty}aq^n$ 和 p 级数.

定理 4(比值审敛法,达朗贝尔(d'Alembert)判别法) 设 $\sum\limits_{n=1}^{\infty}u_n$ 为正项级数,如果

$$\lim_{n\to\infty}\frac{u_{n+1}}{u_n}=l,$$

正项级数的比值审敛法

无锡职业技术学院 一屈寅春

则当 $l<1$ 时级数收敛;$l>1$ $\left(\text{或}\lim\limits_{n\to\infty}\dfrac{u_{n+1}}{u_n}=\infty\right)$ 时级数发散;$l=1$ 时级数可能收敛也可能发散.

比值审敛法是以级数相邻通项之比的极限作为判断依据的,因此它特别适用于通项中含有 $n!$ 或 a^n(a 是正常数)的级数.

例 4 判别下列级数的敛散性.

(1) $\sum\limits_{n=1}^{\infty}\dfrac{n!}{10^n}$; (2) $\sum\limits_{n=1}^{\infty}\dfrac{n^k}{2^n}$ ($k>0$ 为常数); (3) $\sum\limits_{n=1}^{\infty}\dfrac{2^n n!}{n^n}$.

解 (1) 因为

$$\lim_{n\to\infty}\frac{u_{n+1}}{u_n}=\lim_{n\to\infty}\frac{(n+1)!}{10^{n+1}}\cdot\frac{10^n}{n!}=\lim_{n\to\infty}\frac{n+1}{10}=\infty\ ,$$

由比值审敛法知,所给级数发散.

(2) 因为

$$\lim_{n\to\infty}\frac{u_{n+1}}{u_n}=\lim_{n\to\infty}\left[\frac{(n+1)^k}{2^{n+1}}\cdot\frac{2^n}{n^k}\right]=\lim_{n\to\infty}\frac{1}{2}\left(1+\frac{1}{n}\right)^k=\frac{1}{2}<1,$$

由比值审敛法知,所给级数收敛.

(3) 因为

$$\lim_{n\to\infty}\frac{u_{n+1}}{u_n}=\lim_{n\to\infty}\frac{2^{n+1}(n+1)!}{(n+1)^{n+1}}\cdot\frac{n^n}{2^n n!}=2\lim_{n\to\infty}\left(\frac{n}{n+1}\right)^n=\frac{2}{e}<1,$$

由比值审敛法知,所给级数收敛.

例 5 判别级数 $\sum_{n\to\infty}^{\infty}\frac{1}{(2n-1)\cdot 2n}$的收敛性.

解 $\lim_{n\to\infty}\frac{u_{n+1}}{u_n}=\lim_{n\to\infty}\frac{(2n-1)\cdot 2n}{(2n+1)\cdot(2n+2)}=1$, 比值审敛法失效.

事实上,因为 $\frac{1}{(2n-1)\cdot 2n}<\frac{1}{n^2}$, 而级数 $\sum_{n=1}^{\infty}\frac{1}{n^2}$收敛, 因此由比较审敛法可知所给级数收敛.

8.2.2 交错级数及莱布尼茨定理

定义 2 如果级数的各项是正负交错的,即形如

$$\sum_{n=1}^{\infty}(-1)^n u_n(u_n>0)\text{或}\sum_{n=1}^{\infty}(-1)^{n-1}u_n(u_n>0),$$

则称为交错级数.

关于交错级数的收敛性,有一个非常简便的审敛法.

定理 5(莱布尼茨判别法) 如果交错级数 $\sum_{n=1}^{\infty}(-1)^{n-1}u_n(u_n>0)$满足条件:

(1) $u_n\geqslant u_{n+1}\quad(n=1,2,3,\cdots)$;

(2) $\lim_{n\to\infty}u_n=0$,

则交错级数 $\sum_{n=1}^{\infty}(-1)^{n-1}u_n$ 收敛,且其和 $s\leqslant u_1$.

证明 偶数项部分和

$$s_{2n}=u_1-u_2+u_3-u_4+\cdots+u_{2n-1}-u_{2n}=(u_1-u_2)+(u_3-u_4)+...+(u_{2n-1}-u_{2n}),$$

因通项的绝对值单调减少,所以$\{s_{2n}\}$为单调增加数列;又

$$s_{2n}=u_1-(u_2-u_3)-(u_4-u_5)-\cdots-(u_{2n-2}-u_{2n-1})-u_{2n}\leqslant u_1,$$

所以$\{s_{2n}\}$有上界. 根据极限理论,数列$\{s_{2n}\}$存在极限:$\lim_{n\to\infty}s_{2n}\leqslant u_1$.

奇数项部分和

$$s_{2n+1}=s_{2n}+u_{2n+1},$$

因为通项极限为0,所以存在极限$\lim_{n\to\infty}s_{2n+1}=\lim_{n\to\infty}s_{2n}\leqslant u_1$.

综合之,交错级数的部分和数列$\{s_n\}$存在极限$\lim_{n\to\infty}s_n\leqslant u_1$,即级数收敛且和不超过首项.

例 6 讨论下列交错级数的敛散性.

(1) $\sum_{n=1}^{\infty}(-1)^n\frac{1}{n}$; (2) $\sum_{n=1}^{\infty}(-1)^{n-1}\frac{n}{3^{n-1}}$;

(3) $\sum_{n=1}^{\infty}\left(\frac{\pi}{2}-\arctan n\right)\cos n\pi$.

解 (1) 此级数为交错级数. 因为

$$u_n=\frac{1}{n}>\frac{1}{n+1}=u_{n+1}, \lim_{n\to\infty}u_n=\lim_{n\to\infty}\frac{1}{n}=0,$$

由定理5知,级数收敛.

(2) 级数为交错级数. 因为

$$\frac{u_n}{u_{n+1}}=\frac{\dfrac{n}{3^{n-1}}}{\dfrac{n+1}{3^n}}=\frac{3n}{n+1}>1, \text{即 } u_n\geqslant u_{n+1};$$

$$\lim_{n\to\infty}u_n=\lim_{n\to\infty}\frac{n}{3^{n-1}}=0,$$

由定理5,级数收敛.

(3) $\cos n\pi=(-1)^n$, $u_n=\dfrac{\pi}{2}-\arctan n>0$,所以级数是交错级数;又 u_n 单调减少且 $\lim\limits_{n\to\infty}u_n=0$,由定理5可知级数收敛.

8.2.3 级数的绝对收敛与条件收敛

绝对收敛与条件收敛

无锡职业技术学院—黄飞

交错级数是非正项级数中的特殊类型,对于一般的非正项级数(任意级数),有如下概念和结论.

定义3 对于级数 $\sum\limits_{n=1}^{\infty}u_n$,如果级数 $\sum\limits_{n=1}^{\infty}|u_n|$ 收敛,则称级数 $\sum\limits_{n=1}^{\infty}u_n$ 为**绝对收敛**;如果 $\sum\limits_{n=1}^{\infty}u_n$ 收敛,而 $\sum\limits_{n=1}^{\infty}|u_n|$ 发散,则称 $\sum\limits_{n=1}^{\infty}u_n$ **条件收敛**.

例如, $\sum\limits_{n=1}^{\infty}(-1)^n\dfrac{1}{n^2}$ 是绝对收敛级数,而 $\sum\limits_{n=1}^{\infty}(-1)^n\dfrac{1}{n}$ 则是条件收敛级数.

定理6(绝对收敛定理) 如果级数 $\sum\limits_{n=1}^{\infty}u_n$ 的每一项取绝对值后所构成的正项级数 $\sum\limits_{n=1}^{\infty}|u_n|$ 收敛,则原级数 $\sum\limits_{n=1}^{\infty}u_n$ 也收敛.

由绝对收敛定理知,绝对收敛级数必定收敛.

注意,该定理的逆命题不成立,即当级数 $\sum\limits_{n=1}^{\infty}u_n$ 收敛时,级数 $\sum\limits_{n=1}^{\infty}|u_n|$ 可能发散. 例如,交错级数 $\sum\limits_{n=1}^{\infty}(-1)^n\dfrac{1}{n}$ 收敛,而级数 $\sum\limits_{n=1}^{\infty}\left|(-1)^n\dfrac{1}{n}\right|=\sum\limits_{n=1}^{\infty}\dfrac{1}{n}$ 发散.

当级数 $\sum\limits_{n=1}^{\infty}|u_n|$ 发散时,一般不能推出原级数 $\sum\limits_{n=1}^{\infty}u_n$ 的敛散性. 但是,当运用比值审敛法来判断正项级数 $\sum\limits_{n=1}^{\infty}|u_n|$,而知其为发散时,就可以断言级数 $\sum\limits_{n=1}^{\infty}u_n$ 亦发散. 这是因为利用比值审敛法来判定一个正项级数 $\sum\limits_{n=1}^{\infty}|u_n|$ 为发散时,是根据 $\lim\limits_{n\to\infty}|u_n|\neq0$ 得

到的，从而$\lim\limits_{n\to\infty} u_n \neq 0$，由收敛级数的必要条件知级数$\sum\limits_{n=1}^{\infty} u_n$发散.

推论 设有级数$\sum\limits_{n=1}^{\infty} u_n$，如果

$$\lim_{n\to\infty}\left|\frac{u_{n+1}}{u_n}\right| = \rho,$$

则当$\rho<1$时，级数$\sum\limits_{n=1}^{\infty} u_n$绝对收敛；当$\rho>1$或为$+\infty$时，级数$\sum\limits_{n=1}^{\infty} u_n$发散.

例 7 讨论下列级数的绝对收敛和条件收敛性.

(1) $\sum\limits_{n=1}^{\infty}(-1)^{n-1}\dfrac{1}{n!}$; (2) $\sum\limits_{n=1}^{\infty}(-1)^n\sin\dfrac{1}{n}$.

解 (1) 因为

$$\lim_{n\to\infty}\left|\frac{u_{n+1}}{u_n}\right| = \lim_{n\to\infty}\frac{1}{n+1} = 0 < 1,$$

所以，由推论知级数$\sum\limits_{n=1}^{\infty}(-1)^{n-1}\dfrac{1}{n!}$绝对收敛.

(2) 由

$$\sum_{n=1}^{\infty}\left|(-1)^n\sin\frac{1}{n}\right| = \sum_{n=1}^{\infty}\sin\frac{1}{n},$$

因为

$$\lim_{n\to\infty}\frac{\sin\frac{1}{n}}{\frac{1}{n}} = 1,$$

而级数$\sum\limits_{n=1}^{\infty}\dfrac{1}{n}$发散，根据比较审敛法，级数$\sum\limits_{n=1}^{\infty}\sin\dfrac{1}{n} = \sum\limits_{n=1}^{\infty}\left|(-1)^n\sin\dfrac{1}{n}\right|$发散.

又因为

$$\sin\frac{1}{n} > \sin\frac{1}{n+1} \quad (n\geqslant 1)$$

及

$$\lim_{n\to\infty}\sin\frac{1}{n} = 0,$$

由莱布尼茨定理知，级数$\sum\limits_{n=1}^{\infty}(-1)^n\sin\dfrac{1}{n}$收敛.

故级数$\sum\limits_{n=1}^{\infty}(-1)^n\sin\dfrac{1}{n}$条件收敛.

练习 8.2

1. 指出下列悖论的问题所在.

$$s = \sum_{n=1}^{\infty} 3^n = 1+3+9+27+\cdots = 1+3(1+3+9+\cdots) = 1+3\sum_{n=1}^{\infty}3^n = 1+3s,$$

所以 $s=-\frac{1}{2}$.

2. 用正项级数审敛法,判定下列级数的敛散性.

(1) $\sum_{n=1}^{\infty}\sin\frac{1}{n^2+1}$; (2) $\sum_{n=1}^{\infty}\frac{\sqrt{n}}{n^2-10}$;

(3) $\sum_{n=1}^{\infty}\frac{n!}{n^2}$; (4) $\sum_{n=1}^{\infty}\frac{1+\sin\frac{1}{n}}{n+1}$.

3. 判断下列级数的敛散性. 如果收敛,指出是绝对收敛还是条件收敛.

(1) $\sum_{n=1}^{\infty}(-1)^n\frac{2^n+1}{3^n-1}$; (2) $\sum_{n=1}^{\infty}(-1)\frac{\cos n}{n^2-1}$;

(3) $\sum_{n=1}^{\infty}\sin\left[(n-1)\pi+\frac{\pi}{3}\right]\frac{n}{n^2+n-1}$.

习题 8.2

1. 用比较审敛法判别下列级数的敛散性.

(1) $\sum_{n=1}^{\infty}\frac{1}{2n+1}$; (2) $\sum_{n=1}^{\infty}\frac{n-2}{n^2(n+1)}$;

(3) $\sum_{n=1}^{\infty}(\sqrt{n^2+1}-\sqrt{n^2-1})$; (4) $\sum_{n=1}^{\infty}2^n\sin\frac{\pi}{3^n}$.

2. 用比值审敛法判别下列级数的敛散性.

(1) $\sum_{n=1}^{\infty}\frac{n!}{2^n\cdot(n+1)}$; (2) $\sum_{n=1}^{\infty}\frac{n^3}{a^n}(a>1)$;

(3) $\sum_{n=1}^{\infty}\frac{n^4}{(n+1)!}$; (4) $\sum_{n=1}^{\infty}\frac{2\cdot5\cdot8\cdot\cdots\cdot(3n-1)}{1\cdot5\cdot9\cdot\cdots\cdot(4n-3)}$.

3. 用适当的方法判别下列级数的敛散性.

(1) $\sum_{n=1}^{\infty}\frac{n-5}{10n+1}$; (2) $\sum_{n=1}^{\infty}\frac{n-5}{n^3(n+5)}$;

(3) $\sum_{n=1}^{\infty}a^n\sin\frac{\pi}{3^n}$ ($a>0$ 为常数); (4) $\sum_{n=1}^{\infty}\frac{(n+1)!}{n^n}$.

4. 判别下列交错级数是否收敛? 如果收敛,指出是绝对收敛还是条件收敛.

(1) $\sum_{n=1}^{\infty}(-1)^n\frac{1}{\sqrt{n}}$; (2) $\sum_{n=1}^{\infty}(-1)^n\frac{n^2}{(\sqrt{2})^n}$;

(3) $\sum_{n=1}^{\infty}(-1)^n\frac{n}{2n-1}$; (4) $\sum_{n=1}^{\infty}\cos n\pi\arctan\frac{n}{n^2+1}$.

§8.3 幂 级 数

8.3.1 函数项级数的概念

定义 1 设 $u_n(x)(n=1,2,3,\cdots)$ 是定义在区间 I 上的函数,称和式

$$u_1(x)+u_2(x)+\cdots+u_n(x)+\cdots \tag{8-2}$$

为定义在区间 I 上的(**函数项**)**无穷级数**,简称为(**函数项**)**级数**, 记为 $\sum\limits_{n=1}^{\infty} u_n(x), x\in I$.

对于每一个确定的值 $x_0\in I$,级数 $\sum\limits_{n=1}^{\infty} u_n(x_0)$ 就是一个数项级数. 由此可见,函数项级数(8-2)在点 x_0 的敛散性由数项级数 $\sum\limits_{n=1}^{\infty} u_n(x_0)$ 完全确定.

定义 2 如果数项级数 $\sum\limits_{n=1}^{\infty} u_n(x_0)$ 收敛(发散),则称函数项级数(8-2)在点 x_0 收敛(发散),或称点 x_0 是函数项级数(8-2)的**收敛点**(**发散点**). 函数项级数(8-2)的收敛点的全体称为它的**收敛域**, 发散点的全体称为它的**发散域**.

对应于收敛域内的任意一个数 x,函数项级数成为一收敛的数项级数, 因而有一确定的和 s. 这样, 在收敛域上, 函数项级数的和是 x 的函数 $s(x)$, 通常称 $s(x)$ 为函数项级数的和函数,此函数的定义域就是级数的收敛域, 并写成

$$s(x)=u_1(x)+u_2(x)+\cdots+u_n(x)+\cdots.$$

把函数项级数(8-2)的前 n 项的部分和记作 $s_n(x)$, 则在收敛域上有

$$\lim_{n\to\infty} s_n(x)=s(x).$$

8.3.2 幂级数及其收敛区间

函数项级数中简单而常见的一类级数就是各项都是幂函数的函数项级数.

定义 3 形如

$$\sum_{n=0}^{\infty} a_n x^n=a_0+a_1x+a_2x^2+\cdots+a_nx^n+\cdots \tag{8-3}$$

的函数项级数,称为幂级数,其中常数 $a_0,a_1,\cdots,a_n,\cdots$ 称为幂级数的系数.

幂级数的收敛域

无锡职业技术学院
—黄飞

为了讨论幂级数(8-3)的收敛域,将(8-3)各项取绝对值,根据正项级数的比值判别法,如果设

$$\lim_{n\to\infty}\left|\frac{a_{n+1}}{a_n}\right|=l,$$

则

$$\lim_{n\to\infty}\left|\frac{u_{n+1}}{u_n}\right|=\lim_{n\to\infty}\left|\frac{a_{n+1}x^{n+1}}{a_nx^n}\right|=l|x|.$$

于是,由 §8.2 中的推论可得:

(1) 如果 $0<l<+\infty$,则当 $l|x|<1$,即 $|x|<\dfrac{1}{l}$ 时,幂级数(8-3)绝对收敛;当

$l|x|>1$,即 $|x|>\frac{1}{l}$ 时,幂级数(8-3)发散;当 $l|x|=1$,即 $x=\pm\frac{1}{l}$ 时,幂级数(8-3)可能收敛也可能发散.称此数 $\frac{1}{l}=R$ 为幂级数的收敛半径,$(-R,R)$ 称为幂级数(8-3)的收敛区间,再由幂级数在 $x=\pm R$ 处的收敛性就可以确定它的收敛域是 $(-R,R)$、$[-R,R)$、$(-R,R]$ 或 $[-R,R]$ 这四个区间之一.

(2) 如果 $l=0$,则对任意 $x\in(-\infty,+\infty)$,有 $l|x|=0<1$,这时幂级数(8-3)处处收敛,即收敛域为 $(-\infty,+\infty)$.此时,约定收敛半径 $R=+\infty$.

(3) 如果 $l=+\infty$,则对任意 $x\neq 0$,$l|x|=+\infty$,这时幂级数(8-3)仅在 $x=0$ 处收敛,即收敛域为 $\{0\}$.此时,约定收敛半径 $R=0$.

由以上讨论可以看出,幂级数(8-3)的收敛域总是包含原点在内的一个区间(特殊情况缩为一点).

综上所述,有以下定理.

定理 1 设有幂级数 $\sum\limits_{n=0}^{\infty}a_nx^n$,如果

$$\lim_{n\to\infty}\left|\frac{a_{n+1}}{a_n}\right|=l,$$

则幂级数的收敛半径

$$R=\begin{cases}\dfrac{1}{l}, & 0<l<+\infty,\\ +\infty, & l=0,\\ 0, & l=+\infty.\end{cases}$$

例 1 求下列幂级数的收敛半径、收敛区间及收敛域.

(1) $\sum\limits_{n=1}^{\infty}\frac{x^n}{n!}$; (2) $\sum\limits_{n=1}^{\infty}\frac{x^n}{n^n}$; (3) $\sum\limits_{n=1}^{\infty}\frac{x^n}{n\cdot 3^n}$.

解 (1) $l=\lim\limits_{n\to\infty}\left|\frac{a_{n+1}}{a_n}\right|=\lim\limits_{n\to\infty}\frac{n!}{(n+1)!}=\lim\limits_{n\to\infty}\frac{1}{n+1}=0$,收敛半径 $R=+\infty$,收敛区间和收敛域为 $(-\infty,+\infty)$.

(2) $l=\lim\limits_{n\to\infty}\left|\frac{a_{n+1}}{a_n}\right|=\lim\limits_{n\to\infty}\frac{n^n}{(n+1)^{n+1}}=\lim\limits_{n\to\infty}\left[\frac{1}{n+1}\cdot\frac{1}{\left(1+\frac{1}{n}\right)^n}\right]=0$,收敛半径 $R=+\infty$,收敛区间和收敛域为 $(-\infty,+\infty)$.

(3) $l=\lim\limits_{n\to\infty}\left|\frac{a_{n+1}}{a_n}\right|=\lim\limits_{n\to\infty}\frac{\frac{1}{(n+1)\cdot 3^{n+1}}}{\frac{1}{n\cdot 3^n}}=\frac{1}{3}$,收敛半径 $R=\frac{1}{l}=3$,收敛区间是 $(-3,3)$.

当 $x=3$ 时,级数 $\sum\limits_{n=1}^{\infty}\frac{x^n}{n\cdot 3^n}=\sum\limits_{n=1}^{\infty}\frac{1}{n}$ 为调和级数,发散;当 $x=-3$ 时,$\sum\limits_{n=1}^{\infty}\frac{x^n}{n\cdot 3^n}=\sum\limits_{n=1}^{\infty}\frac{(-1)^n}{n}$ 由莱布尼茨判别法知其收敛.

因此,原级数收敛域为$[-3,3)$.

例 2 求幂级数 $\sum_{n=1}^{\infty}\frac{(x-1)^n}{2^n n}$ 的收敛半径、收敛区间及收敛域.

解 令 $t=x-1$,上述级数变为 $\sum_{n=1}^{\infty}\frac{t^n}{2^n n}$.

因为 $l=\lim_{n\to\infty}\left|\frac{a_{n+1}}{a_n}\right|=\frac{2^n\cdot n}{2^{n+1}\cdot(n+1)}=\frac{1}{2}$,所以收敛半径 $R=2$.

当 $t=2$ 时,级数成为 $\sum_{n=1}^{\infty}\frac{1}{n}$,此级数发散;当 $t=-2$ 时,级数成为 $\sum_{n=1}^{\infty}\frac{(-1)^n}{n}$,此级数收敛.

因此级数 $\sum_{n=1}^{\infty}\frac{t^n}{2^n n}$ 的收敛域为 $-2\leqslant t<2$.

因为 $-2\leqslant x-1<2$,即 $-1\leqslant x<3$,所以原级数的收敛域为$[-1,3)$.

对于非标准形式的幂级数可直接应用比值审敛法.

例 3 求幂级数 $\sum_{n=1}^{\infty}\frac{2n-1}{2^n}x^{2n}$ 的收敛半径和收敛区间.

解 所给级数不是标准形式,直接应用比值审敛法求之. 因为

$$\lim_{n\to\infty}\left|\frac{\frac{2(n+1)-1}{2^{n+1}}x^{2(n+1)}}{\frac{2n-1}{2^n}x^{2n}}\right|=\frac{1}{2}\lim_{n\to\infty}\frac{2n+1}{2n-3}|x|^2=\frac{1}{2}|x|^2,$$

当$\frac{1}{2}|x|^2<1$,即$|x|<\sqrt{2}$时,级数收敛;当$\frac{1}{2}|x|^2>1$,即$|x|>\sqrt{2}$时,级数发散.

因此,收敛半径 $R=\sqrt{2}$,收敛区间是$(-\sqrt{2},\sqrt{2})$.

8.3.3 幂级数的运算及性质

1. 幂级数的运算

设 $\sum_{n=0}^{\infty}a_nx^n$ 与 $\sum_{n=0}^{\infty}b_nx^n$ 是两个幂级数,

(1) 如果两个幂级数在 x 的某邻域内相等,则它们同次幂的系数相等,即

$$a_n=b_n,n=0,1,2,\cdots;$$

(2) 如果两个幂级数的收敛半径分别为 R_a 和 R_b,则

$$\lambda\sum_{n=0}^{\infty}a_nx^n=\sum_{n=0}^{\infty}\lambda a_nx^n,x\in(-R_a,R_a);$$

$$\sum_{n=0}^{\infty}a_nx^n\pm\sum_{n=0}^{\infty}b_nx^n=\sum_{n=0}^{\infty}(a_n\pm b_n)x^n,x\in(-R,R);$$

$$\left(\sum_{n=0}^{\infty}a_nx^n\right)\left(\sum_{n=0}^{\infty}b_nx^n\right)=\sum_{n=0}^{\infty}c_nx^n,x\in(-R,R),$$

其中 λ 为常数,$R=\min\{R_a,R_b\}$,$c_n=\sum_{k=0}^{n}a_kb_{n-k}$.

2. 和函数的分析性质

设幂级数 $\sum\limits_{n=0}^{\infty} a_n x^n$ 的收敛半径为 $R>0$,其和函数为 $s(x)$,则

性质 1 幂级数 $\sum\limits_{n=0}^{\infty} a_n x^n$ 的和函数 $s(x)$ 在其收敛域 I 上连续，且有

$$\lim_{x\to x_0} s(x) = \lim_{x\to x_0}\sum_{n=0}^{\infty} a_n x^n = \sum_{n=0}^{\infty}\left[\lim_{x\to x_0}(a_n x^n)\right] = \sum_{n=0}^{\infty} a_n x_0^n = s(x_0).$$

幂级数的和函数

无锡职业技术学院—黄飞

性质 2 幂级数 $\sum\limits_{n=0}^{\infty} a_n x^n$ 的和函数 $s(x)$ 在其收敛域 I 上可积，并有逐项积分公式

$$\int_0^x s(t)\,\mathrm{d}t = \int_0^x\left(\sum_{n=0}^{\infty} a_n t^n\right)\mathrm{d}t = \sum_{n=0}^{\infty}\int_0^x a_n t^n\,\mathrm{d}t = \sum_{n=0}^{\infty}\frac{a_n}{n+1}x^{n+1},\ x\in I,$$

逐项积分后所得到的幂级数和原级数有相同的收敛半径.

性质 3 幂级数 $\sum\limits_{n=0}^{\infty} a_n x^n$ 的和函数 $s(x)$ 在其收敛区间 $(-R,R)$ 内可导,且有逐项求导公式

$$s'(x) = \left(\sum_{n=1}^{\infty} a_n x^n\right)' = \sum_{n=1}^{\infty}(a_n x^n)' = \sum_{n=1}^{\infty} n a_n x^{n-1},\ x\in(-R,R),$$

逐项求导后所得到的幂级数和原级数有相同的收敛半径.

反复应用上述结论可得:幂级数 $\sum\limits_{n=0}^{\infty} a_n x^n$ 的和函数 $s(x)$ 在其收敛区间 $(-R,R)$ 内具有任意阶导数.

由此,可以通过逐项求导、求积分等方法来得到 $s(x)$ 的有限形式的解析表达式.在此过程中,我们经常会用到无穷递减等比级数的和函数公式:

$$\sum_{n=0}^{\infty}(-1)^n x^n = \frac{1}{1+x},\ x\in(-1,1)\text{或}\sum_{n=0}^{\infty} x^n = \frac{1}{1-x},\ x\in(-1,1),$$

这也是迄今为止唯一一个用部分和求极限的方法得到的和函数.

例 4 求幂级数 $\sum\limits_{n=1}^{\infty}\dfrac{x^n}{n}$ 在其收敛区间内的和函数.

解 易求得幂级数收敛区间为 $(-1,1)$. 记其和函数为 $s(x)$. 根据性质 2,对右边幂级数逐项求导,得

$$s'(x) = \left[\sum_{n=1}^{\infty}\frac{x^n}{n}\right]' = \sum_{n=1}^{\infty}\left[\frac{x^n}{n}\right]' = \sum_{n=1}^{\infty} x^{n-1} = \frac{1}{1-x},$$

两边积分有

$$\int_0^x s'(t)\,\mathrm{d}t = s(t)\Big|_0^x = s(x)-s(0) = \int_0^x\frac{1}{1-t}\mathrm{d}t = -\ln(1-x),\ x\in(-1,1),$$

因为 $s(0)=0$,所以 $s(x) = -\ln(1-x)$, $x\in(-1,1)$.

例 5 求幂级数 $\sum\limits_{n=1}^{\infty} n x^{n-1}$ 在其收敛区间内的和函数.

解 易求得幂级数收敛区间为 $(-1,1)$. 记其和函数为 $s(x)$. 根据性质 3,令 $f(x) = \int_0^x s(t)\,\mathrm{d}t$,则

$$f(x)=\int_0^x s(t)\,dt=\int_0^x\left[\sum_{n=1}^{\infty} nt^{n-1}\right]dt=\sum_{n=1}^{\infty}\int_0^x nt^{n-1}dt=\sum_{n=1}^{\infty}x^n=\frac{x}{1-x},x\in(-1,1),$$

再两边求导，得

$$s(x)=\frac{1}{(1-x)^2},x\in(-1,1).$$

练习 8.3

1. 求幂级数的和函数有哪些方法？

2. 求下列幂级数的收敛半径、收敛区间、收敛域及在收敛区间内的和函数.

(1) $\sum_{n=1}^{\infty} nx^{n-1}$；　(2) $\sum_{n=1}^{\infty} \frac{x^n}{3^n\cdot n}$；　(3) $\sum_{n=1}^{\infty} \frac{(x-1)^n}{n}$.

习题 8.3

1. 求下列幂级数的收敛半径和收敛区间.

(1) $\sum_{n=1}^{\infty} n!\,x^n$；　(2) $\sum_{n=1}^{\infty} \frac{x^n}{3n+5}$；

(3) $\sum_{n=1}^{\infty} \frac{(-1)^n}{\ln(n+1)}x^n$；　(4) $\sum_{n=1}^{\infty} \frac{3^n}{n}(x-1)^n$.

2. 求下列级数的和函数.

(1) $\sum_{n=1}^{\infty} (n+1)x^n$；　(2) $\sum_{n=1}^{\infty} \frac{x^{2n}}{2n}$；

(3) $\sum_{n=1}^{\infty} \frac{n}{n+1}x^n$；　(4) $\sum_{n=1}^{\infty} \frac{x^n}{n(n+1)}$.

§8.4 函数的幂级数展开式

把一个已知函数表示为幂级数的和函数形式,称为函数的幂级数展开式. 把函数展开成幂级数后,可以使原来有定义域、对应法则而无解析表达式的函数,例如 $\sin x$, $\cos x$, $\tan x$, e^x 以及稍微复杂一些的 $\int \frac{\sin x}{x}dx$, $\int_0^x e^{-t^2}dt$ 等,获得明确的表达式,而且表达式还是各项都十分简单的幂函数,便于进一步研究这些函数的性质.

8.4.1 泰勒(Tayler)级数与泰勒公式

1. 泰勒级数和麦克劳林(Maclaurin)级数

显然,如果函数 $f(x)$ 在点 x_0 的某邻域 $U(x_0)$ 内能展开成幂级数, 即有

$$f(x)=a_0+a_1(x-x_0)+a_2(x-x_0)^2+\cdots+a_n(x-x_0)^n+\cdots, x\in U(x_0), \quad (8-4)$$

那么, 根据和函数的性质, 可知 $f(x)$ 在 $U(x_0)$ 内存在任意阶导数,且

$$f^{(n)}(x)=n!\ a_n+(n+1)!\ a_{n+1}(x-x_0)+\frac{(n+2)!}{2!}a_{n+2}(x-x_0)^2+\cdots,$$

由此可得

$$f^{(n)}(x_0)=n!\cdot a_n,$$

于是

$$a_n=\frac{f^{(n)}(x_0)}{n!}, n=1,2,\cdots \quad (8-5)$$

这就表明,如果函数 $f(x)$ 有幂级数展开式(8-4), 那么该幂级数的系数 a_n 由公式(8-5)确定, 即该幂级数必为

$$\begin{aligned}&f(x_0)+f'(x_0)(x-x_0)+\cdots+\frac{f^{(n)}(x_0)}{n!}(x-x_0)^n+\cdots\\&=\sum_{n=0}^{\infty}\frac{f^{(n)}(x_0)}{n!}(x-x_0)^n\end{aligned} \quad (8-6)$$

而展开式必为

$$f(x)=\sum_{n=0}^{\infty}\frac{f^{(n)}(x_0)}{n!}(x-x_0)^n, \quad x\in U(x_0) \quad (8-7)$$

幂级数(8-6)叫做函数 $f(x)$ 在点 x_0 处的**泰勒级数**. 展开式(8-7)叫做函数 $f(x)$ 在点 x_0 处的**泰勒展开式**. 特别地,当 $x_0=0$ 时,

$$f(x)=f(0)+\frac{f'(0)}{1}x+\frac{f''(0)}{2!}x^2+\cdots+\frac{f^{(n)}(0)}{n!}x^n+\cdots$$

右端称为 $f(x)$ 的**麦克劳林(Maclaurin)级数**.

由以上讨论可知, 函数 $f(x)$ 在 $U(x_0)$ 内能展开成幂级数的充分必要条件是泰勒展开式(8-7)成立, 也就是泰勒级数(8-6)在 $U(x_0)$ 内收敛, 且收敛到 $f(x)$.

下面讨论泰勒展开式(8-7)成立的条件.

2. 泰勒定理和可展开的条件

定理1(泰勒定理) 设函数 $f(x)$ 在 x_0 的某邻域内有直至 $n+1$ 阶导数,则对此邻域内的任意 x, $f(x)$ 可表示为

$$f(x)=f(x_0)+\frac{f'(x_0)}{1}(x-x_0)+\frac{f''(x_0)}{2!}(x-x_0)^2+\cdots+\frac{f^{(n)}(x_0)}{n!}(x-x_0)^n+R_n(x),$$

其中，$R_n(x)=\dfrac{f^{(n+1)}(\xi)}{(n+1)!}(x-x_0)^{n+1}$（$\xi$ 是 x_0 与 x 之间的某个值）. 此式称为 $f(x)$ 在 x_0 处的**泰勒公式**，$R_n(x)$ 称为 $f(x)$ 在 x_0 处的**泰勒公式余项**.

一个函数如能展开成幂级数，则必定展开为泰勒级数或麦克劳林级数，所以函数的幂级数展开式又称为函数的泰勒展开式或麦克劳林展开式.

我们可以得到下面的定理：

定理 2 设函数 $f(x)$ 在点 x_0 的某一邻域 $U(x_0)$ 内具有各阶导数，则 $f(x)$ 在该邻域内能展开成泰勒级数的充分必要条件是在该邻域内 $f(x)$ 的泰勒公式中的余项 $R_n(x)$ 当 $n\to\infty$ 时的极限为零，即

$$\lim_{n\to\infty}R_n(x)=0,\quad x\in U(x_0).$$

8.4.2 将函数展开成幂级数的方法

幂级数的展开式

无锡职业技术学院—黄飞

下面重点介绍函数展开为麦克劳林级数的方法，与函数展开为 x_0 处泰勒级数的方法完全类似.

1. 直接展开法

用直接展开法把函数 $f(x)$ 展开成 x 的幂级数，也就是 $f(x)$ 的麦克劳林级数，可按下列步骤进行.

第一步：求出 $f(x)$ 的各阶导数 $f'(x)$，$f''(x)$，…，$f^{(n)}(x)$，…，如果在 $x=0$ 处某阶导数不存在，就停止进行. 例如在 $x=0$ 处，$f(x)=x^{7/3}$ 的三阶导数不存在，它就不能展开为 x 的幂级数.

第二步：求出函数及其各阶导数在 $x=0$ 处的值：

$$f(0),f'(0),f''(0),\cdots,f^{(n)}(0),\cdots.$$

第三步：写出幂级数

$$\sum_{n=0}^{\infty}\frac{f^{(n)}(0)}{n!}x^n=f(0)+f'(0)x+\frac{f''(0)}{2!}x^2+\cdots+\frac{f^{(n)}(0)}{n!}x^n+\cdots,$$

并求其收敛半径 R.

第四步：利用 $R_n(x)$ 的表达式 $R_n(x)=\dfrac{f^{(n+1)}(\xi)}{(n+1)!}(x-x_0)^{n+1}$（$\xi$ 是 x_0 与 x 之间的某个值），考察当 x 在区间 $(-R,R)$ 内余项 $R_n(x)$ 的极限是否为零. 如果为零，则函数 $f(x)$ 在区间 $(-R,R)$ 内的幂级数展开式为

$$f(x)=f(0)+f'(0)x+\frac{f''(0)}{2!}x^2+\cdots+\frac{f^{(n)}(0)}{n!}x^n+\cdots\quad(-R<x<R).$$

例 1 求 $f(x)=\mathrm{e}^x$ 的麦克劳林展开式.

解 $f^{(n)}(x)=\mathrm{e}^x$，$f^{(n)}(0)=1$，$(n=0,1,2,\cdots)$，于是得级数

$$1+x+\frac{1}{2!}x^2+\cdots+\frac{1}{n!}x^n+\cdots.$$

易求得其收敛半径为 $R=+\infty$.

对于任意取定的 $x\in(-\infty,+\infty)$，n 阶余项的绝对值

$$|R_n(x)| = \left|\frac{f^{(n+1)}(\xi)}{(n+1)!}\right| \cdot |x|^{n+1} = \frac{e^{\xi}}{(n+1)!}|x|^{n+1},$$

因为 ξ 在 $0,x$ 之间,所以 $e^{\xi} \leqslant e^{|x|}$. 因 $e^{|x|}$ 有限,而 $\frac{|x|^{n+1}}{(n+1)!}$ 是收敛级数 $\sum_{n=0}^{\infty}\frac{|x|^{n+1}}{(n+1)!}$ 的一般项,所以当 $n\to\infty$ 时, $|R_n(x)|\to 0$.

故 e^x 在 $(-\infty,+\infty)$ 上的麦克劳林展开式为

$$e^x = 1 + x + \frac{1}{2!}x^2 + \cdots + \frac{1}{n!}x^n + \cdots = \sum_{n=0}^{\infty}\frac{1}{n!}x^n,\ x\in(-\infty,+\infty).$$

如果在 $x=0$ 处附近,用级数的部分和(即多项式)来近似代替 e^x,那么随着项数的增加,它们就越来越接近于 e^x,如图 8-1 所示.

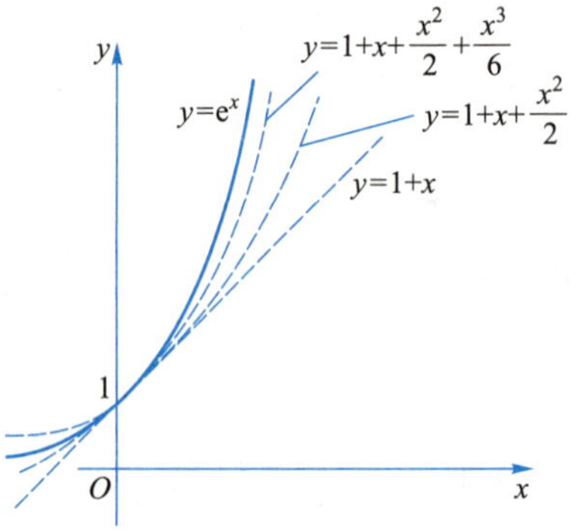

图 8-1

例 2 求 $f(x)=\sin x$ 的麦克劳林展开式.

解 因为 $f^{(n)}(x)=\sin\left(x+n\cdot\frac{\pi}{2}\right),(n=1,2,\cdots)$,

所以 $f^{(n)}(0)$ 顺序循环地取 $0,1,0,-1,\cdots(n=0,1,2,3,\cdots)$,于是得级数

$$x-\frac{x^3}{3!}+\frac{x^5}{5!}-\cdots+(-1)^n\frac{x^{2n+1}}{(2n+1)!}+\cdots,$$

它的收敛半径为 $R=+\infty$.

对于任何有限的数 x、ξ(ξ 介于 0 与 x 之间),有

$$|R_n(x)| = \left|\frac{\sin\left[\xi+\frac{(n+1)\pi}{2}\right]}{(n+1)!}x^{n+1}\right| \leqslant \frac{|x|^{n+1}}{(n+1)!}\to 0\ (n\to\infty).$$

因此得展开式

$$\sin x = x-\frac{x^3}{3!}+\frac{x^5}{5!}-\cdots+(-1)^n\frac{x^{2n+1}}{(2n+1)!}+\cdots=\sum_{n=0}^{\infty}\frac{(-1)^n}{(2n+1)!}x^{2n+1}\ (-\infty<x<+\infty).$$

2. 间接展开法

因为函数的幂级数展开式是唯一的,所以可以从已知展式出发,利用函数间的关系、幂级数运算性质及变量代换等手段,将函数展开成幂级数,这就是间接展开法.

前面我们已经求得的幂级数展开式有

(1) $e^x = \sum_{n=0}^{\infty}\frac{1}{n!}x^n,\ x\in(-\infty,+\infty)$;

(2) $\sin x=\sum\limits_{n=0}^{\infty}\frac{(-1)^n}{(2n+1)!}x^{2n+1},\ x\in(-\infty,+\infty)$;

(3) $\frac{1}{1+x}=\sum\limits_{n=0}^{\infty}(-1)^n x^n, x\in(-1,1)$;

利用这三个展开式，可以求得许多函数的幂级数展开式. 例如

对(3)式两边从 0 到 x 积分，可得

(4) $\ln(1+x)=\sum\limits_{n=0}^{\infty}\frac{(-1)^n}{n+1}x^{n+1}=\sum\limits_{n=1}^{\infty}\frac{(-1)^{n-1}}{n}x^n, x\in(-1,1]$;

对(2)式两边求导，即得

(5) $\cos x=\sum\limits_{n=0}^{\infty}\frac{(-1)^n}{2n!}x^{2n},\ x\in(-\infty,+\infty)$;

上述五个幂级数展开式是最常用的，记住前三个，后两个也就掌握了.

例 3 求下列函数的麦克劳林级数.

(1) e^{-x^2}; (2) $\frac{1}{1+x^2}$; (3) $\arctan x$.

解 (1) 已知 $e^x=\sum\limits_{n=0}^{\infty}\frac{1}{n!}x^n,\ x\in(-\infty,+\infty)$,所以

$$e^{-x^2}=\sum_{n=0}^{\infty}\frac{1}{n!}(-x^2)^n=\sum_{n=0}^{\infty}\frac{(-1)^n}{n!}x^{2n},\ x\in(-\infty,+\infty).$$

(2) 已知$\frac{1}{1+x}=\sum\limits_{n=0}^{\infty}(-1)^n x^n, x\in(-1,1)$,所以

$$\frac{1}{1+x^2}=\sum_{n=0}^{\infty}(-1)^n(x^2)^n=\sum_{k=0}^{\infty}(-1)^n x^{2n}, x\in(-1,1).$$

(3) $(\arctan x)'=\frac{1}{1+x^2}=\sum\limits_{n=0}^{\infty}(-1)^n(x^2)^n=\sum\limits_{n=0}^{\infty}(-1)^n x^{2n}, x\in(-1,1)$,

$$\arctan x=\int_0^x[\arctan t)]'\mathrm{d}t=\int_0^x\Big[\sum_{n=0}^{\infty}(-1)^n t^{2n}\Big]\mathrm{d}t=\sum_{n=0}^{\infty}\int_0^x(-1)^n t^{2n}\mathrm{d}t$$

$$=\sum_{n=0}^{\infty}\frac{(-1)^n}{2n+1}x^{2n+1}, x\in(-1,1).$$

即

$$\arctan x=\sum_{n=0}^{\infty}\frac{(-1)^n}{2n+1}x^{2n+1}, x\in[-1,1].$$

例 4 【本章导例】 银行永久取款问题

解 设若存入本金 A 元,则一年后本金与利息之和为 $A(1+i)$,两年后的本利和为 $A(1+i)^2,\cdots,n$ 年后的本利和为 $A(1+i)^n$.

n 年后若要提取 n^2 元,则相应存入的本金应为 $n^2(1+i)^{-n}$元. 所以为使第一年末提取 1 元,则要有本金$(1+i)^{-1}$元;第二年末提取 $2^2=4$ 元,则要有本金 $2^2\cdot(1+i)^{-2}$元;第三年末提取 $3^2=9$ 元,则要有本金 $3^3\cdot(1+i)^{-3}$元,…,如此下去,直至永远,所需本金总数为

$$\sum_{n=1}^{\infty}n^2(1+i)^{-n}.$$

根据公式

$$\frac{1}{1-x}=\sum_{n=1}^{\infty}x^n \quad (-1<x<1),$$

两边同时求导,可得

$$\frac{x}{(1-x)^2}=x\frac{\mathrm{d}}{\mathrm{d}x}\left(\frac{1}{1-x}\right)=\sum_{n=1}^{\infty}nx^n \quad (-1<x<1),$$

从而

$$\frac{x+x^2}{(1-x)^3}=x\frac{1+x}{(1-x)^3}=x\frac{\mathrm{d}}{\mathrm{d}x}\left(\frac{x}{(1-x)^2}\right)$$

$$=\sum_{n=1}^{\infty}n^2x^n \quad (\text{当}\,|x|<1\,\text{时}),$$

取 $x=\frac{1}{1+i}$,得

$$\sum_{n=1}^{\infty}n^2(1+i)^{-n}=\frac{\frac{1}{1+i}+\frac{1}{(1+i)^2}}{\left(1-\frac{1}{1+i}\right)^3}=\frac{(1+i)(2+i)}{i^3}.$$

所以要想能永远地如此提取,则需事先存入$\frac{(1+i)(2+i)}{i^3}$元本金.

3. 利用函数的麦克劳林展开式求泰勒展开式

展开函数为 x_0 处的泰勒级数,也可应用麦克劳林展开式.

例 5 把函数 $\ln(1+x)$ 展开为 $x=3$ 处的泰勒级数.

解 $\ln(1+x)=\ln[4+(x-3)]=\ln\left[4\left(1+\frac{x-3}{4}\right)\right]=\ln 4+\ln\left[1+\frac{x-3}{4}\right].$

在 $\ln(1+x)$ 的麦克劳林展开式中代换 x 为$\frac{x-3}{4}$,得

$$\ln(1+x)=\ln 4+\sum_{n=1}^{\infty}\frac{(-1)^{n-1}}{n}\left(\frac{x-3}{4}\right)^n=\ln 4+\sum_{n=1}^{\infty}\frac{(-1)^{n-1}}{4^n n}(x-3)^n,$$

由$\frac{x-3}{4}\in(-1,1)$,得 $x\in(-1,7)$.

例 6 将函数 $f(x)=\frac{1}{x^2+4x+3}$展开成 $(x-1)$ 的幂级数.

解 因为

$$f(x)=\frac{1}{x^2+4x+3}=\frac{1}{(x+1)(x+3)}=\frac{1}{2(1+x)}-\frac{1}{2(3+x)}=\frac{1}{4\left(1+\frac{x-1}{2}\right)}-\frac{1}{8\left(1+\frac{x-1}{4}\right)}$$

$$=\frac{1}{4}\sum_{n=0}^{\infty}(-1)^n\frac{(x-1)^n}{2^n}-\frac{1}{8}\sum_{n=0}^{\infty}(-1)^n\frac{(x-1)^n}{4^n}$$

所以 $f(x)=\sum_{n=0}^{\infty}(-1)^n\left(\frac{1}{2^{n+2}}-\frac{1}{2^{2n+3}}\right)(x-1)^n \quad (-1<x<3).$

提示: $1+x=2+(x-1)=2\left(1+\frac{x-1}{2}\right)$, $3+x=4+(x-1)=4\left(1+\frac{x-1}{4}\right)$,

$$\frac{1}{1+\frac{x-1}{2}}=\sum_{n=0}^{\infty}(-1)^n\frac{(x-1)^n}{2^n}\quad\left(-1<\frac{x-1}{2}<1\right),$$

$$\frac{1}{1+\frac{x-1}{4}}=\sum_{n=0}^{\infty}(-1)^n\frac{(x-1)^n}{4^n}\quad\left(-1<\frac{x-1}{4}<1\right).$$

收敛域的确定：由 $-1<\frac{x-1}{2}<1$ 和 $-1<\frac{x-1}{4}<1$ 得 $-1<x<3$.

练习 8.4

1. 用间接方法求下列函数的麦克劳林展开式.

(1) $\frac{1}{2-x}$;　　(2) $\cos^2 x$;　　(3) $\frac{x^2}{2-x}$.

2. 求下列函数在指定点处的泰勒展开式.

(1) e^{-x}在 $x=2$ 处；　　(2) $\frac{1}{x}$在 $x=-2$ 处；　　(3) $\ln x$ 在 $x=1$ 处.

习题 8.4

1. 利用间接展开法求下列函数的麦克劳林展开式：

(1) $\sin\frac{x}{3}$;　　(2) e^{2x};　　(3) $\ln(x+2)$;

(4) $\frac{1}{5+x}$;　　(5) $\frac{1}{x^2+x-2}$.

2. 把 $\cos x$ 展开为$\left(x+\frac{\pi}{3}\right)$的泰勒级数.

3. 把$\frac{1}{5-x}$展开为在 $x=3$ 处的泰勒级数.

§8.5 傅里叶级数及其应用

本节将讨论在数学与工程技术中都有着广泛应用的一类函数项级数,即三角级数,着重研究如何把函数展开成三角级数.

8.5.1 三角级数

1. 三角级数的一般形式

在物理学中,我们已经知道最简单的波是谐波(正弦波),它形如 $A\sin(\omega t+\varphi)$,其中 A 是振幅,ω 是角频率,φ 是初相. 其他的波如矩形波,锯齿形波等往往可以用一系列谐波的叠加表示出来. 这就是说,设 $f(t)$ 是一个周期为 T 的波,在一定条件下(本节将讨论这个条件)可以把它写成:

三角级数

无锡职业技术学院—王先婷

$$f(t)=A_0+\sum_{n=1}^{\infty}A_n\sin(n\omega t+\varphi_n),\tag{8-8}$$

其中 $A_0,A_n,\varphi_n(n=1,2,\cdots)$ 都是常数.

将周期函数按上述方式展开,它的物理意义是很明确的,就是把一个比较复杂的周期运动看成是许多不同频率的简谐振动的叠加. 在电工学上,这种展开称为谐波分析. 其中常数项 A_0 称为 $f(t)$ 的直流分量; $A_1\sin(\omega t+\varphi_1)$ 称为一次谐波(又叫基波); $A_2\sin(2\omega t+\varphi_2)$, $A_3\sin(3\omega t+\varphi_3)$,…依次称为二次谐波, 三次谐波, 等等.

为了研究方便,将 $A_n\sin(n\omega t+\varphi_n)$ 按三角公式变形,得

$$A_n\sin(n\omega t+\varphi_n)=A_n\sin\varphi_n\cos n\omega t+A_n\cos\varphi_n\sin n\omega t,$$

并且令 $A_0=\dfrac{a_0}{2}$,$A_n\sin\varphi_n=a_n$,$A_n\cos\varphi_n=b_n$,$\omega t=x$,$n=1,2,\cdots$,则(8-8)式的右端就变成了

$$\frac{a_0}{2}+\sum_{n=1}^{\infty}(a_n\cos nx+b_n\sin nx).$$

上式是三角级数的一般形式,其中 $a_0,a_n,b_n(n=1,2,\cdots)$ 都是常数.

2. 三角函数系的正交性

在三角级数的讨论中,三角函数系的正交性起主要作用,现在来介绍这个概念.

首先,由

$$1,\cos x,\sin x,\cos 2x,\sin 2x\cdots,\cos nx,\sin nx,\cdots\tag{8-9}$$

组成的函数序列叫做三角函数系,三角函数系的正交性是指:如果从三角函数系中任取两个函数相乘,在区间 $[-\pi,\pi]$ 上求定积分,其值都为零. 这实际上只需证明如下5个等式成立:

$$\int_{-\pi}^{\pi}\cos nx\mathrm{d}x=0,\ \int_{-\pi}^{\pi}\sin nx\mathrm{d}x=0,(n\in\mathbf{Z});$$

$$\int_{-\pi}^{\pi}\cos mx\cos nx\mathrm{d}x=0,\ \int_{-\pi}^{\pi}\sin mx\sin nx\mathrm{d}x=0,m,n\in\mathbf{N},m\neq n;$$

$$\int_{-\pi}^{\pi}\sin mx\cos nx\mathrm{d}x=0,m,n\in\mathbf{N}.$$

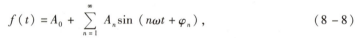

任何一个熟悉定积分的读者都可以推得以上结果,这里就不证明了.

在三角函数系(8-9)中,两个相同函数的乘积在区间$[-\pi,\pi]$上的积分不等于零,即

$$\int_{-\pi}^{\pi} 1^2 \mathrm{d}x = 2\pi,$$

$$\int_{-\pi}^{\pi} \sin^2 nx \mathrm{d}x = \pi,\ \int_{-\pi}^{\pi} \cos^2 nx \mathrm{d}x = \pi \quad (n=1,2,3,\cdots).$$

8.5.2 周期为 2π 的函数的傅里叶级数

$\sin nx, \cos nx, (n\in \mathbf{N}, n\neq 0)$是以$2\pi$为周期的周期函数,如果函数$f(x)$能展开成三角级数,则$f(x)$一定也是以$2\pi$为周期的周期函数,所以下面先对以$2\pi$为周期的周期函数$f(x)$考察展开式的形式.

周期为2π的函数展开成傅里叶级数
无锡职业技术学院—王先婷

1. 傅里叶系数和傅里叶级数

设$f(x)$是周期为2π的周期函数,且能展开成三角级数

$$f(x) = \frac{a_0}{2} + \sum_{n=1}^{\infty} (a_n \cos nt + b_n \sin nt). \tag{8-10}$$

进一步假设(8-10)式右端的级数可以逐项积分.对(8-10)式从$-\pi$到π积分,于是有

$$\int_{-\pi}^{\pi} f(x)\mathrm{d}x = \int_{-\pi}^{\pi} \frac{a_0}{2}\mathrm{d}x + \sum_{n=1}^{\infty}\left[\int_{-\pi}^{\pi} a_n \cos nx\mathrm{d}x + \int_{-\pi}^{\pi} b_n \sin nx \mathrm{d}x\right].$$

因为$a_0, a_n, b_n (n=1,2,3,\cdots)$均为常数,注意到三角函数系的正交性,即有

$$\int_{-\pi}^{\pi} f(x)\mathrm{d}x = \int_{-\pi}^{\pi} \frac{a_0}{2}\mathrm{d}x = \pi a_0,$$

所以

$$a_0 = \frac{1}{\pi}\int_{-\pi}^{\pi} f(x)\mathrm{d}x.$$

为了求出系数a_n,我们用$\cos kx$分别乘以(8-10)的两端,并在$[-\pi,\pi]$上积分,

$$\int_{-\pi}^{\pi} f(x)\cos kx\mathrm{d}x = \int_{-\pi}^{\pi} \frac{a_0}{2}\cos kx\mathrm{d}x + \sum_{n=1}^{\infty}\left[\int_{-\pi}^{\pi} a_n \cos nx\cos kx\mathrm{d}x + \int_{-\pi}^{\pi} b_n \sin nx\cos kx \mathrm{d}x\right],$$

由三角函数系的正交性可知,上式等号右端中除$n=k$的一项外其他各项的积分值均等于零,故

$$\int_{-\pi}^{\pi} f(x)\cos nx\mathrm{d}x = a_n\pi,\ a_n = \frac{1}{\pi}\int_{-\pi}^{\pi} f(x)\cos nx\mathrm{d}x \quad (n=1,2,3,\cdots).$$

同理以$\sin kx$分别乘以(8-10)的两端,并在$[-\pi,\pi]$积分,可得

$$b_n = \frac{1}{\pi}\int_{-\pi}^{\pi} f(x)\sin nx\mathrm{d}x \quad (n=1,2,3,\cdots).$$

注意:在求系数a_n的公式中,令$n=0$就得到a_0的表达式,因此求系数a_n, b_n的公式可以归纳为

$$\begin{cases} a_n = \dfrac{1}{\pi}\displaystyle\int_{-\pi}^{\pi} f(x)\cos nx\mathrm{d}x \quad (n=0,1,2,3,\cdots), \\ b_n = \dfrac{1}{\pi}\displaystyle\int_{-\pi}^{\pi} f(x)\sin nx\mathrm{d}x \quad (n=1,2,3,\cdots). \end{cases} \tag{8-11}$$

称由上式确定的函数 a_n, b_n 为 $f(x)$ 的**傅里叶系数**,称以傅里叶系数为系数构成的三角级数为 $f(x)$ 的**傅里叶级数**.

2. 傅里叶级数的收敛定理

仅看形式,只要 $f(x)$ 在 $[-\pi,\pi]$ 上可积,就能求出全部傅里叶系数,也就能构造出 $f(x)$ 的傅里叶级数. 但是这个傅里叶级数是否收敛? 如果收敛,是否收敛于 $f(x)$? 即 $f(x)$ 满足什么条件时,才能展开成傅里叶级数? 在此不加证明地给出如下定理:

定理 1(狄利克雷收敛定理) 设 $f(x)$ 是周期为 2π 的周期函数, 如果它满足:在一个周期内连续或只有有限个第一类间断点, 或在一个周期内至多只有有限个极值点, 则 $f(x)$ 的傅里叶级数收敛, 并且

(1) 当 x 是 $f(x)$ 的连续点时, 级数收敛于 $f(x)$;

(2) 当 x 是 $f(x)$ 的间断点时, 级数收敛于 $\frac{1}{2}[f(x-0)+f(x+0)]$.

收敛定理含有两个重要结果:

(1) 给出了 $f(x)$ 的傅里叶级数收敛的一个充分条件及其和函数:在 $f(x)$ 的第一类间断点外,其和函数就是 $f(x)$;在 $f(x)$ 的第一类间断点处,则收敛于 $f(x)$ 左右极限的平均值;

(2) 满足定理条件的函数 $f(x)$,如果能展开为形如(8-10)的三角级数,那么只能是它的傅里叶级数.

第二个结果的依据是满足条件的 $f(x)$ 的傅里叶级数逐项可积.

例 1 设 $f(x)$ 是周期为 2π 的周期函数, 它在 $[-\pi,\pi)$ 上的表达式为

$$f(x)=\begin{cases}-1, & -\pi\leqslant x<0,\\ 1, & 0\leqslant x<\pi.\end{cases}$$

将 $f(x)$ 展开成傅里叶级数.

解 $f(x)$ 的图像如图 8-2 所示,所给函数满足收敛定理的条件, 点 $x=k\pi$ $(k=0, \pm1, \pm2,\cdots)$ 是它的第一类间断点. 从而由收敛定理知道 $f(x)$ 的傅里叶级数收敛,并且当 $x=k\pi$ 时收敛于

$$\frac{1}{2}[f(x-0)+f(x+0)]=\frac{1}{2}(-1+1)=0,$$

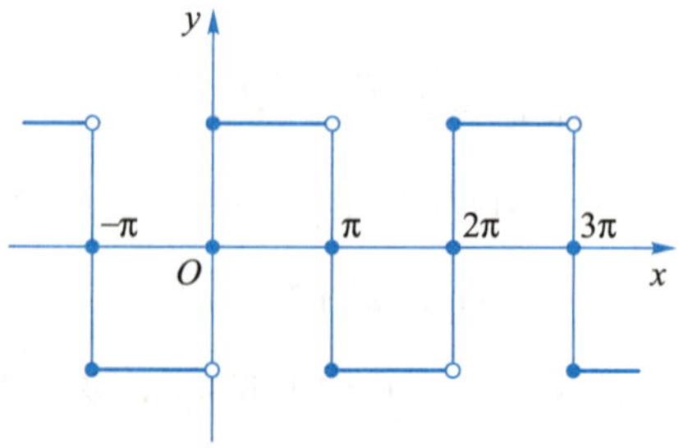

图 8-2

当 $x\neq k\pi$ 时级数收敛于 $f(x)$.

傅里叶系数计算如下:

$$a_0=\frac{1}{\pi}\int_{-\pi}^{\pi}f(x)\,dx=0;$$

$$a_n=\frac{1}{\pi}\int_{-\pi}^{\pi}f(x)\cos nx\,dx=\frac{1}{\pi}\int_{-\pi}^{0}(-1)\cos nx\,dx+\frac{1}{\pi}\int_{0}^{\pi}1\cdot\cos nx\,dx=0\quad(n=1,\ 2,\cdots);$$

$$\begin{aligned}b_n&=\frac{1}{\pi}\int_{-\pi}^{\pi}f(x)\sin nx\,dx=\frac{1}{\pi}\int_{-\pi}^{0}(-1)\sin nx\,dx+\frac{1}{\pi}\int_{0}^{\pi}1\cdot\sin nx\,dx\\&=\frac{1}{\pi}\left[\frac{\cos nx}{n}\right]_{-\pi}^{0}+\frac{1}{\pi}\left[-\frac{\cos nx}{n}\right]_{0}^{\pi}=\frac{1}{n\pi}[1-\cos n\pi-\cos n\pi+1]\\&=\frac{2}{n\pi}[1-(-1)^n]=\begin{cases}\dfrac{4}{n\pi}, & n=1,3,5,\cdots,\\0, & n=2,4,6,\cdots.\end{cases}\end{aligned}$$

于是$f(x)$的傅里叶级数展开式为

$$f(x)=\frac{4}{\pi}\left[\sin x+\frac{1}{3}\sin 3x+\cdots+\frac{1}{2k-1}\sin(2k-1)x+\cdots\right]\ (-\infty<x<+\infty;x\neq0,\ \pm\pi,\ \pm2\pi,\cdots).$$

记$s_n(x)$为$f(x)$的傅里叶级数的前n项部分和，当$n=1,2,3,7$时，$s_n(x)$在一个周期内的图像如图 8-3 所示．$f(x)$是矩形波形，$f(x)$的傅里叶展开，表明它是由一系列不同频率的正弦波叠加合成的.

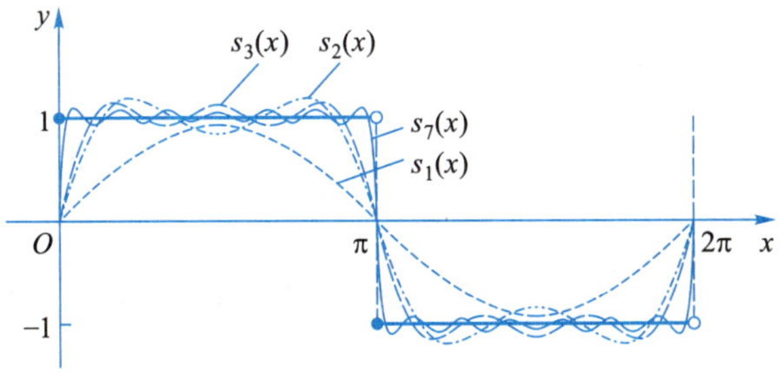

图 8-3

例 2 设$f(x)$是周期为2π的周期函数，它在$[-\pi,\pi)$上的表达式为

$$f(x)=\begin{cases}x, & -\pi\leqslant x<0,\\0, & 0\leqslant x<\pi,\end{cases}$$

将$f(x)$展开成傅里叶级数.

解 所给函数满足收敛定理的条件，点$x=(2k+1)\pi(k=0,\ \pm1,\ \pm2,\cdots)$是它的第一类间断点，因此，$f(x)$的傅里叶级数在$x=(2k+1)\pi$处收敛于

$$\frac{1}{2}[f(x-0)+f(x+0)]=\frac{1}{2}(0-\pi)=-\frac{\pi}{2}.$$

在连续点$x(x\neq(2k+1)\pi)$处级数收敛于$f(x)$.

傅里叶系数计算如下：

$$a_0=\frac{1}{\pi}\int_{-\pi}^{\pi}f(x)\,dx=\frac{1}{\pi}\int_{-\pi}^{0}x\,dx=-\frac{\pi}{2};$$

$$a_n=\frac{1}{\pi}\int_{-\pi}^{\pi}f(x)\cos nx\mathrm{d}x=\frac{1}{\pi}\int_{-\pi}^{0}x\cos nx\mathrm{d}x=\frac{1}{\pi}\left[\frac{x\sin nx}{n}+\frac{\cos nx}{n^2}\right]_{-\pi}^{0}=\frac{1}{n^2\pi}(1-\cos n\pi)$$

$$=\begin{cases}\dfrac{2}{n^2\pi}, & n=1,3,5,\cdots,\\ 0, & n=2,4,6,\cdots;\end{cases}$$

$$b_n=\frac{1}{\pi}\int_{-\pi}^{\pi}f(x)\sin nx\mathrm{d}x=\frac{1}{\pi}\int_{-\pi}^{0}x\sin nx\mathrm{d}x=\frac{1}{\pi}\left[-\frac{x\cos nx}{n}+\frac{\sin nx}{n^2}\right]_{-\pi}^{0}=-\frac{\cos n\pi}{n}$$

$$=\frac{(-1)^{n+1}}{n}(n=1,\ 2,\cdots).$$

$f(x)$的傅里叶级数展开式为

$$f(x)=-\frac{\pi}{4}+\left(\frac{2}{\pi}\cos x+\sin x\right)-\frac{1}{2}\sin 2x+\left(\frac{2}{3^2\pi}\cos 3x+\frac{1}{3}\sin 3x\right)$$
$$-\frac{1}{4}\sin 4x+\left(\frac{2}{5^2\pi}\cos 5x+\frac{1}{5}\sin 5x\right)-\cdots(-\infty<x<+\infty\ ;x\neq\pm\pi,\pm3\pi,\cdots).$$

8.5.3 周期为 $2l$ 的函数的傅里叶级数

实际问题中所遇到的周期函数,它的周期不一定是 2π,或者定义域的长度已经超过了 2π,能不能展开成三角级数？我们可以进行自变量的变量代换.

设 $f(x)$是周期为 $2l$ 的周期函数,令 $x=\frac{l}{\pi}t$ 及 $f(x)=f\left(\frac{1}{\pi}t\right)=F(t)$，则 $F(t)$是以 2π 为周期的函数. 这是因为 $F(t+2\pi)=f\left[\frac{l}{\pi}(t+2\pi)\right]=f\left(\frac{l}{\pi}t+2l\right)=f\left(\frac{l}{\pi}t\right)=F(t)$.

于是当 $F(t)$满足收敛定理的条件时，$F(t)$可展开成傅里叶级数：

$$F(t)=\frac{a_0}{2}+\sum_{n=1}^{\infty}(a_n\cos nt+b_n\sin nt),$$

其中

$$a_n=\frac{1}{\pi}\int_{-\pi}^{\pi}F(t)\cos nt\mathrm{d}t,(n=0,1,2,\cdots),b_n=\frac{1}{\pi}\int_{-\pi}^{\pi}F(t)\sin nt\mathrm{d}t,(n=1,2,\cdots).$$

从而有如下定理：

定理2 设周期为 $2l$ 的周期函数 $f(x)$在区间$[-l,l]$上满足狄利克雷收敛定理的条件，则它的傅里叶级数展开式为

$$f(x)=\frac{a_0}{2}+\sum_{n=1}^{\infty}\left(a_n\cos\frac{n\pi x}{l}+b_n\sin\frac{n\pi x}{l}\right),$$

其中系数 a_n,b_n 为

$$a_n=\frac{1}{l}\int_{-l}^{l}f(x)\cos\frac{n\pi x}{l}\mathrm{d}x\quad(n=0,1,2,\cdots),$$

$$b_n=\frac{1}{l}\int_{-l}^{l}f(x)\sin\frac{n\pi x}{l}\mathrm{d}x\quad(n=1,\ 2,\cdots).\tag{8-12}$$

并且(1) 当 x 是 $f(x)$的连续点时，级数收敛于 $f(x)$；

（2）当 x 是 $f(x)$ 的间断点时，级数收敛于 $\frac{1}{2}[f(x-0)+f(x+0)]$.

例 3 设 $f(x)$ 是周期为 4 的周期函数，在一个周期上 $f(x)=\begin{cases}0, & -2\leqslant x<0,\\ 2, & 0\leqslant x<2.\end{cases}$ 试将其展开为傅里叶级数.

解 半周期 $l=2$，且满足收敛定理的条件，点 $x=2k(k=0,\pm1,\pm2\cdots)$ 是它的第一类间断点. 从而由收敛定理知道 $f(x)$ 的傅里叶级数展开式收敛，并且当 $x=2k$ 时收敛于

$$\frac{1}{2}[f(x-0)+f(x+0)]=\frac{1}{2}(2+0)=1,$$

当 $x\neq 2k$ 时级数展开式收敛于 $f(x)$.

按公式(8－12)计算 $f(x)$ 的傅里叶系数如下：

$$a_0=\frac{1}{l}\int_{-l}^{l}f(x)\,\mathrm{d}x=\frac{1}{2}\int_0^2 2\,\mathrm{d}x=2,$$

$$a_n=\frac{1}{l}\int_{-l}^{l}f(x)\cos\frac{n\pi}{l}x\,\mathrm{d}x=\frac{1}{2}\int_0^2 2\cos\frac{n\pi}{2}x\,\mathrm{d}x=0\quad(n=1,2,\cdots),$$

$$b_n=\frac{1}{l}\int_{-l}^{l}f(x)\sin\frac{n\pi}{l}x\,\mathrm{d}x=\frac{1}{2}\int_0^2 2\sin\frac{n\pi}{2}x\,\mathrm{d}x=\frac{2}{n\pi}\quad(1-\cos n\pi)$$

$$=\begin{cases}\frac{4}{n\pi}, & n=2m-1,\\ 0, & n=2m,\end{cases}\quad(m=1,2,3,\cdots).$$

于是 $f(x)$ 的傅里叶级数展开式为

$$f(x)=1+\frac{4}{\pi}\sum_{m=1}^{\infty}\frac{1}{2m-1}\sin\frac{(2m-1)\pi}{2}x,\quad(x\neq 2k,k\in\mathbf{Z}).$$

图 8－4、8－5 分别是 $f(x)$ 与它的傅里叶级数的和函数的图像：

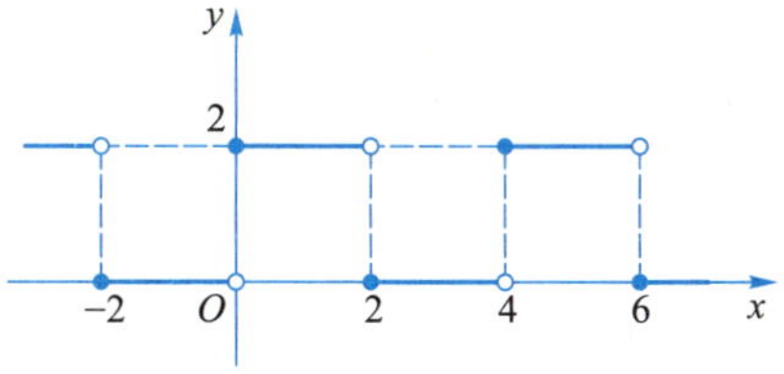

图 8－4

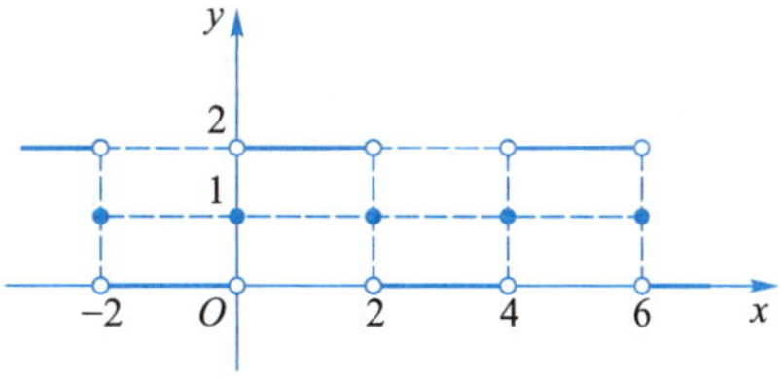

图 8－5

8.5.4 函数的延拓

若函数 $f(x)$ 不是以 $2l$ 为周期的周期函数，但定义域长度不超过 $2l$，我们仍可以用公式(8－12)求其傅里叶级数展开式. 这时，首先要把它的定义域扩充成长度为 $2l$ 的区间，常用的方法是把 $f(x)$ 在 $[-l,l]$ 内延拓成奇函数或偶函数，称为**奇延拓**或**偶延拓**. 然后再作以 $2l$ 为周期的**周期延拓**，即得到一个在原定义域内与 $f(x)$ 相同的、以 $2l$ 为周期的周期函数 $g(x)$，这种拓广函数定义域的过程称为**函数的延拓**. 展开 $g(x)$ 为傅里叶级数，把 x 的变化范围限制在原定义域内，即得 $f(x)$ 的傅里叶展开.

例 4 将函数 $f(x)=x^2\quad(-\pi\leqslant x<\pi)$ 展开成傅里叶级数.

解 延拓 $f(x)$ 到 $x=\pi$ 处,并以 2π 为周期作周期延拓,得

$$g(x)=\begin{cases}f(x), & -\pi\leqslant x\leqslant\pi,\\ \text{以 }2\pi\text{ 为周期作周期延拓,其余情况.}\end{cases}$$

则 $g(x)$ 是周期 2π 的周期偶函数;$f(x)$,$g(x)$ 的傅里叶系数相同,$g(x)$ 满足收敛定理条件. 它在整个数轴上连续. $f(x)$,$g(x)$ 的图像如图 8-6 所示 .

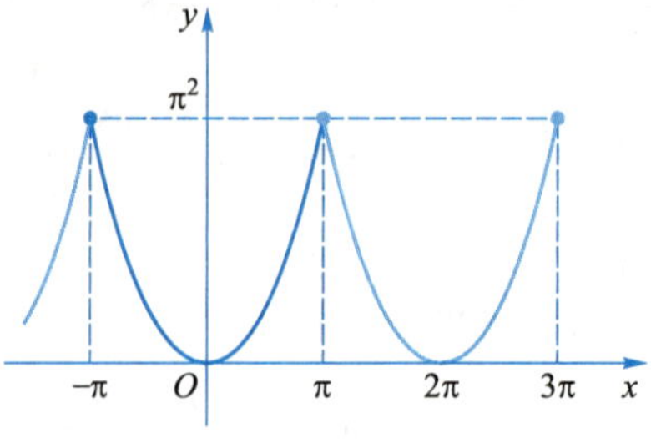

图 8-6

因为 $g(x)$ 是偶函数,所以有

$$b_n=0;$$

$$a_0=\frac{1}{\pi}\int_{-\pi}^{\pi}x^2\mathrm{d}x=\frac{2\pi^2}{3};$$

$$a_n=\frac{1}{\pi}\int_{-\pi}^{\pi}x^2\cos nx\mathrm{d}x=\frac{(-1)^n4}{n^2}\quad(n=0,1,2,3\cdots).$$

$g(x)$ 的傅里叶级数为

$$g(x)=\frac{\pi^2}{3}+4\sum_{n=1}^{\infty}\frac{(-1)^n}{n^2}\cos nx.$$

因为 $g(x)$ 在 $[-\pi,\pi]$ 上连续,所以

$$g(x)=\frac{\pi^2}{3}+4\sum_{n=1}^{\infty}\frac{(-1)^n}{n^2}\cos nx,x\in[-\pi,\pi];$$

又在 $[-\pi,\pi]$ 上 $g(x)=f(x)$,所以

$$f(x)=\frac{\pi^2}{3}+4\sum_{n=1}^{\infty}\frac{(-1)^n}{n^2}\cos nx,x\in[-\pi,\pi].$$

8.5.5 正弦展开或余弦展开

设 $f(x)$ 是以 $2l$ 为周期的偶函数,或是定义在 $[-l,l]$ 上的偶函数,则在 $[-l,l]$ 上,$f(x)\sin nx$ 是奇函数. 因此,$f(x)$ 的傅里叶系数是

$$a_n=\frac{1}{l}\int_{-l}^{l}f(x)\cos\frac{n\pi}{l}x\mathrm{d}x=\frac{2}{l}\int_{0}^{l}f(x)\cos\frac{n\pi}{l}x\mathrm{d}x,n=0,1,2,\cdots,$$

$$b_n=\frac{1}{l}\int_{-l}^{l}f(x)\sin\frac{n\pi}{l}x\mathrm{d}x=0,n=1,2,\cdots.\tag{8-13}$$

于是 $f(x)$ 的傅里叶级数只含有余弦函数的项,称这样的傅里叶级数为**余弦级数**.

同理,如果 $f(x)$ 是以 $2l$ 为周期的奇函数,或是定义在 $[-l,l]$ 上的奇函数,则可推得

$$a_n=\frac{1}{l}\int_{-l}^{l}f(x)\cos\frac{n\pi}{l}x\mathrm{d}x=0,n=0,1,2,\cdots,$$

$$b_n=\frac{1}{l}\int_{-l}^{l}f(x)\sin\frac{n\pi}{l}x\mathrm{d}x=\frac{2}{l}\int_{0}^{l}f(x)\sin\frac{n\pi}{l}x\mathrm{d}x. \tag{8-14}$$

所以当 l 为奇函数时，它的傅里叶级数只含有正弦函数的项，称这样的傅里叶级数为**正弦级数**.

例 5 将函数 $f(x)=x+1(0\leqslant x\leqslant\pi)$ 分别展开成正弦级数和余弦级数.

解 先求正弦级数. 为此对函数 $f(x)$ 进行奇延拓，得函数(图 8-7)

$$F(x)=\begin{cases}x+1, & 0<x\leqslant\pi;\\ 0, & x=0;\\ -(-x+1), & -\pi<x<0.\end{cases}$$

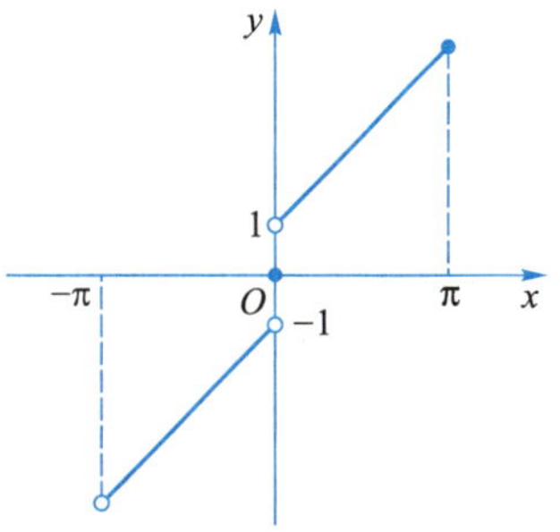

图 8-7

其傅里叶系数如下：

$$a_n=0;$$

$$b_n=\frac{2}{\pi}\int_0^{\pi}f(x)\sin nx\mathrm{d}x=\frac{2}{\pi}\int_0^{\pi}(x+1)\sin nx\mathrm{d}x=\frac{2}{\pi}\left[-\frac{x\cos nx}{n}+\frac{\sin nx}{n^2}-\frac{\cos nx}{n}\right]_0^{\pi}$$

$$=\frac{2}{n\pi}(1-\pi\cos n\pi-\cos n\pi)=\begin{cases}\frac{2}{\pi}\cdot\frac{\pi+2}{n}, & n=1,3,5,\cdots,\\ -\frac{2}{n}, & n=2,4,6,\cdots.\end{cases}$$

函数的正弦级数展开式为

$$x+1=\frac{2}{\pi}\left[(\pi+2)\sin x-\frac{\pi}{2}\sin 2x+\frac{1}{3}(\pi+2)\sin 3x-\frac{\pi}{4}\sin 4x+\cdots\right],(0<x<\pi).$$

在端点 $x=0$ 及 $x=\pi$ 处，级数的和显然为零，它不代表原来函数 $f(x)$ 的值.

再求余弦级数. 为此对 $f(x)$ 进行偶延拓，可得函数(图 8-8)

$$F(x)=\begin{cases}x+1, & 0<x\leqslant\pi;\\ -x+1, & -\pi<x<0.\end{cases}$$

满足收敛定理条件，并在整个数轴上连续. 其傅里叶系数为

$$b_n=0,$$

$$a_n=\frac{2}{\pi}\int_0^{\pi}f(x)\cos nx\mathrm{d}x=\frac{2}{\pi}\int_0^{\pi}(x+1)\cos nx\mathrm{d}x$$

$$=\frac{2}{\pi}\left[-\frac{x\sin nx}{n}+\frac{\cos nx}{n^2}-\frac{\sin nx}{n}\right]_0^{\pi}$$

$$=\frac{2}{n^2\pi}(\cos n\pi-1)=\begin{cases}0, & n=2,4,6,\cdots,\\ -\frac{4}{n^2\pi}, & n=1,3,5,\cdots,\end{cases}$$

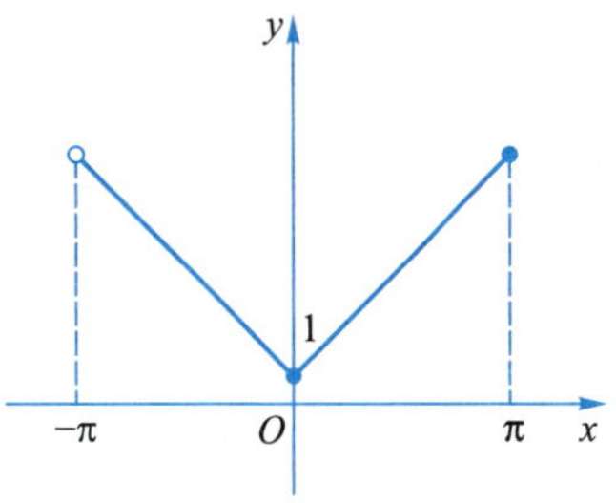

图 8-8

$$a_0=\frac{2}{\pi}\int_0^{\pi}(x+1)\mathrm{d}x=\frac{2}{\pi}\left[\frac{x^2}{2}+x\right]_0^{\pi}=\pi+2.$$

函数的余弦级数展开式为

$$x+1=\frac{\pi}{2}+1-\frac{4}{\pi}\left(\cos x+\frac{1}{3^2}\cos 3x+\frac{1}{5^2}\cos 5x+\cdots\right)\quad(0\leqslant x\leqslant\pi).$$

由此可见 $f(x)$ 在 $[0,\pi]$ 上的傅里叶级数展开式不是唯一的.

8.5.6 傅里叶级数的应用

通过上面的学习我们已经了解,傅里叶级数是将周期函数展开成无限多个正弦函数和余弦函数之和的重要的数学思想与方法.傅里叶级数的应用已经深入社会的各个领域,特别是在数字信号处理方面有着极其广泛的应用.这里我们简单介绍傅里叶级数在心电类医疗设备信号故障检测方面的一个简单应用.

心电信号是在心脏活动过程中,心脏的肌肉和神经电活动的综合表现,信号源自于心脏.心电信号属于一种常见的微弱生物医学信号,如果测试中离开人体体表微小的距离,就基本上检测不到心电信号的存在.正常的心电信号的幅值范围大概在 0.05 ~ 5 mV,频率范围约在 0.05 ~ 100 Hz,然而大部分的能量主要在 0.25 ~ 40 Hz.一个完整的心电信号波形是由 P 波,Q 波, R 波,S 波,T 波,U 波以及 P – R 间期,S – T 段,Q – T 间期等组成.一个完整的心电信号的基本构成如图 8 – 9所示.

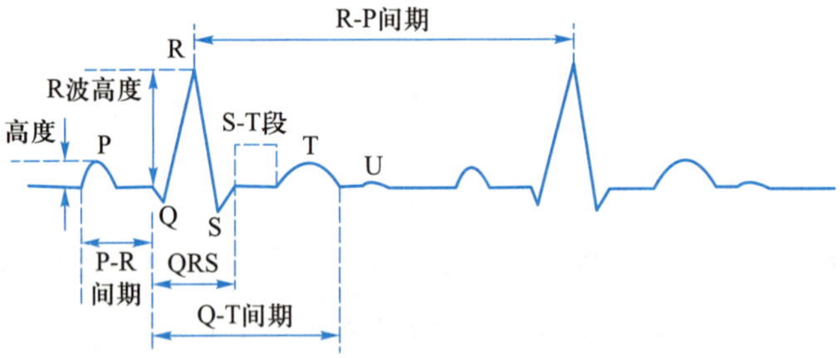

图 8 – 9

当心电类医疗设备出现故障并维修后,为了保证监护仪、心电图机的参数设置的准确性,这时通常会用模拟的心电信号来代替人体进行初步检查,以进行调试.这样做既安全又保险,避免了用人体来做检查产生的安全隐患.

心电信号作为一种微弱的生理信号,具有一定的周期性.由心电信号的基础知识所知,其满足狄利克雷条件,在一个周期内无间断点,并且只有有限个极大值和极小值.因此,心电信号的模拟可以采用傅里叶级数来展开.

比如,QR 波模拟的理论分析就是基于斜波的傅里叶级数展开,即周期为 2π 的函数

$$f(x)=\begin{cases}x, & -\pi\leqslant x<0,\\ 0, & 0\leqslant x<\pi\end{cases}$$

的傅里叶级数展开(解题过程见本节例 2).

由于人体的各种差异,心电信号具有多样性.除正常的心电信号外,还有很多异常的心电信号,比如心率过速、心率过缓、房性早搏、P 波消失、R – R 间期不

齐、心房颤动等，这些心电信号均可用傅里叶级数原理进行模拟，得到对应的模拟效果图.

练习 8.5

1. 求函数的傅里叶级数与将函数展开成傅里叶级数有何区别？

2. 设 $f(x)$ 是以 1 为周期的周期函数，在一个周期内 $f(x)=1-x^2, x\in\left[-\frac{1}{2},\frac{1}{2}\right)$. 试将其展开傅里叶级数.

3. 把函数 $f(x)=\cos x, x\in(0,\pi)$ 展开成正弦级数.

习题 8.5

1. 将下列周期为 2π 的函数展开成傅里叶级数.

(1) $f(x)=x+\pi \quad (-\pi<x\leqslant\pi)$;

(2) $f(x)=\begin{cases}0, & -\pi\leqslant x<0,\\ x, & 0\leqslant x<\pi;\end{cases}$

(3) $f(x)=3x^2+1 \quad (-\pi<x\leqslant\pi)$.

2. 将 $f(x)=2\sin\frac{x}{3} \quad (-\pi<x\leqslant\pi)$ 展开成傅里叶级数.

3. 将 $f(x)=e^x, (0\leqslant x<\pi)$ 展开成正弦级数.

4. 将周期为 2 的函数 $f(x)=\begin{cases}x, & -1\leqslant x\leqslant 0,\\ 1, & 0\leqslant x<\frac{1}{2},\\ -1, & \frac{1}{2}\leqslant x<1\end{cases}$ 展开成傅里叶级数.

本章小结

一、主要内容

1. 无穷级数的概念.
2. 正项级数及其审敛法.
3. 交错级数和莱布尼茨审敛法.
4. 条件收敛和绝对收敛.
5. 函数项级数的概念.
6. 幂级数的收敛域和和函数.
7. 函数展开成幂级数.
8. 傅里叶级数及其展开式.

二、学习指导

1. 数项级数敛散性的判断是本章的一个重点，要善于总结，掌握各种类型数项级数的审敛法.

2. 本章另一个重点内容是幂级数，应掌握幂级数收敛半径、收敛区间及收敛域的求法，并会根据收敛幂级数的性质求其在收敛区间内的和函数.

3. 对于傅里叶级数，要掌握傅里叶系数公式及一般的解题步骤.

复习题八

1. 是非题.

(1) 如果级数 $\sum\limits_{n=1}^{\infty} u_n$ 收敛，则 $\sum\limits_{n=1}^{\infty} \frac{1}{u_n}(u_n \neq 0)$ 发散；（　　）

(2) 若 $\sum\limits_{n=1}^{\infty} a_n(x-1)^n$ 在 $x=-2$ 处收敛，则此级数在 $x=2$ 处绝对收敛；（　　）

(3) 级数 $\sum\limits_{n=1}^{\infty} 2^n(n+1)x^{2n}$ 的收敛半径是 $\frac{1}{2}$；（　　）

(4) 若 $f(x)$ 是周期函数为 2π 的函数，且满足收敛定理的条件，则在任意点 x 处 $f(x)$ 的傅里叶级数收敛于 $f(x)$.（　　）

2. 选择题.

(1) 已知 $\lim\limits_{n\to\infty} u_n=0$，则数项级数 $\sum\limits_{n=1}^{\infty} u_n$（　　）.

A. 一定收敛　　B. 一定收敛，和可能为零

C. 一定发散　　D. 可能收敛，也可能发散

(2) 如果级数 $\sum\limits_{n=1}^{\infty} u_n$ 收敛，下列级数发散的是（　　）.

A. $\sum\limits_{n=1}^{\infty}(u_n+10)$　　B. $\sum\limits_{n=1}^{\infty} u_{n+10}$

C. $\sum\limits_{n=1}^{\infty} 10u_n$　　D. $10+\sum\limits_{n=1}^{\infty} u_n$

(3) 判别级数 $1-\frac{1}{3}+\frac{1}{2}-\frac{1}{3^2}+\frac{1}{2^2}-\frac{1}{3^5}+\cdots+\frac{1}{2^{n-1}}-\frac{1}{3^{2n-1}}+\cdots$ 敛散性的正确方法是（　　）.

A. 根据交错级数审敛法，此级数收敛

B. 因为关系式 $U_n>U_{n+1}$，对于 n 并不成立，所以发散

C. 因为是两个收敛级数逐项相减，所以此级数收敛

D. 因为 $\lim\limits_{n\to\infty}\left(\frac{1}{2^{n-1}}-\frac{1}{3^{2n-1}}\right)=0$，所以此级数收敛

(4) 若 $\sum_{n=1}^{\infty} a_n(x-5)^n$ 在 $x=3$ 处收敛，则它在 $x=-3$ 处(　　).

A. 发散　　B. 条件收敛　　C. 绝对收敛　　D. 不能确定

(5) 幂级数 $\sum_{n=0}^{\infty} \frac{\ln(n+1)}{n+1} x^{n+1}$ 的收敛域是(　　).

A. $x=0$　　B. $(-\infty,+\infty)$　　C. $[-1,1)$　　D. $(-1,1)$

(6) $\sum_{n=0}^{\infty} \frac{x^{2n}}{2n+1}$ 的和函数是(　　).

A. $\frac{1}{2x}\ln\frac{1+x}{1-x}$　　B. $\frac{x}{2}\ln\frac{1+x}{1-x}$　　C. $\frac{1}{2}\ln\frac{1+x}{1-x}$　　D. $2+\frac{1}{2}\ln\frac{1+x}{1-x}$

3. 填空题.

(1) 已知级数 $\sum_{n=1}^{\infty} u_n$ 的部分和 $s_n=\frac{n}{2n+1}$，则 $\sum_{n=1}^{\infty} u_n=$________，$u_n=$________；

(2) 判断级数 $\sum_{n=1}^{\infty}(\sqrt{n+1}-\sqrt{n})$ 发散的方法与理由是________________；

(3) 判断级数 $\sum_{n=1}^{\infty}\sin\frac{n\pi}{2}$ 发散的理由是__________________；

(4) 级数 $\sum_{n=1}^{\infty}\frac{(-1)^n}{n^p}$，当________时，级数条件收敛；当________时，级数绝对收敛；当________时，级数发散；

(5) $\sum_{n=0}^{\infty}\frac{x^{2n}}{(2n)!}=$________；

(6) $\sum_{n=1}^{\infty}\frac{5^n}{n^2}x^n$ 的收敛半径为________，收敛域为________；

(7) $\int_0^2 \frac{\sin x}{x}dx=$________(精确到 0.001)；

(8) 设 $f(x)$ 以 2π 为周期，在 $[-\pi,\pi]$ 上的表达式是 $f(x)=\begin{cases}0, & -\pi\leqslant x<0,\\ -x, & 0\leqslant x<\pi,\end{cases}$ 则 $f(x)$ 的傅里叶级数在 $x=\pi$ 处收敛于____________.

4. 判定下列级数的敛散性.

(1) $\sum_{n=1}^{\infty}\left(\frac{n+1}{n}\right)^n$；　　(2) $\sum_{n=1}^{\infty}\frac{n^5}{5^n}$；

(3) $\sum_{n=1}^{\infty}\frac{1}{n\sqrt{2n+1}}$；　　(4) $\sum\frac{(2n)!}{(n!)^2 9^n}$.

5. 求下列级数的收敛域(区间).

(1) $\sum_{n=1}^{\infty}(10x)^n$；　　(2) $\sum_{n=1}^{\infty}\frac{(x-3)^n}{\sqrt{n}}$.

6. 讨论 $\sum_{n=1}^{\infty} n\left(-\frac{1}{2}\right)^{n-1}$ 的敛散性，若收敛，求其和.

7. 求 $\sum_{n=1}^{\infty}\frac{x^{2n+1}}{2n}$ 的和函数及收敛域.

8. 将 $y=\sin\left(2x+\frac{\pi}{4}\right)$ 展开成 x 的幂级数.

9. 将 $f(x)=xe^{x}$ 在 $x=1$ 处展开成幂级数.

10. 将 $f(x)=\begin{cases}2x, & -\pi\leqslant x<0,\\ -x, & 0\leqslant x<\pi\end{cases}$ 展开成傅里叶级数.

阅读材料

傅里叶及其主要贡献

傅里叶(Fourier,1768—1830),法国数学家、物理学家. 1768 年 3 月 21 日生于欧塞尔,1840 年 5 月 16 日卒于巴黎. 9 岁父母双亡,被当地教堂收养. 12 岁由一主教送入地方军事学校读书. 17 岁(1785 年)回乡教数学,1794 年到巴黎,成为高等师范学校的首批学员,次年到巴黎综合工科学校执教. 1798 年随拿破仑远征埃及时任军中文书和埃及研究院秘书,1801 年回国后任伊泽尔省地方长官. 1817 年当选为科学院院士,1822 年任该院终身秘书,后又任法兰西学院终身秘书和理工科大学校务委员会主席.

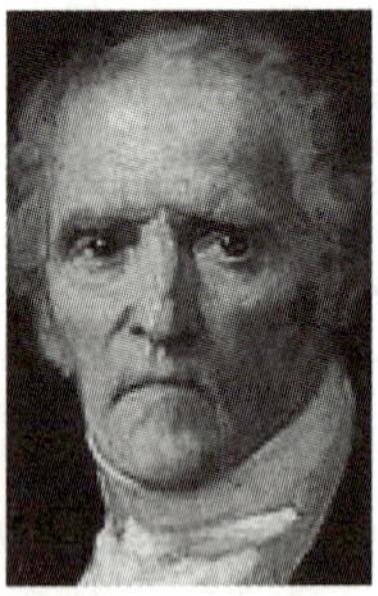

主要贡献

数学方面

主要贡献是在研究热的传播时创立了一套数学理论. 1807 年向巴黎科学院呈交《热的传播》论文,推导出著名的热传导方程,并在求解该方程时发现解函数可以由三角函数构成的级数形式表示,从而提出任一函数都可以展成三角函数的无穷级数. 傅里叶级数(即三角级数)、傅里叶分析等理论均由此创始.

其他贡献有:最早使用定积分符号,改进了代数方程符号法则的证法和实根个数的判别法等.

傅里叶变换的基本思想首先由傅里叶提出,所以以其名字来命名以示纪念. 它在物理学、数论、组合数学、信号处理、概率、统计、密码学、声学、光学等领域都有着广泛的应用.

物理方面

他是傅里叶定律的创始人,1822 年在代表作《热的分析理论》中解决了热在非均匀加热的固体中的分布传播问题,成为分析学在物理中应用的最早例证之一,对 19 世纪理论物理学的发展产生深远影响.

傅里叶定律相关简介

英文名称:Fourier Law

傅里叶定律是传热学中的一个基本定律,可以用来计算热量的传导量.

相关的公式为:$\Phi=-\lambda A(\mathrm{d}t/\mathrm{d}x)$,$q=-\lambda(\mathrm{d}t/\mathrm{d}x)$,其中 Φ 为导热量,单位为 W,λ 为导热系数,A 为传热面积,单位为 m^2,t 为温度,单位为 K,x 为在导热面上的坐标,单位为 m,q 为热流密度,单位为 $\mathrm{W/m^2}$,负号表示传热方向与温度梯度方向相反,λ 表征材料导热性能的物性参数(λ 越大,导热性能越好).

第 9 章　向量与空间解析几何

在平面解析几何中，通过坐标法把平面上的点与一对有次序的数对应起来，把平面上的图形和方程对应起来，从而可以用代数的方法来研究几何问题. 空间解析几何是在平面解析几何的基础上推广和发展起来的，为用代数的方法研究空间几何问题提供了条件.

正像平面解析几何的知识对学习一元函数微积分是不可缺少的一样，空间解析几何的知识对学习多元函数微积分也是十分必要的.

本章首先建立空间直角坐标系，引进向量的基本概念及其基本运算，再以向量为工具讨论空间平面和直线的方程，最后介绍空间曲面与空间曲线的基本概念和常见的二次曲面方程.

【导例】 计算机视图

在用计算机绘图和画透视图时，需要将（三维）物体画成二维平面上的影像. 如图 9－1 所示，假设我们的眼睛位于 $E(x_0,0,0)$ 点处，现在将我们看到的空间中的点 $P_1(x_1,y_1,z_1)$ 表示成 yOz 中的点. 用 E 点发出的射线将 P_1 点投影到 yOz 平面上.

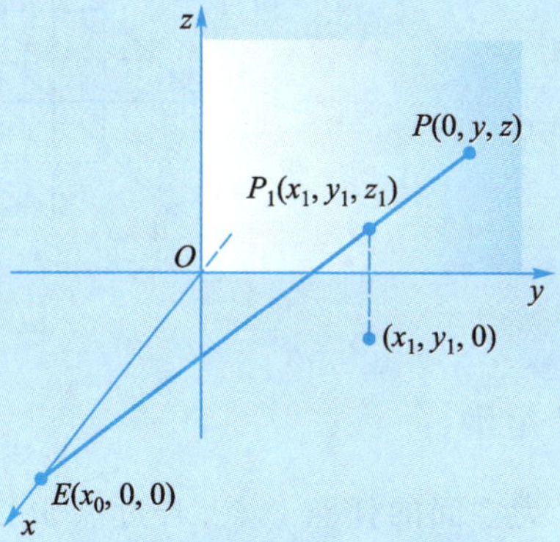

图 9－1

（1）写出 $\overrightarrow{EP}$ 与 $\overrightarrow{EP_1}$ 满足的向量方程，并利用这个方程将 y,z 用 x_0,x_1,y_1,z_1 表示；

（2）研究 $x_1=0,x_1=x_0$ 以及 $x_0\to\infty$ 几种情形，你有什么发现？

§9.1 空间直角坐标系与空间向量

9.1.1 空间直角坐标系的概念

在空间取定一点 O 和三条相互垂直且相交于原点 O 的数轴——x 轴、y 轴和 z 轴，这样就建立了一个**空间直角坐标系** $O-xyz$. 一般在各数轴上的单位长度相同.

将 x 轴、y 轴放置在水平面上，z 轴垂直于水平平面，规定 x 轴、y 轴和 z 轴的位置关系遵循**右手螺旋法则**：让右手的四个手指指向 x 轴的正向，四指沿握拳方向转向 y 轴的正向，则大拇指所指的方向为 z 轴的正向（图 9-2）.

在空间直角坐标系 $O-xyz$ 中，点 O 称为**坐标原点**，简称原点；x 轴、y 轴和 z 轴分别称为**横轴、纵轴、竖轴**，三条数轴统称为**坐标轴**；由任意两条坐标轴所确定的平面称为**坐标面**，共有 xOy、yOz、zOx 三个坐标面；三个坐标面把空间分隔成八个部分，依次称为第Ⅰ、第Ⅱ直至第Ⅷ卦限，其中第Ⅰ卦限位于 x 轴、y 轴和 z 轴的正向位置，第Ⅱ至第Ⅳ卦限也位于 xOy 面的上方，按逆时针方向排列；第Ⅴ卦限在第Ⅰ卦限的正下方，第Ⅵ至第Ⅷ卦限也在 xOy 面的下方，按逆时针方向排列（图 9-3）.

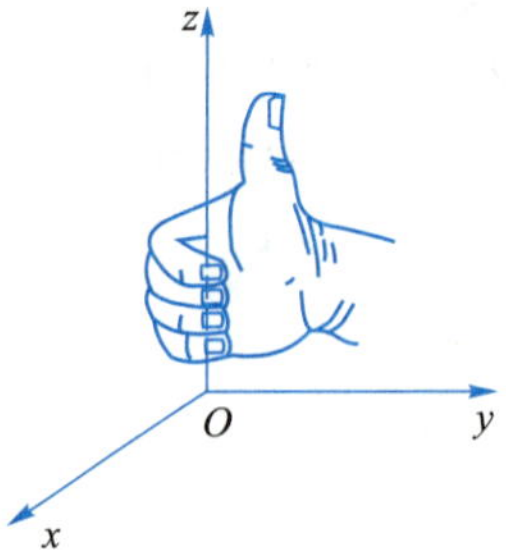

图 9-2

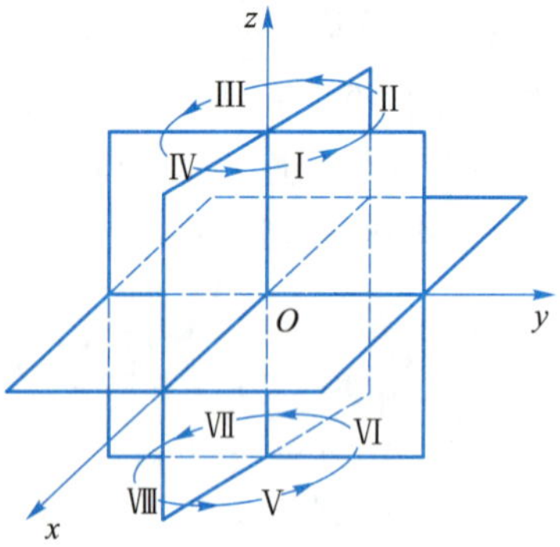

图 9-3

9.1.2 空间点的直角坐标

如图 9-4 所示，设 M 为空间的任意一点，若过点 M 分别作垂直于三坐标轴的平面，与三坐标轴分别相交于 P、Q、R 三点，且三点在 x 轴、y 轴和 z 轴上的坐标依次为 x、y 和 z，则点 M 唯一地确定了一组三元有序数组 (x,y,z).

反之，如果任给一组三元有序数组 (x,y,z)，且它们分别在 x 轴、y 轴和 z 轴上依次对应于 P、Q、R 三点，若过 P、Q、R 三点分别作平面垂直于所在坐标轴，则这三张平面确定了唯一的交点 M.

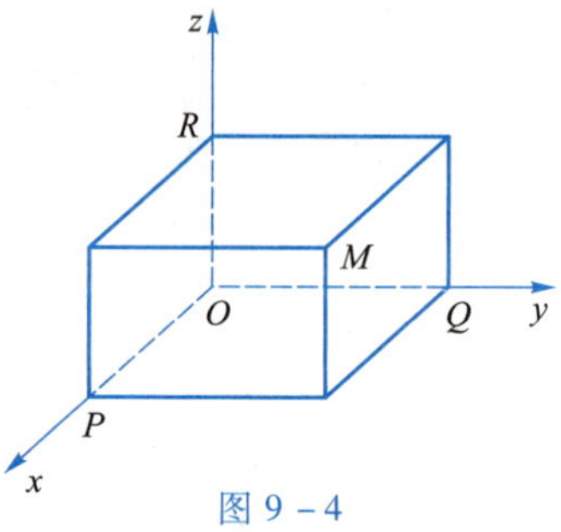

图 9-4

这样，空间的点 M 与一组有序数组 (x,y,z) 之间建立了一一对应的关系，称这样的三元有序实数组

(x,y,z)为点 M **在该空间直角坐标系中的坐标**，记作 $M(x,y,z)$，x,y,z 分别称为点 M 的**横坐标**、**纵坐标**和**竖坐标**，也称为点 M 坐标的 x,y 和 z 分量.

原点 O 的坐标均为 0，即 $O(0,0,0)$；点 M 在 xOy 坐标面上$\Leftrightarrow M=(x,y,0)$；点 M 在 x 轴上$\Leftrightarrow M=(x,0,0)$. 类似可得其他坐标面或坐标轴上点的坐标特征. 八个卦限内点的三个坐标均不为零，各分量的符号由点所在卦限确定.

类似于平面直角坐标系下的情形，可以讨论关于坐标轴、坐标面、坐标原点对称的点的坐标关系.

例如，与点(x,y,z)关于 x 轴对称的点为$(x,-y,-z)$；与点(x,y,z)关于 xOy 坐标面对称的点为$(x,y,-z)$；与点(x,y,z)关于原点对称的点为$(-x,-y,-z)$等.

例 1 正圆锥母线与中心轴成 φ 角，P 为锥面上一点，$OP=l$；以圆锥顶点为原点、中心轴为 z 轴建立坐标系如图 9－5 所示，OP_1 为 OP 在 xOy 坐标面上的正射影，从 x 轴正向到 OP_1 的角为 α. 试用 l,φ,α 表示点 P 的坐标.

解 P 坐标的 x,y 分量与 P_1 在 xOy 坐标系中的坐标相同；$OP_1=OP\cos(-\varphi)=l\cdot\sin\varphi$，所以 P 坐标的 x，y 分量 $x=l\sin\varphi\cos\alpha$，$y=l\sin\varphi\sin\alpha$；P 坐标的 z 分量是 P 在 z 轴上投影 P_2 的竖坐标，所以 $x=l\cos\varphi$.

综上可得，点 P 坐标为$(l\sin\varphi\cos\alpha, l\sin\varphi\sin\alpha, l\cos\varphi)$.

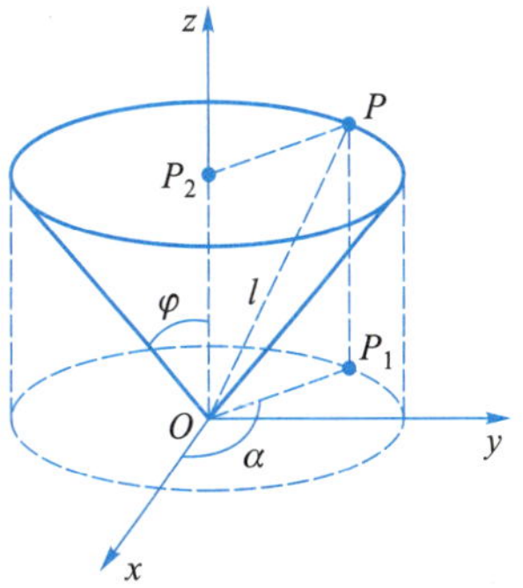

图 9－5

9.1.3 向量的概念

在物理学中，我们常遇到**既有大小又有方向的量**，如位移、速度、加速度、力、力矩等. 这一类量称为**向量**，或称为**矢量**.

向量的概念

扬州工业职业技术学院
—房广梅

在数学上，常用一条有方向的线段，即有向线段来表示向量，有向线段的长度表示向量的大小，有向线段的方向表示向量的方向. 以 A 为起点、B 为终点的有向线段所表示的向量记作$\overrightarrow{AB}$（图 9－6），有时也用一个黑体字母（书写时，在字母上加箭头）来表示向量，例如 $\boldsymbol{a}$、$\boldsymbol{r}$、$\boldsymbol{v}$、$\boldsymbol{e}$ 或 $\vec{a}$、$\vec{r}$、$\vec{v}$、$\vec{e}$ 等.

在实际问题中，有些向量与其起点有关（例如质点运动的速度与该质点的位置有关，一个力与该力的作用点的位置有关），有些向量与其起点无关，由于一切向量的共性是它们都有大小和方向，因此在数学上我们只研究与起点无关的向量，并称这种向量为**自由向量**（以后简称**向量**），即只考虑向量的大小和方向，而不论它的起点在什么地方.

图 9－6

如果两个向量 $\boldsymbol{a}$ 和 $\boldsymbol{b}$ 的大小相等，且方向相同，我们就说向量 $\boldsymbol{a}$ 和 $\boldsymbol{b}$ 是**相等的**，记作 $\boldsymbol{a}=\boldsymbol{b}$. 这就是说，经过平行移动后能完全重合的向量相等.

向量的大小叫做向量的**模**. 如果两个向量 $\boldsymbol{a}$ 和 $\boldsymbol{b}$ 的模相等，而方向相反，则称向量 $\boldsymbol{a}$ 与向量 $\boldsymbol{b}$ 相反，也称向量 $\boldsymbol{a}$ 是向量 $\boldsymbol{b}$ 的**相反向量**或**反向量**，记作 $\boldsymbol{a}=-\boldsymbol{b}$，或 $\boldsymbol{b}=-\boldsymbol{a}$.

如果$\overrightarrow{AB}$表示空间中 A 点指向 B 点的向量，则$\overrightarrow{AB}$的相反向量为$\overrightarrow{BA}$.

向量$\overrightarrow{AB}$、$\boldsymbol{a}$、$\vec{a}$ 的模依次记作$|\overrightarrow{AB}|$、$|\boldsymbol{a}|$、$|\vec{a}|$.

模等于 1 的向量叫做**单位向量**,模等于零的向量叫做**零向量**,记作 $\mathbf{0}$ 或 $\vec{0}$. 零向量的起点和终点重合,它的方向可以看做是任意的.

设有两个非零向量 $\boldsymbol{a}$ 和 $\boldsymbol{b}$,任取空间一点 O,作$\overrightarrow{OA}=\boldsymbol{a}$,$\overrightarrow{OB}=\boldsymbol{b}$,规定不超过 π 的 $\angle AOB$(设 $\varphi=\angle AOB, 0\leqslant\varphi\leqslant\pi$)称为向量 $\boldsymbol{a}$ 和 $\boldsymbol{b}$ 的**夹角**(图 9-7),记作$(\widehat{\boldsymbol{a},\boldsymbol{b}})$或$(\widehat{\boldsymbol{b},\boldsymbol{a}})$,即$(\widehat{\boldsymbol{a},\boldsymbol{b}})=\varphi$. 如果向量 $\boldsymbol{a}$ 和 $\boldsymbol{b}$ 有一个是零向量,规定它们的夹角可以在 0 到 π 之间任意取值.

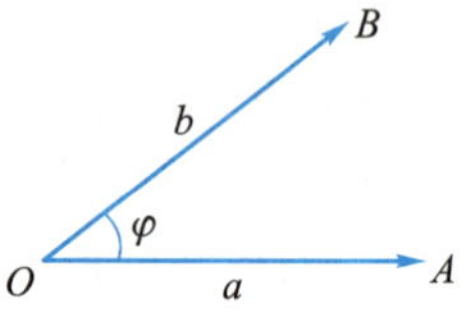

图 9-7

如果$(\widehat{\boldsymbol{a},\boldsymbol{b}})=0$ 或 π,就称向量 $\boldsymbol{a}$ 和 $\boldsymbol{b}$ 平行,记作 $\boldsymbol{a}/\!/\boldsymbol{b}$. 如果$(\widehat{\boldsymbol{a},\boldsymbol{b}})=\dfrac{\pi}{2}$,就称向量 $\boldsymbol{a}$ 和 $\boldsymbol{b}$ 垂直,记作 $\boldsymbol{a}\perp\boldsymbol{b}$. 由于零向量与另一向量的夹角可以在 0 到 π 之间任意取值,因此可以认为零向量与任何向量都平行,也可以认为零向量与任何向量都垂直.

当两个平行向量的起点放在同一点时,它们的终点和公共起点应在一条直线上. 因此,两向量平行,又称两向量**共线**.

类似还有向量共面的概念. 设有 $k(k\geqslant3)$ 个向量,当把它们的起点放在同一点时,如果 k 个终点和公共起点在一个平面上,就称这 k 个向量**共面**.

9.1.4　向量的线性运算

向量的线性运算

扬州工业职业技术学院—房广梅

1. 向量的加减法

设有两个向量 $\boldsymbol{a}$ 和 $\boldsymbol{b}$,任取一点 A,作$\overrightarrow{AB}=\boldsymbol{a}$,再以 B 为起点,作$\overrightarrow{BC}=\boldsymbol{b}$,连接 AC(图 9-8),那么向量$\overrightarrow{AC}=\boldsymbol{c}$ 称为向量 $\boldsymbol{a}$ 和 $\boldsymbol{b}$ 的和,记作 $\boldsymbol{a}+\boldsymbol{b}$,即 $\boldsymbol{c}=\boldsymbol{a}+\boldsymbol{b}$.

上述作出两向量之和的方法叫做向量相加的三角形法则.

力学上有求合力的平行四边形法则,同样,向量相加也符合平行四边形法则,如图 9-9 所示.

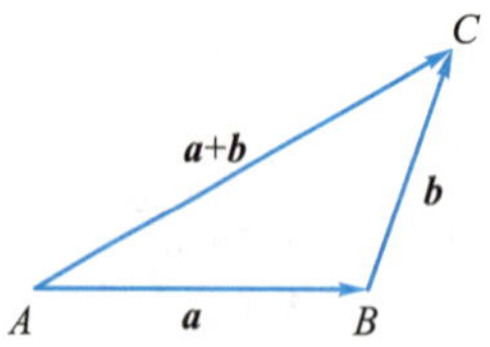

图 9-8

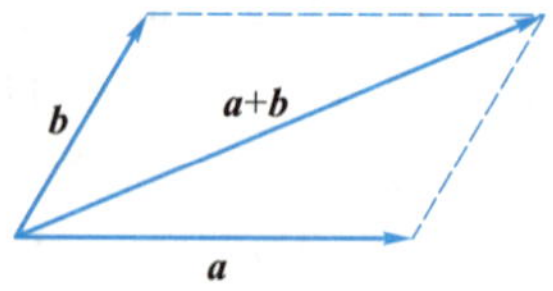

图 9-9

向量的加法符合下列运算规律:

(1) 交换律 $\boldsymbol{a}+\boldsymbol{b}=\boldsymbol{b}+\boldsymbol{a}$;

(2) 结合律$(\boldsymbol{a}+\boldsymbol{b})+\boldsymbol{c}=\boldsymbol{a}+(\boldsymbol{b}+\boldsymbol{c})$.

如图 9-10 所示,先作 $\boldsymbol{a}+\boldsymbol{b}$ 再加上 $\boldsymbol{c}$,即$(\boldsymbol{a}+\boldsymbol{b})+\boldsymbol{c}$,如以 $\boldsymbol{a}$ 与 $\boldsymbol{b}+\boldsymbol{c}$ 相加,则得同一结果,所以向量加法符合结合律.

n 个向量相加的法则如下:使前一向量的终点作为次一向量的起点,相继作向量

$\boldsymbol{a}_1,\boldsymbol{a}_2,\cdots,\boldsymbol{a}_n$，再以第一向量的起点，最后一向量的终点为终点作一向量，这个向量即为所求的和. 如图 9－11 所示，有

$$\boldsymbol{s}=\boldsymbol{a}_1+\boldsymbol{a}_2+\boldsymbol{a}_3+\boldsymbol{a}_4+\boldsymbol{a}_5.$$

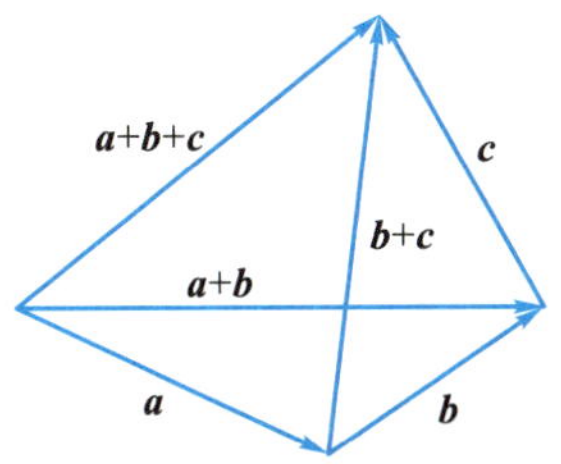

图 9－10

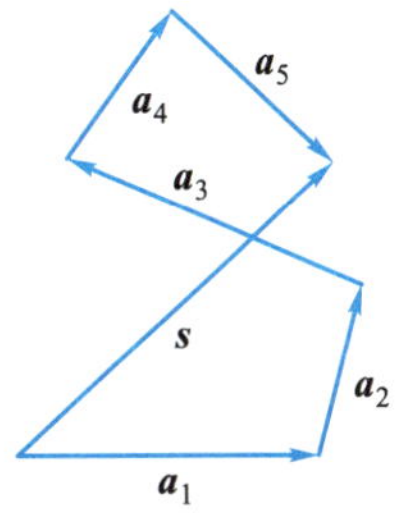

图 9－11

设 $\boldsymbol{a}$ 为一向量，与 $\boldsymbol{a}$ 的模相同而方向相反的向量叫做 $\boldsymbol{a}$ 的负向量，记作 $-\boldsymbol{a}$. 由此，我们规定两个向量 $\boldsymbol{b}$ 与 $\boldsymbol{a}$ 的差

$$\boldsymbol{b}-\boldsymbol{a}=\boldsymbol{b}+(-\boldsymbol{a}).$$

即把向量 $-\boldsymbol{a}$ 加到向量 $\boldsymbol{b}$ 上，得到 $\boldsymbol{b}$ 与 $\boldsymbol{a}$ 的差 $\boldsymbol{b}-\boldsymbol{a}$（图 9－12(1)）.

显然，任给向量 $\overrightarrow{AB}$ 及点 O，有

$$\overrightarrow{AB}=\overrightarrow{AO}+\overrightarrow{OB}=\overrightarrow{OB}-\overrightarrow{OA}$$

因此，若把向量 $\boldsymbol{a}$ 和 $\boldsymbol{b}$ 移动到同一起点 O，则从 $\boldsymbol{a}$ 的终点 A 向 $\boldsymbol{b}$ 的终点 B，所引向量 $\overrightarrow{AB}$ 便是向量 $\boldsymbol{b}$ 与 $\boldsymbol{a}$ 的差 $\boldsymbol{b}-\boldsymbol{a}$（图 9－12(2)）.

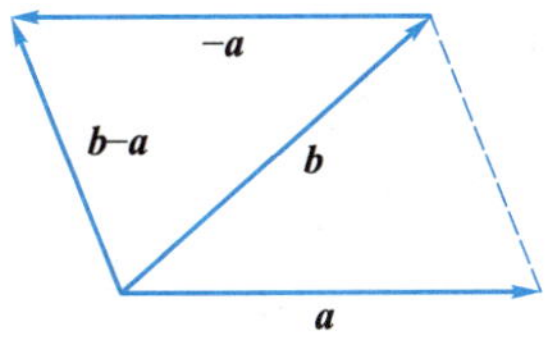

图 9－12(1)

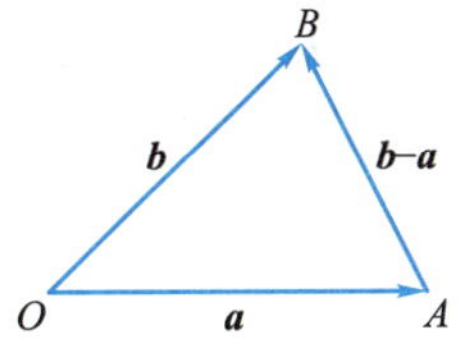

图 9－12(2)

2. 向量与数的乘法

向量 $\boldsymbol{a}$ 与实数 λ 的乘积记作 $\lambda\boldsymbol{a}$，规定 $\lambda\boldsymbol{a}$ 是一个向量，它的模

$$|\lambda\boldsymbol{a}|=|\lambda||\boldsymbol{a}|,$$

当 $\lambda>0$ 时，$\lambda\boldsymbol{a}$ 与 $\boldsymbol{a}$ 的方向相同，当 $\lambda<0$ 时，$\lambda\boldsymbol{a}$ 与 $\boldsymbol{a}$ 相反，当 $\lambda=0$ 时，$|\lambda\boldsymbol{a}|=0$，即 $\lambda\boldsymbol{a}$ 为零向量，此时它的方向任意.

向量与数的乘积符合下列运算规律：

(1) 结合律 $\lambda(\mu\boldsymbol{a})=\mu(\lambda\boldsymbol{a})=(\lambda\mu)\boldsymbol{a}$;

(2) 分配律 $(\lambda+\mu)\boldsymbol{a}=\lambda\boldsymbol{a}+\mu\boldsymbol{a}$，$\lambda(\boldsymbol{a}+\boldsymbol{b})=\lambda\boldsymbol{a}+\lambda\boldsymbol{b}$.

向量相加及数乘统称为向量的**线性运算**.

设向量 $\boldsymbol{e}_a$ 表示与非零向量 $\boldsymbol{a}$ 同方向的单位向量，那么，按照向量与数的乘积的规定，由于向量 $\dfrac{\boldsymbol{a}}{|\boldsymbol{a}|}$ 的模等于 1，且与 $\boldsymbol{a}$ 同方向，所以有

$$e_a = \frac{a}{|a|},$$

因此,任一非零向量 $\boldsymbol{a}$ 都可表示为 $\boldsymbol{a} = |\boldsymbol{a}|\boldsymbol{e}_a$.

由于向量 $\lambda\boldsymbol{a}$ 与 $\boldsymbol{a}$ 平行,因此我们常用向量与数的乘积来说明两个向量的平行关系.

定理　设向量 $\boldsymbol{a}\neq 0$,向量 $\boldsymbol{b}$ 平行于 $\boldsymbol{a}$ 的充分必要条件是:存在唯一一个实数 λ,使 $\boldsymbol{b} = \lambda\boldsymbol{a}$.

9.1.5　向量的坐标表示

设以原点 O 为起点的向量 $\boldsymbol{r} = \overrightarrow{OM}$,称为点 M 关于原点 O 的**向径**.

向量的坐标表示(一)

扬州工业职业技术学院—房广梅

对给定任意向量 $\boldsymbol{r}$,有对应点 M 使 $\overrightarrow{OM} = \boldsymbol{r}$,以 OM 为对角线、三条坐标轴为棱作长方体 $RHMK$-$OPNQ$,如图 9－13 所示.

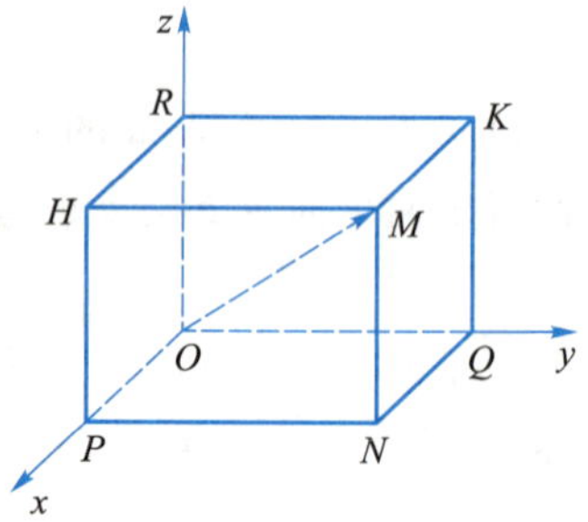

图 9－13

设 $\boldsymbol{i},\boldsymbol{j},\boldsymbol{k}$ 分别表示与 x 轴、y 轴和 z 轴的正向同向的单位向量,称为坐标基本单位向量.

$$\boldsymbol{r} = \overrightarrow{OM} = \overrightarrow{OP} + \overrightarrow{PN} + \overrightarrow{NM} = \overrightarrow{OP} + \overrightarrow{OQ} + \overrightarrow{OR},$$

设 $\overrightarrow{OP} = x\boldsymbol{i}, \overrightarrow{OQ} = y\boldsymbol{j}, \overrightarrow{OR} = z\boldsymbol{k}$,则

$$\boldsymbol{r} = \overrightarrow{OM} = x\boldsymbol{i} + y\boldsymbol{j} + z\boldsymbol{k}.$$

上式称为向量 $\boldsymbol{r}$ 的**坐标分解式**,$x\boldsymbol{i}$、$y\boldsymbol{j}$、$z\boldsymbol{k}$ 称为向量 $\boldsymbol{r}$ 沿三个坐标轴方向的**分向量**.

显然,给定向量 $\boldsymbol{r}$,就确定了点 M 及 $\overrightarrow{OP}$、$\overrightarrow{OQ}$、$\overrightarrow{OR}$ 三个分量,进而确定了 x、y、z 三个有序数;反之,给定三个有序数 x、y、z,也就确定了向量 $\boldsymbol{r}$ 与点 M. 于是点 M、向量 $\boldsymbol{r}$ 与三个有序数 x、y、z 之间有一一对应关系

$$M \leftrightarrow \boldsymbol{r} = \overrightarrow{OM} = x\boldsymbol{i} + y\boldsymbol{j} + z\boldsymbol{k} \leftrightarrow (x,y,z).$$

向量的坐标表示(二)

扬州工业职业技术学院—房广梅

定义　有序数 x、y、z 称为**向量** $\boldsymbol{r}$(在坐标系 $O-xyz$ 中)**的坐标**,记作 $r = (x,y,z)$.

上述定义表明,一个点与该点的向量有相同的坐标. 记号 (x,y,z) 既表示点 M,又表示向量 $\overrightarrow{OM}$.

注意:

(1) 由于点 M 与向量 $\overrightarrow{OM}$ 有相同的坐标,因此,求点 M 的坐标,就是求 $\overrightarrow{OM}$ 的坐标.

(2) 记号 (x,y,z) 即可表示点 M,又可以表示向量 $\overrightarrow{OM}$,在几何中点与向量是两个不同的概念,因此,在看到记号 (x,y,z) 表示点时,不能进行运算.

9.1.6　利用坐标作向量的线性运算

利用向量的坐标,可得向量的加法、减法以及向量与数的乘法运算:

设 $\boldsymbol{a} = (x_1,y_1,z_1) = x_1\boldsymbol{i} + y_1\boldsymbol{j} + z_1\boldsymbol{k}, \boldsymbol{b} = (x_2,y_2,z_2) = x_2\boldsymbol{i} + y_2\boldsymbol{j} + z_2\boldsymbol{k}$,

则

$$\boldsymbol{a} \pm \boldsymbol{b} = (x_1\boldsymbol{i} + y_1\boldsymbol{j} + z_1\boldsymbol{k}) \pm (x_2\boldsymbol{i} + y_2\boldsymbol{j} + z_2\boldsymbol{k}) = (x_1 \pm x_2)\boldsymbol{i} + (y_1 \pm y_2)\boldsymbol{j} + (z_1 \pm z_2)\boldsymbol{k},$$

即

$$\boldsymbol{a} \pm \boldsymbol{b} = (x_1 \pm x_2, y_1 \pm y_2, z_1 \pm z_2),$$

$$\lambda \boldsymbol{a}=\lambda(x_1,y_1,z_1)=(\lambda x_1,\lambda y_1,\lambda z_1).$$

例 2　设 $\boldsymbol{a}=(0,-1,2)$，$\boldsymbol{b}=(-1,3,4)$，求 $\boldsymbol{a}+\boldsymbol{b}$，$2\boldsymbol{a}-\boldsymbol{b}$.

解　$\boldsymbol{a}+\boldsymbol{b}=(0+(-1),-1+3,2+4)=(-1,2,6)$；

$$\begin{aligned}2\boldsymbol{a}-\boldsymbol{b}&=(2\times0,2\times(-1),2\times2)-(-1,3,4)\\&=(0-(-1),-2-3,4-4)\\&=(1,-5,0).\end{aligned}$$

例 3　**【本章导例】　计算机视图**

解

(1) 因为 E,P,P_1 位于同一条直线上，且 $\overrightarrow{EP}$ 与 $\overrightarrow{EP_1}$ 同向，故 $\overrightarrow{EP}=C\,\overrightarrow{EP_1}$（$C$ 为正实数），即

$$-x_0\boldsymbol{i}+y\boldsymbol{j}+z\boldsymbol{k}=C[(x_1-x_0)\boldsymbol{i}+y_1\boldsymbol{j}+z_1\boldsymbol{k}],$$

从而有 $-x_0=C(x_1-x_0)$，$y=Cy_1$，$z=Cz_1$.

(2) 当 $x_1=0$ 时，$C=1$，则 $y=y_1$，$z=z_1$；

当 $x_1=x_0$ 时，则 $y=0$，$z=0$；

当 $x_0\to\infty$ 时，则 $\lim\limits_{x_0\to\infty}C=\lim\limits_{x_0\to\infty}\dfrac{-x_0}{x_1-x_0}=1$，从而有，$y\to y_1$，$z\to z_1$.

9.1.7　向量的模与两点间的距离公式

设向量 $\boldsymbol{r}=(x,y,z)$，作 $\overrightarrow{OM}=\boldsymbol{r}$，如图 9－13 所示，有

$$\boldsymbol{r}=\overrightarrow{OM}=\overrightarrow{OP}+\overrightarrow{OQ}+\overrightarrow{OR},$$

由勾股定理可得

$$|\boldsymbol{r}|=|OM|=\sqrt{|OP|^2+|OQ|^2+|OR|^2}.$$

由

$$\overrightarrow{OP}=x\boldsymbol{i},\overrightarrow{OQ}=y\boldsymbol{j},\overrightarrow{OR}=z\boldsymbol{k},$$

有

$$|OP|=|x|,|OQ|=|y|,|OR|=|z|,$$

于是得向量模的坐标表示式

$$|\boldsymbol{r}|=\sqrt{x^2+y^2+z^2}.$$

设点 $A(x_1,y_1,z_1)$ 和 $B(x_2,y_2,z_2)$，则点 A 与点 B 间的距离 $|AB|$ 就是向量 $\overrightarrow{AB}$ 的模. 由

$$\overrightarrow{AB}=(x_2-x_1,y_2-y_1,z_2-z_1),$$

即得 A,B 两点间的距离

$$|AB|=|\overrightarrow{AB}|=\sqrt{(x_2-x_1)^2+(y_2-y_1)^2+(z_2-z_1)^2}.$$

例 4　在 z 轴上求与两点 $A(-4,1,7)$ 和 $B(3,5,-2)$ 等距离的点.

解　因为所求的点 M 在 z 轴上，所以设该点为 $M(0,0,z)$，依题意有

$$|MA|=|MB|,$$

即 $\sqrt{(0+4)^2+(0-1)^2+(z-7)^2}=\sqrt{(3-0)^2+(5-0)^2+(-2-z)^2}$，

解得 $z=\dfrac{14}{9}$，因此，所求的点 $M\left(0,0,\dfrac{14}{9}\right)$.

练习 9.1

1. 写出下列特殊点的坐标：(1) 原点；(2) x 轴上的点；(3) y 轴上的点；(4) z 轴上的点；(5) xOy 面上的点；(6) yOz 面上的点；(7) zOx 面上的点.

2. 指出下列各点所在卦限：$(2,-1,-4)$，$(-1,-3,1)$，$(2,1,-1)$.

3. 正圆柱底面半径为 R，建立如图 9－14 所示的坐标系. 点 P 为圆柱面上距底面 h 的点，P_1 为 P 在 xOy 平面上的投影，从 x 轴正向到 OP_1 的角为 α，试以 R,h,α 表示 P 在该坐标系中的坐标.

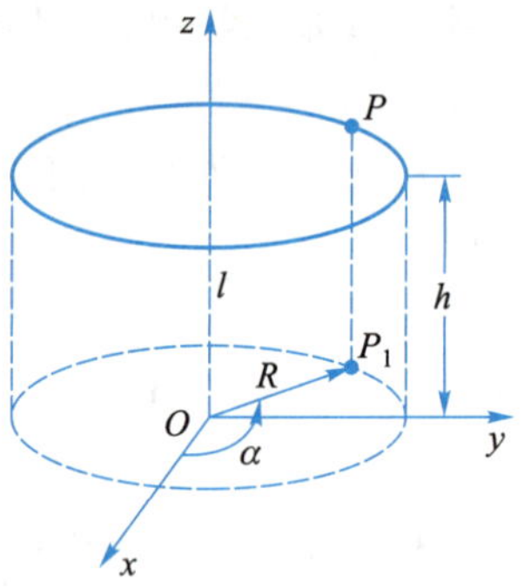

图 9－14

4. 已知向量 $\overrightarrow{AB}=(4,-4,7)$，它的终点的坐标为 $B(2,-1,7)$，求它的始点 A 的坐标.

5. 求两点 $A(-2,1,3)$，$B(0,-1,2)$ 之间的距离.

6. 一艘舰艇停在位置 $(0,5,5)$（坐标单位：千英尺），一艘潜艇行驶至位置 $(6,3,2)$. 此时舰艇与潜艇之间的距离是多少？

习题 9.1

1. 设 A,B 两点坐标为 $A(4,-7,1)$，$B(6,2,z)$，它们之间的距离为 $|AB|=11$，求点 B 的未知坐标 z.

2. 在 xOy 上求与点 $A(1,-1,5)$，$B(3,4,4)$ 和 $C(4,6,1)$ 等距离的点.

3. 设向量 $\boldsymbol{a}=3\boldsymbol{i}-\boldsymbol{j}+2\boldsymbol{k}$，$\boldsymbol{b}=-2\boldsymbol{i}-2\boldsymbol{j}+\boldsymbol{k}$，用基向量的分解式表示 $-3\boldsymbol{a}$，$\boldsymbol{a}+\boldsymbol{b}$，$\boldsymbol{a}-\boldsymbol{b}$.

4. 设 $\boldsymbol{b}=(2,2,-2)$，$2\boldsymbol{a}-\boldsymbol{b}=(-5,0,-4)$，求 $\boldsymbol{a}$.

5. 设 $\overrightarrow{AB}=(4,-4,7)$，已知 A 在 xOy 平面上，B 在 yOz 平面上，且其纵坐标为 -2，试确定 A,B 的位置.

6. 在空间直角坐标系中，指出下列各点在哪个卦限？

$$A(1,-2,3),B(2,3,-4),C(2,-3,-4),D(-2,-3,1).$$

7. 在 xOy 坐标面上和在 yOz 坐标轴上的点的坐标各有什么特征？指出下列各点的位置：$A(3,4,0)$，$B(0,4,3)$，$C(3,0,0)$，$D(0,-1,0)$.

8. 求点 (a,b,c) 关于 (1) 各坐标面；(2) 各坐标轴；(3) 坐标原点的对称点的坐标.

9. 自点 $P_0(x_0,y_0,z_0)$ 分别作各坐标面和各坐标轴的垂线，写出各垂足的坐标.

10. 过点 $P_0(x_0,y_0,z_0)$ 分别作平行于 z 轴的直线和平行于 xOy 面的平面，问在它们上面的点各有什么特点？

§9.2　向量的数量积和向量积

9.2.1　向量的数量积

1. 向量的数量积的概念

设一物体在恒力 F 作用下沿直线从点 M_1 移动到点 M_2. 以 $\boldsymbol{S}$ 表示位移 $\overrightarrow{M_1M_2}$，由物理学知识知道，力 F 所作功为 $W=|\boldsymbol{F}||\boldsymbol{S}|\cos\theta$，其中 θ 为 $\boldsymbol{F}$ 与 $\boldsymbol{S}$ 的夹角（图 9－15）.

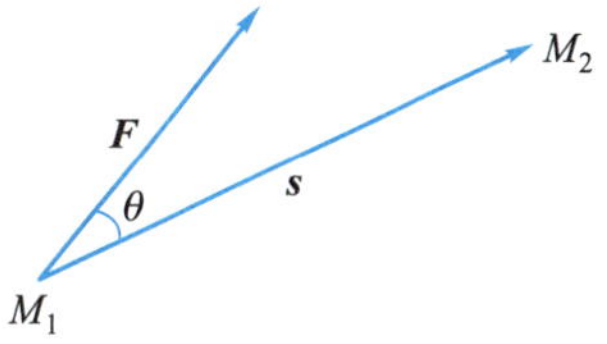

图 9－15

从这个问题看出，我们有时要对两个向量 $\boldsymbol{a}$ 和 $\boldsymbol{b}$ 作这样的运算，运算的结果是一个数，它等于 $|\boldsymbol{a}|$，$|\boldsymbol{b}|$ 及夹角 θ 的余弦的乘积，即 $\boldsymbol{a}\cdot\boldsymbol{b}=|\boldsymbol{a}||\boldsymbol{b}|\cos\theta$.

下面给出向量的数量积定义：

定义 1　设 $\boldsymbol{a}$ 和 $\boldsymbol{b}$ 是两个向量，它们的模 $|\boldsymbol{a}|$，$|\boldsymbol{b}|$ 及夹角的余弦 $\cos(\widehat{\boldsymbol{a},\boldsymbol{b}})$ 的乘积，称为向量 $\boldsymbol{a}$ 和 $\boldsymbol{b}$ 的**数量积**（或称**点积**），记作 $\boldsymbol{a}\cdot\boldsymbol{b}$，即

$$\boldsymbol{a}\cdot\boldsymbol{b}=|\boldsymbol{a}||\boldsymbol{b}|\cos(\widehat{\boldsymbol{a},\boldsymbol{b}}). \tag{1}$$

向量的数量积是一个数量，它由两个因子构成，第一因子是向量 $\boldsymbol{a}$ 在向量 $\boldsymbol{b}$ 方向上投影向量的模 $|\boldsymbol{a}|\cos(\widehat{\boldsymbol{a},\boldsymbol{b}})$；第二因子则是向量 $\boldsymbol{b}$ 的模 $|\boldsymbol{b}|$. 因此向量的数量积实际上是一个向量在另一个向量上的投影积.

根据这个定义，上述问题中力 F 所作的功是力 F 与位移 S 的数量积，即

$$\boldsymbol{W}=\boldsymbol{F}\cdot\boldsymbol{S}$$

由向量的数量积的定义，立即可得三个坐标基向量 $\boldsymbol{i},\boldsymbol{j},\boldsymbol{k}$ 之间的数量积关系为

$$\boldsymbol{i}\cdot\boldsymbol{i}=\boldsymbol{j}\cdot\boldsymbol{j}=\boldsymbol{k}\cdot\boldsymbol{k}=1;\boldsymbol{i}\cdot\boldsymbol{j}=\boldsymbol{i}\cdot\boldsymbol{k}=\boldsymbol{j}\cdot\boldsymbol{i}=\boldsymbol{j}\cdot\boldsymbol{k}=\boldsymbol{k}\cdot\boldsymbol{i}=\boldsymbol{k}\cdot\boldsymbol{j}=0.$$

由数量积的定义可以推得：

（1）$\boldsymbol{a}\cdot\boldsymbol{a}=|\boldsymbol{a}|^2$；

（2）对于两个非零向量 $\boldsymbol{a}$、$\boldsymbol{b}$，如果 $\boldsymbol{a}\cdot\boldsymbol{b}=0$，那么 $\boldsymbol{a}\perp\boldsymbol{b}$；反之，如果 $\boldsymbol{a}\perp\boldsymbol{b}$，那么 $\boldsymbol{a}\cdot\boldsymbol{b}=0$.

由于可以认为零向量与任何向量都垂直，因此，上述结论可叙述为：向量 $\boldsymbol{a}\perp\boldsymbol{b}$ 的充分必要条件为 $\boldsymbol{a}\cdot\boldsymbol{b}=0$.

数量积有下列运算规律：

（1）交换律：$\boldsymbol{a}\cdot\boldsymbol{b}=\boldsymbol{b}\cdot\boldsymbol{a}$；

（2）分配律：$(\boldsymbol{a}+\boldsymbol{b})\cdot\boldsymbol{c}=\boldsymbol{a}\cdot\boldsymbol{c}+\boldsymbol{b}\cdot\boldsymbol{c}$；

（3）$(\lambda\boldsymbol{a})\boldsymbol{b}=\lambda\boldsymbol{a}\cdot\boldsymbol{b}$.

例 1　已知 $(\widehat{\boldsymbol{a},\boldsymbol{b}})=\dfrac{2}{3}\pi$，$|\boldsymbol{a}|=3$，$|\boldsymbol{b}|=4$，求向量 $\boldsymbol{c}=3\boldsymbol{a}+2\boldsymbol{b}$ 的模.

解　$$\begin{aligned}|\boldsymbol{c}|^2=\boldsymbol{c}\cdot\boldsymbol{c}&=(3\boldsymbol{a}+2\boldsymbol{b})\cdot(3\boldsymbol{a}+2\boldsymbol{b})\\&=3\boldsymbol{a}\cdot(3\boldsymbol{a}+2\boldsymbol{b})+2\boldsymbol{b}\cdot(3\boldsymbol{a}+2\boldsymbol{b})\\&=9\boldsymbol{a}\cdot\boldsymbol{a}+6\boldsymbol{a}\cdot\boldsymbol{b}+6\boldsymbol{b}\cdot\boldsymbol{a}+4\boldsymbol{b}\cdot\boldsymbol{b}\end{aligned}$$

向量的数量积

扬州工业职业技术学院—房广梅

$$=9\boldsymbol{a}^2+12\boldsymbol{a}\cdot\boldsymbol{b}+4\boldsymbol{b}^2$$
$$=9\boldsymbol{a}^2+12|\boldsymbol{a}||\boldsymbol{b}|\cos(\boldsymbol{a},\boldsymbol{b})+4\boldsymbol{b}^2,$$

将 $|\boldsymbol{a}|=3$，$|\boldsymbol{b}|=4(\widehat{\boldsymbol{a},\boldsymbol{b}})=\frac{2}{3}\pi$ 代入，即得

$$|\boldsymbol{c}|^2=\boldsymbol{c}\cdot\boldsymbol{c}=9\times3^2+12\times3\times4\cos\frac{2}{3}\pi+4\times4^2=73,$$

所以 $\boldsymbol{c}$ 的模为 $\sqrt{73}$.

2. 数量积的坐标表示式

设 $\boldsymbol{a}=a_x\boldsymbol{i}+a_y\boldsymbol{j}+a_z\boldsymbol{k}$，$\boldsymbol{b}=b_x\boldsymbol{i}+b_y\boldsymbol{j}+b_z\boldsymbol{k}$，则

$$\boldsymbol{a}\cdot\boldsymbol{b}=(a_x\boldsymbol{i}+a_y\boldsymbol{j}+a_z\boldsymbol{k})\cdot(b_x\boldsymbol{i}+b_y\boldsymbol{j}+b_z\boldsymbol{k})$$
$$=a_x\boldsymbol{i}\cdot(b_x\boldsymbol{i}+b_y\boldsymbol{j}+b_z\boldsymbol{k})+a_y\boldsymbol{j}\cdot(b_x\boldsymbol{i}+b_y\boldsymbol{j}+b_z\boldsymbol{k})+a_z\boldsymbol{k}\cdot(b_x\boldsymbol{i}+b_y\boldsymbol{j}+b_z\boldsymbol{k}),$$

即
$$\boldsymbol{a}\cdot\boldsymbol{b}=a_xb_x+a_yb_y+a_zb_z. \tag{2}$$

这就是两个向量的数量积的坐标表示式.

例 2 设 $\boldsymbol{a}=2\boldsymbol{i}+3\boldsymbol{j}-\boldsymbol{k}$，$\boldsymbol{b}=\boldsymbol{i}-\boldsymbol{j}+\boldsymbol{k}$，求 $\boldsymbol{a}\cdot\boldsymbol{b}$，$\boldsymbol{a}^2$，$(3\boldsymbol{a})\cdot(2\boldsymbol{b})$.

解 $\boldsymbol{a}\cdot\boldsymbol{b}=(2,3,-1)\cdot(1,-1,1)=2\times1+3\times(-1)+(-1)\times1=-2$；

$\boldsymbol{a}^2=2^2+3^2+(-1)^2=14$；

$(3\boldsymbol{a})\cdot(2\boldsymbol{b})=(6,9,-3)\cdot(2,-2,2)=6\times2+9\times(-2)+(-3)\times2=-12.$

例 3 若三个力为 $\vec{F}_1=\boldsymbol{i}+2\boldsymbol{j}+3\boldsymbol{k}$，$\vec{F}_2=-2\boldsymbol{i}+3\boldsymbol{j}-\boldsymbol{k}$，$\vec{F}_3=3\boldsymbol{i}-4\boldsymbol{j}+5\boldsymbol{k}$ 作用在同一物体上，则物体从点 $M(1,-2,1)$ 平移到点 $N(2,2,5)$ 时，合力作的功是多少焦？

解 三个力的合力 $\vec{F}=\vec{F}_1+\vec{F}_2+\vec{F}_3=2\boldsymbol{i}+\boldsymbol{j}+7\boldsymbol{k}$，向量 $\overrightarrow{MN}=(1,4,4)$. 合力所作的功 $W=\vec{F}\cdot\overrightarrow{MN}=(2,1,7)\cdot(1,4,4)=34(\mathrm{J})$.

9.2.2 向量的向量积

向量的向量积
积

扬州工业职业技术学院
—房广梅

在研究物体转动问题时，不但要考虑该物体所受的力，还要分析这些力所产生的力矩. 下面就举一个简单的例子来说明表达力矩的方法.

设 O 为一根杠杆 L 的支点. 有一个力 $\boldsymbol{F}$ 作用于这杠杆上 P 点处，$\boldsymbol{F}$ 与 $\overrightarrow{OP}$ 的夹角为 θ(图 9－16).

由力学规定，力 $\boldsymbol{F}$ 对支点 O 的力矩是一向量 $\boldsymbol{M}$，它的模 $|\boldsymbol{M}|=|\overrightarrow{OQ}\cdot\boldsymbol{F}|=|\overrightarrow{OP}||\boldsymbol{F}|\sin\theta$. 而 $\boldsymbol{M}$ 的方向垂直于 $\boldsymbol{F}$ 与 $\overrightarrow{OP}$ 所决定的平面，$\boldsymbol{M}$ 的指向是按右手规则从 $\overrightarrow{OP}$ 以不超过 π 的角转向 $\boldsymbol{F}$ 来确定的，即当右手的四个手指从 $\overrightarrow{OP}$ 以不超过 π 的角转向 $\boldsymbol{F}$ 握拳时，大拇指的指向就是 $\boldsymbol{M}$ 的指向(图 9－17).

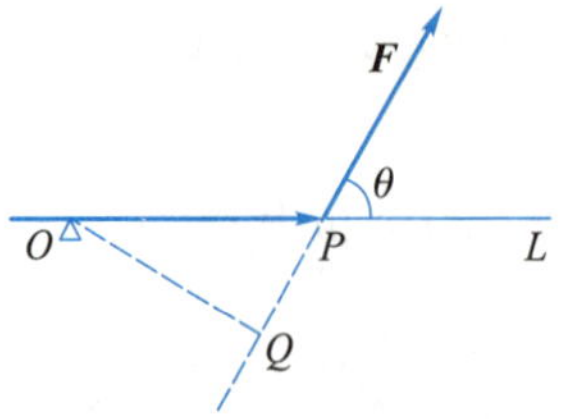

图 9－16

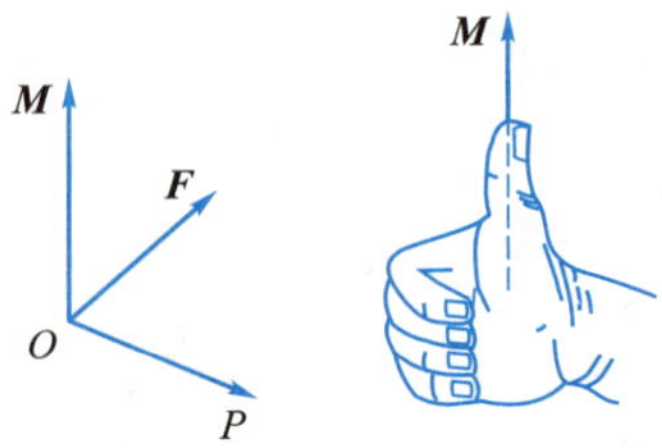

图 9－17

由两个已知向量按上面的规则来确定另一个向量的情况，在其他力学和物理问题中也会遇到. 于是从中抽象出两个向量的向量积概念.

1. 向量积的概念

定义 2 设向量 $\boldsymbol{c}$ 由两个向量 $\boldsymbol{a}$ 与 $\boldsymbol{b}$ 按下列方式给出：

(1) $\boldsymbol{c}$ 的模 $|\boldsymbol{c}|=|\boldsymbol{a}||\boldsymbol{b}|\sin\theta$，其中 θ 为 $\boldsymbol{a}$、$\boldsymbol{b}$ 间的夹角；

(2) $\boldsymbol{c}$ 的方向垂直于 $\boldsymbol{a}$ 与 $\boldsymbol{b}$ 所决定的平面（即 $\boldsymbol{c}$ 及垂直于 $\boldsymbol{a}$，又垂直于 $\boldsymbol{b}$），$\boldsymbol{c}$ 的指向按右手规则从 $\boldsymbol{a}$ 转向 $\boldsymbol{b}$ 来确定，那么，向量 $\boldsymbol{c}$ 叫做向量 $\boldsymbol{a}$ 与 $\boldsymbol{b}$ 的**向量积**，记作 $\boldsymbol{a}\times\boldsymbol{b}$，即 $\boldsymbol{c}=\boldsymbol{a}\times\boldsymbol{b}$（图 9－18）.

按此定义，力矩 $\boldsymbol{M}$ 等于力 $\boldsymbol{F}$ 与 $\overrightarrow{OP}$ 的乘积，即 $\boldsymbol{M}=\overrightarrow{OP}\times\boldsymbol{F}$.

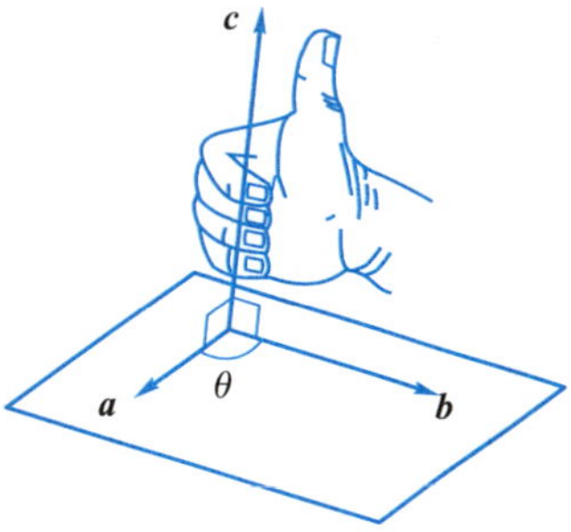

图 9－18

由向量的定义可以推得：

(1) $\boldsymbol{a}\times\boldsymbol{a}=\boldsymbol{0}$；

(2) 对于两个非零向量 $\boldsymbol{a}$、$\boldsymbol{b}$，如果 $\boldsymbol{a}\times\boldsymbol{b}=\boldsymbol{0}$，那么 $\boldsymbol{a}/\!/\boldsymbol{b}$；反之，如果 $\boldsymbol{a}/\!/\boldsymbol{b}$，那么 $\boldsymbol{a}\times\boldsymbol{b}=\boldsymbol{0}$.

由于可以认为零向量与任何向量都平行，因此，上述结论可叙述为：向量 $\boldsymbol{a}/\!/\boldsymbol{b}$ 的充分必要条件是 $\boldsymbol{a}\times\boldsymbol{b}=\boldsymbol{0}$.

向量积符合下列的运算规律：

(1) $\boldsymbol{b}\times\boldsymbol{a}=-\boldsymbol{a}\times\boldsymbol{b}$；

(2) 分配律 $(\boldsymbol{a}+\boldsymbol{b})\times\boldsymbol{c}=\boldsymbol{a}\times\boldsymbol{c}+\boldsymbol{b}\times\boldsymbol{c}$；

(3) 结合律 $(\lambda\boldsymbol{a})\times\boldsymbol{b}=\boldsymbol{a}\times(\lambda\boldsymbol{b})=\lambda(\boldsymbol{a}\times\boldsymbol{b})$（$\lambda$ 为常数）.

2. 向量积的坐标表示式

设 $\boldsymbol{a}=a_x\boldsymbol{i}+a_y\boldsymbol{j}+a_z\boldsymbol{k}$，$\boldsymbol{b}=b_x\boldsymbol{i}+b_y\boldsymbol{j}+b_z\boldsymbol{k}$，根据向量积的运算律，有

$$\begin{aligned}\boldsymbol{a}\times\boldsymbol{b}&=(a_x\boldsymbol{i}+a_y\boldsymbol{j}+a_z\boldsymbol{k})\times(b_x\boldsymbol{i}+b_y\boldsymbol{j}+b_z\boldsymbol{k})\\&=a_x\boldsymbol{i}\times(b_x\boldsymbol{i}+b_y\boldsymbol{j}+b_z\boldsymbol{k})+a_y\boldsymbol{j}\times(b_x\boldsymbol{i}+b_y\boldsymbol{j}+b_z\boldsymbol{k})+a_z\boldsymbol{k}\times(b_x\boldsymbol{i}+b_y\boldsymbol{j}+b_z\boldsymbol{k})\\&=(a_yb_z-a_zb_y)\boldsymbol{i}-(a_xb_z-a_zb_x)\boldsymbol{j}+(a_xb_y-a_yb_x)\boldsymbol{k}.\end{aligned}$$

此即**向量积的坐标表示式**. 为了便于记忆，把上述结果写成三阶行列式形式，然后按三阶行列式展开法则，关于第一行展开，即

$$\boldsymbol{a}\times\boldsymbol{b}=\begin{vmatrix}\boldsymbol{i}&\boldsymbol{j}&\boldsymbol{k}\\a_x&a_y&a_z\\b_x&b_y&b_z\end{vmatrix}=\begin{vmatrix}a_y&a_z\\b_y&b_z\end{vmatrix}\boldsymbol{i}-\begin{vmatrix}a_x&a_z\\b_x&b_z\end{vmatrix}\boldsymbol{j}+\begin{vmatrix}a_x&a_y\\b_x&b_y\end{vmatrix}\boldsymbol{k}\qquad(3)$$

例 4 设 $\boldsymbol{a}=-\boldsymbol{i}+2\boldsymbol{j}-\boldsymbol{k}$，$\boldsymbol{b}=2\boldsymbol{i}-\boldsymbol{j}+\boldsymbol{k}$，求 $\boldsymbol{a}\times\boldsymbol{b}$.

解

$$\begin{aligned}\boldsymbol{a}\times\boldsymbol{b}&=\begin{vmatrix}\boldsymbol{i}&\boldsymbol{j}&\boldsymbol{k}\\-1&2&-1\\2&-1&1\end{vmatrix}=\begin{vmatrix}2&-1\\-1&1\end{vmatrix}\boldsymbol{i}-\begin{vmatrix}-1&-1\\2&1\end{vmatrix}\boldsymbol{j}+\begin{vmatrix}-1&2\\2&-1\end{vmatrix}\boldsymbol{k}\\&=\boldsymbol{i}-\boldsymbol{j}-3\boldsymbol{k}.\end{aligned}$$

例 5 已知三角形 ABC 的顶点 $A(1,2,3)$、$B(3,4,5)$ 和 $C(2,4,7)$，求三角形 ABC 的面积.

解 根据向量积的定义,可知三角形 ABC 的面积

$$S_{\triangle ABC}=\frac{1}{2}|\overrightarrow{AB}||\overrightarrow{AC}|\sin\angle A=\frac{1}{2}|\overrightarrow{AB}\times\overrightarrow{AC}|.$$

由于 $\overrightarrow{AB}=(2,2,2)$,$\overrightarrow{AC}=(1,2,4)$,因此,$|\overrightarrow{AB}\times\overrightarrow{AC}|=\begin{vmatrix}\boldsymbol{i}&\boldsymbol{j}&\boldsymbol{k}\\2&2&2\\1&2&4\end{vmatrix}=4\boldsymbol{i}-6\boldsymbol{j}+2\boldsymbol{k}$,

于是

$$S_{\triangle ABC}=\frac{1}{2}|4\boldsymbol{i}-6\boldsymbol{j}+2\boldsymbol{k}|=\frac{1}{2}\sqrt{4^2+(-6)^2+2^2}=\sqrt{14}.$$

例6 求同时垂直于向量 $\boldsymbol{a}=(2,2,1)$ 和 $\boldsymbol{b}=(4,5,3)$ 的单位向量 $\boldsymbol{c}$.

解 向量 $\boldsymbol{a}\times\boldsymbol{b}$ 同时垂直于向量 $\boldsymbol{a}$ 和 $\boldsymbol{b}$

$$\boldsymbol{a}\times\boldsymbol{b}=\begin{vmatrix}\boldsymbol{i}&\boldsymbol{j}&\boldsymbol{k}\\2&2&1\\4&5&3\end{vmatrix}=\boldsymbol{i}-2\boldsymbol{j}+2\boldsymbol{k}.$$

所求单位向量有两个,即 $\boldsymbol{c}=\pm\dfrac{\boldsymbol{a}\times\boldsymbol{b}}{|\boldsymbol{a}\times\boldsymbol{b}|}=\dfrac{\boldsymbol{i}-2\boldsymbol{j}+2\boldsymbol{k}}{\sqrt{1^2+(-2)^2+2^2}}=\pm\dfrac{1}{3}(\boldsymbol{i}-2\boldsymbol{j}+2\boldsymbol{k})$.

9.2.3 向量的关系及判断

1. 向量间夹角计算公式

非零向量 $\boldsymbol{a},\boldsymbol{b}$ 的夹角 $(\widehat{\boldsymbol{a},\boldsymbol{b}})$ 公式:

$$(\widehat{\boldsymbol{a},\boldsymbol{b}})=\arccos\frac{\boldsymbol{a}\cdot\boldsymbol{b}}{|\boldsymbol{a}|\ |\boldsymbol{b}|}=\frac{a_xb_x+a_yb_y+a_zb_z}{\sqrt{a_x^2+a_y^2+a_z^2}\cdot\sqrt{b_x^2+b_y^2+b_z^2}}. \tag{4}$$

2. 两个向量垂直、平行的判定

当 $\boldsymbol{a}\perp\boldsymbol{b}$,则可得 $\boldsymbol{a}\cdot\boldsymbol{b}=|\boldsymbol{a}||\boldsymbol{b}|\cos(\widehat{\boldsymbol{a},\boldsymbol{b}})=0$;反之,若 $\boldsymbol{a}\cdot\boldsymbol{b}=0$ 且 $\boldsymbol{a},\boldsymbol{b}$ 为非零向量,则必定有 $\cos(\widehat{\boldsymbol{a},\boldsymbol{b}})=0$,$(\widehat{\boldsymbol{a},\boldsymbol{b}})=\dfrac{\pi}{2}$,即 $\boldsymbol{a}\perp\boldsymbol{b}$. 由此可得

定理1 两个向量 $\boldsymbol{a},\boldsymbol{b}$ 垂直 $\Leftrightarrow\boldsymbol{a}\cdot\boldsymbol{b}=0\Leftrightarrow a_xb_x+a_yb_y+a_zb_z=0.$ (5)

定理2 $\boldsymbol{a}/\!/\boldsymbol{b}\Leftrightarrow$ 存在实数 λ 使 $\boldsymbol{a}=\lambda\boldsymbol{b}\Leftrightarrow\dfrac{a_x}{b_x}=\dfrac{a_y}{b_y}=\dfrac{a_z}{b_z}.$ (6)

其中若分母某坐标分量为0,则分子对应坐标分量也为0.

又若 $\boldsymbol{a}/\!/\boldsymbol{b}$,则 $(\widehat{\boldsymbol{a},\boldsymbol{b}})=0$ 或 π,由此 $\sin(\widehat{\boldsymbol{a},\boldsymbol{b}})=0$.

定理3 两个向量 $\boldsymbol{a}/\!/\boldsymbol{b}\Leftrightarrow\boldsymbol{a}\times\boldsymbol{b}=\boldsymbol{0}$.

例7 试判定下列向量中哪些是平行的,哪些是垂直的?

$\boldsymbol{a}_1=(1,-1,0)$,$\boldsymbol{a}_2=(0,-1,1)$,$\boldsymbol{a}_3=(1,1,-1)$,$\boldsymbol{a}_4=(-1,-1,2)$,$\boldsymbol{a}_5=(-2,-2,2)$.

解 $\boldsymbol{a}_5=-2\boldsymbol{a}_3$,所以 $\boldsymbol{a}_5/\!/\boldsymbol{a}_3$;

$\boldsymbol{a}_1\cdot\boldsymbol{a}_3=\boldsymbol{a}_1\cdot\boldsymbol{a}_5=\boldsymbol{a}_1\cdot\boldsymbol{a}_4=0$,所以 $\boldsymbol{a}_1\perp\boldsymbol{a}_3$,$\boldsymbol{a}_1\perp\boldsymbol{a}_5$,$\boldsymbol{a}_1\perp\boldsymbol{a}_4$.

9.2.4 向量的方向余弦的坐标表示

非零向量 $\boldsymbol{a}$ 与三条坐标轴的夹角 α,β,γ 称为**向量 $\boldsymbol{a}$ 的方向角**,方向角的余弦

$\cos\alpha,\cos\beta,\cos\gamma$ 称为**向量 $\boldsymbol{a}$ 的方向余弦.**

如图 9－19 所示,设向量 $\boldsymbol{a}=(a_x,a_y,a_z)$,把 $\boldsymbol{a}$ 的起点移到坐标原点 O,设它的终点为 A,则向量 $\boldsymbol{a}$ 与三条坐标轴的夹角即为向量$\overrightarrow{OA}$与三个坐标基向量 $\boldsymbol{i},\boldsymbol{j},\boldsymbol{k}$ 的夹角. 所以

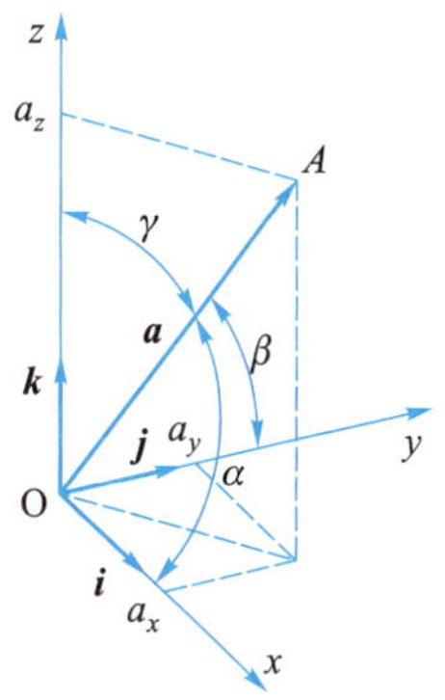

图 9－19

$$\begin{cases}\cos\alpha=\dfrac{\boldsymbol{a}\cdot\boldsymbol{i}}{|\boldsymbol{a}|\cdot|\boldsymbol{i}|}=\dfrac{a_x}{\sqrt{a_x^2+a_y^2+a_z^2}},\\ \cos\beta=\dfrac{\boldsymbol{a}\cdot\boldsymbol{j}}{|\boldsymbol{a}|\cdot|\boldsymbol{j}|}=\dfrac{a_y}{\sqrt{a_x^2+a_y^2+a_z^2}},\\ \cos\gamma=\dfrac{\boldsymbol{a}\cdot\boldsymbol{k}}{|\boldsymbol{a}|\cdot|\boldsymbol{k}|}=\dfrac{a_z}{\sqrt{a_x^2+a_y^2+a_z^2}}.\end{cases}\qquad(7)$$

(7)式即为向量的方向余弦的坐标表示式. 比照向量单位化公式,可以发现,实际上向量 $\boldsymbol{a}$ 的方向余弦就是 $\boldsymbol{a}$ 的单位化向量 $\boldsymbol{e}_a$ 的坐标,因此任何向量的方向余弦必定满足关系式

$$\cos^2\alpha+\cos^2\beta+\cos^2\gamma=1.$$

例 8 设点 $P_1(0,-1,2),P_2(-1,1,0)$,求向量$\overrightarrow{P_1P_2}$及方向余弦.

解 $\overrightarrow{P_1P_2}=(-1,2,-2),\overrightarrow{P_1P_2}=\sqrt{(-1)^2+2^2+(-2)^2}=3$. 所以$\overrightarrow{P_1P_2}$的方向余弦 $\cos\alpha=-\dfrac{1}{3},\cos\beta=\dfrac{2}{3},\cos\gamma=-\dfrac{2}{3}$.

练习 9.2

1. 设 $\boldsymbol{a}=3\boldsymbol{i}-\boldsymbol{j}-2\boldsymbol{k},\boldsymbol{b}=\boldsymbol{i}+2\boldsymbol{j}-\boldsymbol{k}$,求

(1) $\boldsymbol{a}\cdot\boldsymbol{b}$;(2) $\boldsymbol{a}\cdot\boldsymbol{a}$;(3) $(3\boldsymbol{a}-2\boldsymbol{b})\cdot(\boldsymbol{a}+3\boldsymbol{b})$.

2. 已知 $|\boldsymbol{a}|=3,|\boldsymbol{b}|=2,(\widehat{\boldsymbol{a},\boldsymbol{b}})=\dfrac{\pi}{3}$,求 $(3\boldsymbol{a}+2\boldsymbol{b})\cdot(2\boldsymbol{a}-5\boldsymbol{b})$.

3. 已知 $\boldsymbol{a}=(2,3,1),\boldsymbol{b}=(1,2,-1)$,计算 $\boldsymbol{a}\times\boldsymbol{b}$ 和 $\boldsymbol{b}\times\boldsymbol{a}$.

4. 设 $\boldsymbol{a}=2\boldsymbol{i}-3\boldsymbol{j}+\boldsymbol{k},\boldsymbol{b}=\boldsymbol{i}-\boldsymbol{j}+3\boldsymbol{k},\boldsymbol{c}=\boldsymbol{i}-2\boldsymbol{j}$,计算

(1) $(\boldsymbol{a}+\boldsymbol{b})\times(\boldsymbol{b}+\boldsymbol{c})$;(2) $(\boldsymbol{a}\times\boldsymbol{b})\cdot\boldsymbol{c}$;(3) $(\boldsymbol{a}\times\boldsymbol{b})\times\boldsymbol{c}$.

5. 已知三点 $A(1,1,1),B(-2,2,4),C(-2,0,-3)$,求以这三点为顶点的空间三角形的面积 S.

6. 试判定下列向量中哪些是平行的,哪些是垂直的?

$\boldsymbol{a}_1=(-1,-1,0),\boldsymbol{a}_2=(0,-1,1),\boldsymbol{a}_3=(-1,0,-1),\boldsymbol{a}_4=(1,1,-1),\boldsymbol{a}_5=(-4,-4,4)$.

习题 9.2

1. 设 $\boldsymbol{a}=3\boldsymbol{i}-\boldsymbol{j}-2\boldsymbol{k},\boldsymbol{b}=\boldsymbol{i}+2\boldsymbol{j}-\boldsymbol{k}$,求

(1) $\boldsymbol{a}\cdot\boldsymbol{b},\boldsymbol{a}\times\boldsymbol{b}$;(2) $(-2\boldsymbol{a})\cdot3\boldsymbol{b},\boldsymbol{a}\times2\boldsymbol{b}$;(3) $\boldsymbol{a},\boldsymbol{b}$ 的夹角的余弦.

2. 设 $\boldsymbol{a},\boldsymbol{b},\boldsymbol{c}$ 为单位向量,且满足 $\boldsymbol{a}+\boldsymbol{b}+\boldsymbol{c}=0$,求 $\boldsymbol{a}\cdot\boldsymbol{b}+\boldsymbol{b}\cdot\boldsymbol{c}+\boldsymbol{c}\cdot\boldsymbol{a}$.

3. 已知 $M_1(1,-1,2),M_2(3,3,1),M_3(3,1,3)$,求与$\overrightarrow{M_1M_2},\overrightarrow{M_2M_3}$同时垂直的单

位向量.

4. 设向量 $\boldsymbol{a}=a_x\boldsymbol{i}+a_y\boldsymbol{j}+a_z\boldsymbol{k}$,若它满足下列条件之一:

(1) $\boldsymbol{a}$ 垂直于 z 轴;(2) $\boldsymbol{a}$ 垂直于 xOy 面;(3) $\boldsymbol{a}$ 平行于 yOz 面.那么它的坐标有何特征?

5. 设 $\boldsymbol{a}=(1,2,3)$,$\boldsymbol{b}=(-2,y,4)$,试求常数 y,使得 $\boldsymbol{a}\perp\boldsymbol{b}$.

6. 已知 $\boldsymbol{a}=(2,4,-1)$,$\boldsymbol{b}=(0,-2,2)$,求同时垂直于 $\boldsymbol{a}\perp\boldsymbol{b}$ 的单位向量.

7. 试确定 m 和 n 的值,使向量 $\boldsymbol{a}=-2\boldsymbol{i}+3\boldsymbol{j}+n\boldsymbol{k}$ 和 $\boldsymbol{b}=m\boldsymbol{i}-6\boldsymbol{j}+2\boldsymbol{k}$ 平行.

8. 设 $\boldsymbol{a}=(3,5,-2)$、$\boldsymbol{b}=(2,1,4)$,问 λ 与 μ 有怎样的关系,能使 $\lambda\boldsymbol{a}+\mu\boldsymbol{b}$ 与 z 轴垂直?

9. 已知向量 $\boldsymbol{a}=2\boldsymbol{i}-3\boldsymbol{j}+\boldsymbol{k}$,$\boldsymbol{b}=\boldsymbol{i}-\boldsymbol{j}+3\boldsymbol{k}$,$\boldsymbol{c}=\boldsymbol{i}-2\boldsymbol{j}$,计算

(1) $(\boldsymbol{a}\cdot\boldsymbol{b})\boldsymbol{c}-(\boldsymbol{a}\cdot\boldsymbol{c})\boldsymbol{b}$;(2) $(\boldsymbol{a}+\boldsymbol{b})\times(\boldsymbol{b}+\boldsymbol{c})$;(3) $(\boldsymbol{a}\times\boldsymbol{b})\cdot\boldsymbol{c}$.

10. 已知 $\overrightarrow{OA}=\boldsymbol{i}+3\boldsymbol{k}$,$\overrightarrow{OB}=\boldsymbol{j}+3\boldsymbol{k}$,求 $\triangle AOB$ 的面积.

11. 力 $\vec{F}=\boldsymbol{i}+\boldsymbol{j}+\boldsymbol{k}$ 作用在物体上,当此力做功为 14J 时,物体从点 $M(1,-2,-1)$ 可以平移到哪里?

§9.3 空间平面与直线的方程

平面和直线是空间中最基本、最简单的几何图形. 在立体几何中,我们主要从图形及相应关系方面熟悉它们. 本节,我们将以向量为工具,在空间直角坐标系中建立平面和直线的方法,并在此基础上,对面与面、线与面、线与线之间的关系进行讨论.

9.3.1 平面方程

1. 平面的点法式方程

如果一非零向量垂直于一平面,这向量就叫做该平面的**法线向量**. 容易知平面上任一向量均与该平面法线向量垂直.

因为过空间一点可以作而且只能作一平面垂直于一已知直线,所以当平面 Π 上的一点 $M_0(x_0,y_0,z_0)$ 和它的一个法线向量 $\boldsymbol{n}=(A,B,C)$ 为已知时,平面 Π 的位置就完全确定了.

下面我们来建立平面 Π 的方程.

设 $M(x,y,z)$ 是平面 Π 上的任一点(图 9 - 20). 那么向量 $\overrightarrow{M_0M}$ 必须与平面 Π 的法线向量 $\boldsymbol{n}$ 垂直,即它们的数量积等于零:

$$\boldsymbol{n}\cdot\overrightarrow{M_0M}=0.$$

由于 $\boldsymbol{n}=(A,B,C)$, $\overrightarrow{M_0M}=(x-x_0,y-y_0,z-z_0)$,所以有

$$A(x-x_0)+b(y-y_0)+C(z-z_0)=0. \qquad (1)$$

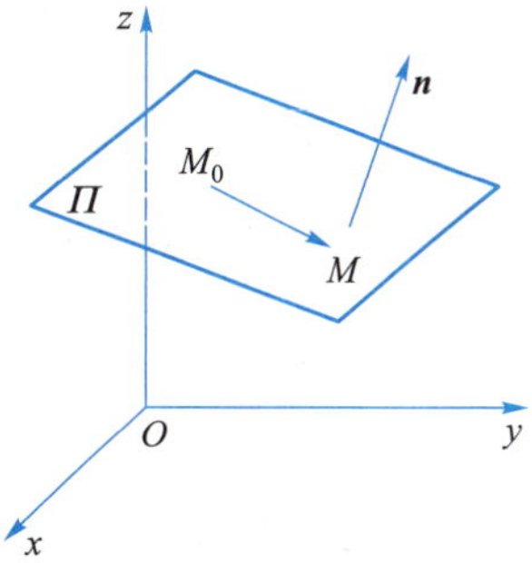

图 9 - 20

空间平面点法式方程

扬州工业职业技术学院—张慧莽

这就是平面 Π 上任一点 M 的坐标 x,y,z 所满足的方程.

反之,如果 $M(x,y,z)$ 不在平面 Π 上,那么向量 $\overrightarrow{M_0M}$ 与法线向量 $\boldsymbol{n}$ 不垂直,从而 $\boldsymbol{n}\cdot\overrightarrow{M_0M}\neq 0$,即不在平面 Π 上的点 M 的坐标 x,y,z,不满足方程(1).

由此可知,平面 Π 上的任一点的坐标 x,y,z 都满足方程(1);不在平面 Π 上的点的坐标不满足方程(1). 因此,方程(1)就是平面 Π 的方程,而平面 Π 就是方程(1)的平面. 由于方程(1)是由平面 Π 上的一点 $M_0(x_0,y_0,z_0)$ 及它的一个法线向量 $\boldsymbol{n}=(A,B,C)$ 确定的,所以方程(1)叫做**平面的点法式方程**.

例 1 求过点(1, -2,0),且以 $\boldsymbol{n}=(-1,3,-2)$ 为法向量的平面的方程.

解 所求的平面方程为

$$-(x-1)+3(y+2)-2(z-0)=0,\text{即 } x-3y+2z-7=0.$$

例 2 求过三点 $M_1(2,-1,4)$、$M_2(-1,3,-2)$、$M_3(0,2,3)$ 的平面的方程.

解 先找出该平面的法线向量 $\boldsymbol{n}$. 由于向量 $\boldsymbol{n}$ 与向量 $\overrightarrow{M_1M_2}$、$\overrightarrow{M_1M_3}$ 都垂直,而 $\overrightarrow{M_1M_2}=(-3,4,-6)$, $\overrightarrow{M_1M_3}=(-2,3,-1)$,所以可取它们的向量积为 $\boldsymbol{n}$,即

$$\boldsymbol{n}=\overrightarrow{M_1M_2}\times\overrightarrow{M_1M_3}=\begin{vmatrix}\boldsymbol{i} & \boldsymbol{j} & \boldsymbol{k}\\ -3 & 4 & -6\\ -2 & 3 & -1\end{vmatrix}=14\boldsymbol{i}+9\boldsymbol{j}-\boldsymbol{k}.$$

根据平面的点法式方程(1),得所求平面方程为

$$14(x-2)+9(y+1)-(z-4)=0,$$

即

$$14x+9y-z-15=0.$$

2. 平面方程的一般式及其特征

由于平面的点法式方程(1)是 x,y,z 的一次方程,而任一平面都可以用它上面的一点和它的法线向量来确定,所以任一平面都可以用三元一次方程来表示.

反过来,设有三元一次方程

$$Ax+By+Cz+D=0. \tag{2}$$

我们任取满足该方程的一组数 x_0、y_0、z_0,即

$$Ax_0+By_0+Cz_0+D=0, \tag{3}$$

把上述两式相减,得

$$A(x-x_0)+B(y-y_0)+C(z-z_0)=0. \tag{4}$$

把它和平面的点法式方程(1)作比较,可以知道方程(4)是通过点 $M_0(x_0,y_0,z_0)$ 且以 $\boldsymbol{n}=(A,B,C)$ 为法线向量的平面方程. 但方程(2)与方程(4)同解,这是因为由(2)减去(3)即得(4),又由(4)加上(3)即得(2). 由此可知,任一三元一次方程(2)的图形总是一个平面,方程(2)称为**平面的一般式方程**,其中 x,y,z 的系数就是该平面的一个法线向量 $\boldsymbol{n}$ 的坐标,即 $\boldsymbol{n}=(A,B,C)$.

例如方程 $3x-4y+z-9=0$ 表示一个平面,$\boldsymbol{n}=(3,-4,1)$是这个平面的一个法向量.

对于一些特殊的三元一次方程,应该熟悉它们的图形的特点.

在平面方程的一般式 $Ax+By+Cz+D=0$ 中某些系数等于0后,将表示一些特殊平面,今将此类平面的特征及方程形式列表2-1如下:

表9-1 特殊平面的一般式方程(图9-21)

平面特征	参数特征	方程形式
(1) 过原点	$D=0$	$Ax+By+Cz=0$
(2) 平行于 x 轴	$A=0,D\neq0$	$By+Cz+D=0$
(3) 过 x 轴	$A=0,D=0$	$By+Cz=0$
(4) 平行与 xOy 平面	$A=B=0,D\neq0$	$Cz+D=0$

类似地,可讨论 $B=0$ 或 $C=0$ 或 $B=C=0$ 或 $A=C=0$ 的情况,并组合 $D=0,D\neq0$ 等多种情况下的空间平面的特征.

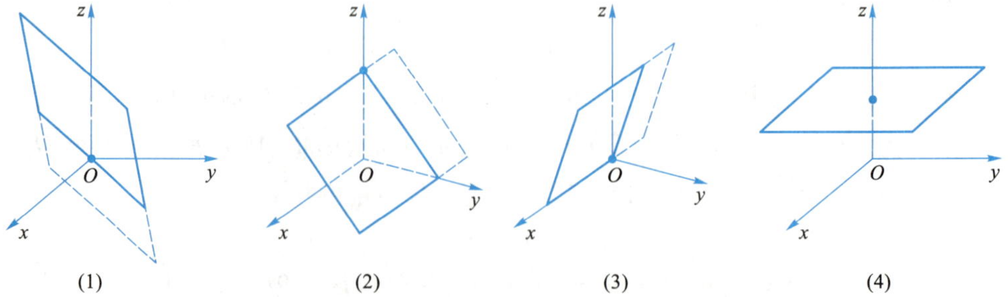

图9-21

例 3 求通过 x 轴和点$(4,-3,-1)$的平面的方程.

解 由于平面通过 x 轴,从而它的法线向量垂直于 x 轴,于是法线向量在 x 轴上的投影为零,即 $A=0$;又由于平面通过 x 轴,它必通过原点,于是 $D=0$. 因此可设该平面的方程为

$$By+Cz=0.$$

又因该平面通过点$(4,-3,-1)$,所以有

$$-3y-z=0,$$

即

$$C=-3B.$$

以此代入所设方程并除以 $B(B\neq0)$,便得所求的平面方程为

$$y-3z=0.$$

例 4 设一平面与 x,y,z 轴的交点依次为 $P(a,0,0)$、$Q(0,b,0)$、$R(0,0,c)$三点,求该平面的方程(其中 $a\neq0,b\neq0,c\neq0$)(图 9-22).

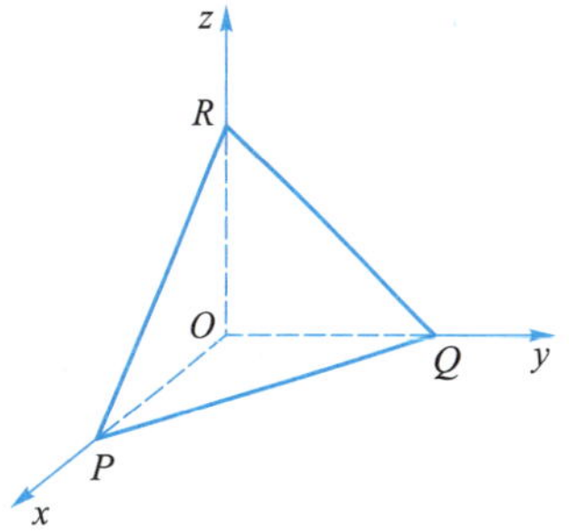

图 9-22

解 设所求平面的方程为 $Ax+By+Cz+D=0$.

因 $P(a,0,0)$、$Q(0,b,0)$、$R(0,0,c)$三点都在该平面上,所以点 P、Q、R 的坐标都满足方程(2);即有

$$\begin{cases}aA+D=0,\\bB+D=0,\\cC+D=0.\end{cases}$$

得

$$A=-\frac{D}{a},B=-\frac{D}{b},C=-\frac{D}{c},$$

以此代入(2),并除以 $D(D\neq0)$,便得所求的平面方程为

$$\frac{x}{a}+\frac{y}{b}+\frac{z}{c}=1. \qquad (5)$$

方程(5)叫做**平面的截距式方程**,而 a、b、c 依次叫做平面在 x、y、z 轴上的截距.

9.3.2 直线方程

1. 空间直线的一般式方程

空间直线 L 可以看成是两个平面 Π_1 和 Π_2 的交线. 如图 9-23 所示.

如果两个相交的平面 Π_1,Π_2 的方程分别为

$A_1x+B_1y+C_1z+D_1=0$,$A_2x+B_2y+C_2z+D_2=0$,

那么直线 L 上的任一点的坐标同时满足这两个平面的方程,即满足方程组

$$\begin{cases}A_1x+B_1y+C_1z+D_1=0,\\A_2x+B_2y+C_2z+D_2=0.\end{cases} \qquad (6)$$

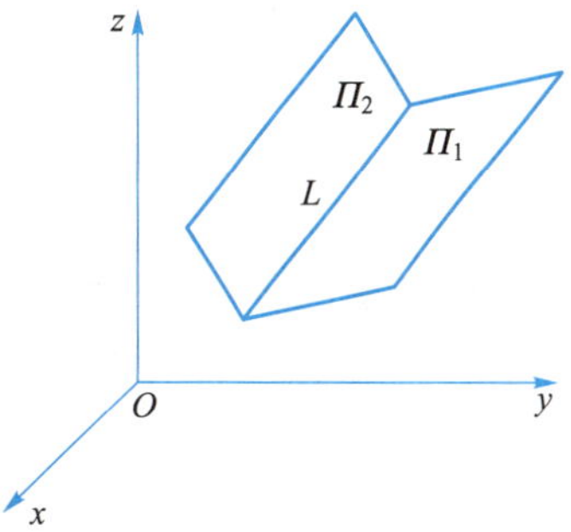

图 9-23

反之,如果点 M 不在直线 L 上,那么它不可能同时在平面 Π_1 和 Π_2,所以它的坐标不满足方程组(6). 因此,直线 L 可以用方程组(6)来表示. 方程组

(6)叫做**空间直线的一般式方程**.

2. 直线的点向式与参数式方程

空间直线的点向式方程
扬州工业职业技术学院—张慧芹

称平行于直线 l 的非零向量 $\boldsymbol{s}$ 为 l 的**方向向量**. 一条直线的方向向量可以有无限多个,它们互相平行.

在空间中给定一点 M_0 和向量 $\boldsymbol{s}$,要求直线 l 过 M_0(因此直线不能移动),且以 $\boldsymbol{s}$ 为方向向量(因此平面不能转动),那么直线 l 就唯一被确定了. 如果已经建立了空间直角坐标系,就可以具体描述构成直线 l 的点应满足的条件,得到直线在该坐标系中的方程.

如图 9-24 所示,设点 M_0 坐标为 (x_0,y_0,z_0),$\boldsymbol{s}=(m,n,p)$,则有

点 $M(x,y,z)\in$ 直线 $l\Leftrightarrow\overrightarrow{M_0M}\,/\!/\,\boldsymbol{s}\Leftrightarrow\overrightarrow{M_0M}=\lambda\boldsymbol{s}$. $\overrightarrow{M_0M}=(x-x_0,y-y_0,z-z_0)$,所以点 $M(x,y,z)$ 在直线 l 上的充分必要条件是

$$\frac{x-x_0}{m}=\frac{y-y_0}{n}=\frac{z-z_0}{p},\tag{7}$$

称方程(7)为直线的**点向式方程或对称式方程**.

直线的点向式方程与方向向量选用平行向量中的哪一个无关.

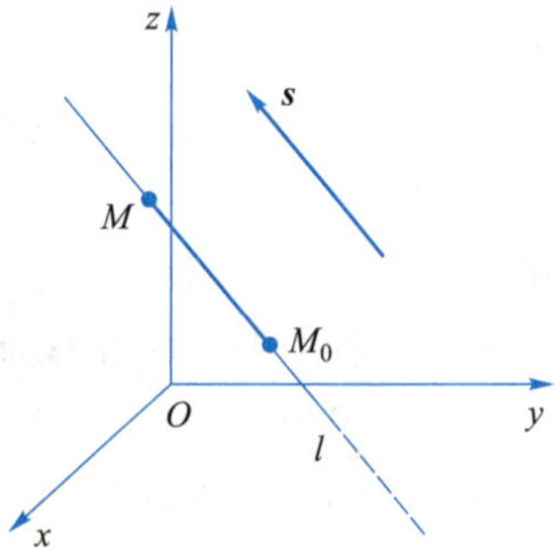

图 9-24

注意 在(7)中,若分母为0,则分子也为0. 例如,设以 $\boldsymbol{s}=(m,n,0)$ 为方向向量,则直线 l 的方程成为

$$\begin{cases}\dfrac{x-x_0}{m}=\dfrac{y-y_0}{n},\\ z=z_0,\end{cases}$$

令 $\dfrac{x-x_0}{m}=\dfrac{y-y_0}{n}=\dfrac{z-z_0}{p}=t$,则 $\begin{cases}x=x_0+mt,\\ y=y_0+nt,t\in(-\infty,+\infty),\\ z=z_0+pt,\end{cases}$ (8)

称(8)为直线的参数式方程.

3. 直线的两点式方程

若已知直线过点 $M_1(x_1,y_1,z_1)$,$M_2(x_2,y_2,z_2)$,则直线被唯一确定. 此时可取 l 的方向向量 $\boldsymbol{s}=\overrightarrow{M_1M_2}$,$\overrightarrow{M_1M_2}=(x_2-x_1,y_2-y_1,z_2-z_1)$,据直线方程的点向式,得 l 的方程为

$$\frac{x-x_1}{x_2-x_1}=\frac{y-y_1}{y_2-y_1}=\frac{z-z_1}{z_2-z_1}.\tag{9}$$

方程(9)称为空间直线的**两点式**方程.

例 5 用对称式方程及参数式方程表示直线

$$\begin{cases}x+y+z+1=0,\\ 2x-y+3z+4=0.\end{cases}$$

解 先找出该直线上的一点 (x_0,y_0,z_0). 例如,可以取 $x_0=1$,代入方程组得

$$\begin{cases} y+z=-2, \\ y-3z=6. \end{cases}$$

解这个二元一次方程组,得

$$y_0=0, z_0=-2,$$

即$(1,0,-2)$是这直线上的一点.

下面再找出该直线的方向向量 $\boldsymbol{s}$. 由于两平面的交线与这两平面的法线向量 $\boldsymbol{n}_1=(1,1,1)$, $\boldsymbol{n}_2=(2,-1,3)$都垂直,所以可取

$$\boldsymbol{s}=\boldsymbol{n}_1\times\boldsymbol{n}_2=\begin{vmatrix} \boldsymbol{i} & \boldsymbol{j} & \boldsymbol{k} \\ 1 & 1 & 1 \\ 2 & -1 & 3 \end{vmatrix}=4\boldsymbol{i}-\boldsymbol{j}-3\boldsymbol{k},$$

因此,所给直线的对称式方程为

$$\frac{x-1}{4}=\frac{y}{-1}=\frac{z+2}{-3},$$

令$\frac{x-1}{4}=\frac{y}{-1}=\frac{z+2}{-3}=t$,得所给直线的参数方程为

$$\begin{cases} x=1+4t, \\ y=-t, \\ z=-2-3t. \end{cases}$$

例 6 在一次演习中,为使我方飞机实施拦截,两艘水面舰艇试图定位水下一艘潜艇的前进方向与速度. 如图 9-25 所示,A 舰(Ship A)位置为(4,0,0),B 舰(Ship B)位置为(0,5,0),坐标单位为“千米”. A 舰确定潜艇位于它的 $2\boldsymbol{i}+3\boldsymbol{j}-\frac{1}{3}\boldsymbol{k}$ 方向,B 舰将它定位于 $18\boldsymbol{i}-6\boldsymbol{j}-\boldsymbol{k}$ 方向上. 4 分钟前潜艇位于$\left(2,-1,-\frac{1}{3}\right)$位置. 实施拦截的飞机将于 20 分钟后到达. 假定潜艇以定速沿直线前进,水面舰艇应为飞机指示(潜艇位于)哪个位置?

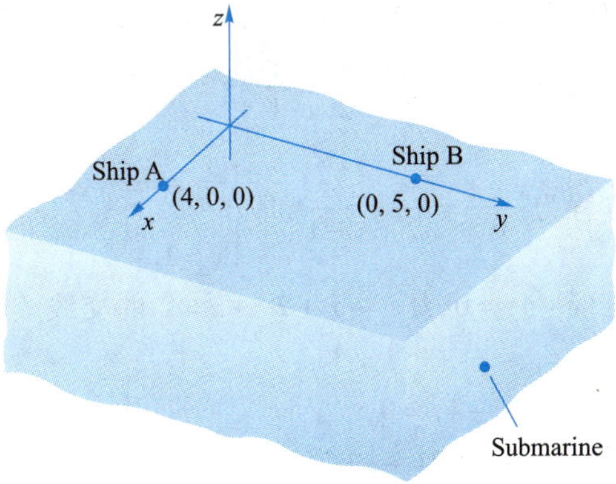

图 9-25

解 由 A 舰的位置为(4,0,0)及潜艇位于它的 $2\boldsymbol{i}+3\boldsymbol{j}-\frac{1}{3}\boldsymbol{k}$ 方向可得,潜艇在直线

$$L_1:\begin{cases}x=4+2t,\\ y=3t,\\ z=-\dfrac{1}{3}t.\end{cases}$$

由B舰的位置为(0,5,0)及潜艇位于它的$18\boldsymbol{i}-6\boldsymbol{j}-\boldsymbol{k}$方向可得,潜艇在直线

$$L_2:\begin{cases}x=18s,\\ y=5-6s,\\ z=-s.\end{cases}$$

求得L_1与L_2的交点为$\left(6,3,-\dfrac{1}{3}\right)$,此时$t=1,s=\dfrac{1}{3}$,即潜艇的当前位置为$Q\left(6,3,-\dfrac{1}{3}\right)$,又4分钟前潜艇位于$P\left(2,-1,-\dfrac{1}{3}\right)$位置,可得潜艇的前进路线是直线

$$L:\begin{cases}x=2+4t,\\ y=-1+4t,\\ z=-\dfrac{1}{3}.\end{cases}$$

潜艇从P位置到Q位置用了4分钟,由此可得其速度为

$$\frac{|\overrightarrow{PQ}|}{4}=\frac{\sqrt{(6-2)^2+(3+1)^2+0^2}}{4}=\frac{\sqrt{32}}{4}=\sqrt{2}(\text{千米/分}).$$

潜艇从Q位置出发沿着直线L前进,20分钟后通过的距离为$20\sqrt{2}$千米,设此时潜艇位置为$\left(2+4t,-1+4t,-\dfrac{1}{3}\right)$,则$20\sqrt{2}=\sqrt{(2+4t-6)^2+(-1+4t-3)^2+0^2}$,解得$t=6$,因此20分钟后潜艇的位置为$\left(26,23,-\dfrac{1}{3}\right)$.

例7 (1) 求过点$P(1,0,0)$,以$\boldsymbol{s}=(-2,2,1)$为方向向量的直线L的方程;

(2) 求过点$P(1,0,1)$,以$\boldsymbol{s}=(0,2,-1)$为方向向量的直线L的方程.

解 (1) L的点向式方程为$\dfrac{x-1}{-2}=\dfrac{y}{2}=\dfrac{z}{1}$.

(2) L的点向式方程为$\dfrac{x-1}{0}=\dfrac{y}{2}=\dfrac{z-1}{-1}$,即$\begin{cases}\dfrac{y}{2}=\dfrac{z-1}{-1},\\ x=1.\end{cases}$

例8 求平面$\Pi_1:3x-4y=0,\Pi_2:-x+2y+z=2$的交线$L$的方向向量$\boldsymbol{s}$,并写出其两种形式的方程.

解 L方程的一般式:$\begin{cases}3x-4y=0,\\ -x+2y+z=2;\end{cases}$

$$\boldsymbol{s}=(3,-4,0)\times(-1,2,1)=\begin{vmatrix}-4&0\\2&1\end{vmatrix}\boldsymbol{i}-\begin{vmatrix}3&0\\-1&1\end{vmatrix}\boldsymbol{j}+\begin{vmatrix}3&-4\\-1&2\end{vmatrix}\boldsymbol{k}=-4\boldsymbol{i}-3\boldsymbol{j}+2\boldsymbol{k}.$$

以$y_0=0$代入一般式,解出$x_0=0,z_0=2$,即$M_0(0,0,2)\in L$,所以L的点向式方程为

$$\frac{x}{-4}=\frac{y}{-3}=\frac{z-2}{2};$$

参数式方程为

$$L:\begin{cases}x=-4t,\\ y=-3t,\\ z=2+2t.\end{cases}$$

9.3.3 线、面位置关系讨论

1. 两平面的位置关系

(1) 平面间平行、垂直的判定及夹角计算

设两平面 Π_1 和 Π_2 的方程为 $A_1x+B_1y+C_1z+D_1=0$，$A_2x+B_2y+C_2z+D_2=0$，则它们的法向量分别为 $\boldsymbol{n}_1=(A_1,B_1,C_1)$，$\boldsymbol{n}_2=(A_2,B_2,C_2)$. 平面之间的关系可以从法向量 $\boldsymbol{n}_1,\boldsymbol{n}_2$ 之间的关系导出：

① 平面 $\Pi_1 /\!/ \Pi_2 \Leftrightarrow \boldsymbol{n}_1 /\!/ \boldsymbol{n}_2 \Leftrightarrow \boldsymbol{n}_1\times\boldsymbol{n}_2=0 \Leftrightarrow \dfrac{A_1}{A_2}=\dfrac{B_1}{B_2}=\dfrac{C_1}{C_2}$. (10)

(若某个分母为0，则对应分子也为0，重合作为平行的特例).

② 平面 $\Pi_1\perp\Pi_2 \Leftrightarrow \boldsymbol{n}_1\perp\boldsymbol{n}_2 \Leftrightarrow \boldsymbol{n}_1\cdot\boldsymbol{n}_2=0 \Leftrightarrow A_1A_2+B_1B_2+C_1C_2=0$. (11)

③ 若 Π_1 和 Π_2 既不平行也不垂直，记 (Π_1,Π_2) 为 Π_1,Π_2 所成两面角的平面角(简称平面夹角)，因为 $(\Pi_1,\Pi_2)\leqslant\dfrac{\pi}{2}$，所以

$$\cos(\Pi_1,\Pi_2)=|\cos(\Pi_1,\Pi_2)|=\frac{|\boldsymbol{n}_1\cdot\boldsymbol{n}_2|}{|\boldsymbol{n}_1|\,|\boldsymbol{n}_2|}=\frac{|A_1A_2+B_1B_2+C_1C_2|}{\sqrt{A_2^2+B_2^2+C_2^2}\sqrt{A_1^2+B_1^2+C_1^2}}. \quad (12)$$

例 9 求两平面 $x-y+2z-6=0$ 和 $2x+y+z-5=0$ 的夹角.

解 记夹角为 θ，

$$\cos\theta=\frac{|1\times2+(-1)\times1+2\times1|}{\sqrt{1^2+(-1)^2+2^2}\sqrt{2^2+1^2+1^2}}=\frac{1}{2}.$$

所以，这两平面的夹角为 $\theta=\dfrac{\pi}{3}$.

(2) 点到平面的距离公式

已知平面 $\Pi:Ax+By+Cz+D=0$ 和平面外一点 $P_0(x_0,y_0,z_0)$，过 P_0 作 Π 的垂线，垂足为 Q. 称 $d=|QP|$ 为点 P 到平面 Π 的距离(图 9-26).

Π 的单位法向量 $\boldsymbol{n}=\dfrac{(A,B,C)}{\sqrt{A^2+B^2+C^2}}$，设垂足 Q 坐标为 (x_1,y_1,z_1)，因为 $\overrightarrow{QP}=(x_0-x_1,y_0-y_1,z_0-z_1)/\!/\boldsymbol{n}$，所以 $(\overrightarrow{QP},\boldsymbol{n})=0$ 或 π. 据向量的数量积定义

$$\overrightarrow{QP}\cdot\boldsymbol{n}=|\overrightarrow{QP}|\,|\boldsymbol{n}|=(\pm)|\overrightarrow{QP}|\,|\boldsymbol{n}|=\pm d,$$

即
$$d=\frac{|A(x_0-x_1)+B(y_0-y_1)+C(z_0-z_1)|}{\sqrt{A^2+B^2+C^2}}.$$

注意 $Q\in\Pi$，$Ax_1+By_1+Cz_1+D=0$，所以

$$d=\frac{|Ax_0+By_0+Cz_0+D|}{\sqrt{A^2+B^2+C^2}}. \quad (13)$$

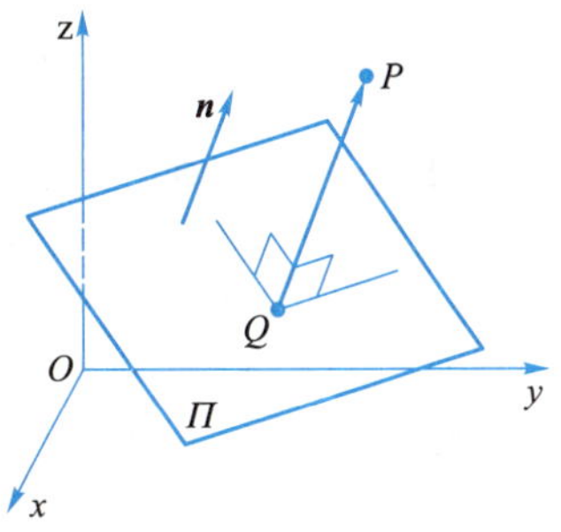

图 9-26

例 10 求点(1，-1,2)到平面 $2x+y-2z+1=0$ 的距离 d.

解

$$d=\frac{|2\times1+1\times(-1)-2\times2+1|}{\sqrt{2^2+1^2+(-2)^2}}=\frac{2}{3}.$$

2. 两直线的位置关系

(1) 直线间平行、垂直的判定及夹角计算

设直线 L_1,L_2 的方程为：$\frac{x-x_1}{m_1}=\frac{y-y_1}{n_1}=\frac{z-z_1}{p_1}$，$\frac{x-x_2}{m_2}=\frac{y-y_2}{n_2}=\frac{z-z_2}{p_2}$，方向向量为 $\boldsymbol{s}_1=(m_1,n_1,p_1)$，$\boldsymbol{s}_2=(m_2,n_2,p_2)$.

① 直线 $L_1 /\!/ L_2 \Leftrightarrow \boldsymbol{s}_1 /\!/ \boldsymbol{s}_2 \Leftrightarrow \boldsymbol{s}_1\times\boldsymbol{s}_2=0\Leftrightarrow\frac{m_1}{m_2}=\frac{n_1}{n_2}=\frac{p_1}{p_2}$. (14)

(若某个分母为0，则对应分子也为0，重合作为平行的特例).

② 直线 $L_1\perp L_2\Leftrightarrow\boldsymbol{s}_1\perp\boldsymbol{s}_2\Leftrightarrow\boldsymbol{s}_1\cdot\boldsymbol{s}_2=0\Leftrightarrow m_1m_2+n_1n_2+p_1p_2=0$. (15)

③ 若 L_1,L_2 既不平行也不垂直，记 (L_1,L_2) 为 L_1,L_2 所成的角，夹角 $(L_1,L_2)\leqslant\frac{\pi}{2}$，则

$$\cos(L_1,L_2)=|\cos(\widehat{\boldsymbol{s}_1\cdot\boldsymbol{s}_2})|=\frac{|\boldsymbol{s}_1\cdot\boldsymbol{s}_2|}{|\boldsymbol{s}_1||\boldsymbol{s}_2|}=\frac{|m_1m_2+n_1n_2+p_1p_2|}{\sqrt{m_1^2+n_1^2+p_1^2}\sqrt{m_2^2+n_2^2+p_2^2}}. \quad (16)$$

例 11 直线 $L_1:\frac{x-1}{1}=\frac{y}{-4}=\frac{z+3}{1}$ 与直线 $L_2:\frac{x}{2}=\frac{y+2}{-2}=\frac{z}{-1}$，求 L_1,L_2 的夹角.

解 直线 L_1,L_2 的方向向量为 $\boldsymbol{s}_1=(1,-4,1)$，$\boldsymbol{s}_2=(2,-2,-1)$，得

$$\cos(L_1,L_2)=\frac{|1\times2+(-4)\times(-2)+1\times(-1)|}{\sqrt{1^2+(-4)^2+1^2}\times\sqrt{2^2+(-2)^2+(-1)^2}}=\frac{\sqrt{2}}{2},$$

因此，L_1,L_2 的夹角为 $\frac{\pi}{4}$.

(2) 点到直线距离

已知点 $P(x_1,y_1,z_1)$ 和直线 $L:\frac{x-x_0}{m}=\frac{y-y_0}{n}=\frac{z-z_0}{p}$，要求 P 到 L 的距离. 只要找到 P 到 L 的垂足 Q，即 $Q(x_0+mt,y_0+nt,z_0+pt)\in L$，使

$$\overrightarrow{PQ}=(x_0+mt-x_1,y_0+nt-y_1,z_0+pt-z_1),$$

与 L 的方向向量 $\boldsymbol{s}=(m,n,p)$ 垂直，由此得到 t 的方程：

$$\boldsymbol{s}\cdot\overrightarrow{PQ}=m(x_0+mt-x_1)+n(y_0+nt-y_1)+p(z_0+pt-z_1)=0,$$

解出 t 得到 Q，从而得到 $|PQ|$.

例 12 求原点到直线 $L:\begin{cases}x-y+2z=3,\\x-y+z=4\end{cases}$ 的距离.

解 L 的方向向量 $\boldsymbol{s}=(1,-1,2)\times(1,-1,1)=(1,1,0)$. 取 $p_0(1,-4,-1)\in L$，则 L 的差数方程为 $\begin{cases}x=1+t,\\y=-4+t,\\z=-1.\end{cases}$

设原点 O 到 L 的垂线的垂足为 P，P 对应于参数 t，即 $P(1+t,-4+t,-1)$，于是

$\overrightarrow{OP}=(1+t,-4+t,-1)$. 由$\overrightarrow{OP}\perp \boldsymbol{s}$,得

$$\boldsymbol{s}\cdot\overrightarrow{OP}=(1+t,-4+t),t=\frac{3}{2}.$$

代入 P 的坐标公式,得 $P\left(\frac{5}{2},-\frac{5}{2},-1\right)$. 原点到 L 的距离 $|OP|=\frac{3\sqrt{6}}{2}$.

3. 直线与平面的位置关系

(1) 直线与平面平行、垂直、相交

设有平面 $\Pi:Ax+By+Cz+D=0$,直线 $L:\frac{x-x_0}{m}=\frac{y-y_0}{n}=\frac{z-z_0}{p}$. L 与 Π 平行、垂直、相交等位置关系,同样可以通过 Π 的法向量 $\boldsymbol{n}=(A,B,C)$ 与 L 的方向向量 $\boldsymbol{s}=(m,n,p)$之间的位置关系得到求解.

① $L/\!/\Pi\Leftrightarrow\boldsymbol{n}\perp\boldsymbol{s}\Leftrightarrow\boldsymbol{n}\cdot\boldsymbol{s}=0\Leftrightarrow Am+Bn+Cp=0$. (17)

② $L\perp\Pi\Leftrightarrow\boldsymbol{n}/\!/\boldsymbol{s}\Leftrightarrow\frac{A}{m}=\frac{B}{n}=\frac{C}{p}$(分母为 0 的分子也为 0). (18)

③ 记 L 与 Π 交角为 $\varphi\left(0\leqslant\varphi<\frac{\pi}{2}\right)$,如右图 9-27 所示,则

$$\varphi=\frac{\pi}{2}-(\widehat{\boldsymbol{n},\boldsymbol{s}})\text{或}(\widehat{\boldsymbol{n},\boldsymbol{s}})=\frac{\pi}{2},$$

所以

$$\sin\varphi=|\cos(\widehat{\boldsymbol{n},\boldsymbol{s}})|=\frac{|Am+Bn+Cp|}{\sqrt{A^2+B^2+C^2}\sqrt{m^2+n^2+p^2}}. \qquad (19)$$

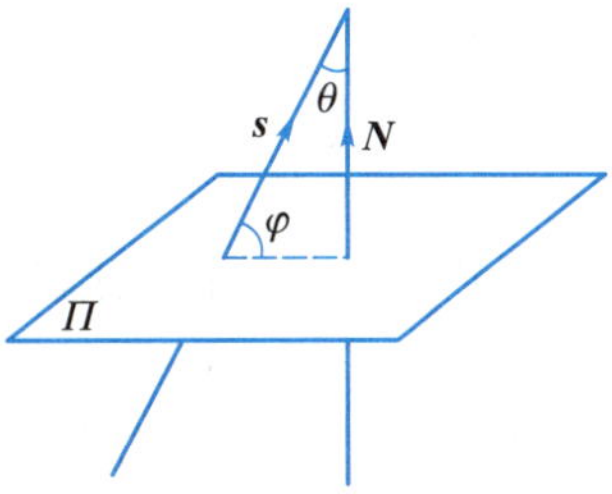

图 9-27

例 13 求直线 $L:\begin{cases}2x-y=1,\\ y+z=0\end{cases}$ 与平面 $\Pi:x+y+z+1=0$ 之间的夹角 φ.

解 直线 L 的方向向量 $\boldsymbol{s}=\begin{vmatrix}-1&0\\1&1\end{vmatrix}\boldsymbol{i}-\begin{vmatrix}2&0\\0&1\end{vmatrix}\boldsymbol{j}+\begin{vmatrix}2&-1\\0&1\end{vmatrix}\boldsymbol{k}=-\boldsymbol{i}-2\boldsymbol{j}+2\boldsymbol{k}=(-1,-2,2)$,平面 Π 的法向量 $\boldsymbol{n}=(1,1,1)$. 所以

$$\sin\varphi=\frac{|1\times(-1)+1\times(-2)+1\times2|}{\sqrt{1^2+1^2+1^2}\sqrt{(-1)^2+(-2)^2+2^2}}=\frac{1}{3\sqrt{3}},$$

$$\varphi=\arcsin\frac{1}{3\sqrt{3}}\approx11.1^\circ.$$

(2) 求直线与平面的交点

已知直线 L 和平面 Π,若 L 不平行或重合于 Π,$P\in L\cap\Pi$ 是唯一的,要求 P 的坐标. 一般过程是:

① $P\in L\Rightarrow$表示 P 的坐标为 L 的参数式,参数待定;

② $P\in\Pi\Rightarrow P$ 坐标满足 Π 的方程$\Rightarrow$待定参数的方程$\Rightarrow$确定参数.

例 14 求直线 $L:\frac{x-2}{1}=\frac{y-3}{1}=\frac{z-4}{2}$与平面 $\Pi:2x+y+z-6=0$ 的交点 P 的坐标.

解 将直线 L 的方程化为参数方程:

$$\begin{cases} x=2+t, \\ y=3+t, \\ z=4+2t. \end{cases}$$

设交点 P 对应于参数 t,即 $P(2+t,3+t,4+2t)$,因为 $P\in\Pi$,所以有

$$2(2+t)+(3+t)+(4+2t)-6=0,$$

解得 $t=-1$. 代入 P 坐标的参数表示式,从而得到交点 P 的坐标为 $x=1,y=2,z=2$,故所求交点的坐标为(1,2,2).

例 15 平面 Π 过点 $M_0(-1,-2,2)$,且垂直于平面 $\Pi_1:x-2y+z=0$ 和 $\Pi_2:-x+2y+2z=1$ 的交线 L,求其方程.

解 L 的方向向量 $\boldsymbol{s}=(1,-2,1)\times(-1,2,2)=-6\boldsymbol{i}-3\boldsymbol{j}$. 因为 $\Pi\perp L$,所以可以取 $\boldsymbol{s}$ 为其法向量. 据平面方程的点法式,得 Π 的方程为

$$-6(x+1)-3(y+2)=0,\text{即 } 2x+y+4=0.$$

例 16 直线 L 过点 $M_0(0,0,1)$,且垂直于平面 $\Pi:x+4y-z=0$,求其方程.

解 平面 Π 的法向量 $\boldsymbol{n}=(1,4,-1)$. 因为 $\Pi\perp L$,所以可取 $\boldsymbol{n}$ 为 L 的方向向量. L 的方程为

$$\frac{x}{1}=\frac{y}{4}=\frac{z-1}{-1}.$$

例 17 假设你的眼睛位于点(4,0,0),正看着一个三角形盘子,它的顶点分别为(1,0,1),(1,1,0),(−2,2,2). 有一条从(1,0,0)到(0,2,2)的线段穿过这个盘子,从你的视角看,盘子会挡住线段的多大部分?

解 三角形顶点分别为(1,0,1),(1,1,0),(−2,2,2),由此可求得三角形所在的平面为 $x+y+z=2$. 线段的两个端点为(1,0,0)和(0,2,2),由此可求得线段所在的直线方程为 $x=1-t,y=2t,z=2t$. 解得直线和平面的交点为 $\left(\frac{2}{3},\frac{2}{3},\frac{2}{3}\right)$. 因为眼睛位于(4,0,0),所以线段可见部分的长度是

$$\sqrt{\left(\frac{2}{3}-1\right)^2+\left(\frac{2}{3}-0\right)^2+\left(\frac{2}{3}-0\right)^2}=1.$$

由线段的两个端点为(1,0,0)和(0,2,2),可得线段的长度是

$$\sqrt{(0-1)^2+(2-0)^2+(2-0)^2}=3.$$

因此,从眼睛所在视角看,盘子会挡住线段的$\frac{2}{3}$.

练习 9.3

1. 写出下列平面的方程.

(1) yOz 面; (2) xOz 面; (3) xOy 面;

(4) 平行于 yOz 面; (5) 平行于 xOz 面; (6) 平行于 xOy 面;

(7) 不含 z,平行于 z 轴; (8) 不含 y,平行于 y 轴; (9) 不含 x,平行于 x 轴.

2. 求过点(2,−2,1),且以 $\boldsymbol{n}=(-1,-1,-2)$ 为法向量的平面的方程.

3. 求平面方程,使过点 $A(0,-1,-1)$ 且与平面 $y+z+10=0$ 平行.

4. 写出下列平面的特征.

(1) $x=0$; (2) $y=1$; (3) $x+5z=0$;

(4) $5x-z+5=0$; (5) $2y+2z=7$.

5. 求过点$(1,1,-1)$、以$(3,0,-3)$为方向向量的直线的方程.

6. 求过点$(1,-2,-2)$且与平面 $y=0$, $x+z=0$ 的交线 L 平行的直线的方程.

7. 求过三点 $M_1(1,-1,-2)$, $M_2(-1,2,0)$, $M_3(1,3,1)$的平面的方程.

8. 求平面 $2x-y+z=9$ 与平面 $x+y+2z=10$ 的夹角.

9. 求点$(1,2,1)$到平面 $x+2y+2z-10=0$ 的距离.

10. 试确定下列各组中的直线和平面的位置关系.

(1) $\dfrac{x+3}{-2}=\dfrac{y+4}{-7}=\dfrac{z}{3}$和 $4x-2y-2z=3$;

(2) $\dfrac{x}{3}=\dfrac{y}{-2}=\dfrac{z}{7}$和 $3x-2y+7z=8$;

(3) $\dfrac{x-2}{3}=\dfrac{y+2}{1}=\dfrac{z-3}{-4}$和 $x+y+z=3$.

11. 求直线:$\begin{cases}x-y=1,\\y+z=1\end{cases}$与平面 $2x+y+z-6=0$ 的交点坐标.

习题 9.3

1. 求过点$(4,-1,3)$且平行于直线$\dfrac{x-3}{2}=\dfrac{y}{1}=\dfrac{z-1}{5}$的直线方程.

2. 求过两点 $M_1(3,-2,1)$和 $M_2(-1,0,2)$的直线方程.

3. 求过点$(2,-2,1)$且与 yOz 平面平行的平面方程.

4. 求过点$(2,0,-3)$且与直线$\begin{cases}x-2y+4z-7=0,\\3x+5y-2z+1=0\end{cases}$垂直的平面方程.

5. 求直线$\begin{cases}5x-3y+3z-9=0,\\3x-2y+z-1=0\end{cases}$与直线$\begin{cases}2x+2y-z+23=0,\\3x+8y+z-18=0\end{cases}$夹角的余弦.

6. 求过点 $P(5,-3,2)$且与平面 $x+y-z+8=0$ 垂直的直线方程.

7. 过点$(0,2,4)$且与两平面 $x+2z=1$ 和 $y-3z=2$ 平行的直线方程.

8. 求过点$(3,1,-2)$且通过直线$\dfrac{x-4}{5}=\dfrac{y+3}{2}=\dfrac{z}{1}$的平面方程.

9. 求直线$\begin{cases}x+y+3z=0,\\x-y-z=0\end{cases}$与平面 $x-y-z+1=0$ 的夹角.

10. 求过点$(1,2,1)$且与两直线$\begin{cases}x+2y-z+1=0,\\x-y+z-1=0\end{cases}$和$\begin{cases}2x-y+z=0,\\x-y+z=0\end{cases}$平行的平面的方程.

11. 求满足下列条件的直线方程.

(1) 过点 $M_0(1,-1,1)$,且与平面 $x+y-2z=1$ 和 $-2x+y-2z=2$ 平行;

(2) 同时垂直于直线$\begin{cases}x-y+z=1,\\x+y-z=4\end{cases}$和$\begin{cases}x-y+z=1,\\x+y+z=4\end{cases}$且过原点.

12. x 轴上求一点 P,使 P 到平面 $x-2y+z=0$ 的距离为 1.

13. 两架直升机 H_1 与 H_2 同时参加任务,从 $t=0$ 开始,它们分别沿以下两条不同直线路径前进

$$L_1: x=6+40t, y=-3+10t, z=-3+2t,$$
$$L_2: x=6+110t, y=-3+4t, z=-3+t.$$

时间 t 以"小时"为单位,x、y、z 以"千米"为单位. 因系统故障,H_2 在点(446,13,1)停止飞行,并在可忽略的短时间内降落于(446,13,0). 两小时后,H_1 获悉此事并以 150 千米/小时的速度向 H_2 前进,它需要多少时间才能到达 H_2 的位置?

§ 9.4 曲面与空间曲线及其方程

现实中的空间形体,更多的由曲面和曲线构成.本节我们将介绍空间曲面及曲线的相关概念,学习一些常见的曲面和曲线方程的性质及作图方法.

9.4.1 曲面方程的概念

1. 曲面方程的概念

在日常生活中,我们经常会遇到各种曲面,例如反光镜的镜面、管道的外表面以及锥面等.像在平面解析几何中把平面曲线当做动点的轨迹一样,在空间解析几何中,任何曲面都看做点的几何轨迹.在这样的意义下,如果曲面 S 与三元方程

$$F(x,y,z)=0, \tag{1}$$

有下述关系:

(1) 曲面 S 上任一点的坐标都满足方程(1);

(2) 不在曲面 S 上的点的坐标都不满足方程(1),

那么,方程(1)就叫做**曲面 S 的方程**,而曲面 S 就叫做方程(1)的曲面(图 9-28).

这就表明,作为点的几何轨迹的曲面可以用它的点的坐标间的方程来表示.反之,变量 x、y 和 z 间的方程通常表示一个曲面.因此,在空间解析几何中关于曲面的研究,有下列两个基本问题:

(1) 已知一曲面作为点的几何轨迹时,建立这个曲面的方程;

(2) 已知坐标 x、y 和 z 间的一个方程时,研究方程所表示曲面的形状.

现在我们来建立几个常见的曲面的方程.

2. 球面的一般方程

例 1 建立球心在点 $M_0(x_0,y_0,z_0)$、半径为 R 的球面的方程.

解 设 $M(x,y,z)$ 是球面上的任一点(图 9-29),那么

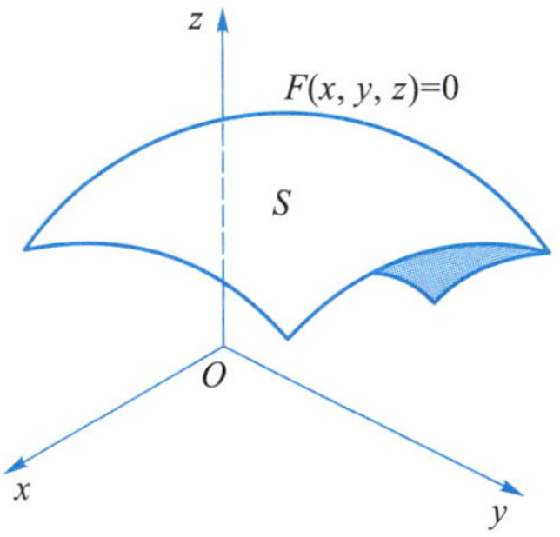

图 9-28

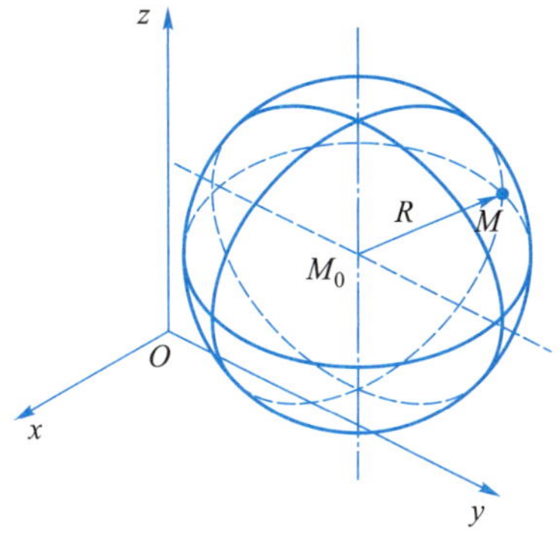

图 9-29

$$|M_0M|=R.$$

由于 $$|M_0M|=\sqrt{(x-x_0)^2+(y-y_0)^2+(z-z_0)^2},$$

所以
$$\sqrt{(x-x_0)^2+(y-y_0)^2+(z-z_0)^2}=R,$$
即
$$(x-x_0)^2+(y-y_0)^2+(z-z_0)^2=R^2. \tag{2}$$

例 2　方程 $x^2+y^2+z^2-2x+4y=0$ 表示怎样的曲面？

解　通过配方，原方程可以改写成
$$(x-1)^2+(y+2)^2+z^2=5,$$
与(2)式比较，就知道原方程表示球心在点 $M_0(1,-2,0)$、半径为 $R=\sqrt{5}$ 的球面. 一般地，设有三元二次方程
$$Ax^2+By^2+Cz^2+Dx+Ey+Fz+G=0,$$
这个方程的特点的缺 xy、yz、zx 各项，而且平方项系数相同，只要将方程配方可以化成方程(2)的形式，那么它的图形就是一个球面.

3. 柱面

空间曲线及其方程——柱面

南京信息职业技术学院—冯晨

例 3　方程 $x^2+y^2=R^2$ 表示怎样的曲面？

解　方程 $x^2+y^2=R^2$ 在 xOy 面上表示圆心在原点 O、半径为 R 的圆. 在空间直角坐标系中，方程不含竖坐标 z，即不论空间点的竖坐标 z 怎样，只要它的横坐标 x 和纵坐标 y 能满足方程，那么这些点就在平面上. 这就是说，凡是通过 xOy 面内圆 $x^2+y^2=R^2$ 上一点 $M_0(x,y,0)$，且平行于 z 轴的直线 l 都在这曲面上，因此，这曲面可以看做是由平行于 z 轴的直线 L 沿 xOy 面上的圆 $x^2+y^2=R^2$ 移动而形成的.

这样的曲面叫做圆柱面(图 9－30)，xOy 面上的圆 $x^2+y^2=R^2$ 叫做它的准线，平行于 z 轴的直线 l 叫做它的母线.

一般地，一条动直线 l 沿定曲线 C 平行移动形成的轨迹叫做**柱面**，定曲线 C 叫做**柱面的准线**，动直线 l 叫做**柱面的母线**.

上面我们看到，不含 z 的方程 $x^2+y^2=R^2$ 在空间直角坐标系中表示圆柱面，它的母线平行于 z 轴，它的准线是 xOy 面上的圆 $x^2+y^2=R^2$.

类似地，方程 $y^2=2x$ 表示母线平行于 z 轴的柱面，它的准线是 xOy 面上的抛物线 $y^2=2x$，该柱面叫做**抛物柱面**(图 9－31).

又如，方程 $x-y=0$ 表示母线平行于 z 轴的柱面，其准线是 xOy 面上的直线 $x-y=0$，所以它是 z 轴的平面(图 9－32).

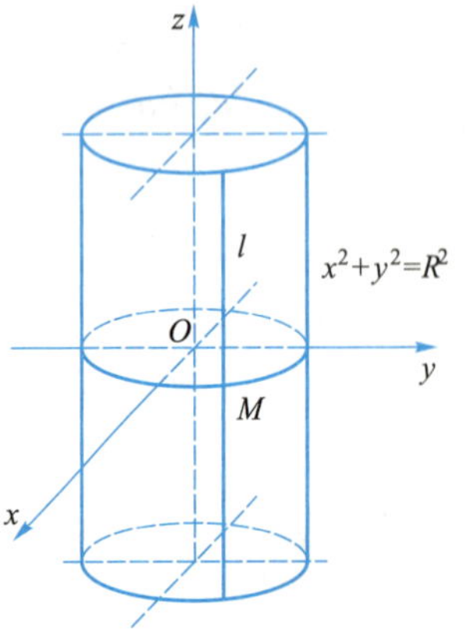

图 9－30

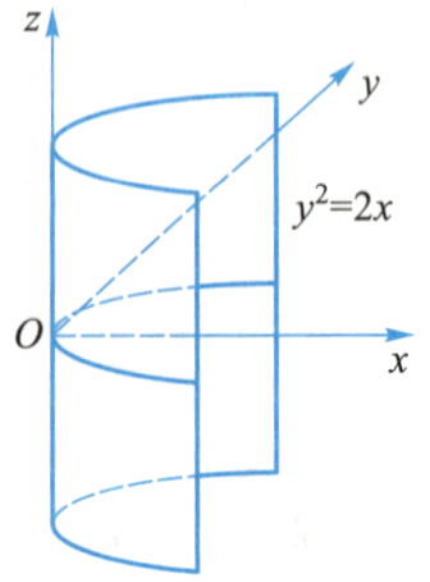

图 9－31

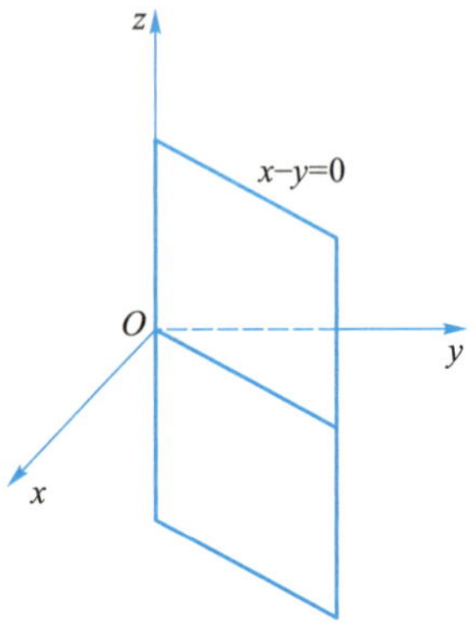

图 9－32

一般地,只含 x,y 而缺 z 的方程 $F(x,y)=0$ 在空间直角坐标系中表示母线平行于 z 轴的柱面,其准线是 xOy 面上的曲线 $C:F(x,y)=0$(图 9－33).

类似可知,只含 x,z 而缺 y 的方程 $G(x,y)=0$ 和只含 z,y 而缺 x 的方程 $H(x,y)=0$ 分别表示母线平行于 y 轴和 x 轴的柱面.

例如,方程 $x-z=0$ 表示母线平行于 y 轴的柱面,其准线是 xOz 面上的直线方程 $x-z=0$,所以它是过 y 轴的平面(图 9－34).

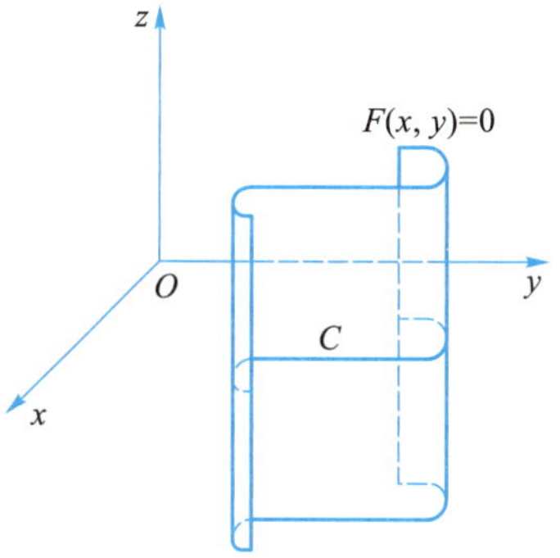

图 9－33

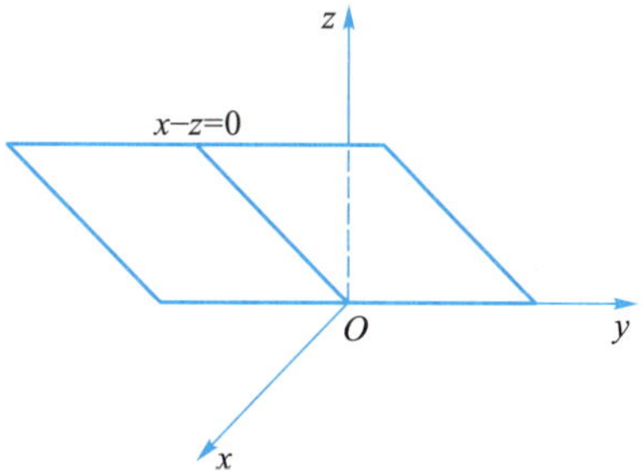

图 9－34

例 4 指出下列方程所表示的曲面,并作出示意图.

(1) $(x-1)^2+(z+2)^2=9$;(2) $\dfrac{x^2}{a^2}+\dfrac{y^2}{b^2}=1$;(3) $z^2=-y+1$;(4) $-\dfrac{x^2}{a^2}+\dfrac{z^2}{b^2}=1$.

解 (1) 方程缺变量 y,所以方程表示准线为 xOz 平面的圆 $\begin{cases}(x-1)^2+(z+2)^2=9,\\ y=0,\end{cases}$ 母线平行于 y 轴的圆柱面,其图像为图 9－35(1)所示.

(2) 方程缺变量 z,所以方程表示准线为 xOy 平面的椭圆 $\begin{cases}\dfrac{x^2}{a^2}+\dfrac{y^2}{b^2}=1,\\ z=0,\end{cases}$ 母线平行于 z 轴的椭圆柱面,其图像为图 9－35(2)所示.

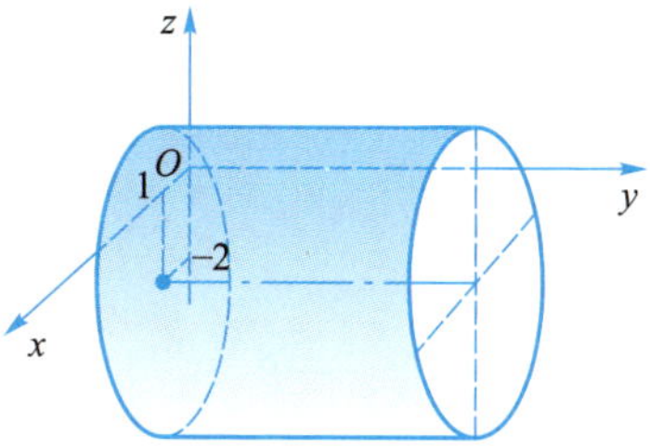

图 9－35(1)

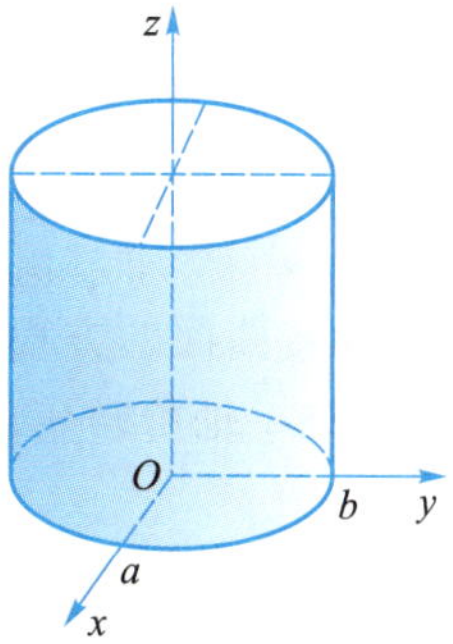

图 9－35(2)

(3) 方程缺变量 x，所以方程表示准线为 yOz 平面的抛物线$\begin{cases} z^2 = -y+1, \\ x=0, \end{cases}$母线平行于 x 轴的抛物柱面，其图像为图 9－35(3).

(4) 方程缺变量 y，所以方程表示准线为 xOz 平面的双曲线$\begin{cases} -\dfrac{x^2}{b^2}+\dfrac{z^2}{a^2}=1, \\ y=0, \end{cases}$母线平行于 y 轴的双曲柱面，其图像为图 9－35(4).

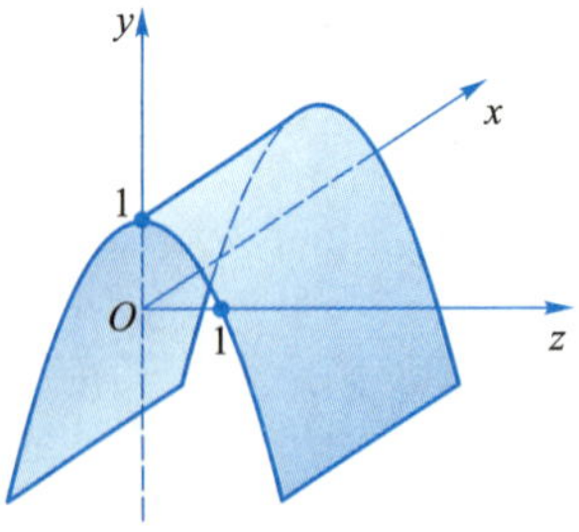

图 9－35(3)

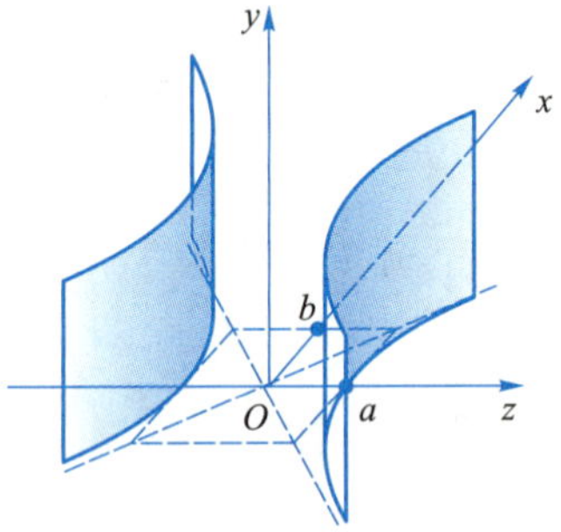

图 9－35(4)

4. 旋转曲面

旋转曲面
南京信息职业技术学院—冯晨

以一条平面曲线绕其平面上的一条直线旋转一周所围成的曲面叫做**旋转曲面**，旋转曲线和定直线一次叫做旋转曲面的**母线**和**轴**.

设在 yOz 坐标面上有一已知直线 C，它的方程为

$$F(y,z)=0,$$

把该曲线绕 z 轴旋转一周，就得到一个以 z 轴为轴的旋转曲面（图 9－36）它的方程可以按如下求得：

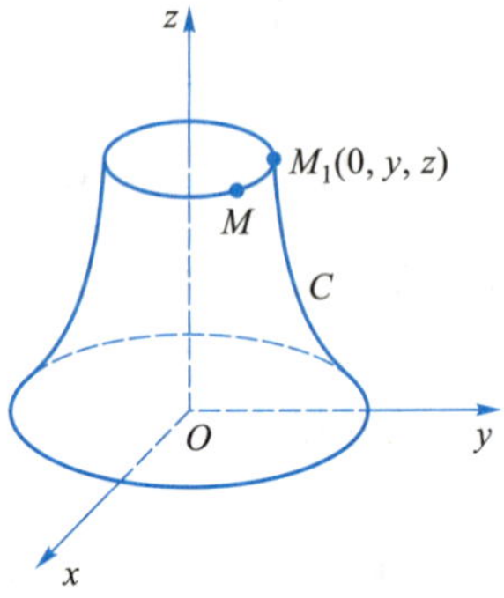

图 9－36

设 $M_1(0,y_1,z_1)$ 为曲线 C 上的任一点，那么有

$$f(y_1,z_1)=0. \tag{3}$$

当曲线 C 绕 z 轴旋转时，点 M_1 绕 z 轴转到另一点 $M(x,y,z)$，这时 $z=z_1$ 保持不变，且点 M 到 z 轴的距离

$$d=\sqrt{x^2+y^2}=|y_1|.$$

将 $z_1=z, y=\pm\sqrt{x^2+y^2}$ 代入(3)式，就有

$$f(\pm\sqrt{x^2+y^2},z)=0, \tag{4}$$

这就是所求旋转曲面的方程.

同理，曲线 C 绕 y 轴旋转所成的旋转曲面的方程为

$$f(y,\pm\sqrt{x^2+z^2})=0. \tag{5}$$

综合可得表 9－2.

表 9－2 旋转曲面方程

母线方程＼旋转轴	x 轴	y 轴	z 轴
$f(x,y)=0$	$f(x,\pm\sqrt{y^2+z^2})=0$	$f(\pm\sqrt{x^2+z^2},y)=0$	
$f(x,z)=0$	$f(x,\pm\sqrt{y^2+z^2})=0$		$f(\pm\sqrt{x^2+y^2},z)=0$
$f(y,z)=0$		$f(\pm\sqrt{x^2+z^2},y)=0$	$f(\pm\sqrt{x^2+y^2},z)=0$

例 5 求出下列旋转曲面 Σ 的方程：

（1）xOy 平面上的椭圆 $\frac{x^2}{b^2}+\frac{y^2}{a^2}=1$ 绕 x 轴和绕 y 轴旋转；

（2）xOz 平面上的抛物线 $x^2=az$ 绕对称轴旋转；

（3）yOz 平面上的双曲线 $-\frac{y^2}{b^2}+\frac{z^2}{a^2}=1$ 绕实轴和虚轴旋转；

（4）xOy 平面上直线 $y=ax+b$ 绕 x 轴和 y 旋转.

解 （1）绕 x 轴和 y 轴旋转所得旋转面的方程依次为 $\frac{x^2}{b^2}+\frac{y^2+z^2}{a^2}=1$，$\frac{x^2+z^2}{b^2}+\frac{y^2}{a^2}=1$，称此曲面为**旋转椭圆面**，如图 9－37(1)所示.

（2）绕对称轴（z 轴）旋转所得旋转面的方程依次为 $x^2+y^2=az$，称此曲面为**旋转抛物面**，如图 9－37(2)所示.

（3）绕实轴（z 轴）旋转所得旋转面的方程为 $-\frac{x^2+y^2}{b^2}+\frac{z^2}{a^2}=1$，称此曲面为**双叶旋转双曲面**，如图 9－37(3)所示；绕虚轴（y 轴）旋转所得旋转面的方程为 $-\frac{y^2}{b^2}+\frac{x^2+z^2}{a^2}=1$，称此曲面为**单叶旋转双曲**，如图 9－37(4)所示.

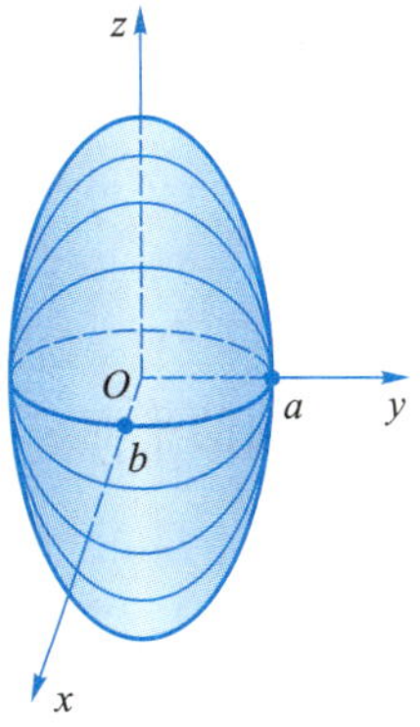

图 9－37(1)

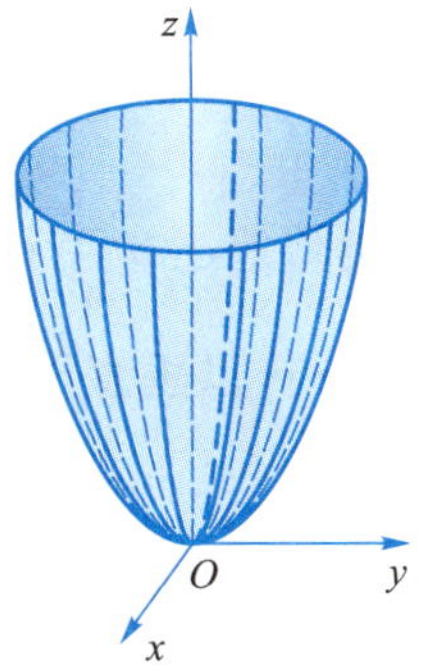

图 9－37(2)

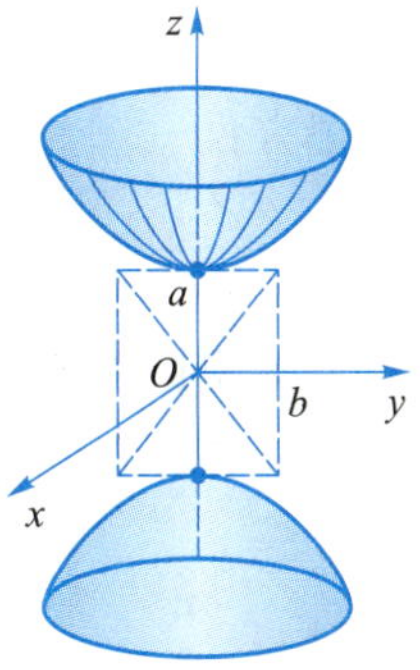

图 9－37(3)

(4) 绕 x 轴旋转所得旋转面的方程为 $\pm\sqrt{y^2+z^2}=ax+b$，即 $y^2+z^2=(ax+b)^2$，是顶点在 $\left(-\dfrac{b}{a},0,0\right)$ 的圆锥面，如图 9－37(5) 所示. 绕 y 轴旋转所得旋转面的方程为 $y=\pm a\sqrt{x^2+z^2}+b$，即 $(y-b)^2=a^2(x^2+z^2)$，它是顶点在 $(0,b,0)$ 的圆锥面，如图 9－37(6) 所示.

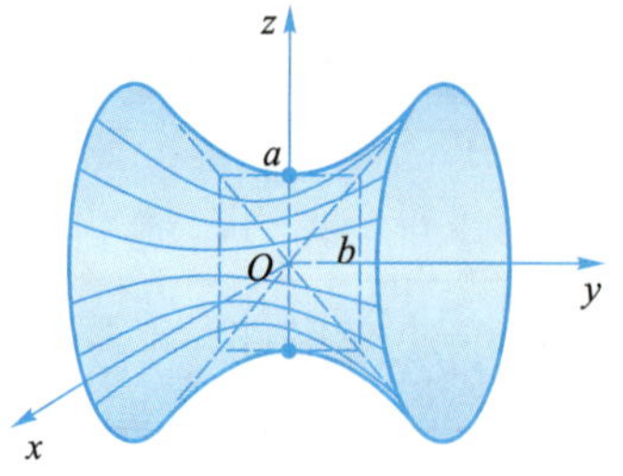

图 9－37(4)

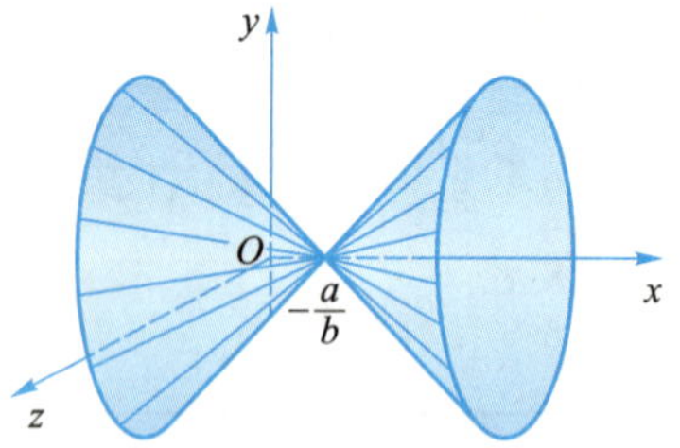

图 9－37(5)

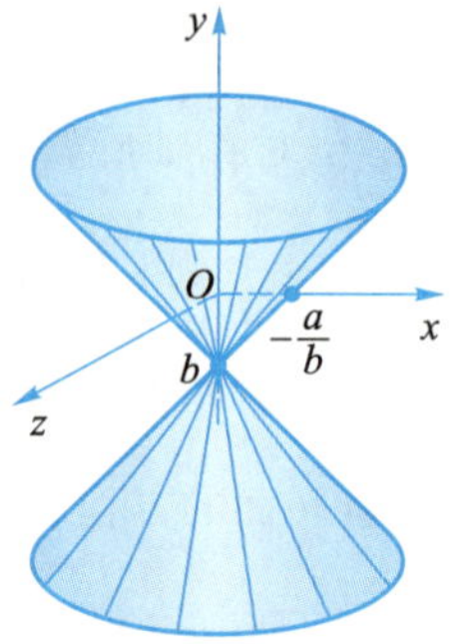

图 9－37(6)

特别地，若 $b=0$，即母线为经过原点的直线 $y=ax$，则绕 x 或 y 轴旋转而成的圆锥面的顶点都在原点，方程成为以 x 轴为旋转轴：$a^2x^2=y^2+z^2$；以 y 轴为旋转轴：$y^2=a^2(x^2+z^2)$.

*5. 二次曲面

(1) 我们把方程

$$\frac{x^2}{a^2}+\frac{y^2}{b^2}+\frac{z^2}{c^2}=1\ (a,b,c>0),$$

的图像称为**椭球面**(图 9－38(1))，任何平行于坐标面的平面去切割椭球面，只能交得椭圆或点.

(2) 把方程

$$\frac{x^2}{a^2}+\frac{y^2}{b^2}=z\ (a,b>0)\ \left(\text{类似地还有}\frac{x^2}{a^2}+\frac{z^2}{b^2}=y,\frac{y^2}{a^2}+\frac{z^2}{b^2}=x\right),$$

的图像称为**椭圆抛物面**(图 9－38(2)). 以垂直于一次项的坐标轴的平面去切割曲面，能交得椭圆或点.

(3) 方程

$$\frac{x^2}{a^2}+\frac{y^2}{b^2}-\frac{z^2}{c^2}=\pm1\ \text{或}\frac{x^2}{a^2}-\frac{y^2}{b^2}+\frac{z^2}{c^2}=\pm1\ \text{或}-\frac{x^2}{a^2}+\frac{y^2}{b^2}+\frac{z^2}{c^2}=\pm1\ (a,b,c>0),$$

等式右端取‘－’时的图像称为**双叶双曲面**(图 9－38(3))，

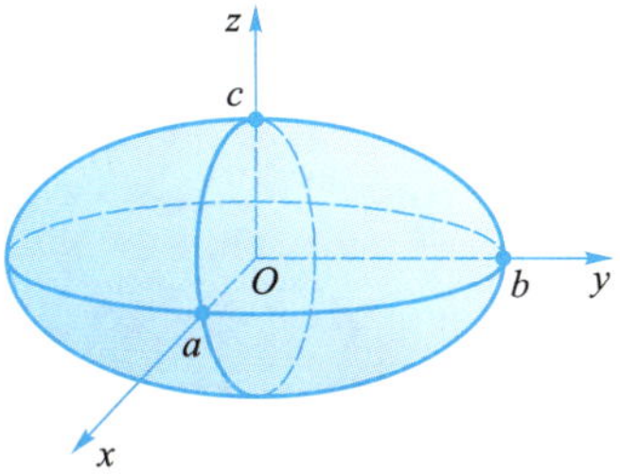

图 9－38(1)

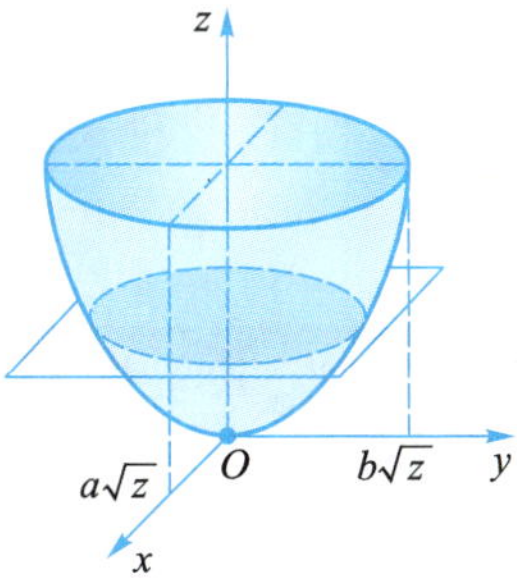

图 9－38(2)

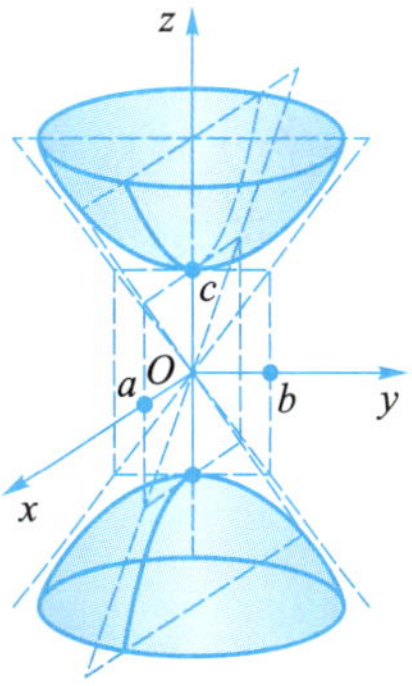

图 9－38(3)

当以垂直于非相同符号的坐标轴的平面去切割曲面,能得到交线的都是椭圆或点;等式右端取‘＋’时的图像称为**单叶双曲面**(图 9－38(4)),当以垂直于非相同符号的坐标轴的平面去切割曲面,得到交线都是椭圆.

(4) 把方程

$$\frac{x^2}{a^2}+\frac{y^2}{b^2}=z^2 \text{ 或 } \frac{x^2}{a^2}+\frac{z^2}{c^2}=y^2 \text{ 或 } \frac{y^2}{b^2}+\frac{z^2}{c^2}=x^2\,(a,b>0)$$

的图像称为**椭圆锥面**(图 9－38(5)),以垂直于等号右端项的坐标轴的平面去切割曲面,得到交线都是椭圆或点.

(5) 把方程

$$\frac{x^2}{a^2}-\frac{y^2}{b^2}=\pm z$$

的图像称为双曲抛物面(图 9－38(6)).

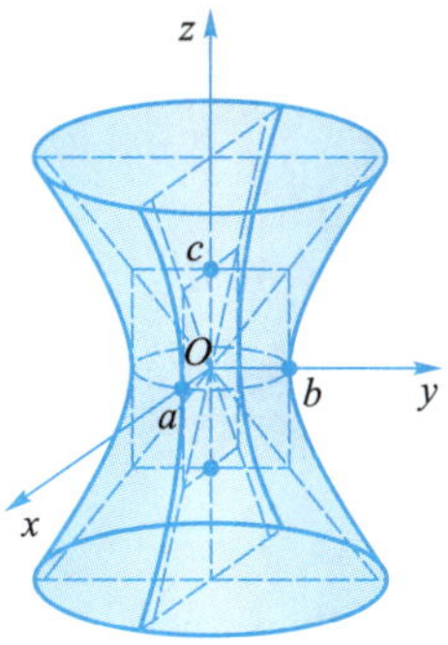

图 9－38(4)

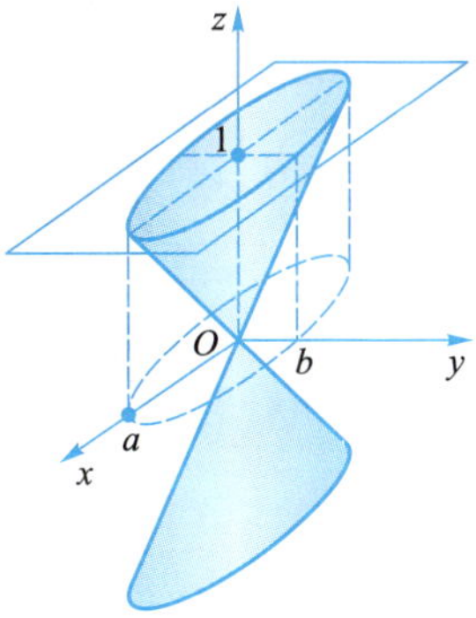

图 9－38(5)

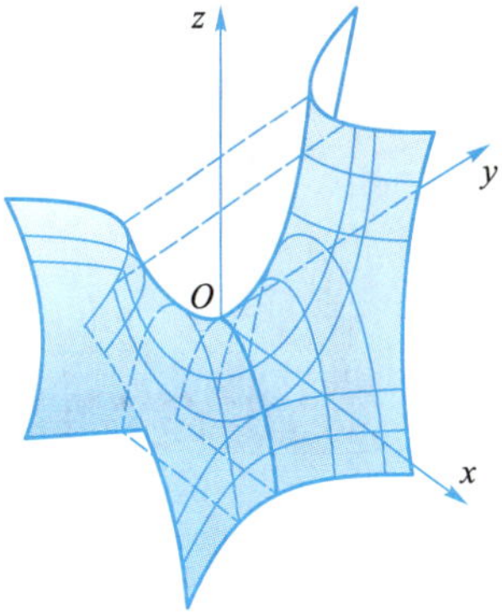

图 9－38(6)

上述曲面的公共特征,是它们的方程都是 x,y,z 的二次方程. 一般地,若方程为 x,y,z 的二次方程,则称为**二次曲面**.

可以证明,所有的二次曲面如果有意义,那么它的图像只有五类:椭球面、抛物面、双曲面(单叶或双叶)、锥面以及双曲抛物面.

例 6 曲面应用实例.

(1) **天文望远镜的反光镜**采用**旋转抛物面**的结构,能将来自宇宙的光线聚集在其焦点上,用放大镜瞄准此焦点即可得到宇宙的信息(图 9 - 39(1)).

(2) **卫星天线**普遍采用**旋转抛物面**,这种天线在频率很高的信号接收和发射方面扮演着重要角色(图 9 - 39(2)).

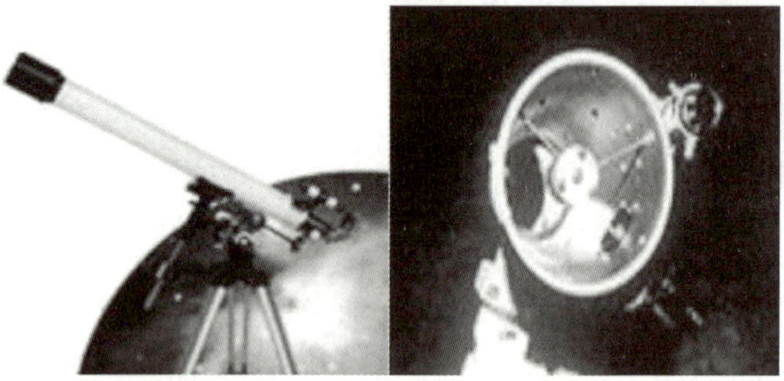

图 9 - 39(1)

图 9 - 39(2)

(3) 化工厂或电热厂的**冷却塔**的外形常采用**旋转单叶双曲面**,其优点是对流快,散热效能好.此外,利用直纹面的特点,可把编织钢筋网的钢筋取为直材,建造出外形准确、轻巧且非常牢固的冷却塔(图 9 - 39(3)).

(4) 由西班牙建筑大师高迪设计建造的**圣家教堂**,采用**螺旋形**的墩子、**双曲面**的侧墙和拱顶、**双曲抛物面**的屋顶,构成了一个象征性的复杂结构组合.教堂的上部四个高达 105 米的圆锥形塔高耸入云,给人造成强烈的视觉冲击力(图 9 - 39(4)).

图 9 - 39(3)

图 9 - 39(4)

空间曲线及其方程

南京信息职业技术学院—蔡鸣晶

9.4.2 空间曲线及其方程

1. 空间曲线方程的概念及一般方程

空间曲线可以看做两个平面的交线.设

$$F(x,y,z)=0 \text{ 和 } G(x,y,z)=0$$

是两个曲面的方程,它们的交线为 C(图 9 - 40).因为曲线 C 上的任何点的坐标应同

时满足这两个曲面的方程,所以应满足方程组

$$\begin{cases}F(x,y,z)=0,\\G(x,y,z)=0.\end{cases} \tag{6}$$

反过来,如果点 M 不在曲线 C 上,那么它不可能同时在两个曲面上,所以它的坐标不满足方程组(6).因此,曲线 C 可以用方程组(6)来表示.方程组(6)叫做**空间曲线 C 的一般方程**.

例 7 方程组 $\begin{cases}x^2+y^2=1,\\2x+3z=6\end{cases}$ 表示怎样的曲线?

解 方程组中第一个方程表示母线平行于 z 轴的圆柱面,其准线是 xOy 面上的圆,圆心在原点 O,半径为 1,方程组中第二个方程表示一个母线平行于 y 轴的柱面,由于它的准线是 zOx 面上的直线,因此它是一个平面,方程组就表示上述平面与圆柱面的交线,如图 9-41 所示.

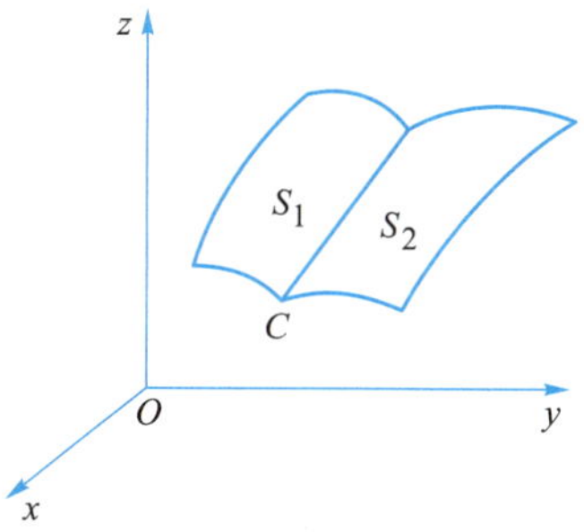

图 9-40

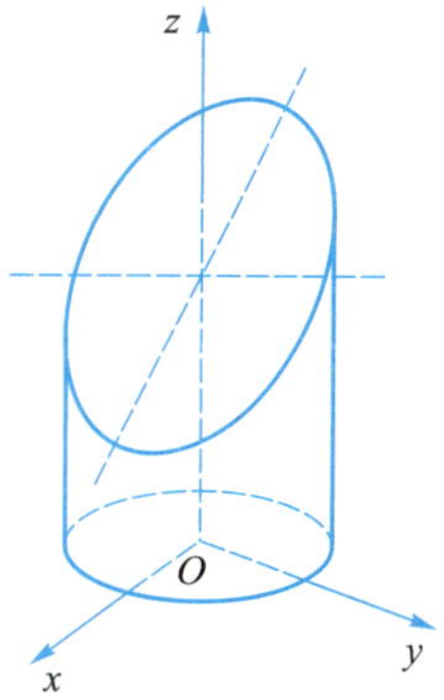

图 9-41

2. 空间曲线的参数方程

曲线的一般方程对曲线生成过程的刻画比较明确,但它也有局限性,很多常见曲线很难用一般方程表示.例如,罗圈弹簧的线形要表示成两个曲面的交线就相当困难.我们设法以其他形式的方程来表示.罗圈弹簧的线形抽象为数学上的曲线,就是下例中的螺旋线.

例 8 如果空间一点 M 在圆柱面 $x^2+y^2=a^2$ 上以角速度 ω 绕 z 轴旋转,同时又以线速度 v 沿平行于 z 轴的正方向上升(其中 ω, v 都是常数),那么点 M 构成的图形叫做**螺旋线**.试建立其参数方程.

解 取时间 t 为参数.设当 $t=0$ 时,动点位于 x 轴上的一点 $A(a,0,0)$ 处,经过时间 t,动点由 A 运动到点 $M(x,y,z)$(图 9-42),记 M 在 xOy 面上的投影为 M',M'的坐标为$(x,y,0)$.由于动点在圆柱面上以角速度 ω 绕 z 轴旋转,所以经过时间 t,$\angle AOM'=\omega t$.从而有

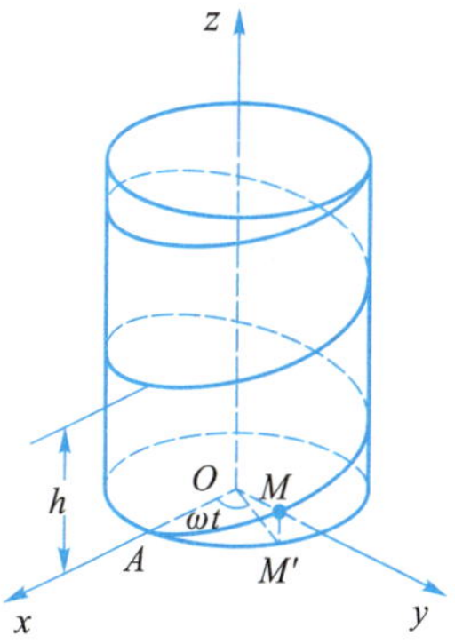

图 9-42

$$x=|OM'|\cos\angle AOM'=a\cos\omega t,$$

$$y=|OM'|\sin\angle AOM'=a\sin\omega t.$$

由于动点同时以线速度 v 沿平行于 z 轴的正方向上升，所以

$$z=MM'=vt.$$

因此螺旋线的参数方程为

$$\begin{cases}x=a\cos\omega t,\\ y=a\sin\omega t,\\ z=vt.\end{cases}$$

也可以用其他变量作参数. 例如，令 $\theta=\omega t$，则螺旋线的参数方程可写为

$$\begin{cases}x=a\cos\theta,\\ y=a\sin\theta,\\ z=b\theta.\end{cases}$$

这里 $b=\dfrac{v}{\omega}$，而参数为 θ.

曲线从本质上来说是一维图形，即曲线上任何一点，如果确定了一个坐标，另外两个坐标也就跟着被确定了，也就是说它只有一个自由度. 这个本质决定了如果它的方程用参数表示，那么参数就只能有一个. 因此曲线参数方程的一般形式应该是

$$\begin{cases}x=x(t),\\ y=y(t),\\ z=z(t)\end{cases}\quad \alpha\leqslant t\leqslant\beta. \tag{7}$$

例 9 求参数方程 $\begin{cases}x=\cos t+\sin t,\\ y=\cos t-\sin t,\\ z=1-\sin 2t\end{cases}$ 所表示的曲线 Γ.

解 前两个方程两边平方相加得 $x^2+y^2=2$；又 $y^2=1-2\cos t\sin t=1-\sin 2t=z$，所以曲线方程又能写成

$$\begin{cases}x^2+y^2=2,\\ y^2=z.\end{cases}$$

参数方程表示的曲线 Γ 是圆柱面 $x^2+y^2=2$ 与抛物柱面 $y^2=z$ 的交线. 其图像如图 9－43 所示.

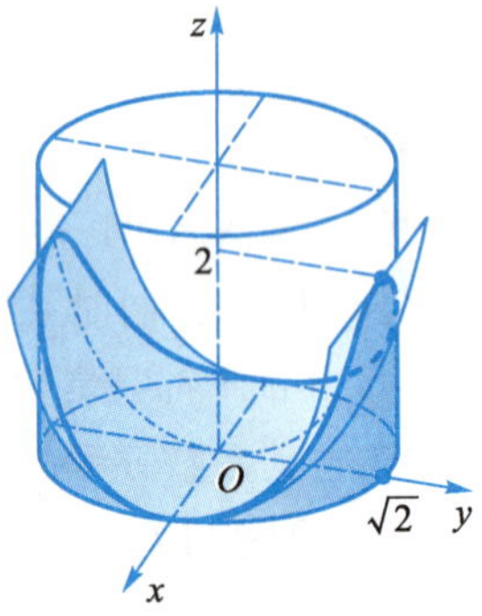

图 9－43

例 10 空间曲线应用实例.

(1) 平头螺丝钉采用**圆柱螺旋线**结构(图 9－44(1)).

(2) 向日葵花盘上瘦果的排列，松树球果上果鳞的分布(图 9－44(2))，菠萝果实上的分块(图 9－44(3))，都是按照**对数螺旋线**在空间展开的. 向日葵花盘上瘦果的**对数螺旋线**的弧形排列，可以使果实排得最紧，数量最多，产生后代的效率也最高(图 9－44(4)).

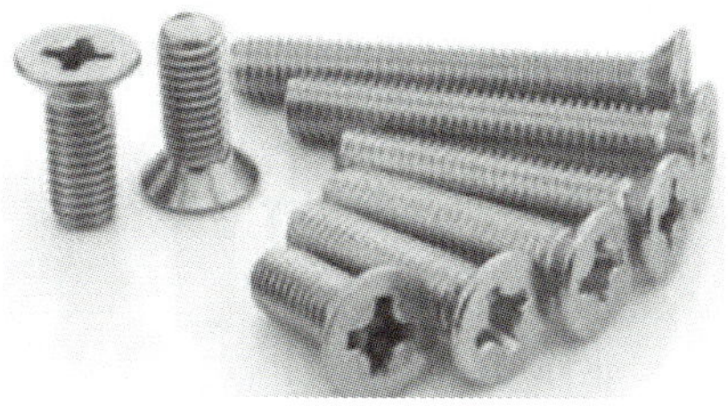

图 9－44(1)

图 9－44(2)

图 9－44(3)

图 9－44(4)

练习 9.4

1. 方程 $x^2+y^2+z^2-2x+4y-4z-7=0$ 表示什么曲面？试作出其图像.

2. 指出下列方程所表示的曲面,并作出其图像.

(1) $x-y+1=0$；　　(2) $x^2+z^2=R^2$.

3. 指出下列方程组所表示的图形.

(1) $\begin{cases} y=5x+1, \\ y=x+5; \end{cases}$　　(2) $\begin{cases} \dfrac{x^2}{9}+\dfrac{y^2}{4}=1, \\ x=1. \end{cases}$

4. 指出下列方程表示什么曲面.

(1) $x^2+y^2+z^2=R^2$；　　(2) $y=\dfrac{x^2}{4}+\dfrac{z^2}{9}$；　　(3) $x^2-y^2+z^2=16$.

5. 求下列旋转曲面的方程.

(1) 曲线 $\begin{cases} 4x^2+9y^2=36, \\ z=0 \end{cases}$ 绕 x 轴旋转一周；

(2) 曲线 $\begin{cases} 4x^2-9y^2=36, \\ z=0 \end{cases}$ 绕 x 轴旋转一周；

(3) 曲线 $\begin{cases} 4x^2-9y^2=36, \\ z=0 \end{cases}$ 绕 y 轴旋转一周；

(4) 曲线$\begin{cases} z^2 = 5x, \\ y = 0 \end{cases}$绕 x 轴旋转一周.

6. 写出以点(1,3,-2)为球心,且通过坐标原点 $O(0,0,0)$ 的球面方程.

习题 9.4

1. 一动点与两定点(2,3,1)和(4,5,6)等距离,求该动点的轨迹方程.

2. 建立以(1,3,-2)为球心,且通过坐标原点的球面方程.

3. 方程 $x^2+y^2+z^2-2x+4y+2z=0$ 表示什么曲面?

4. 将 xOy 坐标面上的双曲线 $4x^2-9y^2=36$ 分别绕 x 轴及 y 轴旋转一周,求所生成的旋转曲面的方程.

5. 将 xOy 坐标面上的双曲线 $z^2=5x$ 绕 x 轴旋转一周,求所生成的旋转曲面的方程.

6. 将 xOy 坐标面上的圆 $x^2+z^2=9$ 绕 z 轴旋转一周,求所生成的旋转曲面的方程.

7. 指出下列方程在平面解析几何中和在空间解析几何中分别表示什么图形.

(1) $x=2$;　　(2) $y=x+1$;

(3) $x^2+y^2=4$;　　(4) $x^2-y^2=1$.

8. 说明下列旋转曲面是怎样形成的.

(1) $\dfrac{x^2}{4}+\dfrac{y^2}{9}+\dfrac{z^2}{9}=1$;　　(2) $x^2-\dfrac{y^2}{4}+z^2=1$.

9. 指出下列方程组在平面解析几何中与在空间解析几何中分别表示什么图形.

(1) $\begin{cases} y=5x+1, \\ y=2x-3; \end{cases}$　　(2) $\begin{cases} \dfrac{x^2}{4}+\dfrac{y^2}{9}=1, \\ y=3. \end{cases}$

§9.5 MATLAB 三维作图

9.5.1 三维曲线绘图

三维图形的绘制是 MATLAB 语言图形处理的基础，MATLAB 最基本的三维曲线绘图的命令函数是 plot3. plot3 函数的基本调用格式与 plot 函数类似，具体调用格式如下：

```
plot3(X,Y,Z,LineSpec)
```

其中 X 和 Y 为长度相同的向量，分别用于存储 x 坐标和 y 坐标数据，LineSpec 是用户指定的绘图样式.

例 1 描绘直线 $\begin{cases} x=t+3, \\ y=2t+3, \\ z=-4t+5 \end{cases}$ 在区间[-10,10]的图像.

解

输入命令：

```
>>t = linspace( -10,10,2000);
>>x = t +3;
>>y = -2 * t +3;
>>z = -4 * t +5;
>>plot3(x,y,z,'r');
>>title('空间直线'),xlabel('X'),ylabel('Y'),zlabel('Z')
>>grid on
```

输出结果如图 9 – 45 所示.

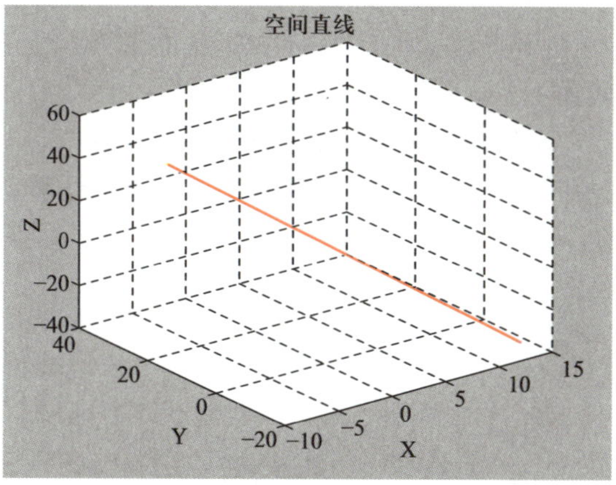

图 9 – 45

例 2 描绘圆锥螺旋线 $\begin{cases} x=t\cos t, \\ y=t\sin t, \\ z=t \end{cases}$ 在区间[0,10π]的图像.

解

输入命令:

```
>>t =linspace(0,10 * pi,1000);
>>x =t.* cos(t);
>>y =t.* sin(t);
>>z =t;
>>plot3(x,y,z,'r');
>>title('螺旋线'),xlabel('X'),ylabel('Y'),zlabel('Z')
>>grid on
```

输出结果如图 9-46 所示.

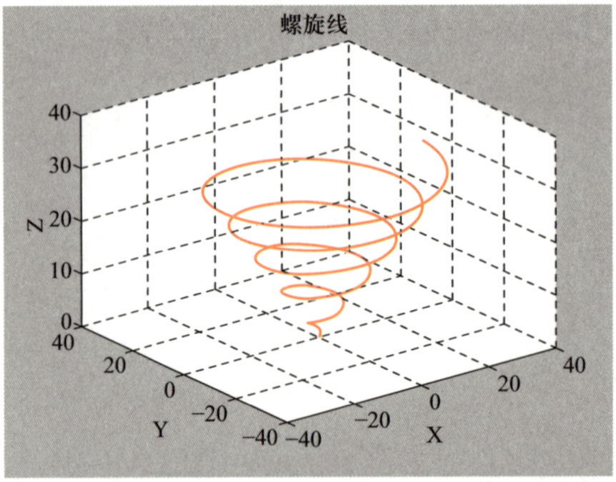

图 9-46

在实际情况中,一般并不清楚函数的具体情况,因此依据给定的数据点绘制函数的图形可能忽略某些重要特征,为此,MATLAB 提供了专门绘制符号函数的命令 ezplot3,具体调用格式如下:

```
ezplot3(X,Y,,Z,[a,b])
```

其中:X、Y、Z 为长度相同的向量,分别用于存储 x 坐标、y 坐标和 z 坐标数据,[a,b]是用户指定的取值范围,缺省时默认[$-2\pi,2\pi$].

例如

```
>>syms t;
>>x =t.* cos(t);
>>y =t.* sin(t);
>>z =t;
>>ezplot3(x,y,z,[0,20 * pi],'animate');% 产生空间曲线的一个动画轨迹
```

输出结果如图 9-47 所示.

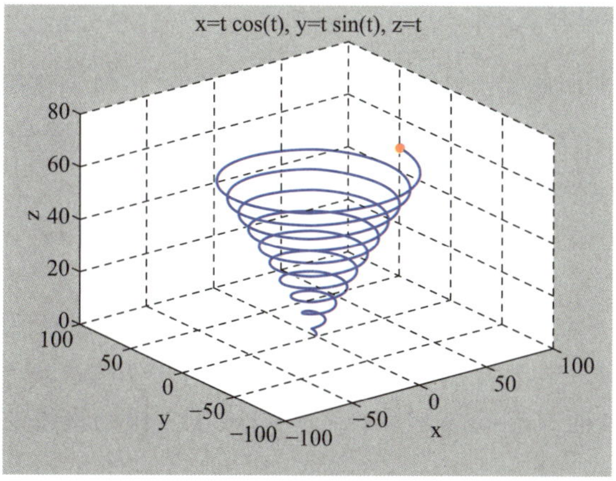

图 9－47

例 3 描绘圆锥螺旋线$\begin{cases} x=\cos t+\sin t, \\ y=\cos t-\sin t, \\ z=1-\sin 2t \end{cases}$的图像.

解

输入命令:

```
>>syms t;
>>x =cos(t) +sin(t);
>>y =cos(t) -sin(t);
>>z =1 -sin(2 * t);
>>ezplot3(x,y,z,'animate')
>>title(xlabel('X'),ylabel('Y'),zlabel('Z');
>>grid on
```

输出结果如图 9－48 所示.

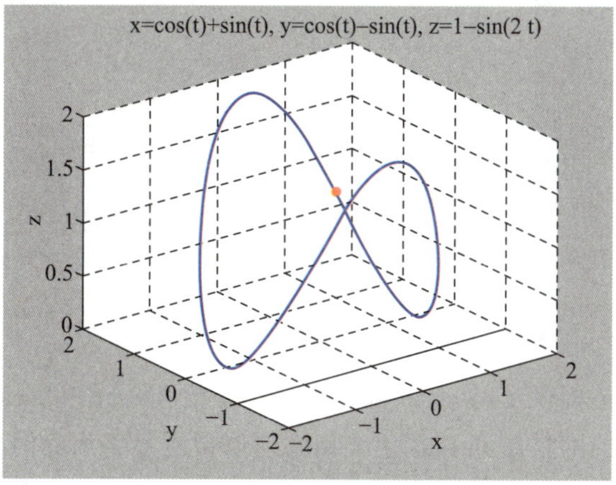

图 9－48

9.5.2 空间曲面绘图

MATLAB 提供了功能强大的三维图形的绘制功能,三维网格图和曲面图的绘制比三维曲线略显复杂,主要因为绘图数据的准备及图形的色彩、明暗等的处理.

1. 三维网格图的绘制

MATLAB 软件用于绘制三维网格图的指令函数是 mesh 函数,具体调用格式如下:

```
mesh(X,Y,Z,Colour)
```

其中 X 和 Y 为 xoy 平面上矩形定义域的矩形分割线在 x 轴和 y 轴的值;Z 为定义域在 z 轴上的值;Colour 是用户指定的绘图颜色,缺省时为软件默认颜色.

例 4 描绘马鞍面 $z=-x^4+y^4-x^2-y^2-2xy$ 的三维网格图像.

解

输入命令:

```
>>x = -4:0.25:4;
>>y =x;
>>X,Y] =meshgrid(x,y);% 生成矩形定义域中数据点矩阵 X 和 Y
>>Z = -X.^4 +Y.^4 -X.^2 -Y.^2 -2.*X.*Y;
>>mesh(Z);
>>title('马鞍面');
>>xlabel('X'),ylabel('Y'),zlabel('Z');
>>grid on
```

输出结果如图 9-49 所示.

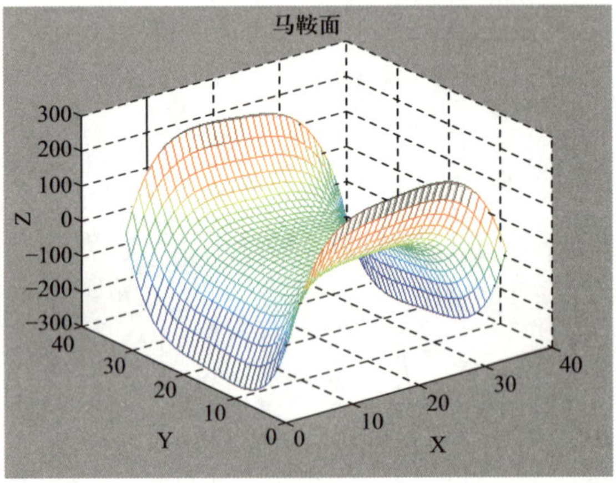

图 9-49

MATLAB 软件还提供了与 mesh 函数类似的函数:meshc 和 meshz. meshc 主要绘制带有基本的等高线的网格图,meshz 主要用来绘制带有零平面的网格图.

例 5 分别用 mesh,meshc、meshz 描绘函数 $z=\dfrac{\sin\sqrt{x^2+y^2}}{x^2+y^2}$ 的图像.

解

输入命令：

```
>>x = -5:0.1:5;
>>X,Y] =meshgrid(x);% 生成矩形定义域中数据点矩阵 X 和 Y
>>Z =sin(sqrt(X.^2 -Y.^2))./(sqrt(X.^2 -Y.^2));
>>subplot(2,2,1)
>>mesh(X,Y,Z)
>>title('mesh 作图');
>>subplot(2,2,2)
>>meshc(X,Y,Z)
>>title('meshc 作图');
>>subplot(2,2,3)
>>meshc(X,Y,Z)
>>title('meshz 作图');
>>xlabel('X'),ylabel('Y'),zlabel('Z')
```

输出结果如图 9 - 50 所示.

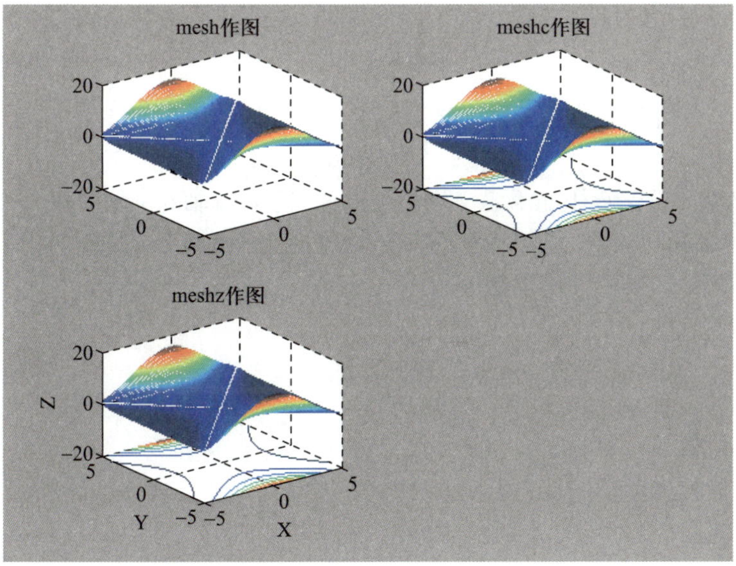

图 9 - 50

MATLAB 提供了专门绘制符号函数的命令 ezmesh，具体调用格式如下：

```
Ezmesh(X,Y,Z,[a,b,c,d])或者 ezmesh(Functions,[a,b,c,d])
```

其中：X、Y、Z 为长度相同的向量，分别用于存储 x 坐标、y 坐标和 z 坐标数据，[a,b]是用户指定的取值范围，缺省时默认[$-2\pi,2\pi$].

例 6 绘制函数 $z=e^{y}\sin x+e^{x}\cos y$ 的图像.

解

输入命令：

```
>> syms x y;
>> z = sin(x).* exp(y) + cos(y).* exp(x);
>> ezmesh(z)
>> xlabel('X'),ylabel('Y'),zlabel('Z')
```

输出结果如图 9-51 所示.

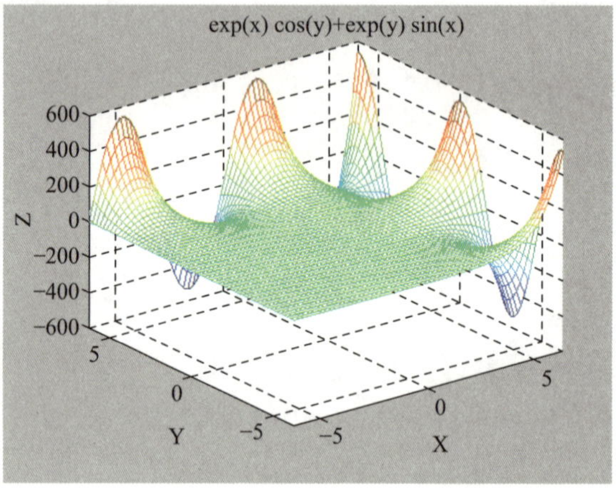

图 9-51

2. 三维曲面绘图

MATLAB 软件用于绘制三维网格图的指令函数是 surf 函数,具体调用格式如下:

```
surf(X,Y,Z,Colour)
```

其中 X 和 Y 为 xOy 平面上矩形定义域的矩形分割线在 x 轴和 y 轴的值;Z 为定义域在 z 轴上的值;Colour 是用户指定的绘图颜色,缺省时为软件默认颜色.

例 7 描绘 $z=e^{-x^2-y^2}$ 的图像.

解

输入命令:

```
>> x = -4:0.25:4;
>> y = x;
>> [X,Y] = meshgrid(x,y);% 生成矩形定义域中数据点矩阵 X 和 Y
>> Z = exp( -X.^2 -Y.^2);
>> mesh(Z);
>> xlabel('X'),ylabel('Y'),zlabel('Z');
>> grid on
```

输出结果如图 9-52 所示.

例 8 利用 MATLAB 内部函数 peaks 绘制山峰表面图.

解

输入命令:

```
>> [X,Y,Z] = peaks(30);
>> surf(X,Y,Z);
```

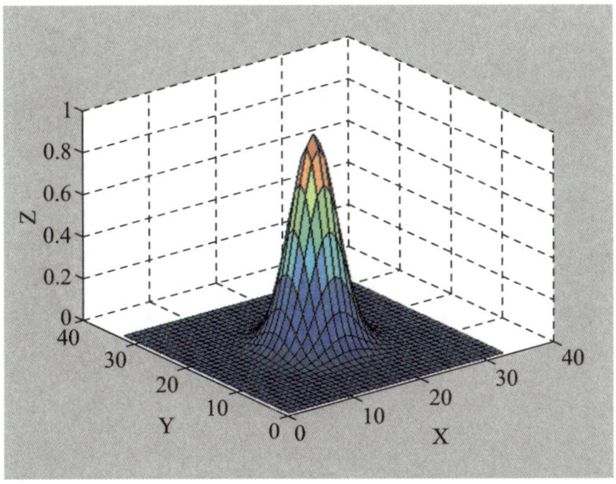

图 9－52

```
>>title('山峰表面')
>>xlabel('X'),ylabel('Y'),zlabel('Z');
>>grid on
```

输出结果如图 9－53 所示.

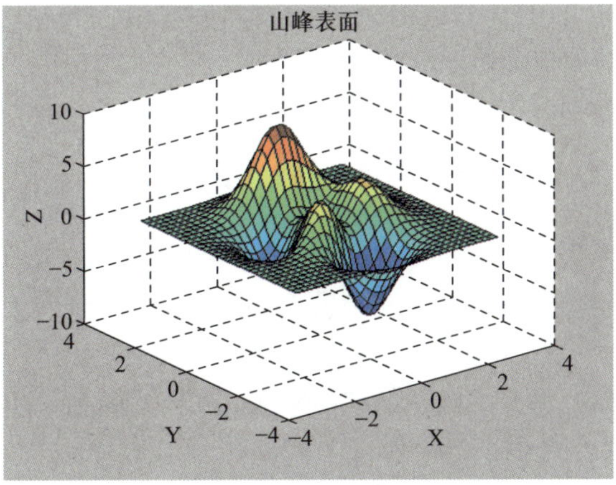

图 9－53

MATLAB 提供了专门绘制符号函数的命令 ezsurf,具体调用格式如下:

```
Ezsurf(X,Y,,Z,[a,b,c,d])或者 ezsurf(Functions,[a,b,c,d])
```

其中:X、Y、Z 为长度相同的向量,分别用于存储 x 坐标、y 坐标和 z 坐标数据,[a,b]是用户指定的取值范围,缺省时默认$[-2\pi,2\pi]$.

例 9 绘制函数 $z=e^y\sin x+e^x\cos y$ 的图像.

解

输入命令:

```
>>syms x y;
>>z=sin(x).*exp(y)+cos(y).*exp(x);
>>ezsurf(z)
```

```
>>xlabel('X'),ylabel('Y'),zlabel('Z')
```

输出结果如图 9-54 所示.

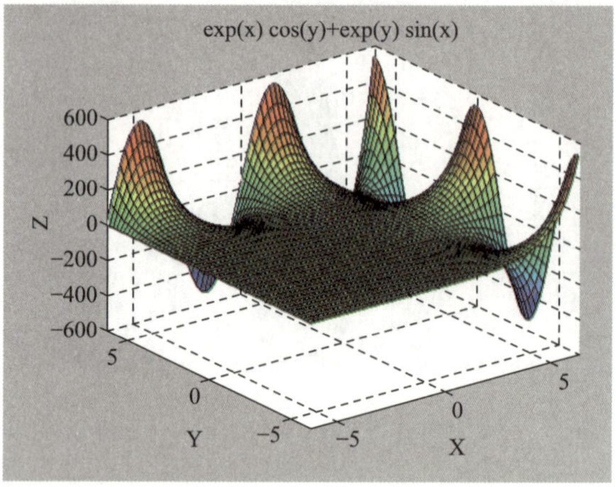

图 9-54

3. 柱面和球面图像绘制

MATLAB 软件用于柱面的指令函数是 cylinder 函数,具体调用格式如下:

```
cylinder(Functions,n)
```

其中 n 为圆柱体的圆周指定的等距离点的数量.

例 10 绘制一个半径变化的柱面.

解

输入命令:

```
>>t=0:pi/10:2*pi;
>>[X,Y,Z]=cylinder(2+cos(t),40);
>>surf(X,Y,Z);
>>xlabel('X'),ylabel('Y'),zlabel('Z')
```

输出结果如图 9-55 所示.

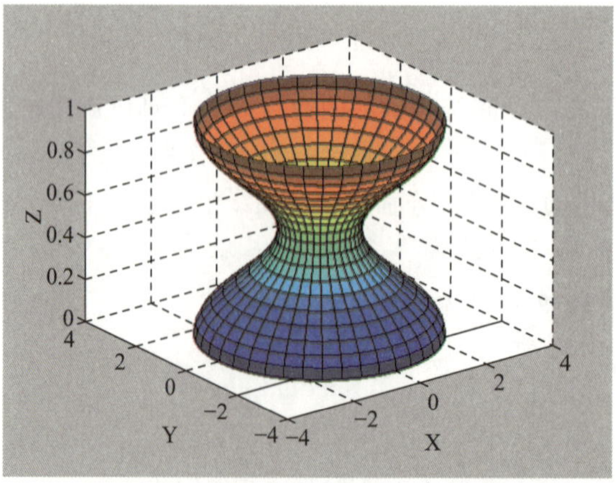

图 9-55

MATLAB 软件用于球面的指令函数是 sphere 函数,具体调用格式如下:

```
sphere(n),
```

返回在当前坐标系中由 $n \times n$ 个面组成的球面.

例 11 绘制一个半径变化的柱面.

解

输入命令:

```
>>[X1,Y1,Z1]=sphere(30);
>>[X2,Y2,Z2]=sphere(60);
>>subplot(1,2,1)
>>surf(X1,Y1,Z1)
>>title('90 个面组成的球面')
>>subplot(1,2,2)
>>surf(X2,Y2,Z2)
>>title('3600 个面组成的球面')
```

输出结果如图 9-56 所示.

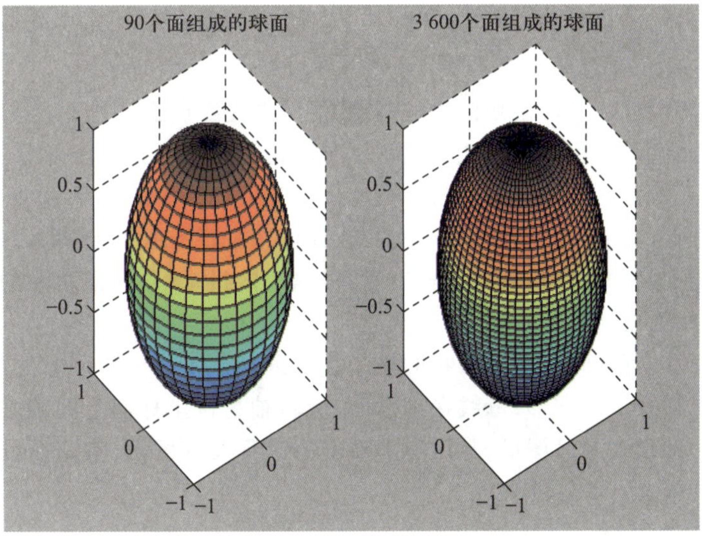

图 9-56

练习 9.5

1. 描绘直线 $\begin{cases} x=4t+6, \\ y=t+3, \\ z=-4t+1 \end{cases}$ 的图像.

2. 描绘圆锥螺旋线 $\begin{cases} x=t-\cos t, \\ y=t+\sin t, \\ z=t \end{cases}$ 在区间 $[0,10\pi]$ 的图像.

3. 描绘 $y=\frac{x^2}{4}+\frac{z^2}{9}$ 的三维网格图像.

4. 分别用 mesh, meshc、meshz 描绘函数 $z=\frac{\ln(x^2+y^2)}{x^2+y^2}$ 的图像.

5. 描绘 $z=e^{-x^2-y^2}$ 的图像.

6. 绘制柱面 $x^2+z^2=R^2$.

7. 绘制一个方程为 $x^2+y^2+z^2-2x+4y-4z-7=0$ 的球面.

本章小结

一、主要内容

(1) 空间直角坐标系的概念. 建立了空间直角坐标系后,使空间的点与一个三元有序数组(即点的坐标)一一对应,这是用代数方法研究空间几何图形的基础.

(2) 向量的概念. 向量的表示及向量的坐标,向量的加法、减法和数乘运算,数量积和向量积的定义及其坐标公式,单位化向量及向量的方向余弦. 两个非零向量的关系:两向量平行⇔向量积等于0,两向量垂直⇔数量积等于0. 两向量的夹角及基于向量的数量积的夹角计算公式.

(3) 平面和直线. 平面法线向量的概念,平面方程的点法式和一般式. 空间直线方向向量的概念,直线方程的点向式、一般式、参数式及其互化. 点到平面或直线的距离,平面与平面、直线与直线以及直线与平面的位置关系——垂直、平行及相交. 在推导平面或直线方程时,一般总是归结为点法式和点向式;在涉及距离问题时,较多使用参数式;在研究位置关系时,总是从一般式出发,根据法向量、方向向量之间的关系来得出面面、线线及线面之间的位置关系.

(4) 曲面和空间曲线. 曲面方程的概念;准线在坐标面、母线垂直于该坐标面的柱面方程的一般形式及其图形;母线在坐标面、旋转轴为该坐标面上两轴之一的旋转曲面的方程的一般形式及其图形;常用二次曲面的方程及其图形. 空间曲线的一般方程及参数方程的概念.

二、学习指导

(1) 理解空间直角坐标系的概念;掌握空间两点的距离公式.

(2) 理解向量及向量坐标的概念,会用坐标表示向量的模、方向余弦和单位向量.

(3) 知道向量的线性运算、数量积、向量积的定义;掌握用坐标进行向量的运算. 掌握向量的夹角公式,会判断两向量平行、垂直的位置关系.

(4) 掌握空间直线和平面几种常见形式的方程,并能根据方程判定线线、面面及线面之间的关系.

(5) 了解曲面及其方程的概念. 知道曲面的一般方程. 知道常见的曲面(球面、以坐标轴为旋转轴的旋转曲面、母线平行于坐标轴的柱面、椭球面、椭圆抛物面)的方程及图形.

(6) 了解空间曲线及其方程的概念.知道空间曲线的一般方程及参数方程.

复习题九

一、填空题

1. 向量 $\boldsymbol{a}=(a_1,a_2,a_3)$,$\boldsymbol{b}=(b_1,b_2,b_3)$,且 $a_1b_1+a_2b_2+a_3b_3=0$,则 $\boldsymbol{a}$ 与 $\boldsymbol{b}$ 的位置关系是__________.

2. 若 $\boldsymbol{a}=(1,2,-1)$,$\boldsymbol{b}=(3,1,2)$,则 $\boldsymbol{a}\cdot\boldsymbol{b}=$__________.

3. 设 $\boldsymbol{a}=(2,-2,3)$,$\boldsymbol{b}=(-1,3,-5)$,则 $\boldsymbol{a}\times\boldsymbol{b}=$__________.

4. 点 $M(4,-3,5)$ 到原点的距离为__________.

5. 球心在点 $(0,1,2)$、半径为 2 的球面方程为__________.

6. 方程 $\dfrac{x^2}{a^2}+\dfrac{y^2}{b^2}=1$ 在空间直角坐标系中表示__________.

7. 方程 $z^2=3(x^2+y^2)$ 表示的曲面为__________.

8. 过点 $(2,-3,0)$ 且以 $\boldsymbol{n}=(1,-2,3)$ 为法向量的平面方程为__________.

二、选择题

1. 设 $\boldsymbol{a}=\boldsymbol{i}+\boldsymbol{j}+\boldsymbol{k}$,$\boldsymbol{b}=-\boldsymbol{i}-\boldsymbol{j}-\boldsymbol{k}$,则有(　　).

A. $\boldsymbol{a}\perp\boldsymbol{b}$　　B. $\boldsymbol{a}=\boldsymbol{b}$

C. $|\boldsymbol{a}|=|\boldsymbol{b}|$　　D. 前三者都不成立

2. 设 $\boldsymbol{a}=-\boldsymbol{i}+\boldsymbol{j}+2\boldsymbol{k}$,$\boldsymbol{b}=-\boldsymbol{i}+4\boldsymbol{k}$,则向量 $\boldsymbol{a}$ 在向量 $\boldsymbol{b}$ 所在直线上投影向量的模为(　　).

A. $\dfrac{5}{\sqrt{6}}$　　B. 1　　C. $-\dfrac{5}{\sqrt{6}}$　　D. -1

3. 设 $\boldsymbol{a}\cdot\boldsymbol{b}=0$,$\boldsymbol{a}\times\boldsymbol{b}=0$,则有(　　).

A. $\boldsymbol{a}=0$　　B. $\boldsymbol{b}=0$　　C. $\boldsymbol{a}=0$ 或 $\boldsymbol{b}=0$　　D. $\boldsymbol{a}=\boldsymbol{b}=0$

4. 设 $\boldsymbol{a}\cdot\boldsymbol{i}=0$,$\boldsymbol{a}\cdot\boldsymbol{j}=0$,则有(　　).

A. $\boldsymbol{a}=0$　　B. $|\boldsymbol{a}|=1$

C. $\boldsymbol{a}=\boldsymbol{k}$　　D. $\boldsymbol{a}/\!/\boldsymbol{k}$ 或 $\boldsymbol{a}=0$

5. 直线 $x=3y=5z$ 与平面 $x+3y+5z=0$ 的关系是(　　).

A. 平行但不重合　　B. 重合

C. 垂直　　D. 既不平行又不垂直

6. 已知平面 $3x+2y-z-7=0$ 和直线 $\begin{cases}x=2+2t,\\ y=-1-t,\\ z=t,\end{cases}$ 又 $M(1,1,-2)$ 为空间一点,则点 M(　　).

A. 在平面上但不在直线上　　B. 在直线上但不在平面上

C. 既在直线上又在平面上　　D. 前三者都不对

7. 方程 $z=2x^2+4y^2$ 的图形是(　　).

A. 旋转抛物面　　B. 椭圆抛物面

C. 圆锥面　　　　　　　　　　D. 单叶双曲面

8. 曲线 $\begin{cases} z=1-x^2, \\ y=0 \end{cases}$ 绕 x 轴旋转的曲面是(　　).

A. 旋转抛物面　　　　　　　　B. 旋转双曲面

C. 圆柱面　　　　　　　　　　D. 圆锥面

三、解答题

1. 求以 $A(4,1,9)$, $B(10,-1,6)$, $C(2,4,3)$ 为顶点的三角形的周长.

2. 已知三点 $A(-1,2,3)$, $B(1,1,1)$, $C(0,0,5)$, 试证 $\triangle ABC$ 是直角三角形, 并求 $\angle B$.

3. 已知 $|\boldsymbol{a}|=10$, $|\boldsymbol{b}|=2$, $\boldsymbol{a}\cdot\boldsymbol{b}=12$, 求 $|\boldsymbol{a}\times\boldsymbol{b}|$.

4. 一平面平行于 x 轴, 且经过两点 $(4,0,-2)$ 和 $(5,1,7)$, 求此平面方程.

5. 一直线过点 $(0,2,0)$ 且平行于矢量 $\boldsymbol{m}=(1,1,1)$, 求原点到此直线的距离.

6. 指出下列方程表示怎样的曲面, 作出其草图.

(1) $9x^2+4y^2-36z=108$;　　　　(2) $(x-1)^2-y^2-z^2=0$.

阅读材料

解析几何

一、解析几何的基本内容

在解析几何中, 首先是建立坐标系, 如图 9－57 所示, 取定两条相互垂直的、具有一定方向和度量单位的直线, 叫做平面上的一个直角坐标系 xOy. 利用坐标系可以把平面内的点和一对实数 (x,y) 建立起一一对应的关系. 除了直角坐标系外, 还有斜坐标系、极坐标系、空间直角坐标系等. 在空间坐标系中还有球坐标系和柱面坐标系.

坐标系将几何对象和数、几何关系和函数之间建立了密切的联系, 这样就可以把空间形式的研究归结成比较成熟也容易驾驭的数量关系的研究了. 用这种方法研究几何学, 通常叫做解析法. 这种解析法不但对于解析几何是重要的, 就是对于几何学的各个分支的研究也是十分重要的.

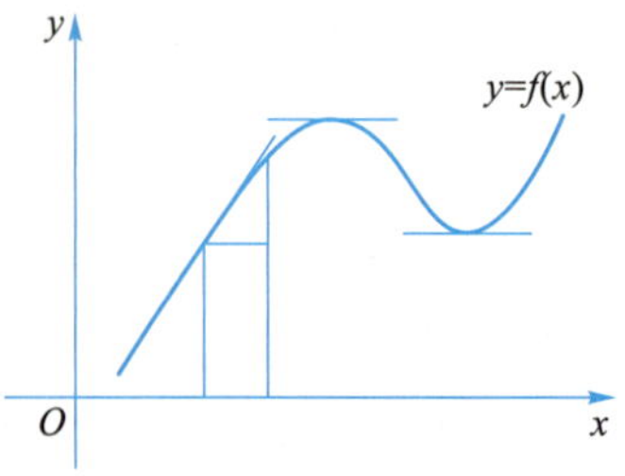

图 9－57

解析几何的创立, 引入了一系列新的数学概念, 特别是将变量引入数学, 使数学进入了一个新的发展时期, 这就是变量数学的时期. 解析几何在数学发展中起了推动作用. 恩格斯对此曾经作过评价: “数学中的转折点是笛卡儿的变数, 有了变数, 运动进入了数学; 有了变数, 辩证法进入了数学; 有了变数, 微分和积分也就立刻成为必要的了……”

二、解析几何的应用

解析几何又分为平面解析几何和空间解析几何. 在平面解析几何中，除了研究直线的有关性质外，主要是研究圆锥曲线（圆、椭圆、抛物线、双曲线）的有关性质（图 9－58）.

在空间解析几何中，除了研究平面、直线的有关性质外，主要研究柱面、锥面、旋转曲面.

椭圆、双曲线、抛物线的有些性质，在生产或生活中被广泛应用. 比如电影放映机的聚光灯泡的反射面是椭圆面，灯丝在一个焦点上，影片门在另一个焦点上（图 9－59）；探照灯、聚光灯、太阳灶、雷达天线、卫星的天线、射电望远镜等都是利用抛物线的原理制成的.

图 9－58

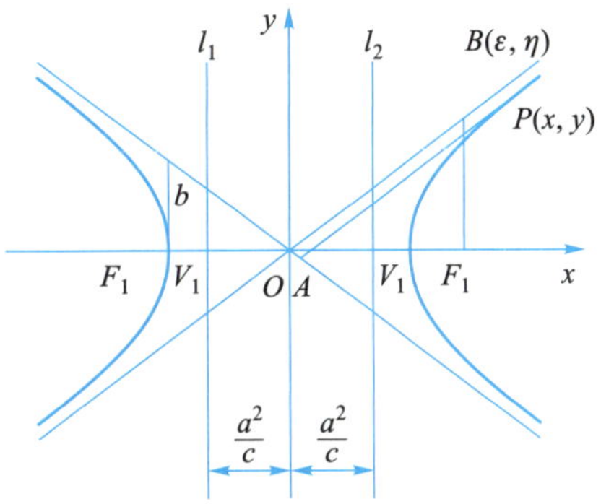

图 9－59

总的来说，解析几何运用坐标法可以解决两类基本问题：一类是满足给定条件点的轨迹，通过坐标系建立它的方程；另一类是通过方程的讨论，研究方程所表示的曲线性质.

运用坐标法解决问题的步骤是：首先在平面上建立坐标系，把已知点的轨迹的几何条件“翻译”成代数方程；然后运用代数工具对方程进行研究；最后把代数方程的性质用几何语言叙述，从而得到原先几何问题的答案.

坐标法的思想促使人们运用各种代数的方法解决几何问题. 先前被认为的几何学中的难题，一旦运用代数方法后就变得平淡无奇了. 坐标法为近代数学的机械化证明也提供了有力的工具.

第 10 章　多元函数微分学

上册中我们讨论的函数都只有一个自变量,这种函数叫做一元函数.但在很多实际问题中往往牵涉多方面的因素,反映到数学上,就是一个变量依赖于多个变量的情形.这就提出了多元函数以及多元函数的微分和积分问题.本章我们将在一元函数微分学的基础上,着重讨论二元函数的微分法及其应用,它是一元函数微分的推广和延伸.

【导例】 攀岩活动

设有一座小山,取它的底面所在的平面为 xOy 面,其底部所占的区域为

$$D=\{(x,y)\mid x^2+y^2-xy\leqslant 75\},$$

小山的高度函数为

$$h(x,y)=75-x^2-y^2+xy.$$

现在利用此小山开展攀岩活动,为此需要在山脚寻找一上山坡度最大的点作为攀登的起点.试确定攀登起点的位置.

这是一个求最值的问题,需要用到本章多元函数的知识.学完本章后,大家就能方便地确定攀登起点的位置.

§10.1 多元函数的基本概念与偏导数

10.1.1 邻域的概念

由平面解析几何知道,当在平面上引入了一个直角坐标系后,平面上的点 P 与有序二元实数组 (x,y) 之间就建立了一一对应关系. 于是,我们常把有序实数组 (x,y) 与平面上的点 P 视作是等同的,这种建立了坐标系的平面称为坐标平面. 二元有序实数组 (x,y) 的全体,就表示坐标平面.

坐标平面上具有某种性质 P' 的点的集合,记作

$$E=\{(x,y)\mid(x,y)\text{具有性质 }P'\};$$

例如,以原点为中心、r 为半径的圆内所有点的集合是 $C=\{(x,y)\mid x^2+y^2<r^2\}$;

如果以 P 表示 (x,y),以 $|OP|$ 表示点 P 到原点 O 的距离,那么集合 C 也可表示成

$$C=\{P\,\|\,OP|<r\}.$$

设 $P_0(x_0,y_0)$ 是平面上的一个点,δ 是某一正数,与点 $P_0(x_0,y_0)$ 距离小于 δ 的点 $P(x,y)$ 的全体,称为点 P_0 的 δ 邻域,记为 $U(P_0,\delta)$,即

$$U(P_0,\delta)=\{P\,\|\,PP_0|<\delta\},$$

或
$$U(P_0,\delta)=\{(x,y)\mid\sqrt{(x-x_0)^2+(y-y_0)^2}<\delta\}.$$

邻域的几何意义:$U(P_0,\delta)$ 表示 xOy 平面上以点 $P_0(x_0,y_0)$ 为中心、$\delta(\delta>0)$ 为半径的圆的内部的点 $P(x,y)$ 的全体.

点 P_0 的去心邻域,记作 $\mathring{U}(P_0,\delta)$,即 $\mathring{U}(P_0,\delta)=\{P\mid 0<|P_0P|<\delta\}$.

10.1.2 多元函数的概念

1. 多元函数的定义

在很多自然现象以及实际问题中,经常会遇到多个变量之间的依赖关系,举例如下.

例 1 圆柱体的体积 V 和它的半径 r、高 h 之间具有关系

$$V=\pi r^2h,$$

当 r,h 在集合 $\{(r,h)\mid r>0,h>0\}$ 内取定一对值 (r,h) 时,V 的对应值就随之确定.

例 2 一定量的理想气体的压强 P、体积 V 和绝对温度 T 之间具有关系

$$P=\frac{RT}{V},$$

其中 R 为常数,当 V,T 在集合 $\{(V,T)\mid V>0,T>T_0\}$ 内取定一对值 (V,T) 时,P 的对应值就随之确定.

例 3 设 R 是电阻 R_1、R_2 并联后的总电阻,由电学知道,它们之间具有关系

$$R=\frac{R_1R_2}{R_1+R_2}.$$

当 R_1、R_2 在集合 $\{(R_1,R_2)\mid R_1>0,R_2>0\}$ 内取定一对值 (R_1,R_2) 时,R 的对应值就随之确定.

上面三个例子的具体意义虽各不相同，但它们却有共同的性质，抽出这些共性就可以得出以下二元函数的定义.

定义 1 设 D 是 xOy 平面上的一个非空点集，x,y,z 为三个变量. 若对于 D 中任意一点 (x,y)，按照对应法则 f，变量 z 都有唯一的值与之对应，则称 f 是定义在 D 上的 x,y 的**二元函数**，记为 $z=f(x,y)$，其中 x,y 称为**自变量**，z 称为**因变量**；集合 D 称为函数的**定义域**；变量 z 取值的集合 $Z=\{z \mid z=f(x,y),(x,y)\in D\}$ 称为该函数的**值域**.

二元函数的定义与几何表示

连云港师范高等专科学校一王平

二元函数 $z=f(x,y)$ 可看成是平面上点 $P(x,y)\in D$ 与数 z 之间的对应，因此也可记作 $z=f(P)$.

二元函数在点 $P_0(x_0,y_0)$ 处所取得的函数值记为 $f(x_0,y_0)$ 或 $f(P_0)$ 或 $z\big|_{\substack{x=x_0\\y=y_0}}$.

类似地，可以定义三元函数 $u=f(x,y,z)$ 以及三元以上的函数.

一般地，可以定义 n 个变量的函数 $u=f(x_1,x_2,x_3,\cdots,x_n)$.

二元及二元以上的函数统称为**多元函数**.

求二元函数定义域的方法与一元函数相类似：在数学上，对用解析式表达的函数，常以 xOy 平面上能使解析式中所表达的运算都有意义的一切点 $P(x,y)$ 的集合作为其定义域；实际问题中的二元函数，则要根据自变量的具体意义及问题本身对自变量取值的限定范围来确定其定义域.

例 4 求下列函数的定义域.

(1) $z=\sqrt{R^2-x^2-y^2}$；(2) $z=\ln(x^2+y^2-1)+\dfrac{1}{\sqrt{4-x^2-y^2}}$；

(3) $z=\dfrac{\arcsin(x+y)}{\sqrt{x^2+y^2}}$.

解 (1) 要使函数的解析式有意义，(x,y) 必须满足 $R^2-x^2-y^2\geqslant 0$，所以函数的定义域是

$$D=\{(x,y)\mid x^2+y^2\leqslant R^2\},$$

即以原点为圆心、半径为 R 的圆内及圆周上一切点 $P(x,y)$ 的集合，如图 10-1(1) 所示.

(2) 要使函数的解析式有意义，(x,y) 必须满足不等式组

$$\begin{cases}x^2+y^2-1>0,\\4-x^2-y^2>0,\end{cases}$$

所以函数的定义域是

$$D=\{(x,y)\mid 1<x^2+y^2<4\},$$

即以原点为圆心、半径分别为 1，2 的两个同心圆之间的一切点 $P(x,y)$ 的集合，如图 10-1(2) 所示.

(3) 由反三角函数的定义知，函数的定义域是

$$D=\{(x,y)\mid -1\leqslant x+y\leqslant 1,(x,y)\neq(0,0)\},$$

即是如图 10-1(3) 所示的连同边界线的带形范围上除原点外的一切点 $P(x,y)$ 的集合.

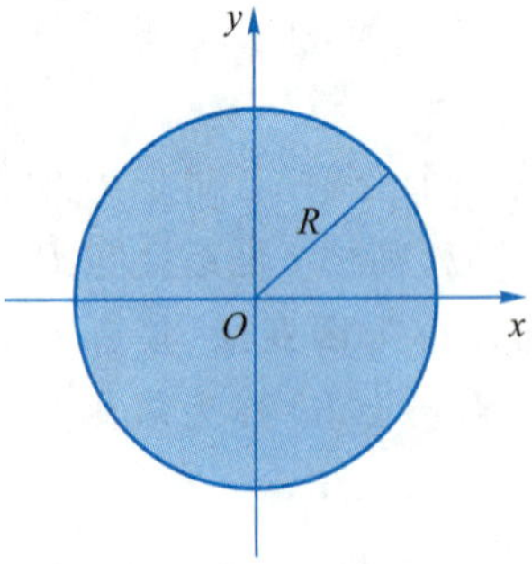

图 10-1(1)

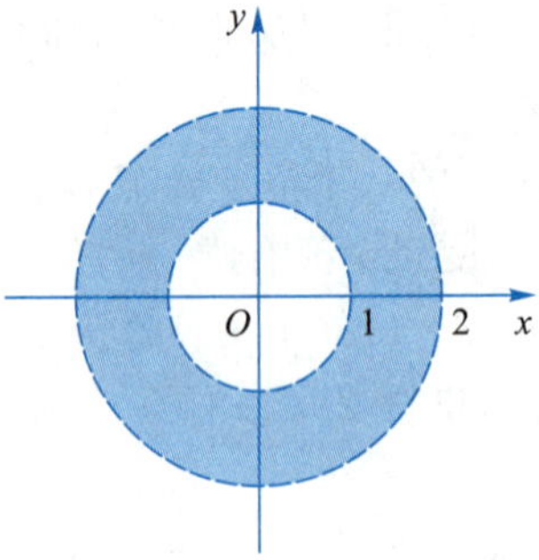

图 10-1(2)

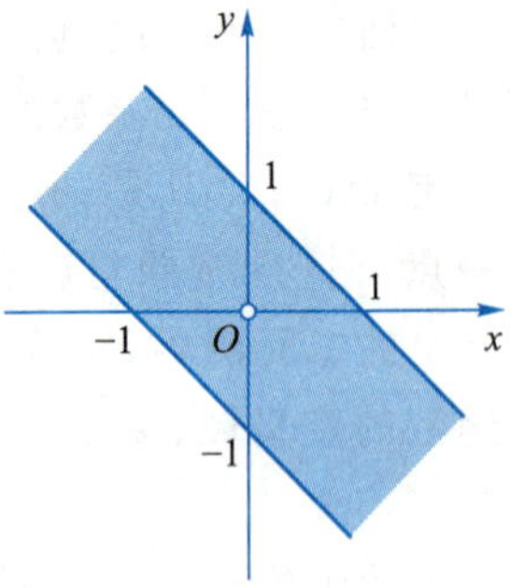

图 10-1(3)

2. 二元函数的几何意义

设 $z=f(x,y)$ 的定义域为 xOy 平面上的一个区域 D，对于 D 中的每一点 $P(x,y)$，把所对应的函数值 z 作为竖坐标，就在空间得到了一个对应点 $M(x,y,z)$. 当点 P 遍取 D 上所有的点时，对应点 M 就构成了空间的一个点集，这个点集就是函数 $z=f(x,y)$ 的几何意义，也就是函数的图像. 一般来说，二元函数 $z=f(x,y)$ 的图像是空间中的平面或曲面，定义域 D 是该曲面在 xOy 平面上的投影(图 10-2).

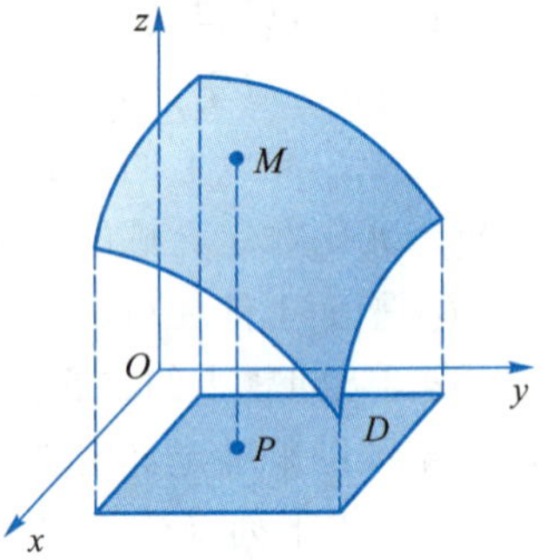

图 10-2

例如，函数 $z=ax+by+c$ 的图像是一个平面；而函数 $z=x^2+y^2$ 的图像是旋转抛物面.

10.1.3 一阶偏导数的定义及其计算法

1. 一阶偏导数的定义

在研究一元函数时，我们从研究函数的变化率引入了导数概念. 对于多元函数同样需要讨论它的变化率. 但多元函数的变量不止一个，因变量与自变量的关系要比一元函数复杂得多. 在这一节里，我们首先考虑多元函数关于其中一个自变量的变化率. 以二元函数 $z=f(x,y)$ 为例，如果只有自变量 x 的变化，而自变量 y 固定(即看做常量)，这时它就是 x 的一元函数，函数 $z=f(x,y)$ 对 x 的导数，就称为二元函数 $z=f(x,y)$ 对 x 的偏导数，即有如下定义.

定义 2 设函数 $z=f(x,y)$ 在点 (x_0,y_0) 的某一邻域内有定义，当 y 固定在 y_0，而 x 在 x_0 处有增量 Δx 时，相应的函数有增量

$$\Delta z=f(x_0+\Delta x,y_0)-f(x_0,y_0),$$

如果极限

$$\lim_{\Delta x\to 0}\frac{\Delta z}{\Delta x}=\lim_{\Delta x\to 0}\frac{f(x_0+\Delta x,y_0)-f(x_0,y_0)}{\Delta x} \tag{1}$$

存在，则称此极限为函数 $z=f(x,y)$ 在点 (x_0,y_0) 处对 x 的**偏导数**，记作

$$\left.\frac{\partial z}{\partial x}\right|_{\substack{x=x_0\\y=y_0}},\left.\frac{\partial f}{\partial x}\right|_{\substack{x=x_0\\y=y_0}},z_x\Big|_{\substack{x=x_0\\y=y_0}}\text{或}f_x(x_0,y_0).$$

偏导数

连云港师范高等专科学校—王平

即

$$f_x(x_0,y_0)=\lim_{\Delta x\to 0}\frac{f(x_0+\Delta x,y_0)-f(x_0,y_0)}{\Delta x}. \tag{2}$$

类似地，如果极限

$$\lim_{\Delta y\to 0}\frac{\Delta z}{\Delta y}=\lim_{\Delta y\to 0}\frac{f(x_0,y_0+\Delta y)-f(x_0,y_0)}{\Delta y} \tag{3}$$

存在，则称此极限为函数 $z=f(x,y)$ 在点 (x_0,y_0) 处对 y 的**偏导数**，记作

$$\left.\frac{\partial z}{\partial y}\right|_{\substack{x=x_0\\y=y_0}},\left.\frac{\partial f}{\partial y}\right|_{\substack{x=x_0\\y=y_0}},z_y\Big|_{\substack{x=x_0\\y=y_0}}\text{或}f_y(x_0,y_0).$$

即

$$f_y(x_0,y_0)=\lim_{\Delta y\to 0}\frac{f(x_0,y_0+\Delta y)-f(x_0,y_0)}{\Delta y}. \tag{4}$$

2. 一阶偏导函数

如果函数 $z=f(x,y)$ 在区域 D 内每一点 (x,y) 处对 x 的偏导数都存在，那么这个偏导数就是 x,y 的函数，它就称为函数 $z=f(x,y)$ 对自变量 x 的**偏导函数**，记作

$$\frac{\partial z}{\partial x},\frac{\partial f}{\partial x},z_x\text{ 或 }f_x(x,y).$$

类似地，可以定义函数 $z=f(x,y)$ 对自变量 y 的偏导函数，记作

$$\frac{\partial z}{\partial y},\frac{\partial f}{\partial y},z_y\text{ 或 }f_y(x,y).$$

由偏导数的概念可知，$f(x,y)$ 在点 (x_0,y_0) 处对 x 的偏导数 $f_x(x_0,y_0)$ 显然就是偏导函数 $f_x(x,y)$ 在点 (x_0,y_0) 处的函数值；$f_y(x_0,y_0)$ 就是偏导函数 $f_y(x,y)$ 在点 (x_0,y_0) 处的函数值. 就像一元函数的导函数一样，以后在不至于混淆的地方也把偏导函数简称为偏导数.

3. 一阶偏导数的几何意义

二元函数 $z=f(x,y)$ 在点 (x_0,y_0) 的偏导数有下述几何意义.

设 $M_0(x_0,y_0,f(x_0,y_0))$ 为曲面 $z=f(x,y)$ 上的一点，过 M_0 作平面 $y=y_0$，截此曲面得一曲线，此曲线在平面 $y=y_0$ 上的方程为 $z=f(x,y_0)$，则导数 $\left.\frac{\mathrm{d}}{\mathrm{d}x}f(x,y_0)\right|_{x=x_0}$，也即偏导数 $f_x(x_0,y_0)$，就是该曲线在点 M_0 处的切线 M_0T_x 对 x 轴的斜率(图 10－3). 同样地，偏导数 $f_y(x_0,y_0)$ 的几何意义是曲面被平面 $x=x_0$ 所截得的曲线在 M_0 处的切线 M_0T_y 对 y 轴的斜率.

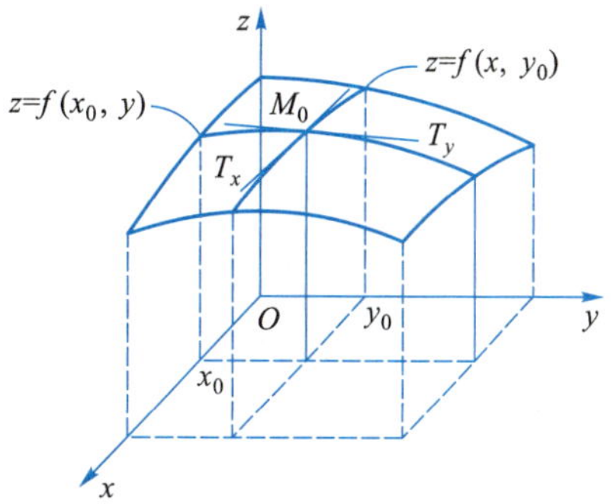

图 10－3

4. 一阶偏导数的计算

根据偏导数的定义求函数 $z=f(x,y)$ 的偏导数，并不需要新的方法. 求 $\frac{\partial f}{\partial x}$ 时，只要把 y 暂时看做常量而对 x 求导数；求 $\frac{\partial f}{\partial y}$ 时，则只要把 x 暂时看做常量而对 y 求导数.

例 5 求 $z=x^2+3xy+y^2$ 在点 $(1,2)$ 处的偏导数.

解 把 y 看做常量,得

$$\frac{\partial z}{\partial x}=2x+3y,$$

把 x 看做常量,得

$$\frac{\partial z}{\partial y}=3x+2y,$$

将(1,2)代入上面的结果,就得

$$\left.\frac{\partial z}{\partial x}\right|_{\substack{x=1\\y=2}}=2\times1+3\times2=8,$$

$$\left.\frac{\partial z}{\partial y}\right|_{\substack{x=1\\y=2}}=3\times1+2\times2=7.$$

例 6 设 $f(x,y)=x\sin y+ye^{xy}$,求 $\frac{\partial f}{\partial x},\frac{\partial f}{\partial y}$.

解 $\frac{\partial f}{\partial x}=\sin y+y^2e^{xy}$;$\frac{\partial f}{\partial y}=x\cos y+e^{xy}+ye^{xy}\cdot x=x\cos y+(1+xy)e^{xy}$.

例 7 求 $r=\sqrt{x^2+y^2+z^2}$ 的偏导数.

解 把 y 和 z 都看做常量,得

$$\frac{\partial r}{\partial x}=\frac{x}{\sqrt{x^2+y^2+z^2}}=\frac{x}{r},$$

由于所给函数关于自变量的对称性,所以

$$\frac{\partial r}{\partial y}=\frac{y}{r},\quad \frac{\partial r}{\partial z}=\frac{z}{r}.$$

10.1.4 高阶偏导数

高阶偏导数

连云港师范高等专科学校—王平

设函数 $z=f(x,y)$ 在区域 D 内具有偏导数

$$\frac{\partial z}{\partial x}=f_x(x,y),\quad \frac{\partial z}{\partial y}=f_y(x,y),$$

那么在 D 内 $f_x(x,y)$, $f_y(x,y)$ 都是 x,y 的函数. 如果这两个函数的偏导数也存在,则称它们是函数 $z=f(x,y)$ 的二阶偏导数. 按照对变量求导次序不同有下列四个二阶偏导数:

$$\frac{\partial}{\partial x}\left(\frac{\partial z}{\partial x}\right)=\frac{\partial^2 z}{\partial x^2}=f_{xx}(x,y),\quad \frac{\partial}{\partial y}\left(\frac{\partial z}{\partial x}\right)=\frac{\partial^2 z}{\partial x\partial y}=f_{xy}(x,y),$$

$$\frac{\partial}{\partial x}\left(\frac{\partial z}{\partial y}\right)=\frac{\partial^2 z}{\partial y\partial x}=f_{yx}(x,y),\quad \frac{\partial}{\partial y}\left(\frac{\partial z}{\partial y}\right)=\frac{\partial^2 z}{\partial y^2}=f_{yy}(x,y).$$

其中第二、第三两个偏导数称为混合偏导数. 同样可得三阶,四阶,…以及 n 阶偏导数. 二阶以及二阶以上的偏导数统称为高阶偏导数.

例 8 设 $z=x^3y^2-3xy^3-xy+1$,求 $\frac{\partial^2 z}{\partial x^2}$、$\frac{\partial^2 z}{\partial y\partial x}$、$\frac{\partial^2 z}{\partial x\partial y}$、$\frac{\partial^2 z}{\partial y^2}$、$\frac{\partial^3 z}{\partial x^3}$.

解 $\frac{\partial z}{\partial x}=3x^2y^2-3y^3-y$, $\quad\frac{\partial z}{\partial y}=2x^3y-9xy^2-x$,

$$\frac{\partial^2 z}{\partial x^2}=6xy^2,\quad \frac{\partial^2 z}{\partial y\partial x}=6x^2y-9y^2-1,$$

$$\frac{\partial^2 z}{\partial x\partial y}=6x^2y-9y^2-1,\quad \frac{\partial^2 z}{\partial y^2}=2x^3-18xy,$$

$$\frac{\partial^3 z}{\partial x^3}=6y^2.$$

观察例 8 的解，有$\frac{\partial^2 z}{\partial y\partial x}\equiv\frac{\partial^2 z}{\partial x\partial y}$. 求偏导数的次序不同的**混合偏导数**未必一定相等，只有满足一定条件时，混合偏导数才与求导次序无关.

定理　如果函数 $z=f(x,y)$ 在区域 D 存在连续的一阶偏导数 $f_x(x,y)$，$f_y(x,y)$ 和连续的二阶混合偏导数 $f_{xy}(x,y)$，则在 D 上另一混合偏导数 $f_{yx}(x,y)$ 也存在，且 $f_{yx}(x,y)\equiv f_{xy}(x,y)$.

10.1.5　偏导数的 MATLAB 计算

MATLAB 软件中求多元函数偏导数和一元函数求导一样，采用 diff 求多元函数的偏导数.

例 9　设 $z=e^y\sin x+e^x\cos y$，求$\frac{\partial z}{\partial x},\frac{\partial z}{\partial y}$.

解　输入命令：

```
>> syms x y
>> z = sin(x) * exp(y) + cos(y) * exp(x);
>> fx = diff(z,x)
>> fy = diff(z,y)
```

输出结果：

```
fx =
    exp(x) * cos(y) + exp(y) * cos(x)
fy =
    exp(y) * sin(x) - exp(x) * sin(y).
```

MATLAB 软件中采用 diff 也可计算多元函数的二阶偏导.

例 10　设 $z=e^{xy}\sin x$，求$\frac{\partial^2 z}{\partial x^2},\frac{\partial^2 z}{\partial y^2},\frac{\partial^2 z}{\partial x\partial y}$.

解　输入命令：

```
>> syms x y
>> z = sin(x) * exp(x * y);
>> fxx = diff(z,x,2)
>> fyy = diff(z,y,2)
>> fxy = diff(diff(z,x),y)
```

输出结果：

```
fxx =
    2 * y * exp(x * y) * cos(x) - exp(x * y) * sin(x) + y^2 * exp(x *
```

```
y) * sin(x)
fyy =
    x^2 * exp(x * y) * sin(x)
fxy =
    exp(x * y) * sin(x) + x * exp(x * y) * cos(x) + x * y * exp(x * y) *
sin(x).
```

练习 10.1

1. 求函数 $f(x,y)=x^2+2xy-y^2$ 在点(1,3)处关于 x,y 的偏导数.
2. 求函数 $z=e^{x+y}$ 关于 x,y 的偏导数.
3. 求函数 $z=x\ln(xy)$ 的二阶偏导数.

习题 10.1

1. 设 $z=\ln\left(x+\dfrac{y}{2x}\right)$，求 $\left.\dfrac{\partial z}{\partial x}\right|_{\substack{x=1\\y=0}}$.

2. 设 $f(x,y)=e^{-x}\sin(x+2y)$，求 $f_x\left(0,\dfrac{\pi}{4}\right)$ 与 $f_y\left(0,f_y\left(0,\dfrac{\pi}{4}\right)\right)$.

3. 求下列函数的偏导数.

(1) $z=xe^{-xy}$；　(2) $z=\dfrac{x}{\sqrt{x^2+y^2}}$；　(3) $z=x^3y-y^3x$；

(4) $z=\ln\tan\dfrac{x}{y}$；　(5) $u=x^{\frac{y}{z}}$.

4. 求下列函数的二阶偏导数.

(1) $z=y^x$；　(2) $z=e^x\cos y$.

5. 设 $f(x,y,z)=xy^2+yz^2+zx^2$，求 $f_{xx}(0,0,1)$，$f_{xz}(1,0,2)$，$f_{yz}(0,-1,0)$ 及 $f_{zzx}(2,0,1)$.

6. 应用 MATLAB 软件求解下列偏导数.

(1) 设 $z=x^2+2y^2$，求 $\dfrac{\partial z}{\partial x},\dfrac{\partial z}{\partial y}$；

(2) 设 $z=e^{xy}\sin x$，求 $\dfrac{\partial^2 z}{\partial x^2},\dfrac{\partial^2 z}{\partial y^2},\dfrac{\partial^2 z}{\partial x\partial y}$.

§ 10.2　全微分及其应用

10.2.1　全微分的定义

1. 全微分的概念

例 1　如图 10－4 所示，矩形的边长分别为 x,y，则面积 $S=xy$. 设边长 x_0,y_0 分别有增量 $\Delta x,\Delta y$，那么面积的增量为

$$\begin{aligned}\Delta S&=(x_0+\Delta x)(y_0+\Delta y)-x_0y_0\\&=y_0\Delta x+x_0\Delta y+\Delta x\Delta y,\end{aligned}\qquad(1)$$

以 $\rho=\sqrt{(\Delta x)^2+(\Delta y)^2}$ 表示自变量增量的总体大小，则

$$\lim_{\substack{\Delta x\to 0\\ \Delta y\to 0}}\frac{\Delta x\Delta y}{\rho}=0,$$

即当 $\Delta x\to 0,\Delta y\to 0$ 时，$\Delta x\Delta y$ 是比 ρ 更高阶的无穷小：$\Delta x\Delta y=o(\rho)$.

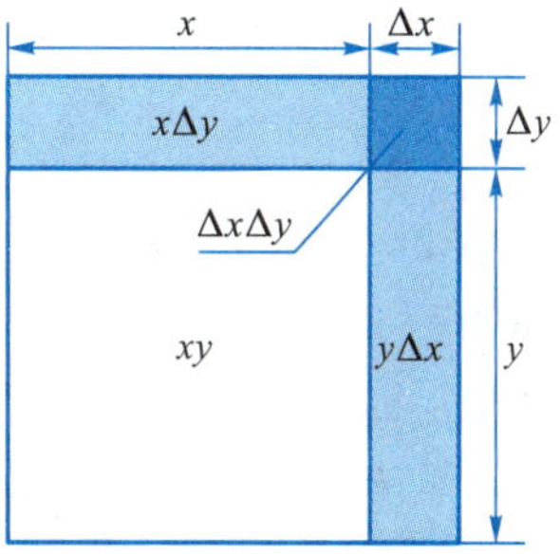

图 10－4

这样 ΔS 由两部分构成：第一部分 $y_0\Delta x+x_0\Delta y$ 是 $\Delta x,\Delta y$ 的线性部分，第二部分 $\Delta x\Delta y$ 则是比 ρ 更高阶的无穷小. 也就是说，ΔS 增量的主要部分是 $\Delta x,\Delta y$ 的线性部分 $y_0\Delta x+x_0\Delta y$（图 10－4）.

全微分

连云港师范高等专科学校—王平

注意
$$y_0=\left.\frac{\partial S}{\partial x}\right|_{\substack{x=x_0\\ y=y_0}}=S_x(x_0,y_0),\quad x_0=\left.\frac{\partial S}{\partial y}\right|_{\substack{x=x_0\\ y=y_0}}=S_y(x_0,y_0),\qquad(2)$$

所以(1)能表示为

$$\Delta S=S_x(x_0,y_0)\Delta x+S_y(x_0,y_0)\Delta y+o(\rho).$$

一般地，设函数 $z=f(x,y)$ 在点 $P_0(x_0,y_0)$ 的某邻域内有定义，在 P_0 处分别给自变量 x、y 以增量 Δx、Δy，则称

$$\Delta z=f(x_0+\Delta x,y_0+\Delta y)-f(x_0,y_0)$$

为函数 z 在点 P_0 处相对于自变量的增量 $\Delta x,\Delta y$ 的全增量.

定义　设函数 $z=f(x,y)$ 在点 (x,y) 的某邻域内有定义，如果函数在点 (x,y) 的全增量

$$\Delta z=f(x+\Delta x,y+\Delta y)-f(x,y)$$

可表示为

$$\Delta z=A\Delta x+B\Delta y+o(\rho),$$

其中 A、B 不依赖于 Δx 和 Δy，而仅与 x、y 有关，其中 $\rho=\sqrt{(\Delta x)^2+(\Delta y)^2}$，则称函数 $z=f(x,y)$ 在点 (x,y) 可微分. 且将 $A\Delta x+B\Delta y$ 称为函数 $z=f(x,y)$ 在点 (x,y) 的**全微分**，记作 $\mathrm{d}z$，即

$$\mathrm{d}z=A\Delta x+B\Delta y.$$

如果函数在区域 D 内各点处都可微分，那么称这个函数在 D 内可微分.

2. 可微与可偏导之间的关系

定理(必要条件) 如果 $z=f(x,y)$ 在点 (x,y) 可微分,则该函数在点 (x,y) 的偏导数 $\frac{\partial z}{\partial x},\frac{\partial z}{\partial y}$ 必定存在,且函数 $z=f(x,y)$ 在点 (x,y) 的全微分为

$$dz=\frac{\partial z}{\partial x}\Delta x+\frac{\partial z}{\partial y}\Delta y \tag{3}$$

以上关于二元函数全微分的定义及可微分的必要条件,可以完全类似地推广到三元和三元以上的多元函数.

例如,如果三元函数 $u=f(x,y,z)$ 可微分,那么它的全微分为

$$du=\frac{\partial u}{\partial x}dx+\frac{\partial u}{\partial y}dy+\frac{\partial u}{\partial z}dz.$$

例 2 求函数 $z=xy^2+x^2$ 在点 $(1,2)$ 处当 $\Delta x=0.01,\Delta y=-0.02$ 时的全增量 Δz 和全微分 dz.

解 $\Delta z=[(1+0.01)(2-0.02)^2+(1+0.01)^2]-(1\times 2^2+1^2)=-0.0203$,

因为 $\frac{\partial z}{\partial x}=y^2+2x,\frac{\partial z}{\partial y}=2xy$ 在全平面连续,所以

$$dz=\left.\frac{\partial z}{\partial x}\right|_{(1,2)}\Delta x+\left.\frac{\partial z}{\partial y}\right|_{(1,2)}\Delta y=6\times 0.01+4\times(-0.02)=-0.02.$$

例 3 求函数 $z=e^{xy}\sin x$ 的全微分.

解 $\frac{\partial z}{\partial x}=ye^{xy}\sin x+e^{xy}\cos x=e^{xy}(y\sin x+\cos x),\frac{\partial z}{\partial y}=xe^{xy}\sin x$,所以

$$dz=\frac{\partial z}{\partial x}dx+\frac{\partial z}{\partial y}dy=e^{xy}(y\sin x+\cos x)dx+xe^{xy}\sin x\,dy.$$

例 4 计算函数 $z=e^{xy}$ 在点 $(2,1)$ 处的全微分.

解 因为

$$\frac{\partial z}{\partial x}=ye^{xy},\frac{\partial z}{\partial y}=xe^{xy},$$

$$\left.\frac{\partial z}{\partial x}\right|_{\substack{x=2\\y=1}}=e^2,\left.\frac{\partial z}{\partial y}\right|_{\substack{x=2\\y=1}}=2e^2,$$

所以

$$\left.dz\right|_{\substack{x=2\\y=1}}=e^2dx+2e^2dy.$$

10.2.2 全微分在近似计算方面的应用

全微分在近似计算中的应用

连云港师范高等专科学校—王平

由

$$\Delta z\approx dz=f_x(x_0,y_0)\Delta x+f_y(x_0,y_0)\Delta y, \tag{4}$$

可得

$$f(x,y)\approx f(x_0,y_0)+f_x(x_0,y_0)\Delta x+f_y(x_0,y_0)\Delta y,$$

或

$$f(x,y)\approx f(x_0,y_0)+f_x(x_0,y_0)(x-x_0)+f_y(x_0,y_0)(y-y_0). \tag{5}$$

由此,可应用微分作近似计算.

例 5 有一正圆锥体,其底面半径 r 由 30 cm 增大到 30.1 cm,高 h 由 60 cm 减小到 59.5 cm,求体积 V 增量的近似值.

解 圆锥体体积公式为 $V=V(r,h)=\frac{1}{3}\pi r^2h$,

记
$$r_0=30,\ h_0=60,\Delta r=0.1,\Delta h=-0.5,$$
由
$$\left.\frac{\partial V}{\partial r}\right|_{\substack{r=30\\h=60}}=\frac{2}{3}\pi\times30\times60=1\ 200\pi,\left.\frac{\partial V}{\partial h}\right|_{\substack{r=30\\h=60}}=\frac{1}{3}\pi\times30^2=300\pi,$$
得
$$\Delta V\approx \mathrm{d}V=1\ 200\pi\times0.1+300\pi\times(-0.5)=-30\pi(\mathrm{cm}^3).$$
即此圆锥体的体积约减少了 $30\pi\ \mathrm{cm}^3$.

例 6　证明当 $|x|,|y|$ 很小时,近似公式 $\mathrm{e}^{x+y}\approx1+(x+y)$ 成立.

证明　记 $f(x,y)=\mathrm{e}^{x+y}$,取 $x_0=y_0=0$,
$$\Delta f=\mathrm{e}^{x+y}-1\approx(\mathrm{e}^{x+y})'_x\Big|_{\substack{x=0\\y=0}}x+(\mathrm{e}^{x+y})'_y\Big|_{\substack{x=0\\y=0}}y=x+y,$$
移项即得
$$\mathrm{e}^{x+y}\approx1+(x+y).$$

例 7　计算 $(1.04)^{2.02}$ 的近似值.

解　设函数 $f(x,y)=x^y$,显然,要计算的值就是函数在 $x=1.04,y=2.02$ 时的函数值 $f(1.04,2.02)$.

取 $x=1,y=2,\Delta x=0.04,\Delta y=0.02$. 由于
$$f(1,2)=1,$$
$$f_x(x,y)=yx^{y-1},\quad f_y(x,y)=x^y\ln x,$$
$$f_x(1,2)=2,\quad f_y(1,2)=0,$$
所以,应用公式(6)便有
$$(1.04)^{2.02}\approx1+2\times0.04+0\times0.02=1.08.$$

练习 10.2

1. 求函数 $z=2x^2+3y^3$ 在点(10,8)处当 $\Delta x=0.2,\Delta y=0.3$ 时的全增量及全微分.
2. 求下列函数的全微分.

(1) $z=xy+\dfrac{x}{y}$;　　(2) $u=\ln(x^2+y^2+z^2)$.

3. 设 $z=x^2y^3$,求 $\mathrm{d}z,\mathrm{d}z\Big|_{\substack{x=1\\y=2}}$.

*4. 在车削一个长为 200 mm、直径为 25 mm 的圆柱形工件时,允许有 1% 的误差,那么圆柱体的允许体积的正负误差是多少?

习题 10.2

1. 求函数 $z=\dfrac{y}{x}$ 当 $x=2,y=1,\Delta x=0.1,\Delta y=-0.2$ 时的全增量和全微分.
2. 求函数 $z=\ln(1+x^2+y^2)$ 当 $x=1,y=2$ 时的全微分.
3. 求下列函数的全微分.

(1) $z=\mathrm{e}^{\frac{y}{x}}$;　　(2) $z=\dfrac{y}{\sqrt{x^2+y^2}}$;

(3) $z=\arcsin\frac{x}{y}$;　　(4) $z=x^{y},(x>0,x\neq 1)$.

4. 计算下列近似值.

(1) $\sqrt{(1.02)^{3}+(1.97)^{3}}$;　　(2) $\sqrt{25.03}\times\sqrt[3]{1\ 000.1}$.

*5. 设有一无盖的圆柱形容器,其侧壁与底的厚度均为 0.1 cm,内径为 8 cm,深为 20 cm,求此容器外壳体积的近似值.

*6. 已知边长为 $x=6$ m 与 $y=8$ m 的矩形,如果 x 边增加 5 cm 而 y 边减少 10 cm,问这个矩形的对角线的近似变化怎样?

§ 10.3 多元复合函数与隐函数的微分法

10.3.1 多元复合函数的求导法则

在一元函数微分学中,复合函数求导法则是最重要的求导法则之一,它解决了很多比较复杂的函数的求导问题.下面要将一元函数微分学中复合函数的求导法则推广到多元复合函数的情形,多元复合函数的求导法则在多元函数微分学中也起着重要的作用.

下面按照多元复合函数不同的复合型,分两种情形讨论.

1. 复合函数的中间变量均为一元函数的情形

复合函数微分法(一)
连云港师范高等专科学校—王平

定理 1 如果函数 $u=\varphi(t)$ 及 $v=\psi(t)$ 都在点 t 可导,函数 $z=f(u,v)$ 在对应点 (u,v) 具有连续偏导数,则复合函数 $z=f[\varphi(t),\psi(t)]$ 在点 t 可导,且有

$$\frac{\mathrm{d}z}{\mathrm{d}t}=\frac{\partial z}{\partial u}\cdot\frac{\mathrm{d}u}{\mathrm{d}t}+\frac{\partial z}{\partial v}\cdot\frac{\mathrm{d}v}{\mathrm{d}t} \tag{1}$$

用类似的方法,可把定理推广到复合函数的中间变量多于两个的情形,例如,设 $z=f(u,v,w)$, $u=\varphi(t)$, $v=\psi(t)$, $w=\omega(t)$ 复合而得复合函数

$$z=f[\varphi(t),\psi(t),\omega(t)],$$

则在与定理相类似的条件下,该复合函数在点 t 可导,且其导数可用下列公式计算:

$$\frac{\mathrm{d}z}{\mathrm{d}t}=\frac{\partial z}{\partial u}\cdot\frac{\mathrm{d}u}{\mathrm{d}t}+\frac{\partial z}{\partial v}\cdot\frac{\mathrm{d}v}{\mathrm{d}t}+\frac{\partial z}{\partial w}\cdot\frac{\mathrm{d}w}{\mathrm{d}t} \tag{2}$$

在公式(1)及(2)中的导数 $\frac{\mathrm{d}z}{\mathrm{d}t}$ 称为**全导数**.

例 1 设 $z=uv+\sin t$,而 $u=\mathrm{e}^t$, $v=\cos t$,求全导数 $\frac{\mathrm{d}z}{\mathrm{d}t}$.

解

$$\begin{aligned}\frac{\mathrm{d}z}{\mathrm{d}t}&=\frac{\partial z}{\partial u}\cdot\frac{\mathrm{d}u}{\mathrm{d}t}+\frac{\partial z}{\partial v}\cdot\frac{\mathrm{d}v}{\mathrm{d}t}+\frac{\partial z}{\partial t}=v\mathrm{e}^t-u\sin t+\cos t.\\&=\mathrm{e}^t\cos t-\mathrm{e}^t\sin t+\cos t=\mathrm{e}^t(\cos t-\sin t)+\cos t.\end{aligned}$$

2. 复合函数的中间变量均为多元函数的情形

复合函数微分法(二)
连云港师范高等专科学校—王平

定理 2 如果函数 $u=\varphi(x,y)$ 及 $v=\varphi(x,y)$ 都在点 (x,y) 处具有对 x 及对 y 的偏导数,函数 $z=f(u,v)$ 在对应点 (u,v) 具有连续偏导数,则复合函数 $z=f[\varphi(x,y),\varphi(x,y)]$ 在点 (x,y) 的两个偏导函数都存在,且

$$\frac{\partial z}{\partial x}=\frac{\partial z}{\partial u}\cdot\frac{\partial u}{\partial x}+\frac{\partial z}{\partial v}\cdot\frac{\partial v}{\partial x},$$

$$\frac{\partial z}{\partial y}=\frac{\partial z}{\partial u}\cdot\frac{\partial u}{\partial y}+\frac{\partial z}{\partial v}\cdot\frac{\partial v}{\partial y}.$$

定理中的复合函数的函数结构图为:

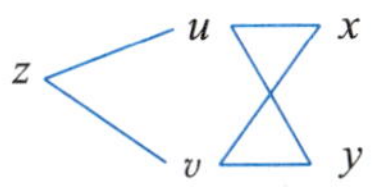

我们可以借助函数结构图,由 z 经中间变量到达自变量的途径得到求导的结果.

类似地,设 $u=\varphi(x,y)$, $v=\psi(x,y)$ 及 $w=\omega(x,y)$ 都在点 (x,y) 具有对 x 及对 y 的偏导数,函数 $z=f(u,v,w)$ 在对应点 (u,v,w) 具有连续偏导数,则复合函数

$$z=f[\varphi(x,y),\psi(x,y),\omega(x,y)]$$

在点 (x,y) 的两个偏导数都存在,且可用下列公式计算:

$$\frac{\partial z}{\partial x}=\frac{\partial z}{\partial u}\cdot\frac{\partial u}{\partial x}+\frac{\partial z}{\partial v}\cdot\frac{\partial v}{\partial x}+\frac{\partial z}{\partial w}\cdot\frac{\partial w}{\partial x},$$

$$\frac{\partial z}{\partial y}=\frac{\partial z}{\partial u}\cdot\frac{\partial u}{\partial y}+\frac{\partial z}{\partial v}\cdot\frac{\partial v}{\partial y}+\frac{\partial z}{\partial w}\cdot\frac{\partial w}{\partial y}.$$

法则的核心:先对中间变量求导,再乘以中间变量对自变量的导数.

例 2 设 $z=e^u\sin v$,而 $u=xy$, $v=x+y$. 求 $\frac{\partial z}{\partial x}$ 和 $\frac{\partial z}{\partial y}$.

解
$$\frac{\partial z}{\partial x}=\frac{\partial z}{\partial u}\cdot\frac{\partial u}{\partial x}+\frac{\partial z}{\partial v}\cdot\frac{\partial v}{\partial x}=e^u\sin v\cdot y+e^u\cos v\cdot 1$$
$$=e^{xy}[y\sin(x+y)+\cos(x+y)],$$
$$\frac{\partial z}{\partial y}=\frac{\partial z}{\partial u}\cdot\frac{\partial u}{\partial y}+\frac{\partial z}{\partial v}\cdot\frac{\partial v}{\partial y}=e^u\sin v\cdot x+e^u\cos v\cdot 1$$
$$=e^{xy}[x\sin(x+y)+\cos(x+y)].$$

例 3 设 $z=e^{2xy}\sin(x^2+y)$,求 $\frac{\partial z}{\partial x}$ 和 $\frac{\partial z}{\partial y}$.

解 令 $u=2xy$, $v=x^2+y$,则 $z=e^u\sin v$. 函数结构图:

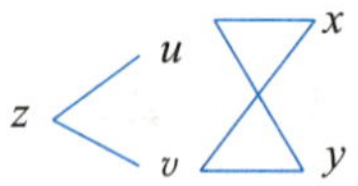

$$\frac{\partial z}{\partial x}=\frac{\partial z}{\partial u}\cdot\frac{\partial u}{\partial x}+\frac{\partial z}{\partial v}\cdot\frac{\partial v}{\partial x}=e^u\sin v\cdot 2y+e^u\cos v\cdot 2x=2e^{2xy}[y\sin(x^2+y)+x\cos(x^2+y)],$$

$$\frac{\partial z}{\partial y}=\frac{\partial z}{\partial u}\cdot\frac{\partial u}{\partial y}+\frac{\partial z}{\partial v}\cdot\frac{\partial v}{\partial y}=e^u\sin v\cdot 2x+e^u\cos v\cdot 1=e^{2xy}[2x\sin(x^2+y)+\cos(x^2+y)].$$

例 4 设 $z=2y(x+y)^{x-y}$,求 $\frac{\partial z}{\partial y}$.

解 设中间变量 $u=x+y$, $v=x-y$,则 $z=f(y,u,v)=2yu^v$,
函数结构图:

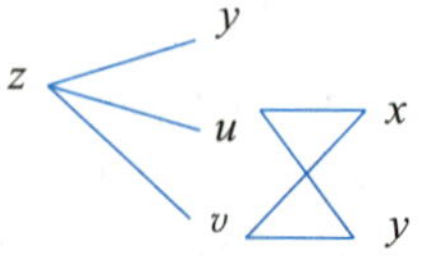

$$\frac{\partial z}{\partial y}=\frac{\partial f}{\partial y}+\frac{\partial f}{\partial u}\cdot\frac{\partial u}{\partial y}+\frac{\partial f}{\partial v}\cdot\frac{\partial v}{\partial y}=2[u^v+yvu^{v-1}\cdot 1+yu^v\ln u\cdot(-1)]$$
$$=2[(x+y)^{x-y}+y(x-y)(x+y)^{x-y-1}-y(x+y)^{x-y}\ln(x+y)]$$
$$=2(x+y)^{x-y-1}[(x+y)+y(x-y)-y(x+y)\ln(x+y)].$$

例 5 设 $u=f(x,y,z)=e^{x^2+y^2+z^2}$. 而 $z=x^2\sin y$,求 $\frac{\partial u}{\partial x}$ 和 $\frac{\partial u}{\partial y}$.

解
$$\frac{\partial u}{\partial x}=\frac{\partial f}{\partial x}+\frac{\partial f}{\partial z}\cdot\frac{\partial z}{\partial x}=2x\mathrm{e}^{x^2+y^2+z^2}+2z\mathrm{e}^{x^2+y^2+z^2}\cdot 2x\sin y$$
$$=2x(1+2x^2\sin^2 y)\mathrm{e}^{x^2+y^2+z^2},$$
$$\frac{\partial u}{\partial y}=\frac{\partial f}{\partial y}+\frac{\partial f}{\partial z}\cdot\frac{\partial z}{\partial y}=2y\mathrm{e}^{x^2+y^2+z^2}+2z\mathrm{e}^{x^2+y^2+z^2}\cdot x^2\cos y$$
$$=2(y+x^4\sin y\cos y)\mathrm{e}^{x^2+y^2+z^2}.$$

10.3.2 二元隐函数的求导公式

设 $z=f(x,y)$ 是方程 $F(x,y,z)=0$ 所确定的隐函数,则可得

$$\frac{\partial F}{\partial x}+\frac{\partial F}{\partial z}\cdot\frac{\partial z}{\partial x}=0,\quad \frac{\partial F}{\partial y}+\frac{\partial F}{\partial z}\cdot\frac{\partial z}{\partial y}=0,$$

在 $\frac{\partial F}{\partial z}\neq 0$ 的区域内,得到隐函数 $z=f(x,y)$ 的两个偏导数为

$$\frac{\partial z}{\partial x}=-\frac{F_x}{F_z},\quad \frac{\partial z}{\partial y}=-\frac{F_y}{F_z}.$$

这就是二元隐函数求偏导数的公式.

注意 在此公式中,F 关于 x,y 的偏导数,都是把 $F(x,y,z)$ 中的 z 视做独立变量的偏导数,特别地,方程 $F(x,y)=0$ 两边对 x 求全导数得

$$\frac{\partial F}{\partial x}+\frac{\partial F}{\partial y}\cdot\frac{\mathrm{d}y}{\mathrm{d}x}=0,$$

得到 $F(x,y)=0$ 所确定隐函数 $y=f(x)$ 的求导公式:

$$\frac{\mathrm{d}y}{\mathrm{d}x}=-\frac{F_x}{F_y}.$$

例 6 由方程 $\mathrm{e}^z-xyz=0$ 确定 z 为 x,y 的函数,求 z 的偏导数.

解法 1 记 $F(x,y,z)=\mathrm{e}^z-xyz$,则

$$\frac{\partial F}{\partial x}=-yz,\quad \frac{\partial F}{\partial y}=-xz,\quad \frac{\partial F}{\partial z}=\mathrm{e}^z-xy,$$

所以
$$\frac{\partial z}{\partial x}=-\frac{F_x}{F_z}=\frac{yz}{\mathrm{e}^z-xy},\frac{\partial z}{\partial y}=-\frac{F_y}{F_z}=\frac{xz}{\mathrm{e}^z-xy}.$$

解法 2 在所给方程两端关于 x,y 求导,注意 z 是 x,y 的函数,得

$$\mathrm{e}^z\frac{\partial z}{\partial x}-\left(yz+xy\frac{\partial z}{\partial x}\right)=0,\quad \mathrm{e}^z\frac{\partial z}{\partial y}-\left(xz+xy\frac{\partial z}{\partial y}\right)=0,$$

从中分别解出 $\frac{\partial z}{\partial x},\frac{\partial z}{\partial y}$,得到与解法 1 相同的结果.

练习 10.3

1. 设 $z=\arctan(xy)$,$y=\mathrm{e}^x$,求 $\frac{\mathrm{d}z}{\mathrm{d}x}$.

2. 设 $z=u^2v-uv^2$,$u=x\cos y$,$v=x\sin y$,求 $\frac{\partial z}{\partial x},\frac{\partial z}{\partial y}$.

3. $f(x,y)=(x^2+y^2)^2\ln(x^2+y^2)$,求 $\frac{\partial f}{\partial x},\frac{\partial f}{\partial y}$.

4. 证明可微函数 $z=f(x^2+y^2)$ 满足 $y\frac{\partial z}{\partial x}-x\frac{\partial z}{\partial y}=0$.

*5. 设 $f(x,y)$ 存在二阶连续偏导数,证明 $z=f(x-y)+f(x+y)$ 满足 $\frac{\partial^2 z}{\partial x^2}-\frac{\partial^2 z}{\partial y^2}=0$.

习题 10.3

1. 设 $z=u^2+v^2$,而 $u=x+y, v=x-y$,求 $\frac{\partial z}{\partial x},\frac{\partial z}{\partial y}$.

2. 设 $z=u^2\ln v$,而 $u=\frac{x}{y}, v=3x-2y$,求 $\frac{\partial z}{\partial x},\frac{\partial z}{\partial y}$.

3. 设 $z=\mathrm{e}^{x-2y}$,而 $x=\sin t, y=t^3$ 求 $\frac{\mathrm{d}z}{\mathrm{d}t}$.

4. 设 $z=\arcsin(x-y)$,而 $x=3t, y=4t^3$,求 $\frac{\mathrm{d}z}{\mathrm{d}t}$.

5. 设 $y=f(x,\sin x)$,求 $\frac{\mathrm{d}y}{\mathrm{d}x}$.

6. 求下列函数的一阶偏导数(其中 f 具有一阶连续偏导数).

(1) $u=f(x^2-y^2,\mathrm{e}^{xy})$; (2) $u=f\left(\frac{x}{y},\frac{y}{z}\right)$.

7. 设 $x^2+y^2+z^2-4z=0$,求 $\frac{\partial z}{\partial x},\frac{\partial z}{\partial y}$.

§10.4 偏导数的几何应用

10.4.1 方向导数

偏导数的几何应用

连云港师范高等专科学校—王平

1. 方向导数的概念

前面已经学习了，若 $z=f(x,y)$，则偏导数 f'_x 和 f'_y 有如下定义：

$$\frac{\partial f}{\partial x}=\lim_{\Delta x\to 0}\frac{f(x_0+\Delta x,y_0)-f(x_0,y_0)}{\Delta x},$$

$$\frac{\partial f}{\partial y}=\lim_{\Delta y\to 0}\frac{f(x_0,y_0+\Delta y)-f(x_0,y_0)}{\Delta y}.$$

偏导数 f'_x 和 f'_y 分别表示 $z=f(x,y)$ 在 x 方向和 y 方向的变化率. 然而自然科学研究和工程技术实践中，有时需要知道在 (x_0,y_0) 附近沿着任意单位方向 $\boldsymbol{u}=(a,b)$ 函数的变化率. 为此定义方向导数.

定义 1 若极限

$$\lim_{h\to 0}\frac{f(x_0+ha,y_0+hb)-f(x_0,y_0)}{h}.$$

存在，则此极限称为函数 $f(x,y)$ 在点 (x_0,y_0) 关于向量 $\boldsymbol{u}=(a,b)$ 的**方向导数**，记为

$$D'_{\boldsymbol{u}}f(x_0,y_0)=\lim_{h\to 0}\frac{f(x_0+ha,y_0+hb)-f(x_0,y_0)}{h}.$$

定理 若 $f(x,y)$ 是 x 和 y 的可微函数，则对于任何单位向量 $\boldsymbol{u}=(a,b)$，f 都有一个方向导数 $D'_{\boldsymbol{u}}f(x,y)$，并且

$$D'_{\boldsymbol{u}}f(x,y)=\frac{\partial f}{\partial y}a+\frac{\partial f}{\partial y}b=f'_x(x,y)a+f'_y(x,y)b. \tag{1}$$

2. 梯度向量

在式(1)中，方向导数可以写成两个向量点积的形式：

$$D'_{\boldsymbol{u}}f(x,y)=(f'_x(x,y),f'_y(x,y))\cdot(a,b)=(f'_x(x,y),f'_y(x,y))\cdot\boldsymbol{u},$$

点积中的向量 $(f'_x(x,y),f'_y(x,y))$ 不仅在计算方向导数的时候有用，在其他地方也将用到. 为了以后引用和记忆方便，我们给它一个名称和记号.

定义 2 由 $f(x,y)$ 在 $P_0(x_0,y_0)$ 的两个偏导数的值得到的向量，称之为**梯度向量**，记为

$$\mathbf{grad}\,f(x,y)=(f'_x(x,y),f'_y(x,y))=\frac{\partial f}{\partial x}\mathbf{i}+\frac{\partial f}{\partial y}\mathbf{j}.$$

例 1 已知 $f(x,y)=\sin x+\mathrm{e}^{xy}$，求 $\mathbf{grad}\,f(0,1)$.

解 因为

$$\mathbf{grad}\,f(x,y)=(f'_x,f'_y)=(\cos x+y\mathrm{e}^{xy},x\mathrm{e}^{xy}),$$

所以

$$\mathbf{grad}\,f(0,1)=(2,0).$$

有了梯度向量的概念，方向导数式(1)还可以写成

$$D'_{\boldsymbol{u}} f(x,y) = \mathbf{grad}\, f(x,y) \cdot \boldsymbol{u}.$$

10.4.2 空间曲线的切线和法平面

定义 3 设 M_0 是空间曲线 Γ 上的一点，M 是 Γ 上与 M_0 邻近的点. 当点 M 沿 Γ 趋于点 M_0 时，若割线 M_0M 存在极限位置 M_0T，则称 M_0T 为曲线 Γ 在点 M_0 处的**切线**，称曲线在 M_0 处光滑. 过点 M_0 与 M_0T 垂直的平面 Π，称为曲线 Γ 在点 M_0 的**法平面**（图 10－5）.

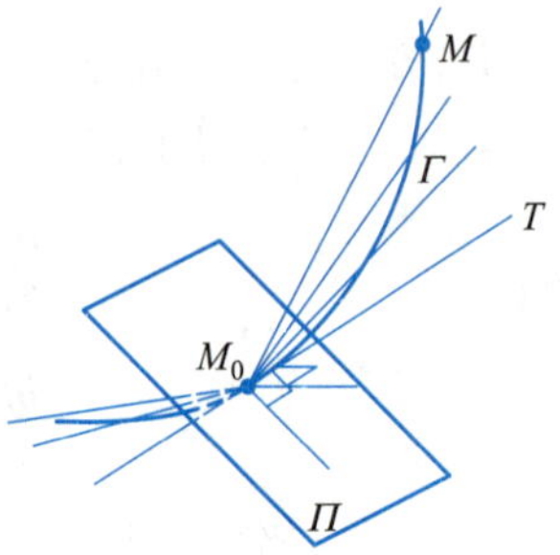

图 10－5

设空间曲线 Γ 的参数方程为

$$\begin{cases} x=\varphi(t), \\ y=\psi(t), \quad (t \text{ 为参数}), \\ z=\omega(t) \end{cases}$$

点 $M_0(x_0,y_0,z_0)$ 对应的参数 $t=t_0$，即 $x_0=\varphi(t_0)$，$y=\psi(t_0)$，$z=\omega(t_0)$，点 $M(x_0+\Delta x, y_0+\Delta y, z_0+\Delta z)$ 对应的参数 $t=t_0+\Delta t$，取 $\boldsymbol{s}=\overrightarrow{M_0M}=(\Delta x,\Delta y,\Delta z)$，则直线 M_0M 的方程为

$$\frac{x-x_0}{\Delta x}=\frac{y-y_0}{\Delta y}=\frac{z-z_0}{\Delta z}.$$

又 $\Delta x=\varphi(t_0+\Delta t)-\varphi(t_0)$，$\Delta y=\psi(t_0+\Delta t)-\psi(t_0)$，$\Delta z=\omega(t_0+\Delta t)-\omega(t_0)$，代入直线方程，并把分母同除以 Δt，得

$$\frac{x-x_0}{\dfrac{\varphi(t_0+\Delta t)-\varphi(t_0)}{\Delta t}}=\frac{y-y_0}{\dfrac{\psi(t_0+\Delta t)-\psi(t_0)}{\Delta t}}=\frac{z-z_0}{\dfrac{\omega(t_0+\Delta t)-\omega(t_0)}{\Delta t}}.$$

设 $\varphi(t)$，$\psi(t)$，$\omega(t)$ 在 t_0 处可导，且导数 $\varphi'(t)$，$\psi'(t)$，$\omega'(t)$ 不同时为 0，则在上式中令 $\Delta t\to 0$ 时，取极限可得

$$\frac{x-x_0}{\varphi'(t_0)}=\frac{y-y_0}{\psi'(t_0)}=\frac{z-z_0}{\omega'(t_0)}, \tag{2}$$

即是 Γ 在点 M_0 处的切线方程.

结论：以参数方程给出的曲线 Γ，若 $\varphi(t)$，$\psi(t)$，$\omega(t)$ 在 t_0 处可导，且导数 $\varphi'(t)$，$\psi'(t)$，$\omega'(t)$ 不同时为 0，则 Γ 在点 $M_0(\varphi(t_0),\psi(t_0),\omega(t_0))$ 处存在切线，切线方程为 (2) 式.

曲线 Γ 在点 M_0 处切线的方向向量 $\boldsymbol{s}=(\varphi'(t_0),\psi'(t_0),\omega'(t_0))$ 称为 Γ 在点 M_0 处的**切向量**.

Γ 在点 M_0 处的法平面取 $\boldsymbol{n}=\boldsymbol{s}$ 为法向量，据平面方程的点法式，可得法平面方程为

$$\varphi'(t_0)(x-x_0)+\psi'(t_0)(y-y_0)+\omega'(t_0)(z-z_0)=0. \tag{3}$$

例 2 求曲线 $x=t, y=t^2, z=t^3$ 在点 $(-1,1,-1)$ 处的切线及法平面方程.

解 点 $(-1,1,-1)$ 所对应的参数 $t=-1$，$x'(-1)=1$，$y'(-1)=-2$，$z'(-1)=3$. 所求的切线方程和法平面方程为

$$\frac{x+1}{1}=\frac{y-1}{-2}=\frac{z+1}{3}, \quad (x+1)-2(y-1)+3(z+1)=0, \text{即 } x-2y+3z+6=0.$$

如果空间曲线 Γ 的方程为

$$\begin{cases} y=\varphi(x), \\ z=\psi(x), \end{cases}$$

的形式给出，取 x 为参数，它就可以表示为参数方程的形式

$$\begin{cases} x=x, \\ y=\varphi(x), \\ z=\psi(x), \end{cases}$$

若 $\varphi(x)$，$\psi(x)$ 都在 $x=x_0$ 处可导，那么根据上面的讨论可知，曲线 Γ 在 $x=x_0$ 处的切向量 $\boldsymbol{s}=(1,\varphi'(x_0),\psi'(x_0))$，因此曲线 Γ 在点 $M_0(x_0,y_0,z_0)$ 处的切线方程为

$$\frac{x-x_0}{1}=\frac{y-y_0}{\varphi'(x_0)}=\frac{z-z_0}{\psi'(x_0)}. \tag{4}$$

在点 $M_0(x_0,y_0,z_0)$ 处的法平面方程为

$$(x-x_0)+\varphi'(x_0)(y-y_0)+\psi'(x_0)(z-z_0)=0. \tag{5}$$

例 3 求旋转抛物面 $z=x^2+y^2$ 与平面 $x+y=1$ 的截交线 Γ 上的点 $M_0(1,0,1)$ 处的切线方程及法平面方程.

解 由 $x+y=1$ 得 $y=1-x$；代入旋转抛物面方程得 $z=x^2+(1-x)^2=2x^2-2x+1$，所以可化 Γ 的方程为

$$\begin{cases} x=x, \\ y=1-x, \\ z=2x^2-2x+1. \end{cases}$$

点 M_0 对应的参数 $x_0=1$，$x'\big|_{x=1}=1$，$y'\big|_{x=1}=-1$，$z'\big|_{x=1}=2$，得
切线方程

$$\frac{x-1}{1}=\frac{y}{-1}=\frac{z-1}{2},$$

法平面方程

$$(x-1)-y+2(z-1)=0，即\ x-y+2z-3=0.$$

10.4.3 曲面的切平面和法线

设曲线 C 是曲面 Σ：$F(x,y,z)=0$ 上过点 P_0 的任意曲线，曲线 C 的向量方程为 $r(t)=\{x(t),y(t),z(t)\}$. 令 t_0 是对应于 P_0 的参数，即 $r(t_0)=(x(t_0),y(t_0),z(t_0))$. 因为 C 在曲面 Σ 上，所以曲线上任意一点 $(x(t),y(t),z(t))$ 均满足曲面 Σ 的方程，即

$$F(x(t),y(t),z(t))=0.$$

若 x,y 和 z 是关于 t 的可微函数，且 $F(x,y,z)$ 的三个偏导数存在，则

$$\frac{\partial F}{\partial x}\frac{\mathrm{d}x}{\mathrm{d}t}+\frac{\partial F}{\partial y}\frac{\mathrm{d}y}{\mathrm{d}t}+\frac{\partial F}{\partial z}\frac{\mathrm{d}z}{\mathrm{d}t}=0.$$

写成点积形式

$$(F'_x,F'_y,F'_z)\cdot(x'(t),y'(t),z'(t))=0.$$

因为

$$\mathbf{grad}\, F=(F'_x,F'_y,F'_z),\quad r'(t)=(x'(t),y'(t),z'(t)),$$

所以

$$\mathbf{grad}\, F=(x_0,y_0,z_0)\cdot r'(t_0)=0.$$

则梯度 $\mathbf{grad}\, F=(x_0,y_0,z_0)$垂直于过 $P_0(x_0,y_0,z_0)$的任意曲线的切向量 $r'(t)$,即曲面 $F(x,y,z)=0$ 的三个偏导数组成的向量是曲面上点的法向量. 曲线 $r=\{(x(t),y(t),z(t))\}$的三个偏导数是曲线上点的切线方向.

过点 $P_0(x_0,y_0,z_0)$而垂直于切平面的直线称为法线.

(1) 过 $P_0(x_0,y_0,z_0)$的切平面方程为

$$F'_x(x_0,y_0,z_0)(x-x_0)+F'_y(x_0,y_0,z_0)(y-y_0)+F'_z(x_0,y_0,z_0)(z-z_0)=0.$$

(2) 过 $P_0(x_0,y_0,z_0)$的法线方程为

$$\frac{x-x_0}{F'_x(x_0,y_0,z_0)}=\frac{y-y_0}{F'_y(x_0,y_0,z_0)}=\frac{z-z_0}{F'_z(x_0,y_0,z_0)}.$$

例 4 求旋转抛物面 $z=x^2+y^2-1$ 在点 $P(2,1,4)$处的切平面方程及法线方程.

解 $F(x,y,z)=x^2+y^2-z-1,F_x(P)=2x\big|_{x=2}=4,F_y(P)=2y\big|_{y=1}=2,F_z(P)=-1.$ 法向量 $\boldsymbol{n}=(4,2,-1)$.

抛物面在 P 处的切平面为

$$4(x-2)+2(y-1)-(z-4)=0,\text{即 } 4x+2y-z-6=0,$$

抛物面在 P 处的法线为

$$\frac{x-2}{4}=\frac{y-1}{2}=\frac{z-4}{-1}.$$

例 5 求球面 $x^2+y^2+z^2=14$ 在点$(1,2,3)$处的切平面及法线方程.

解

$$F(x,y,z)=x^2+y^2+z^2-14,$$

$$\boldsymbol{n}=(F_x,F_y,F_z)=(2x,2y,2z),$$

$$\boldsymbol{n}\big|_{(1,2,3)}=(2,4,6).$$

所以在点$(1,2,3)$处此球面的切平面方程为

$$2(x-1)+4(y-2)+6(z-3)=0,$$

即

$$x+2y+3z-14=0,$$

法线方程为

$$\frac{x-1}{1}=\frac{y-2}{2}=\frac{z-3}{3},$$

即

$$\frac{x}{1}=\frac{y}{2}=\frac{z}{3}.$$

由此可见,法线经过原点(即球心).

练习 10.4

1. 求等距螺线 $x=a\cos t,y=a\sin t,z=bt$ 在任意点处的切线和法平面方程.

2. 求曲面 $z=x^2-2xy+y^2-x+2y$ 在点$(1,1,1)$处的切平面方程和法线方程.

3. 在曲面 $x^2+2y^2+3z^2=11$ 上求一点,使该点处的切平面与已知平面 $x+y+z=1$ 平行.

习题 10.4

1. 求曲线 $x=t-\sin t, y=1-\cos t, z=4\sin\frac{t}{2}$ 在点 $\left(\frac{\pi}{2}-1,1,2\sqrt{2}\right)$ 处的切线及法平面方程.

2. 求曲线 $\begin{cases}y=2x^2,\\ z=3x+1\end{cases}$ 在点 $(0,1,1)$ 处的切线和法平面方程.

3. 求下列各曲面在指定点处的切平面方程和法线方程.

(1) $x^2+y^2+z^2=169$ 在点 $(3,4,12)$ 处；　　(2) $z=y+\ln\frac{x}{z}$ 在点 $(1,1,1)$ 处.

4. 求曲线 $x=t, y=t^2, z=t^3$ 上的点，使在该点的切线平行于平面 $x+2y+z=4$.

5. 求与曲面 $x^2+2y^2+3z^2=21$ 相切且平行于平面 $x+4y+6z=0$ 的切平面方程.

6. 求椭圆面 $x^2+2y^2+z^2=1$ 上平行于平面 $x-y+2z=0$ 的切平面方程.

§10.5 多元函数的极值和最值

在实际问题中，往往会遇到多元函数的最大值、最小值问题. 与一元函数相类似，多元函数的最大值、最小值与极大值、极小值有密切联系，因此我们以二元函数为例，先来讨论多元函数的极值问题.

10.5.1 二元函数的极值

二元函数的极值

连云港师范高等专科学校—王平

1. 二元函数的极值定义

定义 设函数 $z=f(x,y)$ 的定义域为 D，$P_0(x_0,y_0)$ 为 D 的内点. 若存在 P_0 的某个邻域 $U(P_0)\subset D$，使得对于该邻域内异于 P_0 的任何点 (x,y)，都有

$$f(x,y)<f(x_0,y_0),$$

则称函数 $f(x,y)$ 在点 (x_0,y_0) 有**极大值** $f(x_0,y_0)$，点 (x_0,y_0) 称为函数 $f(x,y)$ 的**极大值点**；若对于该邻域内异于 P_0 的任何点 (x,y)，都有

$$f(x,y)>f(x_0,y_0),$$

则称函数 $f(x,y)$ 在点 (x_0,y_0) 有**极小值** $f(x_0,y_0)$，点 (x_0,y_0) 称为函数 $f(x,y)$ 的**极小值点**. 极大值、极小值统称为**极值**. 使得函数取得极值的点称为**极值点**.

例 1 函数 $z=3x^2+4y^2$ 在点 $(0,0)$ 处有极小值. 因为对于点 $(0,0)$ 的任一邻域内异于 $(0,0)$ 的点，函数值都为正，而在点 $(0,0)$ 处的函数值为零. 从几何上看这是显然的，因为点 $(0,0,0)$ 是开口朝上的椭圆抛物面 $z=3x^2+4y^2$ 的顶点.

例 2 函数 $z=-\sqrt{x^2+y^2}$ 在点 $(0,0)$ 处有极大值. 因为在点 $(0,0)$ 处函数值为零，而对于点 $(0,0)$ 的任一邻域内异于 $(0,0)$ 点，函数值都为负. 点 $(0,0,0)$ 是位于 xOy 平面下方的锥面 $z=-\sqrt{x^2+y^2}$ 的顶点.

例 3 函数 $z=xy$ 在点 $(0,0)$ 处既不取得极大值也不取得极小值. 因为在点 $(0,0)$ 处的函数值为零，而在点 $(0,0)$ 的任一邻域内，总有使函数值为正的点，也有使函数值为负的点.

以上关于二元函数的极值概念，可推广到 n 元函数.

二元函数的极值问题，一般可以利用偏导数来解决. 下面两个定理就是关于这个问题的结论.

2. 极值的必要条件

定理 1（必要条件） 设函数 $z=f(x,y)$ 在点 (x_0,y_0) 具有偏导数，且在点 (x_0,y_0) 处有极值，则有

$$f_x(x_0,y_0)=0, f_y(x_0,y_0)=0.$$

仿照一元函数，凡是能使 $f_x(x_0,y_0)=0$，$f_y(x_0,y_0)=0$ 同时成立的点 (x_0,y_0) 称为函数 $z=f(x,y)$ 的**驻点**. 从定理 1 可知，具有偏导数的函数的极值点必定是驻点. 但函数的驻点不一定是极值点，例如，点 $(0,0)$ 是函数 $z=xy$ 的驻点，但函数在该点并无极值.

怎样判定一个驻点是否是极值点呢？下面的定理回答了这个问题.

3. 极值的充分条件

定理 2(充分条件)　设函数 $z=f(x,y)$ 在点 (x_0,y_0) 的某邻域内连续且有一阶及二阶连续偏导数，又 $f_x(x_0,y_0)=0$，$f_y(x_0,y_0)=0$，令

$$f_{xx}(x_0,y_0)=A,f_{xy}(x_0,y_0)=B,f_{yy}(x_0,y_0)=C,$$

则 $z=f(x,y)$ 在点 (x_0,y_0) 处是否取得极值的条件如下：

(1) $AC-B^2>0$ 时具有极值，且当 $A<0$ 时有极大值，当 $A>0$ 时有极小值；

(2) $AC-B^2<0$ 时没有极值；

(3) $AC-B^2=0$ 时可能有极值，也可能没有极值，还需另作讨论.

利用定理 1、2，可得具有二阶连续偏导数的函数 $z=f(x,y)$ 的极值的求法：

第一步　解方程组

$$f_x(x,y)=0,\quad f_y(x,y)=0,$$

求得一切实数解，即可求得一切驻点 (x_0,y_0)；

第二步　对于每一个驻点 (x_0,y_0)，求出二阶偏导数的值 A、B 和 C；

第三步　定出 $AC-B^2$ 的符号，按定理 2 的结论判定 $f(x_0,y_0)$ 是不是极值、是极大值还是极小值.

例 4　求函数 $f(x,y)=x^3-y^3+3x^2+3y^2-9x$ 的极值.

解　先解方程组

$$\begin{cases}f_x(x,y)=3x^2+6x-9=0,\\ f_y(x,y)=-3y^2+6y=0,\end{cases}$$

求得驻点为 $(1,0)$、$(1,2)$、$(-3,0)$、$(-3,2)$，再求出二阶偏导数

$$f_{xx}(x,y)=6x+6,\quad f_{xy}(x,y)=0,\quad f_{yy}(x,y)=-6y+6.$$

在点 $(1,0)$ 处，$AC-B^2=12\cdot 6>0$，又 $A>0$，所以函数在 $(1,0)$ 处有极小值 -5；

在点 $(1,2)$ 处，$AC-B^2=12\cdot(-6)<0$，所以 $f(1,2)$ 不是极值；

在点 $(-3,0)$ 处，$AC-B^2=-12\cdot 6<0$，所以 $f(-3,0)$ 不是极值；

在点 $(-3,2)$ 处，$AC-B^2=-12\cdot(-6)>0$，又 $A<0$，所以函数在 $(-3,2)$ 处有极大值 31.

讨论函数的极值问题时，如果函数在所讨论的区域内具有偏导数，则由定理 1 可知，极值只可能在驻点处取得. 然而，如果函数在个别点处的偏导数不存在，这些点也可能是极值点. 例如在例 2 中，函数 $z=-\sqrt{x^2+y^2}$ 在点 $(0,0)$ 处的偏导数不存在，但该函数在点 $(0,0)$ 处却具有极大值. 因此，在考虑函数的极值问题时，除了考虑函数的驻点外，如果有偏导数不存在的点，那么对这些点也应当考虑.

最大值和最小值

连云港师范高等专科学校—王平

10.5.2　多元函数的最值

与一元函数类似，我们可以利用函数的极值来求函数的最值. 在 § 10.1 中已经指出，如果 $f(x,y)$ 在有界闭区域 D 上连续，则 $f(x,y)$ 在 D 上必定取得最大值和最小值. 这种使函数取得最大值或最小值的点既可能在 D 的内部，也可能在 D 的边界上. 我们假定，函数在 D 上连续、在 D 内可微且只有有限个驻点，这时如果函数在 D 的内部取得最大(小)值，则这个最大(小)值也是函数的极大(小)值. 因此，在上述假定下，求

函数最值的一般方法是:将函数 $f(x,y)$ 在 D 内的所有驻点处的函数值与在 D 的边界上的最值相互比较,其中最大的就是最大值,最小的就是最小值. 但这种做法,由于要求出 $f(x,y)$ 在 D 的边界上的最值,所以往往相当复杂. 在通常遇到的实际问题中,如果根据问题,知道函数 $f(x,y)$ 的最值一定在 D 的内部取得,而函数在 D 内只有一个驻点,那么可以肯定该驻点处的函数值就是函数 $f(x,y)$ 在 D 上的最值.

例 5 欲做一个容量一定的长方形箱子,问应选择怎样的尺寸,才能使此箱子的材料最省?

解 设箱子的长、宽、高分别为 x,y,z,容量为 V,则 $V=xyz$,箱子的表面积为 $S=2(xy+yz+xz)$. 要使使用的材料最少,则应求 S 的最小值.

由于 $z=\dfrac{V}{xy}$,所以 $S=2\left(xy+\dfrac{V}{x}+\dfrac{V}{y}\right),(x>0,y>0)$,这是一个关于 x,y 的二元函数.

令

$$S_x(x,y)=2\left(y-\frac{V}{x^2}\right)=0,S_y(x,y)=2\left(x-\frac{V}{y^2}\right)=0,$$

求得唯一的驻点 $P(\sqrt[3]{V},\sqrt[3]{V})$.

根据问题的实际意义可知:S 一定存在最小值,所以可以断定 P 即为 S 的最小值点,即当 $x=y=\sqrt[3]{V}$ 时,函数 S 取得最小值. 此时 $z=\dfrac{V}{xy}=\sqrt[3]{V}$,所以长方体实际上是正方体. 这表明在体积固定为 V 的长方体中,以正方体的表面积最小,最小值为 $6\sqrt[3]{V^2}$.

例 6 有一宽度为 24 cm 的长方形铁板,把它两边折起来做成一断面为等腰梯形的水槽. 问怎样折法才能使断面的面积最大?

解 设折起来的边长为 x cm,倾角为 α,则梯形(如图 10-6 所示)断面的下底长为 $24-2x$,上底长为 $24-2x+2x\cos\alpha$,高为 $x\sin\alpha$,所以断面面积为

$$A=\frac{1}{2}(24-2x+2x\cos\alpha+24-2x)\cdot x\sin\alpha,$$

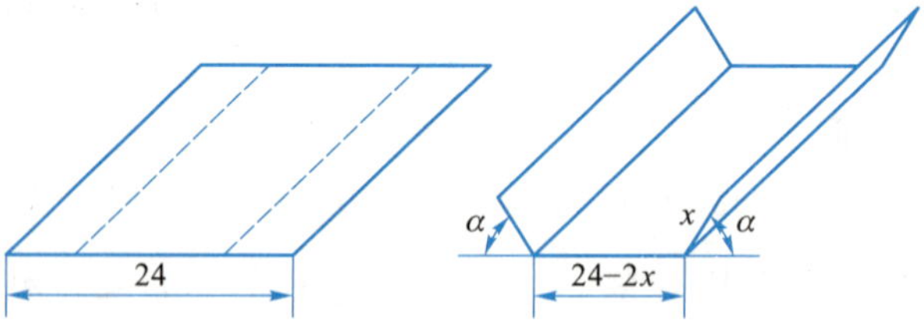

图 10-6

即

$$A=24x\cdot\sin\alpha-2x^2\cdot\sin\alpha+x^2\sin\alpha\cdot\cos\alpha\left(0<x<12,0<\alpha\leqslant\frac{\pi}{2}\right).$$

下面求使上述函数取得最大值的点 (x,α).

令

$$\begin{cases}A_x=24\sin\alpha-4x\cdot\sin\alpha+2x\cdot\sin\alpha\cdot\cos\alpha=0,\\A_\alpha=24x\cos\alpha-2x^2\cdot\cos\alpha+x^2(\cos^2\alpha-\sin^2\alpha)=0.\end{cases}$$

由于 $\sin\alpha\neq 0, x\neq 0$，上述方程组可化为

$$\begin{cases}12-2x+x\cos\alpha=0,\\ 24\cos\alpha-2x\cos\alpha+x(\cos^2\alpha-\sin^2\alpha)=0,\end{cases}$$

解方程组，得

$$\alpha=\frac{\pi}{3},\quad x=8\ \text{cm}.$$

根据题意，断面面积的最大值一定存在，并且在 $D=\left\{(x,\alpha)\middle|\left(0<x<12,0<\alpha\leqslant\frac{\pi}{2}\right)\right\}$ 内取得. 又函数在 D 内只有一个驻点，因此可以断定，当 $\alpha=\frac{\pi}{3}, x=8$ cm 时，断面的面积最大.

10.5.3　二元函数的条件极值

在许多实际问题中，求多元函数的极值时，其自变量常常受到一些条件的限制. 如例 5 中，求函数 $S=2(xy+yz+xz)$ 的最小值，自变量 x,y,z 要受条件 $V=xyz$ 的约束，这类问题称为**条件极值**问题. 而对自变量仅仅限制在定义域内，此外没有其他约束条件的极值问题，称为**无条件极值**问题.

例如，平面上点 $P(x,y)$ 到原点的距离 $r=\sqrt{x^2+y^2}$，函数 r 的定义域是全平面.

问题 1　求平面上到原点距离最近的点.

这是求 r 在定义域中的极值，问题中对 (x,y) 不附有其他条件，这是一个无条件极值问题. 显然极值 $r=0$ 在 $(0,0)$ 处达到.

问题 2　求抛物线 $y=(x-1)^2$ 上到原点距离最近的点.

这仍然是求函数 $r=\sqrt{x^2+y^2}$ 的极值，但对变量 (x,y) 附有条件：(x,y) 必须满足 $y=(x-1)^2$，这是一个有约束条件的极值问题.

当约束条件比较简单时，条件极值问题可化为无条件极值问题来处理. 如例 5，就是从约束条件 $V=xyz$ 中解出 $z=\frac{V}{xy}$，代入函数 $S=2(xy+yz+xz)$ 中，便化为二元函数 $S=S(x,y)$ 的无条件极值问题.

但在很多情况下，将条件极值化为无条件极值并不这样简单. 另有一种直接寻求条件极值的方法，可以不必先把问题化到无条件极值问题，这就是下面要介绍的拉格朗日乘数法.

设二元函数 $z=f(x,y)$ 和 $\varphi(x,y)$ 在所考虑的区域内有连续的一阶偏导数，且 $\varphi'_x(x,y),\varphi'_y(x,y)$ 不同时为零. 求函数 $z=f(x,y)$ 在约束条件 $\varphi(x,y)=0$ 下的极值，可用下面步骤来求：

第一步　构造辅助函数 $F(x,y,\lambda)=f(x,y)+\lambda\varphi(x,y)$，称为**拉格朗日函数**，$\lambda$ 称为**拉格朗日乘数**；

第二步　求 F 无条件极值的驻点，即联立解方程组

$$\begin{cases}F_x=f_x+\lambda\varphi_x=0,\\ F_y=f_y+\lambda\varphi_y=0,\\ F_\lambda=\varphi(x,y)=0.\end{cases}$$

条件极值

连云港师范高等专科学校—王平

得到可能的极值点(x_0,y_0)，在实际问题中，往往就是所求的极值点.

第三步 验证 z 确实在(x_0,y_0)处达到条件极值.

这个方法称为**拉格朗日乘数法**.

拉格朗日乘数法可以推广到二元以上的函数或一个以上约束条件的条件极值问题中去.

例 7 试用条件极值的方法解决例 5 的问题.

解 设箱子的长、宽、高为 x,y,z，要求容量为 V，表面积为 S. 问题归结为在约束条件 $xyz=V$（即 $xyz-V=0$）下，求 $S=2(xy+xz+yz)$ 的极小值.

令

$$F(x,y,z,\lambda)=2(xy+xz+yz)+\lambda(xyz-V),$$

解方程组

$$\begin{cases}F_x=2(y+z)+\lambda yz=0,\\F_y=2(x+z)+\lambda xz=0,\\F_z=2(x+y)+\lambda xy=0,\\F_\lambda=xyz-V=0.\end{cases}$$

得

$$x_0=y_0=z_0=\sqrt[3]{V}\left(\lambda=-\frac{4}{\sqrt[3]{V}}\right).$$

因为实际问题有最小值，而可能达到最值的点又唯一，所以极小值必定在此点达到，即当 $x=y=z=\sqrt[3]{V}$ 时表面积 S 最小，最小值为 $6\sqrt[3]{V^2}$.

例 8 在经过点(1,1,1)的所有平面中，哪一个平面与坐标面在第一卦限所围的立体的体积最小，并求此最小体积.

解 设所求平面方程为$\frac{x}{a}+\frac{y}{b}+\frac{z}{c}=1(a>0,b>0,c>0)$，因为平面过点(1,1,1)，所以该点坐标满足方程，即$\frac{1}{a}+\frac{1}{b}+\frac{1}{c}=1$.

又设所求平面与三个坐标面在第一卦限所围的立体的体积为 V（图 10－7），

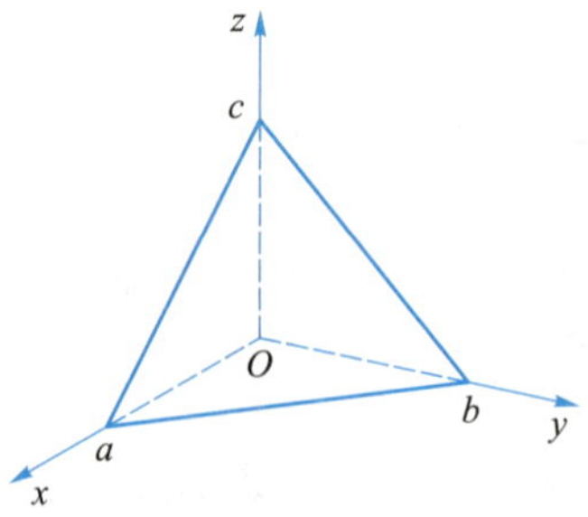

图 10－7

所以，$V=\frac{1}{6}abc$.

现在求函数 $V=\frac{1}{6}abc$ 在约束条件$\frac{1}{a}+\frac{1}{b}+\frac{1}{c}=1(a>0,b>0,c>0)$下的最小值.

构造辅助函数 $F(a,b,c)=\frac{1}{6}abc+\lambda\left(\frac{1}{a}+\frac{1}{b}+\frac{1}{c}-1\right)$，解方程组

$$\begin{cases}F'_a=0,\\F'_b=0,\\F'_c=0,\\\frac{1}{a}+\frac{1}{b}+\frac{1}{c}=1.\end{cases}\quad\text{即}\begin{cases}\frac{1}{6}bc-\frac{\lambda}{a^2}=0,\\\frac{1}{6}ac-\frac{\lambda}{b^2}=0,\\\frac{1}{6}ab-\frac{\lambda}{c^2}=0,\\\frac{1}{a}+\frac{1}{b}+\frac{1}{c}-1=0.\end{cases}$$

解得，$a=b=c=3$.

由问题的性质可知最小值必定存在，又因为可能极值点唯一，所以当平面为 $x+y+z=3$ 时它第一卦限所围的立体的体积最小. 这时 $V=\frac{1}{6}\cdot 3^3=\frac{9}{2}$.

例 9 【本章导例】 攀岩活动

解 $\quad$ $\mathbf{grad}\ h(x,y)\big|_M=\frac{\partial h}{\partial x}\Big|_M\mathbf{i}+\frac{\partial h}{\partial y}\Big|_M\mathbf{j}=(-2x_0+y_0)\mathbf{i}+(x_0-2y_0)\mathbf{j}$.

方向导数与梯度方向一致时，方向导数达到最大值，且最大值为梯度的模，即

$$g(x_0,y_0)=\sqrt{(-2x_0+y_0)^2+(x_0-2y_0)^2}=\sqrt{5(x_0^2+y_0^2)-8x_0y_0}.$$

确定攀登起点的位置就是在 D 的边界线 $x^2+y^2-xy-75=0$ 上找出使上式中的 $g(x,y)$ 达到最大值的点. 用拉格朗日乘数法，设

$$F(x,y,z)=5(x^2+y^2)-8xy+\lambda(x^2+y^2-xy-75).$$

令

$$\begin{cases}F'_x=10x-8y+2\lambda x-\lambda y=0,\\F'_y=10y-8x+2\lambda y-\lambda x=0,\\F'_\lambda=x^2+y^2-xy-75=0,\end{cases}$$

解得 $x=5,y=-5$ 或 $x=-5,y=5$.

练习 10.5

1. 求函数 $z=x^2(y-1)^2$ 的极值.

2. 将周长为 $2p$ 的矩形绕它的一边旋转而构成一个圆柱体，问矩形的两边长各为多少时，才能使圆柱体的体积最大？（用无条件极值和条件极值两种方法求解.）

习题 10.5

1. 求下列函数的极值.

(1) $z=4(x-y)-x^2-y^2$；(2) $z=x^3+y^3-3xy$；(3) $z=e^{2x}(x+y^2+2y)$.

2. 要造一个体积等于定数 k 的长方体无盖水池，应如何选择水池的尺寸，方可使它的表面积最小？

3. 要制造一个无盖的长方形水槽，已知它的底部造价为每平方米 18 元，侧面造

价均为每平方米 6 元，设计的总造价为 216 元，问如何造取它的尺寸，才能使水槽容积最大？

4. 在平面 xOy 上求一点，使它到 $x=0$，$y=0$ 及 $x+2y-16=0$ 三条直线的距离平方之和为最小.

5. 求内接于半径为 a 的球且有最大体积的长方体（以无条件极值和条件极值两种方法求解）.

本 章 小 结

一、主要内容

本章学习了多元函数微分学的有关内容，主要有：二元函数的极限与连续，多元函数偏导数的概念及计算，高阶偏导数，多元复合函数与隐函数的微分法，偏导数的几何应用及多元函数的极值和最值.

二、基本要求

1. 理解多元函数的概念.

2. 了解二元函数的极限与连续的概念，有界闭区域上连续函数的性质.

3. 理解偏导数和全微分的概念；掌握求二元函数的偏导数和全微分的方法.

4. 会求多元复合函数的偏导数.

5. 了解空间曲线的切线和法平面以及曲面的切平面和法线的概念，会求它们的方程.

6. 理解二元函数的极值概念；会求二元函数的极值；了解条件极值的拉格朗日乘数法，会求一些简单的实际问题的最大值和最小值.

复 习 题 十

一、选择题

1. 函数 $f(x,y)=\dfrac{\sqrt{4x-y^2}}{\ln[1-(x^2+y^2)]}$ 的定义域是（　　）.

A. $D=\{(x,y)\mid y^2\leqslant 4x, 0<x^2+y^2<1\}$　　B. $D=\{(x,y)\mid y^2\leqslant 4x, x^2+y^2\leqslant 1\}$

C. $D=\{(x,y)\mid y^2<4x, x^2+y^2<1\}$　　D. $D=\{(x,y)\mid y^2<4x, x^2+y^2\leqslant 1\}$

2. $\lim\limits_{\substack{x\to 0\\ y\to 0}}\dfrac{x}{x+y}=$（　　）.

A. 0　　B. 1　　C. 不存在　　D. ∞

3. 若 $f_x(x_0,y_0)=0$，$f_y(x_0,y_0)=0$，则函数 $f(x,y)$ 在点 (x_0,y_0) 处（　　）.

A. 连续　　B. 必有极限

C. 可能有极限　　D. 全微分 $\mathrm{d}z=0$

4. 设函数 $z=\frac{x+y}{x-y}$，则 $\frac{\partial z}{\partial y}=$（　　）.

A. $\frac{2x}{(x-y)^2}$　　B. $\frac{-1}{(x-y)^2}$

C. $\frac{1}{x-y}$　　D. $\frac{2y}{(x-y)^2}$

5. 已知曲面 $z=4-x^2-y^2$ 上点 P 处的切平面平行于平面 $2x+2y+z-1=0$，则点 P 的坐标是（　　）.

A. $(1,-1,2)$　　B. $(1,1,2)$　　C. $(-1,1,2)$　　D. $(-1,-1,2)$

6. 对于函数 $f(x,y)=x^2-y^2$，点 $(0,0)$（　　）.

A. 不是驻点　　B. 是驻点而非极值点

C. 是极大值点　　D. 是极小值点

7. 曲线 $\begin{cases}x=2+z,\\ y=z^2,\end{cases}$ 在点 $(1,1,-1)$ 处的切线方程为（　　）.

A. $\frac{x-1}{1}=\frac{y-1}{-2}=\frac{z+1}{-1}$　　B. $\frac{x-1}{1}=\frac{y-1}{-2}=\frac{z+1}{1}$

C. $(x-1)-2(y-1)-(z+1)=0$　　D. $(x-1)-2(y-1)+(z+1)=0$

二、填空题

1. 函数 $z=\ln(xy)$ 的定义域是________；

2. 设二元函数 $z=yx^2+e^{xy}$，则 $\left.\frac{\partial z}{\partial y}\right|_{\substack{x=1\\ y=2}}=$________；

3. 设二元函数 $z=\ln(x-2y)$，则 $\frac{\partial^2 z}{\partial x^2}=$________；

4. 极限 $\lim\limits_{\substack{x\to 0\\ y\to 0}}\frac{1-\cos(x^2+y^2)}{(x^2+y^2)^2}=$________；

5. 设 $z=\sqrt{\frac{y}{x}}$. 则 $dz|_{x=1,y=4}=$________；

6. 已知函数 $z=2x^2+3y^2$，当 $x=10$，$y=8$，$\Delta x=0.2$，$\Delta y=0.3$ 时，$\Delta z=$________，$dz=$________；

7. 设 $z=x^2+xy+y^2$，$x=t^2$，$y=t$，则 $\frac{dz}{dt}=$________，$\frac{d^2z}{dt^2}=$________；

8. 设 $z^2y-xz^3-1=0$，则 $z_y=$________.

三、讨论函数 $f(x,y)=\frac{x^2y^2}{(x^2-y^2)^2}$ 当 $(x,y)\to(0,0)$ 时的极限.

四、设 $u=f(x^2-y^2,e^{xy},\ln x)$，其中 f 具有一阶连续偏导数，求 u_x，u_y.

五、求由方程 $2xy-2xyz+\ln(xyz)=0$ 所确定的函数 $z=f(x,y)$ 的全微分 dz.

六、在曲线 $\begin{cases}x=t,\\ y=t^2,\\ z=t^3\end{cases}$ 上求一点，使该点处的切线与平面 $x+2y+z=0$ 平行.

七、求对角线长度为 $2\sqrt{3}$，而体积为最大的长方体的体积.

阅读材料

最小二乘法

在生产实践和科学实验中常常需要根据实验数据来找出变量函数关系的近似表达式. 找出近似表达式的方法很多,例如回归、拟合、插值等. 这些方法的基本出发点,都是使实际数据与近似表达式得到的对应数据之间的误差尽量较小. 下面要介绍的最小二乘法是基于拟合的方法.

设已知变量 x,y 的一批实验数据:

	P_1	P_2	P_3		P_n
x	x_1	x_2	x_3	…	x_n
y	y_1	y_2	y_3	…	y_n

我们想从这些数据中归纳出存在于变量 x,y 之间的函数关系 $y=f(x)$ 或 $F(x,y)=0$.

在 xOy 坐标系中标出以数据对 (x_i,y_i) 为坐标的点 $P_i(i=1,2,\cdots,n)$,得到如图 10-8 所示的散点图. 从散点图发现,数据点 $\{P_i \mid i=1,2,\cdots,n\}$ 的分布接近一条直线,因此我们有理由期望变量 x,y 之间的关系是线性的,即

$$y=ax+b. \tag{1}$$

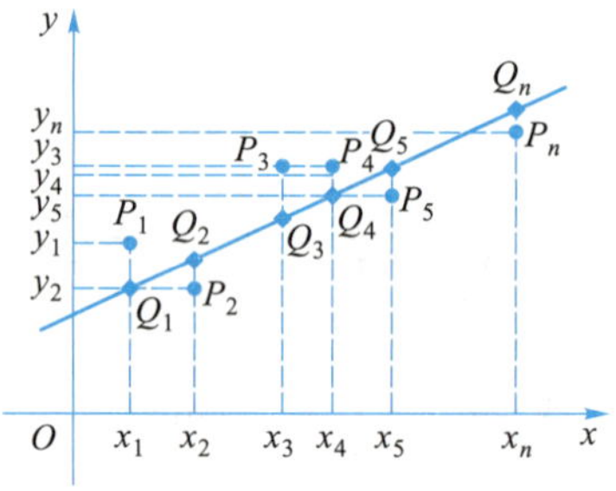

图 10-8

(1)式表示一条直线,称这条直线为所给数据的**拟合直线**,称这种拟合为**线性拟合**. 下面的问题是如何确定拟合直线? 也即直线方程中的系数 a,b 应该是多少?

拟合的原则. 设拟合直线(1)对应于 x_i 的点为 $Q_i(x_i,ax_i+b)(i=1,2,\cdots,n)$,确定直线即系数 a,b 的原则,应该是使所有点对 $\{P_i,Q_i\}(i=1,2,\cdots,n)$ 之间,在总体上最接近,也即理论纵坐标 ax_i+b 与实际坐标 y_i 之间的误差之和达到最小:

$$\sum_{i=1}^{n} \left| (ax_i+b)-y_i \right| = \text{最小};$$

因为绝对值问题不便于处理,改为

$$S=\sum_{i=1}^{n}\left[(ax_i+b)-y_i\right]^2=\text{最小}. \tag{2}$$

如此就归结出一个数学模型:要确定 a,b,使(2)成立.

这种根据误差的平方和为最小的原则来确定拟合直线系数 a,b 的方法称为**最小**

二乘法.

S 因不同的直线,即不同的 a,b 的选择而不同,所以 S 是 a,b 的二元函数.根据二元函数极值存在的必要条件,令

$$\begin{cases}\dfrac{\partial S}{\partial a}=2\sum\limits_{i=1}^{n}[(ax_i+b)-y_i]x_i=0,\\ \dfrac{\partial S}{\partial b}=2\sum\limits_{i=1}^{n}[(ax_i+b)-y_i]=0,\end{cases}$$

整理并化简得

$$\begin{cases}a\sum\limits_{i=1}^{n}x_i^2+b\sum\limits_{i=1}^{n}x_i=\sum\limits_{i=1}^{n}x_iy_i,\\ a\sum\limits_{i=1}^{n}x_i+nb=\sum\limits_{i=1}^{n}y_i.\end{cases}\tag{3}$$

(3)是关于 a,b 的线性方程组.系数中的 $x_i,y_i(i=1,2,\cdots,n)$ 都是已知数,所以可以求出 a,b 的值,代入(1)后即得所需要的拟合直线的方程,也就是 x,y 之间关系的近似表达式.

因为图中散点分布接近直线,所以我们以直线(1)来拟合数据;如果散点分布接近的是一条曲线,例如指数曲线 $y=ae^{bx}$,那么就可以用曲线来拟合,底数和指数中的系数 a,b,仍然可以用最小二乘法来确定.可见最小二乘法是一个拟合的原则,以什么样的线来拟合,则要视数据的分布来确定.

例 某种合成纤维的强度 y 与其拉伸倍数 x 有关,下表是 10 个纤维样品的强度(即单位截面上施加的力)与相应的拉伸倍数的实测记录:

编号 i	1	2	3	4	5	6	7	8	9	10
拉伸倍数 x_i	2.0	2.1	2.7	3.5	4.0	5.0	6.5	7.1	8.0	9.0
强度 $y_i(\mathrm{N/mm^2})$	13	18	25	30	40	55	60	55	70	80

试根据这些数据寻找出两个变量之间的近似关系式.

解 在平面直角坐标系上标出以实测数对为坐标的点,得到散点图.由图 10-9 可见,这些点分布在一条直线附近,故拟采用线性拟合.

设拟合直线方程为

$$y=ax+b.$$

现数据个数 $n=10$,(3)式是

$$\begin{cases}a\sum\limits_{i=1}^{10}x_i^2+b\sum\limits_{i=1}^{10}x_i=\sum\limits_{i=1}^{10}x_iy_i,\\ a\sum\limits_{i=1}^{10}x_i+10b=\sum\limits_{i=1}^{10}y_i.\end{cases}$$

根据表列数据计算,可得

$$\sum_{i=1}^{10}x_i=49.9,\quad \sum_{i=1}^{10}y_i=446,$$

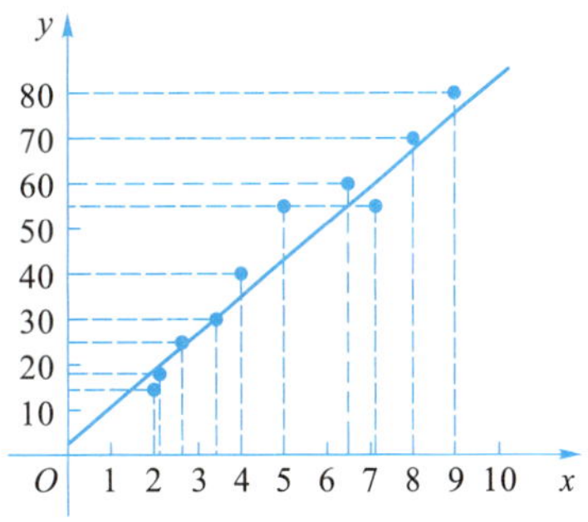

图 10-9

$$\sum_{i=1}^{10} x_i^2 = 306.61, \quad \sum_{i=1}^{10} x_i y_i = 2\,731.8,$$

代入上式后,得到拟合直线的系数 a,b 应满足的方程组

$$\begin{cases} 306.61a + 49.9b = 2\,731.8, \\ 49.9a + 10b = 446. \end{cases}$$

解之得 $a = 8.79$, $b = 0.75$. 所以,纤维拉伸倍数 x 与强度 y($\mathrm{N/mm^2}$)之间存在近似关系为

$$y = 8.79x + 0.75.$$

第 11 章　多元函数积分学

在一元函数积分学中我们知道,定积分是某种确定形式的和的极限.这种和的极限的概念推广到定义在区域上多元函数的情形,便得到重积分的概念.本章将介绍二重积分的概念、计算方法以及它们的一些应用.学习中要抓住二重积分与定积分之间的联系,注意比较它们的共同点和不同点.

【导例】 卫星接收器反射面的面积问题

卫星接收器就是常说的大锅,是一个金属的旋转抛物面,如图 11-1 所示,其作用是收集由卫星传来的微弱信号,并尽可能去除杂讯,然后反射到位于焦点处的馈源和高频头内.卫星接收器的面积大小会直接影响其工作效率,那么该如何计算其面积呢?学完本章知识将会方便地求出该旋转抛物面的面积.

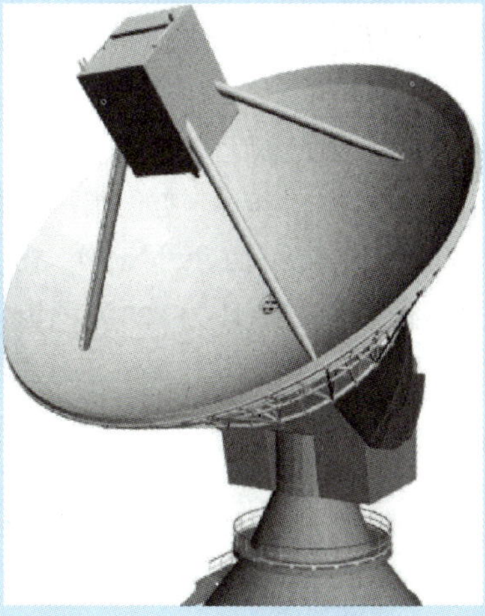

图 11-1

§11.1 二重积分的概念与性质

在这一节中，我们首先建立定义在平面区域上的二元函数的二重积分概念，它是定积分概念在二元函数中的直接推广. 在此基础上介绍一些二重积分的基本性质.

11.1.1 两个引例

例 1 曲顶柱体的体积

设有一立体，它的底是 xOy 面上的闭区域 D，它的侧面是以 D 的边界曲线为准线而母线平行于 z 轴的柱面，它的顶是曲面 $z=f(x,y)$，这里 $f(x,y)\geqslant 0$ 且在 D 上连续(图 11-2)，这种立体叫做**曲顶柱体**，现在我们来讨论如何定义并计算上述曲顶柱体的体积 V.

我们知道，平顶柱体的高是不变的，它的体积可以用公式(体积 = 高 × 底面积)来定义和计算. 关于曲顶柱体，当点 (x,y) 在区域 D 上变动时，高度 $f(x,y)$ 是个变量，因此它的体积不能直接用上式来定义和计算. 但如果回忆一下求曲边梯形面积的问题，就不难想到，那里所采用的解决办法是以直(线)代曲(线)，现在我们可以采用以平(面)代曲(面)的方法来解决目前的问题.

首先，用一组曲线网把 D 分成 n 个小闭区域，记作 $\Delta\sigma_1,\Delta\sigma_2,\cdots,\Delta\sigma_n$. 分别以这些小闭区域的边界曲线为准线，做母线平行于 z 轴的柱面，这些柱面把原来的曲顶柱体分为 n 个细曲顶柱体.

其次，当这些小闭区域的直径(指区域上任意两点间距离的最大者)很小时，由于 $f(x,y)$ 连续，对同一个小闭区域来说，$f(x,y)$ 变化很小，这时细曲顶柱体可近似看做平顶柱体. 我们在每个 $\Delta\sigma_i$(小闭区域的面积也记作 $\Delta\sigma_i$)中任取一点 (ξ_i,η_i)，以 $f(\xi_i,\eta_i)$ 为高而底为 $\Delta\sigma_i$ 的平顶柱体(图 11-3)的体积为

$$f(\xi_i,\eta_i)\Delta\sigma_i(i=1,2,\cdots,n).$$

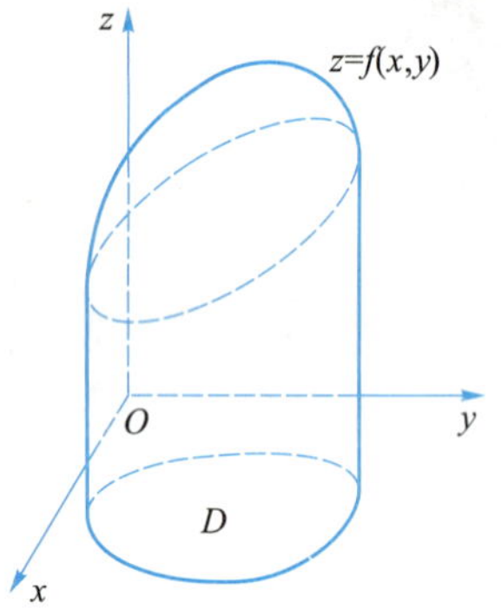

图 11-2

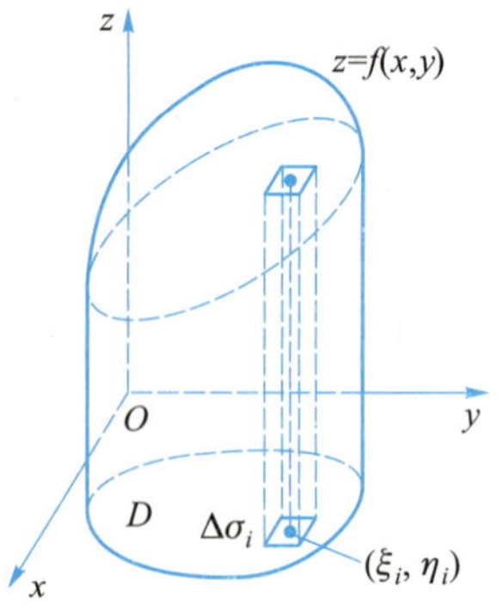

图 11-3

再次，求这 n 个平顶柱体体积之和

$$\sum_{i=1}^{n} f(\xi_i,\eta_i)\Delta\sigma_i.$$

最后，将上述和式看成整个曲顶柱体体积的近似值. 令 n 个小闭区域的直径中的

最大值(记作 λ)趋于零,取上述和式的极限,所得的极限便自然地定义为所求曲顶柱体的体积,即

$$V=\lim_{\lambda\to 0}\sum_{i=1}^{n}f(\xi_i,\eta_i)\Delta\sigma_i.$$

例 2　非均匀平面薄片的质量

设有一平面薄片占有 xOy 面上的闭区域 D,它在点 (x,y) 处的面密度为 $\mu(x,y)$,这里 $\mu(x,y)>0$ 且在 D 上连续. 现在要计算该薄片的质量 M.

我们知道,如果薄片是均匀的,即面密度是常数,那么薄片的质量可以用公式(质量 = 面密度 × 面积)来计算. 现在面密度 $\mu(x,y)$ 是变量,薄片的质量就不能直接用上式来计算,但是上面用来处理曲顶柱体体积问题的方法完全适用于本问题.

由于 $\mu(x,y)$ 连续,把薄片分成许多小块后,只要小块所占的小闭区域 $\Delta\sigma_i$ 的直径很小,这些小块就可以近似地看做均匀薄片. 在 $\Delta\sigma_i$ 上任取一点 (ξ_i,η_i),则

$$\mu(\xi_i,\eta_i)\Delta\sigma_i(i=1,2,\cdots,n)$$

可看做第 i 个小块的质量的近似值,通过求和、取极限,便得出

$$M=\lim_{\lambda\to 0}\sum_{i=1}^{n}\mu(\xi_i,\eta_i)\Delta\sigma_i.$$

上面两个问题的实际意义虽然不同,但所求量都归结为同一形式的和的极限. 在物理、力学、几何和工程技术中,有许多物理量或几何量都可归结为这一形式的和的极限. 因此我们要一般地研究这种和的极限,并抽象出下述二重积分的定义.

11.1.2　二重积分的概念

定义　设 $f(x,y)$ 是有界闭区域 D 上的有界函数,将闭区域 D 任意分成 n 个小闭区域

$$\Delta\sigma_1,\Delta\sigma_2,\cdots,\Delta\sigma_n,$$

其中 $\Delta\sigma_i$ 表示第 i 个小闭区域,也表示它的面积. 在每个 $\Delta\sigma_i$ 上任取一点 (ξ_i,η_i),做乘积 $f(\xi_i,\eta_i)\Delta\sigma_i(i=1,2,\cdots,n)$,并作和 $\sum\limits_{i=1}^{n}f(\xi_i,\eta_i)\Delta\sigma_i$. 如果当各个小闭区域的直径中的最大值 λ 趋于零时,这和的极限总存在,则称此极限为函数 $f(x,y)$ 在闭区域 D 上的**二重积分**,记作 $\iint\limits_D f(x,y)\mathrm{d}\sigma$,即

$$\iint\limits_D f(x,y)\mathrm{d}\sigma=\lim_{\lambda\to 0}f(\xi_i,\eta_i)\Delta\sigma_i, \tag{1}$$

其中 $f(x,y)$ 叫做被积函数,$f(x,y)\mathrm{d}\sigma$ 叫做被积表达式,$\mathrm{d}\sigma$ 叫做面积元素,x 与 y 叫做积分变量,D 叫做**积分区域**,$\sum\limits_{i=1}^{n}f(\xi_i,\eta_i)\Delta\sigma_i$ 叫做**积分和**.

在二重积分的定义中对闭区域 D 的划分是任意的. 如果在直角坐标系中用平行于坐标轴的直线网来划分 D,那么除了包含边界点的一些小闭区域外,其余的小闭区域都是矩形闭区域. 设矩形闭区域 $\Delta\sigma_i$ 的边长为 Δx_j 和 Δy_k,则 $\Delta\sigma_i=\Delta x_j\cdot\Delta y_k$. 因此,在直角坐标系中,有时也把面积元素 $\Delta\sigma$ 记作 $\mathrm{d}x\mathrm{d}y$,而把二重积分记作

$$\iint\limits_D f(x,y)\mathrm{d}x\mathrm{d}y,$$

二重积分的定义与性质

江苏农林职业技术学院—韩广发

其中 $dxdy$ 叫做**直角坐标系中的面积元素**.

这里我们要指出,当 $f(x,y)$ 在闭区域 D 上连续时,(1)式右端的和的极限必定存在,也就是说,函数 $f(x,y)$ 在 D 上的二重积分必定存在. 我们总假定函数 $f(x,y)$ 在闭区域 D 上连续,所以 $f(x,y)$ 在 D 上的二重积分都是存在的.

由二重积分的定义可知,引例中曲顶柱体的体积是函数 $f(x,y)$ 在底 D 上的二重积分 $V=\iint\limits_D f(x,y)\mathrm{d}x\mathrm{d}y$,平面薄片的质量是它的面积密度 $\mu(x,y)$ 在薄片所占闭区域 D 上的二重积分 $M=\iint\limits_D \mu(x,y)\mathrm{d}\sigma$.

一般地,如果 $f(x,y)\geqslant 0$,曲顶柱体在 xOy 平面的上方,所以二重积分的几何意义就是曲顶柱体的体积. 如果 $f(x,y)$ 是负的,曲顶柱体就在 xOy 平面的下方,二重积分的绝对值仍等于曲顶柱体的体积,但二重积分的值是负的. 如果 $f(x,y)$ 在 D 的若干部分区域上是正的,而在其他的部分区域上是负的,那么 $f(x,y)$ 在 D 上的二重积分就等于 xOy 平面的上方的曲顶柱体体积减去 xOy 平面下方的曲顶柱体体积所得之差.

11.1.3 二重积分的性质

性质 1(常数积分性质) 如果在区域 D 上有 $f(x,y)=1$,则

$$\iint\limits_D 1\mathrm{d}\sigma=\iint\limits_D \mathrm{d}\sigma=S,$$

其中的 S 为 D 的面积. 这个性质的几何意义表示,高为 1 的平顶柱体的体积在数值上就等于柱体的底面积.

性质 2(数乘因子性质) 常数因子可以提到积分号外,即

$$\iint\limits_D kf(x,y)\mathrm{d}\sigma=k\iint\limits_D f(x,y)\mathrm{d}\sigma\ (k\text{ 为常数}).$$

性质 3(和差性质) 函数和、差的积分等于各个函数积分的和、差. 即

$$\iint\limits_D [f(x,y)\pm g(x,y)]\mathrm{d}\sigma=\iint\limits_D f(x,y)\mathrm{d}\sigma\pm\iint\limits_D g(x,y)\mathrm{d}\sigma.$$

因而对任意实数 a,b 有

$$\iint\limits_D [af(x,y)+bg(x,y)]\mathrm{d}\sigma=a\iint\limits_D f(x,y)\mathrm{d}\sigma+b\iint\limits_D g(x,y)\mathrm{d}\sigma.$$

性质 4(区域可加性质) 如果闭区域 D 被一条曲线分为两个部分区域 D_1,D_2(图 11-4),则

$$\iint\limits_D f(x,y)\mathrm{d}\sigma=\iint\limits_{D_1} f(x,y)\mathrm{d}\sigma+\iint\limits_{D_2} f(x,y)\mathrm{d}\sigma.$$

性质 5(不等式性质) 若 $f(x,y)\leqslant g(x,y)$,则 $\iint\limits_D f(x,y)\mathrm{d}\sigma\leqslant\iint\limits_D g(x,y)\mathrm{d}\sigma$. 特别地,由于 $-|f(x,y)|\leqslant f(x,y)\leqslant|f(x,y)|$,所以

$$-\iint\limits_D |f(x,y)|\mathrm{d}\sigma\leqslant\iint\limits_D f(x,y)\mathrm{d}\sigma\leqslant\iint\limits_D |f(x,y)|\mathrm{d}\sigma,$$

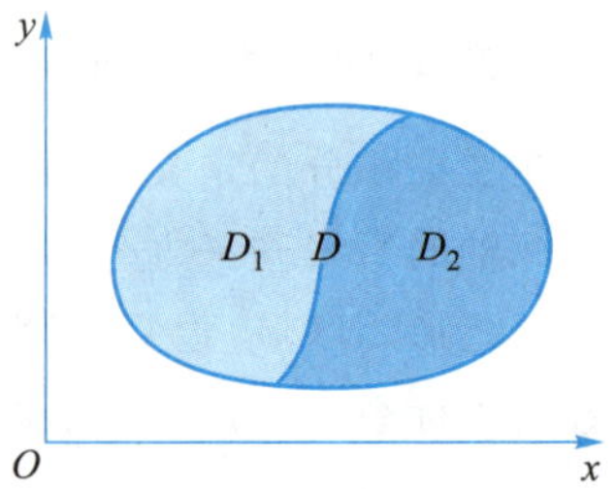

图 11-4

即

$$\left|\iint_D f(x,y)\,\mathrm{d}\sigma\right| \leqslant \iint_D |f(x,y)|\,\mathrm{d}\sigma.$$

性质 6（估值定理）　设 M、m 分别是 $f(x,y)$ 在闭区域 D 上的最大值和最小值，S 是 D 的面积，则

$$mS \leqslant \iint_D f(x,y)\,\mathrm{d}\sigma \leqslant MS.$$

性质 7（二重积分的中值定理）　设 $f(x,y)$ 在闭区域 D 上连续，S 是 D 的面积，则在 D 上至少存在一点 (ξ,η)，使得

$$\iint_D f(x,y)\,\mathrm{d}\sigma = f(\xi,\eta)S.$$

若在 D 上 $f(x,y)$ 非负，则 $\iint_D f(x,y)\,\mathrm{d}\sigma$ 表示以 xOy 平面上区域 D 为底、曲顶为 $z=f(x,y)$ 的曲顶柱体体积. 中值定理表明：必定存在同底且高为 $f(\xi,\eta)$ 的平顶柱体，使它们的体积相等. 因此 $f(\xi,\eta)$ 是曲顶柱体的平均高度，也就是 $f(x,y)$ 在 D 上的平均值（图 11-5）.

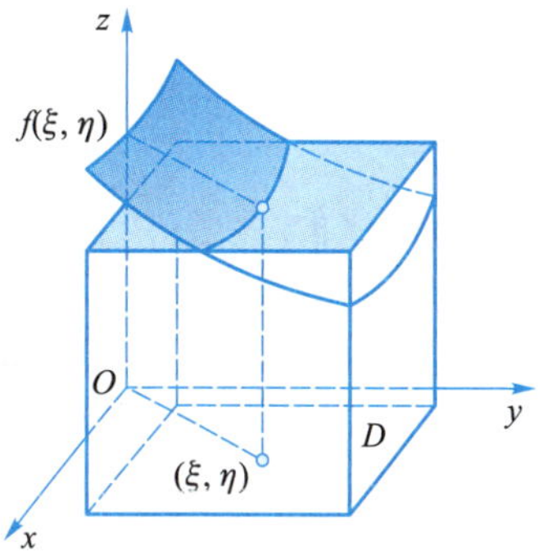

图 11-5

练习 11.1

1. 设有一平面薄板（不计其厚度）占有 xOy 平面上的闭区域 D，薄板上分布有面密度为 $\mu=\mu(x,y)$ 的电荷，且 $\mu(x,y)$ 在 D 上连续，试用二重积分表达该板上的全部电荷 Q.

2. 设 $I_1=\iint_{D_1}(x^2+y^2)^3\,\mathrm{d}\sigma$，其中 $D_1=\{(x,y)\mid -1\leqslant x\leqslant 1,\ -2\leqslant y\leqslant 2\}$；又 $I_1=\iint_{D_1}(x^2+y^2)^3\,\mathrm{d}\sigma$，其中 $D_2=\{(x,y)\mid 0\leqslant x\leqslant 1,0\leqslant y\leqslant 2\}$. 试利用二重积分的几何意义说明 I_1 与 I_2 之间的关系.

3. 试以二重积分表示旋转抛物面 $z=1-(x^2+y^2)$ 与 xOy 平面所界定的钟形体的体积.

习题 11.1

1. 根据二重积分的性质，比较下列积分的大小.

（1）$\iint_D (x+y)^2\,\mathrm{d}\sigma$ 与 $\iint_D (x+y)^3\,\mathrm{d}\sigma$，其中积分区域 D 是由 x 轴、y 轴与直线 $x+y=1$ 所围成；

（2）$\iint_D (x+y)^3\,\mathrm{d}\sigma$ 与 $\iint_D (x+y)^3\,\mathrm{d}\sigma$，其中积分区域 D 是由圆周 $(x-2)^2+(y-1)^2=2$ 所围成；

(3) $\iint\limits_D \ln(x+y)\mathrm{d}\sigma$ 与 $\iint\limits_D [\ln(x+y)]^2\mathrm{d}\sigma$,其中 D 是三角形闭区域,三顶点分别为 $(1,0),(1,1),(2,0)$;

(4) $\iint\limits_D \ln(x+y)\mathrm{d}\sigma$ 与 $\iint\limits_D [\ln(x+y)]^2\mathrm{d}\sigma$,其中 $D=\{(x,y)\mid 3\leqslant x\leqslant 5,0\leqslant y\leqslant 1\}$.

2. 利用二重积分的性质估计下列积分的值.

(1) $I=\iint\limits_D xy(x+y)\mathrm{d}\sigma$,其中 $D=\{(x,y)\mid 0\leqslant x\leqslant 1,0\leqslant y\leqslant 1\}$;

(2) $I=\iint\limits_D \sin^2 x\sin^2 y\mathrm{d}\sigma$,其中 $D=\{(x,y)\mid 0\leqslant x\leqslant \pi,0\leqslant y\leqslant \pi\}$;

(3) $I=\iint\limits_D (x+y+1)\mathrm{d}\sigma$,其中 $D=\{(x,y)\mid 0\leqslant x\leqslant 1,0\leqslant y\leqslant 2\}$;

(4) $I=\iint\limits_D (x^2+4y^2+9)\mathrm{d}\sigma$,其中 $D=\{(x,y)\mid x^2+y^2\leqslant 4\}$.

3. 用二重积分表示旋转抛物面 $z=3-x^2-y^2$,柱面 $x^2+y^2=1$ 与 xOy 面所围立体的体积.

§11.2 二重积分的计算方法

按照二重积分的定义来计算二重积分,对少数特别简单的被积函数和积分区域来说是可行的,但对一般的函数和区域来说,这不是一种切实可行的办法.本章介绍一种计算二重积分的方法,这种方法是把二重积分转化为两次单积分(即两次定积分)来计算.

11.2.1 利用直角坐标系计算二重积分

直角坐标系下二重积分的计算(一)
江苏农林职业技术学院—韩广发

1. 积分区域为 X 型曲边梯形区域

设积分区域 D 可以用不等式

$$\varphi_1(x)\leqslant y\leqslant \varphi_2(x),a\leqslant x\leqslant b$$

来表示(图 11-6),其中函数 $\varphi_1(x),\varphi_2(x)$ 在区间 $[a,b]$ 上连续.

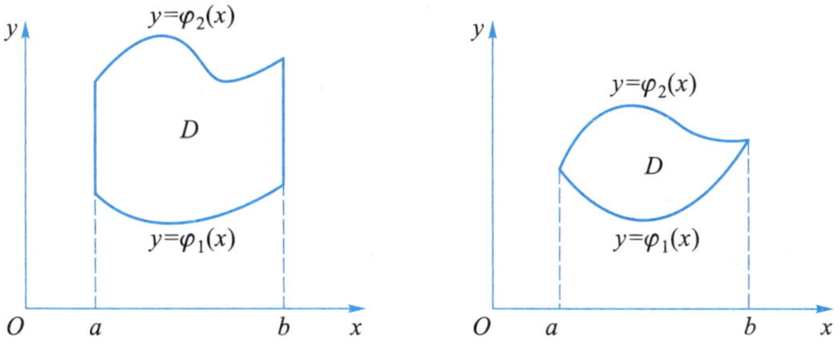

(a) (b)

图 11-6

我们就称 D 为 X 型区域,其特点是:穿过 D 内部且平行于 y 轴的直线与 D 的边界相交不多于两点.

我们先假定 $f(x,y)\geqslant 0$,按照二重积分的几何意义,二重积分 $\iint\limits_D f(x,y)\mathrm{d}\sigma$ 的值等于以 D 为底,以曲面 $z=f(x,y)$ 为顶的曲顶主体(图 11-7)的体积.下面我们应用计算"平行截面面积为已知的立体的体积"的方法来计算这个曲顶柱体的体积.

在区间 $[a,b]$ 上任意取定一点 x_0,作平行于 xOy 面的平面 $x=X_0$.该平面截曲顶柱体所得的截面是一个以区间 $[\varphi_1(x_0),\varphi_2(x_0)]$ 为底,曲线 $z=f(x_0,y)$ 为曲边的曲边梯形(图 11-7 中的阴影部分),所以该截面的面积为

$$A(x_0)=\int_{\varphi_1(x_0)}^{\varphi_2(x_0)} f(x_0,y)\mathrm{d}y.$$

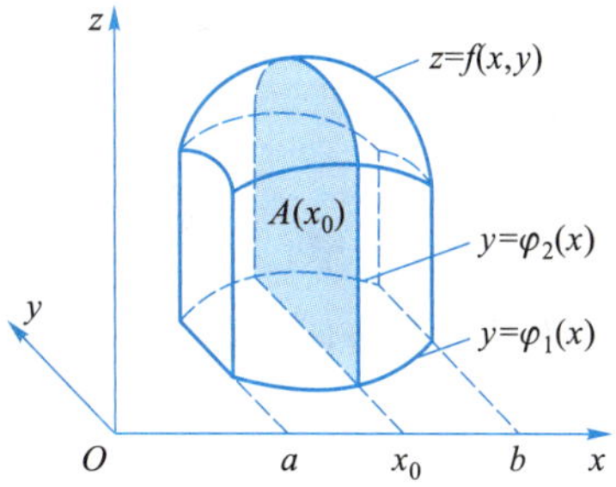

图 11-7

一般地,过区间 $[a,b]$ 上任一点 x 且平行于 xOy 面的平面截曲顶柱体所得截面的面积为

$$A(x)=\int_{\varphi_1(x)}^{\varphi_2(x)} f(x,y)\mathrm{d}y.$$

于是，应用计算平行截面面积为已知的立体体积的方法，得曲顶柱体体积为

$$V=\int_a^b A(x)\,\mathrm{d}x=\int_a^b\left[\int_{\varphi_1(x)}^{\varphi_2(x)} f(x,y)\,\mathrm{d}y\right]\mathrm{d}x.$$

这个体积也就是所求二重积分的值，从而有等式

$$\iint_D f(x,y)\,\mathrm{d}\sigma=\int_a^b\left[\int_{\varphi_1(x)}^{\varphi_2(x)} f(x,y)\,\mathrm{d}y\right]\mathrm{d}x. \tag{1}$$

上式右端的积分叫做先对 y，后对 x 的二次积分. 就是说，先把 x 看做常数，把 $f(x,y)$ 只看做 y 的函数，并对 y 计算从 $\varphi_1(x_0)$ 到 $\varphi_2(x_0)$ 的定积分；然后把算得的结果（是 x 的函数）再对 x 计算在区间 $[a,b]$ 上的定积分. 这个先对 y，后对 x 的二次积分也常记作

$$\int_b^a \mathrm{d}x\int_{\varphi_1(x)}^{\varphi_2(x)} f(x,y)\,\mathrm{d}y.$$

因此，等式(1)也写成

$$\iint_D f(x,y)\,\mathrm{d}\sigma=\int_b^a \mathrm{d}x\int_{\varphi_1(x)}^{\varphi_2(x)} f(x,y)\,\mathrm{d}y.$$

在上述讨论中，我们假定 $f(x,y)\geqslant 0$，但实际上公式(1)的成立并不受此条件限制.

2. 积分区域为 Y 型曲边梯形区域

如果积分区域 D 可以用不等式 $\varphi_1(y)\leqslant x\leqslant\varphi_2(y)$，$c\leqslant y\leqslant d$ 来表示（图 11－8），其中函数 $\varphi_1(y)$，$\varphi_2(y)$ 在区间 $[c,d]$ 上连续，称 D 为 Y 型区域. 其特点是：穿过 D 的内部且平行于 x 轴的直线与 D 的边界相交不多于两点.

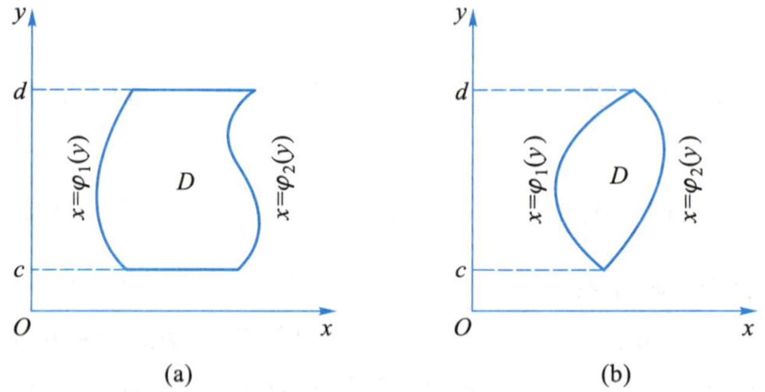

图 11－8

直角坐标系下二重积分的计算(二)

江苏农林职业技术学院—韩广发

类似可推得

$$\iint_D f(x,y)\,\mathrm{d}\sigma=\int_c^d\left[\int_{\varphi_1(y)}^{\varphi_2(y)} f(x,y)\,\mathrm{d}x\right]\mathrm{d}y. \tag{2}$$

上式右端的积分叫做先对 x，后对 y 的二次积分，这个积分也常记作

$$\int_c^d \mathrm{d}y\int_{\varphi_1(y)}^{\varphi_2(y)} f(x,y)\,\mathrm{d}x.$$

因此，等式(2)也写成

$$\iint_D f(x,y)\mathrm{d}\sigma = \int_c^d \mathrm{d}y\int_{\varphi_1(y)}^{\varphi_2(y)} f(x,y)\mathrm{d}x.$$

这就是把二重积分化为先对 x,后对 y 的二次积分的公式.

3. 一般积分区域的概况.

若积分区域 D 比较复杂,穿过 D 的与坐标轴同向平行线和 D 的边界的交点超过两点(不含和边界重合部分),D 就不是 X 型或 Y 型. 可以把 D 划分为若干个 X 型、Y 型曲边梯形的子区域,应用二重积分区域可加性性质,化积分为子区域积分的和. 如图 11 –9 所示的区域 D,

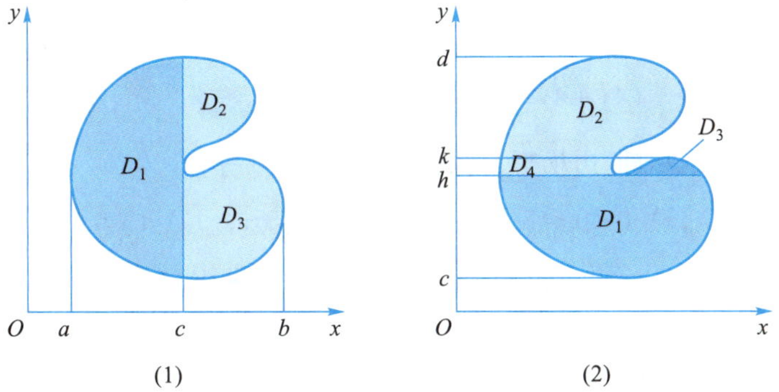

图 11 –9

可以如上图那样划分为三个 X 型双曲边梯形 D_1,D_2,D_3,也可以如上图那样划分为四个 Y 型双曲边梯形.

化二重积分为累次积分时,需注意以下几点:

(1) 应用公式(1)时,积分区域必须是 X 型区域;应用公式(2)时,积分区域必须是 Y 型区域.

(2) 累次积分的内外积分的下限必须小于上限;

(3) 用累次积分来计算二重积分,需要根据被积函数和积分区域的特点,确定计算较方便的积分次序;写出积分区域的表示式后,就能确定内积分的积分上、下限.

例 1 计算二重积分 $\iint_D (2-x-y)\mathrm{d}x\mathrm{d}y$. 其中 D 由直线 $y=x$ 与抛物线 $y=x^2$ 围成.

解 作出区域 D 的草图(图 11 –10),

$D=\{(x,y)\mid 0\leqslant x\leqslant 1, x^2\leqslant y\leqslant x\}=\{(x,y)\mid 0\leqslant y\leqslant 1, y\leqslant x\leqslant\sqrt{y}\}$,

所以 D 既是 X 型双曲边梯形,又是 Y 型双曲边梯形.

视 D 是 X 型双曲边梯形计算:

$$\begin{aligned}\iint_D (2-x-y)\mathrm{d}x\mathrm{d}y &= \int_0^1 \mathrm{d}x\int_{x^2}^{x}(2-x-y)\mathrm{d}y\\ &= \int_0^1\left[(2-x)y-\frac{1}{2}y^2\right]\Big|_{x^2}^{x}\mathrm{d}x\\ &= \frac{1}{2}\int_0^1(4x-7x^2+2x^3+x^5)\mathrm{d}x=\frac{11}{60}.\end{aligned}$$

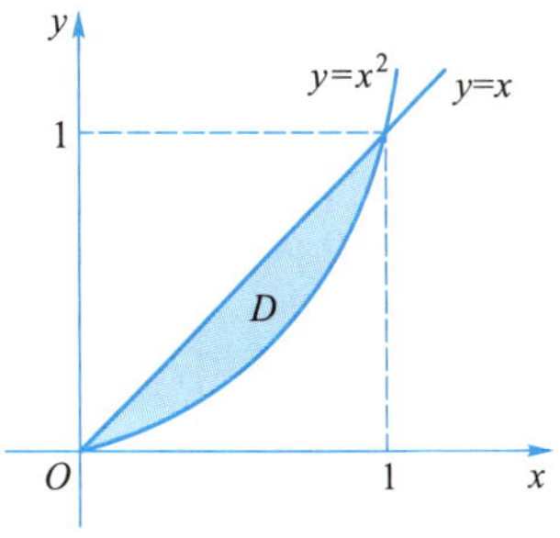

图 11 –10

视 D 是 Y 型双曲边梯形计算：

$$\iint_D (2-x-y)\,dxdy=\int_0^1 dy\int_y^{\sqrt{y}}(2-x-y)\,dx=\frac{1}{2}\int_0^1(4\sqrt{y}-5y-2y^{\frac{3}{2}}+3y^2)\,dy=\frac{11}{60}.$$

例 2 计算二重积分 $\iint\limits_D xy\,dxdy$，其中 D 是由抛物线 $y^2=x$ 及直线 $y=x-2$ 所围区域.

解 求出抛物线与直线的交点坐标(1, −1)，(2,4). 作出区域 D 的草图(图 11－11).

(1) 视 D 为 Y 型双曲边梯形：

$D=\{(x,y)\mid -1\leqslant y\leqslant 2,y^2\leqslant x\leqslant y+2\}$.

$$\iint_D xy\,dxdy=\int_{-1}^2 dy\int_{y^2}^{y+2}xy\,dx=\frac{1}{2}\int_{-1}^2(4y+4y^2+y^3-y^5)\,dy=\frac{45}{8}.$$

(2) 视 D 为 X 型双曲边梯形，则需把 D 划分两部分：

$D=D_1\cup D_2=\{(x,y)\mid 0\leqslant x\leqslant 1,-\sqrt{x}\leqslant y\leqslant\sqrt{x}\}\cup\{(x,y)\mid 1\leqslant x\leqslant 4,x-2\leqslant y\leqslant\sqrt{x}\}$,

$$\iint_D xy\,dxdy=\iint_{D_1}xy\,dxdy+\iint_{D_2}xy\,dxdy=\int_0^1 dx\int_{-\sqrt{x}}^{\sqrt{x}}xy\,dy+\int_1^4 dx\int_{x-2}^{\sqrt{x}}xy\,dy=\frac{45}{8}.$$

例 3 计算二重积分 $\iint\limits_D e^{-y^2}dxdy$，其中 D 是由直线 $y=x,y=1,x=0$ 所围的区域.

解 作出区域 D 的草图(图 11－12).

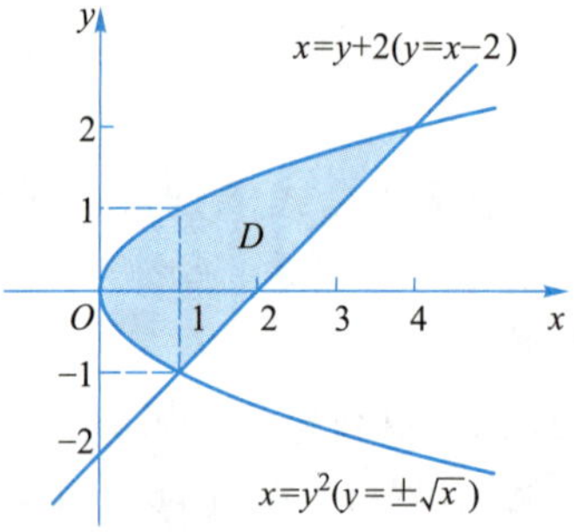

图 11－11

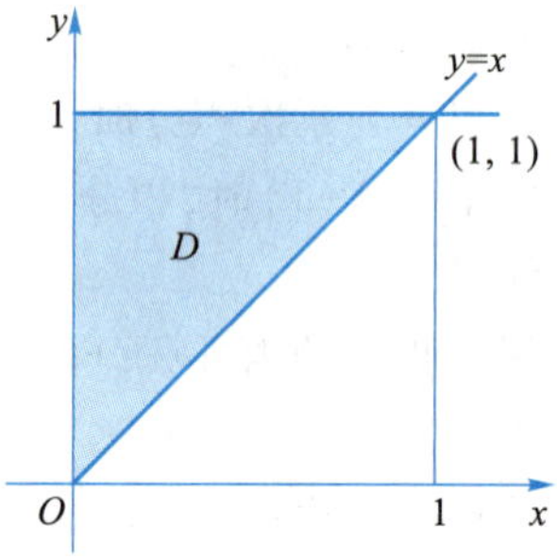

图 11－12

视 D 为 Y 型区域：$D=\{(x,y)\mid 0\leqslant y\leqslant 1,0\leqslant x\leqslant y\}$，则

$$\iint_D e^{-y^2}dxdy=\int_0^1 dy\int_0^y e^{-y^2}dx=\int_0^1 ye^{-y^2}dy=-\frac{1}{2}e^{-y^2}\Big|_0^1=\frac{1}{2}(1-e^{-1}).$$

若视 D 为 X 型区域：$D=\{(x,y)\mid 0\leqslant x\leqslant 1,x\leqslant y\leqslant 1\}$，则

$$\iint_D e^{-y^2}dxdy=\int_0^1 dx\int_x^1 e^{-y^2}dy,$$

因为函数 e^{-y^2} 不存在有限形式的原函数，故无法计算下去了.

例 4 设 $I=\int_0^1 dx\int_0^x f(x,y)\,dy+\int_1^2 dx\int_0^{2-x}f(x,y)\,dy$，试交换积分次序.

解 设积分区域为 $D=D_1+D_2$，其中 D_1 由直线 $y=0,y=x,x=1$ 围成，D_2 由直线 $y=0,y=2-x,x=1,x=2$ 围成（图 11－13），此时有

$$D=\{(x,y)\mid 0\leqslant y\leqslant 1,y\leqslant x\leqslant 2-y\},$$

于是有

$$\int_0^1 dx\int_0^x f(x,y)dy+\int_1^2 dx\int_0^{2-x} f(x,y)dy$$
$$=\int_0^1 dy\int_y^{2-y} f(x,y)dx.$$

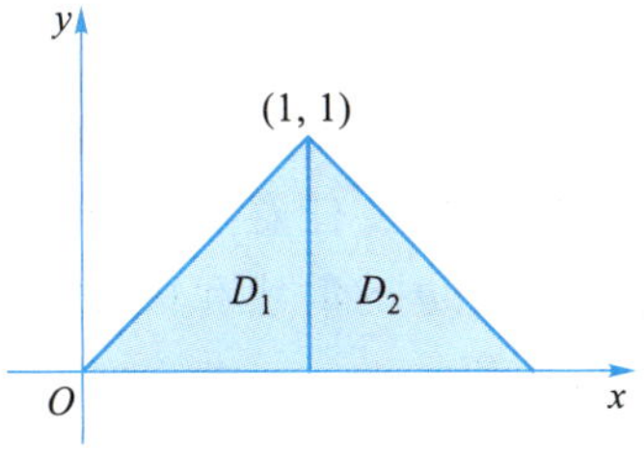

图 11－13

例 5 求两个底圆半径都等于 R 的直交圆柱面所围成的立体的体积.

解 设这两个圆柱面的方程分别为

$$x^2+y^2=R^2 \quad 及 \quad x^2+z^2=R^2.$$

利用立体关于坐标平面的对称性，只要算出它在第一卦限部分（图 11－14(a)）的体积 V_1，然后再乘以 8 就行了.

所求立体在第一卦限部分可以看成是一个曲顶柱体，它的底为

$$D=\{(x,y)\mid 0\leqslant y\leqslant \sqrt{R^2-x^2},0\leqslant x\leqslant R\},$$

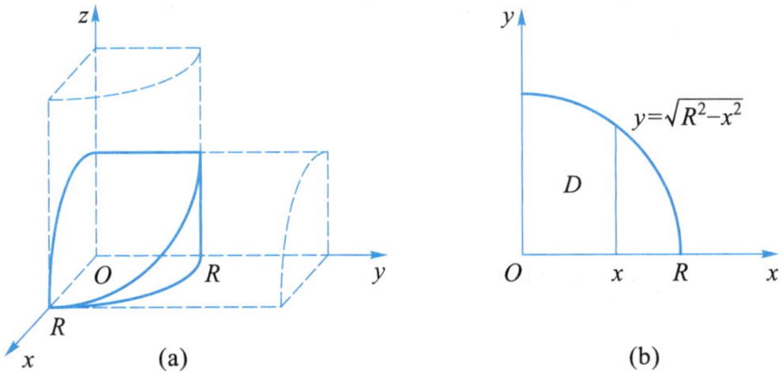

图 11－14

如图 11－14(b) 所示. 它的顶是柱面 $z=\sqrt{R^2-x^2}$. 于是，

$$V_1=\iint_D \sqrt{R^2-x^2}\,d\sigma.$$

利用公式(1)得

$$V_1=\iint_D \sqrt{R^2-x^2}\,d\sigma=\int_0^R\left[\int_0^{\sqrt{R^2-x^2}}\sqrt{R^2-x^2}\,dy\right]dx$$
$$=\int_0^R\left[\sqrt{R^2-x^2}\,y\right]_0^{\sqrt{R^2-x^2}}dx=\int_0^R(R^2-x^2)dx=\frac{2}{3}R^3.$$

从而所求立体体积为

$$V=8V_1=\frac{16}{3}R^3.$$

极坐标系下二重积分的计算

江苏农林职业技术学院—韩广发

11.2.2 利用极坐标计算二重积分

有些二重积分的积分区域 D 的边界曲线用极坐标方程来表示比较方便，且被积函

数用极坐标变量 r,θ 表示也比较简单,这时考虑以极坐标形式求二重积分 $\iint\limits_D f(x,y)\mathrm{d}\sigma$.

根据二重积分定义,$\mathrm{d}\sigma$ 表示积分区域的面积微元. 现用如图 11-15 所示的圆心在极点的一族同心圆和一族过极点的射线将 D 分割成小区域. 任意点 $P(r,q)$ 处的微元由极角分别为 θ、$\mathrm{d}\theta$ 的射线和极径分别为 $r,r+\mathrm{d}r$ 圆围成,故面积

$$\Delta\sigma=\frac{(r+\mathrm{d}r)^2\mathrm{d}\theta}{2}-\frac{r^2\mathrm{d}\theta}{2}\approx r\mathrm{d}r\mathrm{d}\theta, \qquad (3)$$

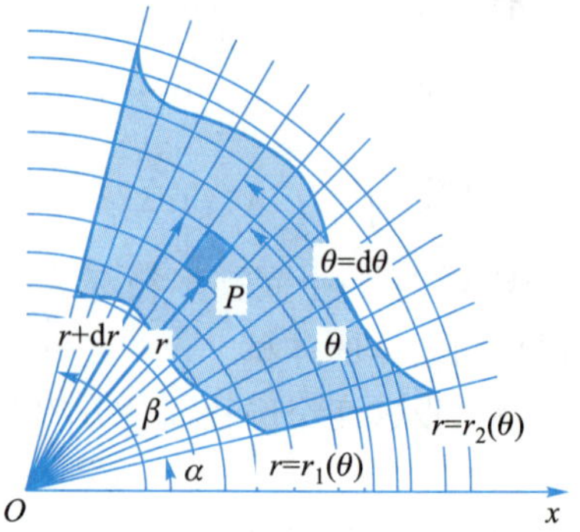

图 11-15

面积元素为 $\mathrm{d}\sigma=r\mathrm{d}r\mathrm{d}\theta$. 极坐标与直角坐标之间的关系

$$x=r\cos\theta, y=\sin\theta, \qquad (4)$$

把(3),(4)代入被积表达式后,得到极坐标形式的二重积分表示式

$$\iint\limits_D f(x,y)\mathrm{d}\sigma=\iint\limits_D f(r\cos\theta,r\sin\theta)r\mathrm{d}r\mathrm{d}\theta. \qquad (5)$$

公式(5)在实际使用时仍需化为累次积分. 设积分区域 D 的形状如图 11-15 所示.

此时用一条极径穿过 D,与 D 的边界的交点不超过两个(与极径重合部分除外). 极径从 $r=r_1(\theta)$ 穿入 D,从 $r=r_2(\theta)$ 穿出. 因此 D 可表示为

$$D=\{(r,\theta)\mid\alpha\leqslant\theta\leqslant\beta,r_1(\theta)\leqslant r\leqslant r_2(\theta)\},$$

此时,二重积分化为二次积分的计算公式为

$$\iint\limits_D f(r\cos\theta,r\sin\theta)r\mathrm{d}r\mathrm{d}\theta=\int_\alpha^\beta\mathrm{d}\theta\int_{r_1(\theta)}^{r_2(\theta)}f(r\cos\theta,r\sin\theta)r\mathrm{d}r, \qquad (6)$$

特别地,若积分区域的边界线 $r=r_1(\theta)$ 蜕缩成为极点 O,而另一条边界 $r=r_2(\theta)$ 可能包围或不包围极点,如图 11-16(1)所示,D 可表示为 $D=\{(r,\theta)\mid\alpha\leqslant\theta\leqslant\beta,0\leqslant r\leqslant r(\theta)\}$;如图 11-16(2)所示,$D$ 可表示为 $D=\{(r,\theta)\mid 0\leqslant\theta\leqslant 2\pi,0\leqslant r\leqslant r(\theta)\}$,则积分计算公式为如下形式:

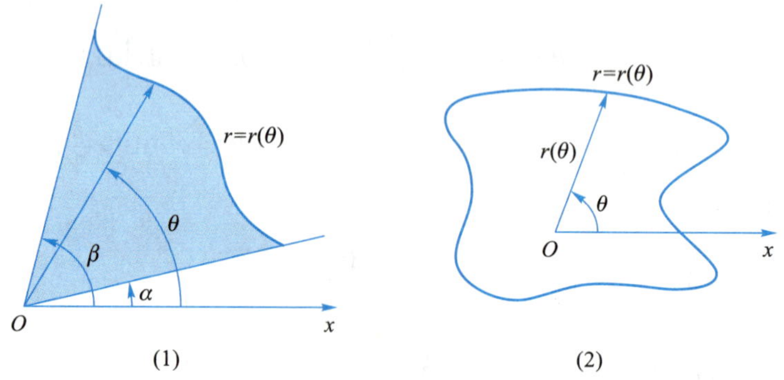

图 11-16

$$\iint_D f(r\cos\theta, r\sin\theta)r\mathrm{d}r\mathrm{d}\theta = \int_\alpha^\beta \mathrm{d}\theta \int_0^{r(\theta)} f(r\cos\theta, r\sin\theta)r\mathrm{d}r;$$

或

$$\iint_D f(r\cos\theta, r\sin\theta)r\mathrm{d}r\mathrm{d}\theta = \int_0^{2\pi} \mathrm{d}\theta \int_0^{r(\theta)} f(r\cos\theta, r\sin\theta)r\mathrm{d}r.$$

例 6 计算二重积分 $\iint\limits_D (x^2+y^2)\mathrm{d}x\mathrm{d}y$,其中 D 是圆环 $\{(x,y)\,|\,1\leqslant x^2+y^2\leqslant 4\}$ 在第一象限的部分.

解 区域 D 如图 11-17 所示,在极坐标下可表示为

$$D=\left\{(r,\theta)\,\middle|\,0\leqslant\theta\leqslant\frac{\pi}{2}, 1\leqslant r\leqslant 2\right\},$$

注意 $x^2+y^2=r^2$,所以

$$\iint_D (x^2+y^2)\mathrm{d}x\mathrm{d}y = \int_0^{\frac{\pi}{2}}\mathrm{d}\theta\int_1^2 r^2\cdot r\mathrm{d}r = \frac{\pi}{2}\int_1^2 r^3\mathrm{d}r = \frac{15}{8}\pi.$$

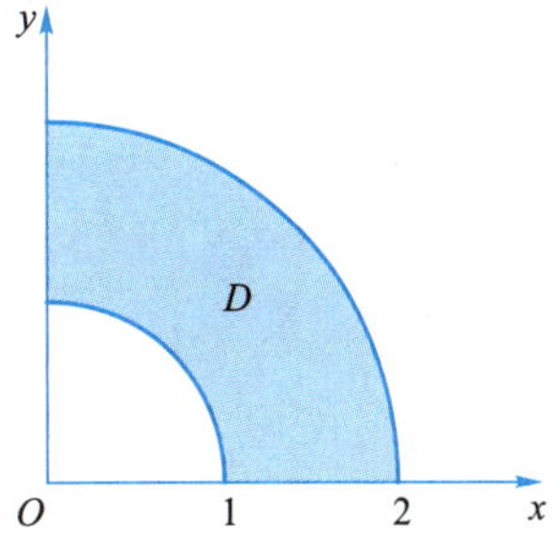

图 11-17

例 7 计算二重积分 $\iint\limits_D \mathrm{e}^{-x^2-y^2}\mathrm{d}x\mathrm{d}y$,其中 D 是由圆 $x^2+y^2=R^2$ 所围区域.

解 圆心在原点、半径为 R 的圆域 D,在极坐标系下可表示为

$$D=\{(r,\theta)\,|\,0\leqslant\theta\leqslant 2\pi, 0\leqslant r\leqslant R\}.$$

于是

$$\iint_D \mathrm{e}^{-x^2-y^2}\mathrm{d}x\mathrm{d}y = \iint_D \mathrm{e}^{-r^2}r\mathrm{d}r\mathrm{d}\theta = \int_0^{2\pi}\mathrm{d}\theta\int_0^R \mathrm{e}^{-r^2}r\mathrm{d}r = 2\pi\left(-\frac{1}{2}\mathrm{e}^{-r^2}\right)\Bigg|_0^R = \pi(1-\mathrm{e}^{-R^2}).$$

11.2.3 二重积分的 MATLAB 计算

二重积分与定积分在本质上是相通的,但是二重积分的积分区域相对复杂,若积分区域是矩形区域,则 MATLAB 软件中采用 dblquad 求函数的定积分,具体使用格式如下:

```
dblquad('function',a,b,c,d)
```

返回函数 function 对预设独立变量 x 的积分值,a,b,c,d 为矩形区域的四个顶点.

例 8 求 $\int_0^\pi\int_\pi^{2\pi}(y\sin x+x\cos y)\mathrm{d}x\mathrm{d}y$.

解 输入命令:

```
>>dblquad('y*sin(x)+x*cos(y)', 0,pi,pi,2*pi)
```

输出结果:

```
ans =

        29.6088
```

例 9 求 $\int_0^2\int_0^\pi \mathrm{e}^{2x}\sin 3y\mathrm{d}x\mathrm{d}y$.

解 输入命令:

```
>>dblquad('exp(2*x)*sin(3*y)',2,pi,0,2)
```

输出结果:

```
ans =
     3.192 3
```

若积分区域比较复杂时,可用前面讲过的 int 命令,结合对积分区域的分析进行多重积分的计算.

以本节中例 1 为例,应用 MATLAB 软件给出求解程式.

例 10 求 $\iint\limits_D (2-x-y)\mathrm{d}x\mathrm{d}y$,其中 D 由直线 $y=x$ 与抛物线 $y=x^2$ 围成.

解 区域 D 的 X 型 $\begin{cases}0\leqslant x\leqslant 1,\\ x^2\leqslant y\leqslant x,\end{cases}$ MATLAB 计算如下

输入命令:

```
>> syms x y
>> y1 = x^2 ;
>> y2 = x ;
>> f = 2 - x - y ;
>> I = int(int(f ,y,y1,y2),x,0,1)
```

输出结果:

```
I =
   11/60
```

区域 D 的 Y 型 $\begin{cases}0\leqslant y\leqslant 1,\\ y\leqslant x\leqslant \sqrt{y},\end{cases}$ MATLAB 计算如下

输入命令:

```
>> syms x y
>> x1 = y ;
>> x2 = sqrt(y) ;
>> f = 2 - x - y ;
>> I = int(int(f ,x,x1,x2),y,0,1)
```

输出结果:

```
I =
   11/60
```

例 11 求 $\iint\limits_D \mathrm{e}^{-y^2}\mathrm{d}x\mathrm{d}y$,期中 D 由直线 $y=x, y=1, y=0$ 围成.

解 区域 D 的 y 型 $\begin{cases}0\leqslant y\leqslant 1,\\ 0\leqslant x\leqslant y,\end{cases}$ MATLAB 计算如下

输入命令:

```
>> syms x y
>> x1 = y ;
>> f = exp( -y^2) ;
>> I = int(int(f ,x,0 ,x1),y,0,1)
```

输出结果:

```
I =
   1/2 - exp( -1)/2
```

练习 11.2

1. 计算二重积分 $\iint\limits_D (x+y)\mathrm{d}x\mathrm{d}y$,其中 D 为正方形 $\{(x,y)\mid 0\leqslant x\leqslant 1,0\leqslant y\leqslant 1\}$.

2. 计算二重积分 $\iint\limits_D x\mathrm{d}x\mathrm{d}y$,其中 $D=\{(x,y)\mid 0\leqslant x\leqslant \pi,0\leqslant y\leqslant \sin x\}$.

3. 计算二重积分 $\iint\limits_D \sqrt{x^2+y^2}\mathrm{d}x\mathrm{d}y$,其中 D 为单位圆 $\{(x,y)\mid x^2+y^2\leqslant 1\}$.

4. 交换下列各累次积分的积分次序.

(1) $\int_0^1 \mathrm{d}y\int_0^y f(x,y)\mathrm{d}x$;　　(2) $\int_0^1 \mathrm{d}y\int_{-\sqrt{1-y^2}}^{\sqrt{1-y^2}} f(x,y)\mathrm{d}x$.

习题 11.2

1. 计算下列二重积分.

(1) $\iint\limits_D (x+2y)\mathrm{d}x\mathrm{d}y$,其中 D 是矩形区域:$\{(x,y)\mid -1\leqslant x\leqslant 1,0\leqslant y\leqslant 2\}$;

(2) $\iint\limits_D (x-y)\mathrm{d}x\mathrm{d}y$,其中 D 是由 $y-x=0,x=1$ 及 x 轴所围成的三角形区域;

(3) $\iint\limits_D (3x+2y)\mathrm{d}\sigma$ 其中 D 是由两坐标轴及直线 $x+y=2$ 所围成的闭区域;

(4) $\iint\limits_D x\cdot\cos(x+y)\mathrm{d}x\mathrm{d}y$,其中 D 是以 $(0,0),(\pi,0),(\pi,\pi)$ 为顶点的三角形.

2. 改换下列二重积分的积分次序.

(1) $\int_0^2 \mathrm{d}y\int_{y^2}^{2y} f(x,y)\mathrm{d}x$;　　(2) $\int_1^{\mathrm{e}} \mathrm{d}x\int_0^{\ln x} f(x,y)\mathrm{d}y$.

3. 利用极坐标计算下列二重积分.

(1) $\iint\limits_D \mathrm{e}^{x^2+y^2}\mathrm{d}x\mathrm{d}y$,其中 $D=\{(x,y)\mid x^2+y^2\leqslant 1,x\geqslant 0,y\geqslant 0\}$;

(2) $\iint\limits_D \sqrt{1-x^2-y^2}\mathrm{d}x\mathrm{d}y$,其中 D 是圆心在原点的单位圆的上半部分;

(3) $\iint\limits_D \arctan\frac{y}{x}\mathrm{d}x\mathrm{d}y$,其中 D 是由 $x^2+y^2=1,x^2+y^2=4$ 所围成的圆环在第一象限部分被直线 $y=0,y=x$ 截下的区域.

4. 应用 MATLAB 软件求解下列积分.

(1) $\int_0^2\int_0^{\pi} \mathrm{e}^{2x}\sin 3y\mathrm{d}x\mathrm{d}y$;

(2) $\iint\limits_D \mathrm{e}^{-y^2}\mathrm{d}x\mathrm{d}y$,其中 D 由直线 $y=x,y=1,y=0$ 围成.

5. 计算由平面 $x+y=4,x=0,y=0,z=0$ 及旋转抛物面 $z=x^2+y^2$ 围成的立体体积.

6. 求锥面 $z=\sqrt{x^2+y^2}$,圆柱面 $x^2+y^2=1$ 及平面 $z=0$ 所围立体的体积.

7. 求由曲面 $z=x^2+2y^2$ 及 $z=6-2x^2-y^2$ 所围成的立体的体积.

§11.3 二重积分的应用

二重积分的应用

江苏农林职业技术学院 史和娣

由前面的讨论可知，曲顶柱体的体积、平面薄片的质量可用二重积分计算，本节中我们将把定积分应用中的元素法推广到重积分的应用中，利用重积分的元素法来讨论重积分在几何、物理上的一些其他应用.

11.3.1 曲面的面积

设曲面 S 由方程 $z=f(x,y)$ 给出，D 为曲面 S 在 xOy 平面上的投影区域，函数 $f(x,y)$ 在 D 上具有连续偏导数 $f_x(x,y)$，$f_y(x,y)$. 要计算曲面 S 的面积 A.

在闭区域 D 上的任取一直径很小的闭区域 $\mathrm{d}\sigma$（该小闭区间的面积也记作 $\mathrm{d}\sigma$）. 在 $\mathrm{d}\sigma$ 上任取一点 $P(x,y)$，对应曲面 S 上有一点 $M(x,y,f(x,y))$，点 M 在 xOy 面上的投影即点 P. 点 M 处曲面 S 的切平面设为 T（图 11－18），以小闭区域 $\mathrm{d}\sigma$ 的边界为准线作母线平行于 z 轴的柱面，该柱面在曲面 S 上截下一小片曲面，在切平面 T 上截下一小片平面. 由于 $\mathrm{d}\sigma$ 的直径很小，切平面 T 上的那一小片平面的面积 $\mathrm{d}A$ 可以近似代替相应的那小片曲面的面积. 设点 M 处曲面 S 上的法线（指向朝上）与 z 轴所成的角为 γ，则其法向量 $\boldsymbol{n}$ 的方向余弦为 $\cos\alpha$，$\cos\beta$，$\cos\gamma$，又

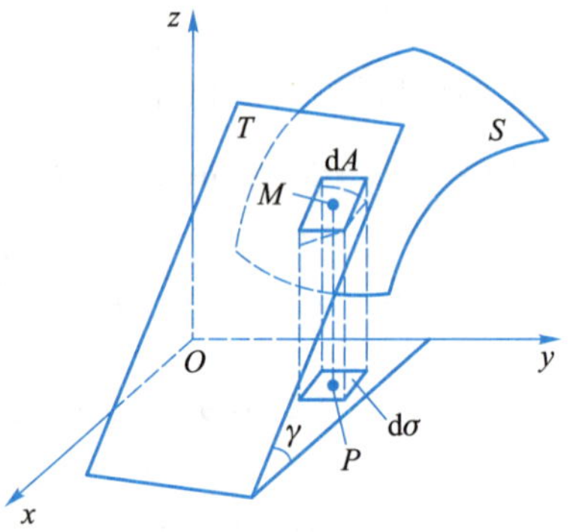

图 11－18

$$\boldsymbol{n}=(-f_x(x,y),\ -f_y(x,y),1).$$

故
$$\cos\gamma=\frac{1}{\sqrt{1+f_x^2(x,y)+f_y^2(x,y)}},$$

所以有
$$\mathrm{d}A=\sqrt{1+f_x^2(x,y)+f_y^2(x,y)}\,\mathrm{d}\sigma.$$

这就是曲面 S 的面积元素，以它为表达式在闭区域上积分，得

$$A=\iint_D\sqrt{1+f_x^2(x,y)+f_y^2(x,y)}\,\mathrm{d}\sigma.\tag{1}$$

上式也可写成

$$A=\iint_D\sqrt{1+\left(\frac{\partial z}{\partial x}\right)^2+\left(\frac{\partial z}{\partial y}\right)^2}\,\mathrm{d}x\mathrm{d}y,$$

这就是计算曲面面积的公式.

设曲面的方程为 $x=g(y,x)$ 或 $y=h(z,x)$，也可分别把曲面投影到 yOz 面上（投影区域记作 D_{yz}）或 zOx 面上（投影区域记作 D_{zx}），类似地可得

$$A=\iint_D\sqrt{1+\left(\frac{\partial y}{\partial z}\right)^2+\left(\frac{\partial y}{\partial x}\right)^2}\,\mathrm{d}z\mathrm{d}x,$$

$$A=\iint\limits_{D}\sqrt{1+\left(\frac{\partial x}{\partial y}\right)^2+\left(\frac{\partial x}{\partial z}\right)^2}\,\mathrm{d}y\mathrm{d}z.$$

例 1 【本章导例】 卫星接收器反射面的面积问题(图 11-19)

解 抛物面 $z=x^2+y^2$ 与平面 $z=9$ 的交线为

$$\begin{cases}z=x^2+y^2,\\ z=9,\end{cases}$$

曲面在 xOy 面上的投影区域 $D_{xy}=\{(x,y)\,|\,x^2+y^2\leqslant 3^2\}$.

由曲面方程得

$$\frac{\partial z}{\partial x}=2x,\ \frac{\partial z}{\partial y}=2y,$$

于是 $$S=\iint\limits_{D}\sqrt{1+(2x)^2+(2y)^2}\,\mathrm{d}x\mathrm{d}y=\int_0^{2\pi}\mathrm{d}\theta\int_0^3\sqrt{1+4r^2}\cdot r\mathrm{d}r$$

$$=2\pi\cdot\frac{1}{8}\cdot\frac{2}{3}(1+4r^2)^{\frac{3}{2}}\Big|_0^3=\frac{\pi}{6}(37\sqrt{37}-1).$$

例 2 求半径相等的两个圆柱垂直相交所截下的立体的表面积 S.

解 设两圆柱面方程分别为 $x^2+y^2=R^2$, $x^2+z^2=R^2$,则相交的直观图如图11-20所示(图中画了 yOz 平面前的部分,在 yOz 平面后面,还有对称的另一半).设相交立体在第一卦限部分的表面积为 S_1,则由对称性知,$S=16S_1$.

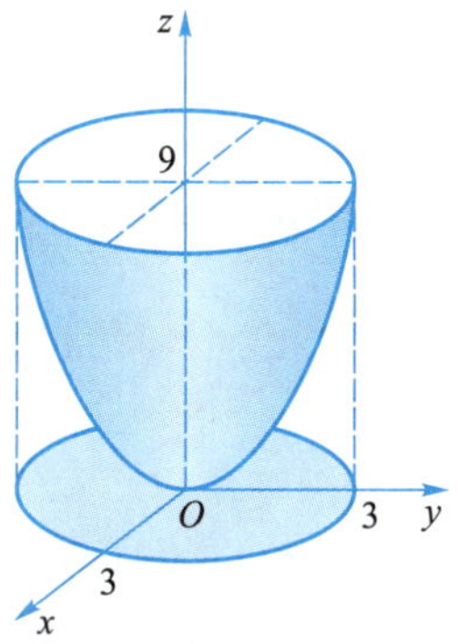

图 11-19

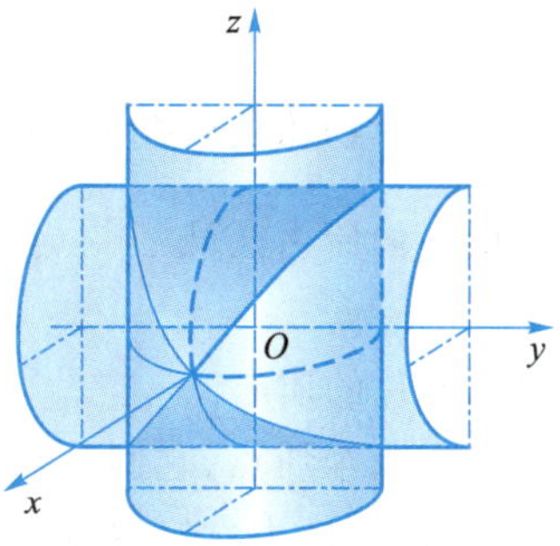

图 11-20

xOy 面上的投影区域为 $D_{xy}=\{(x,y)\,|\,x^2+y^2\leqslant R^2, x\geqslant 0, y\geqslant 0\}$,曲面方程 $z=\sqrt{R^2-x^2}$, $\dfrac{\partial z}{\partial x}=\dfrac{-x}{\sqrt{R^2-x^2}}$, $\dfrac{\partial z}{\partial y}=0$,

于是

$$S=16\iint\limits_{D}\sqrt{1+\frac{x^2}{R^2-x^2}}\,\mathrm{d}x\mathrm{d}y=16R\iint\limits_{D}\frac{\mathrm{d}x\mathrm{d}y}{\sqrt{R^2-x^2}}=16R\int_0^R\mathrm{d}x\int_0^{\sqrt{R^2-x^2}}\frac{\mathrm{d}y}{\sqrt{R^2-x^2}}=16R^2.$$

例 3 求半径为 a 的球的面积.

解 取上半球面方程为 $z=\sqrt{a^2-x^2-y^2}$,则它在 xOy 面上的投影区域 $D=\{(x,y)\,|\,x^2+y^2\leqslant a^2\}$.由

$$\frac{\partial z}{\partial y}=\frac{-y}{\sqrt{a^2-x^2-y^2}},\quad \frac{\partial z}{\partial x}=\frac{-x}{\sqrt{a^2-x^2-y^2}},$$

得

$$\sqrt{1+\left(\frac{\partial z}{\partial x}\right)^2+\left(\frac{\partial z}{\partial y}\right)^2}=\frac{a}{\sqrt{a^2-x^2-y^2}}.$$

因为该函数在闭区域 D 上无界，我们不能直接应用曲面面积公式. 所以先选取区域 $D_1=\{(x,y)\,|\,x^2+y^2\leqslant b^2\}\ (0<b<a)$ 为积分区域，算出相应于 D_1 上的球面积 A_1 后，令 $b\to a$ 取 A_1 的极限就得半球面的面积.

$$A_1=\iint\limits_{D_1}\frac{a}{\sqrt{a^2-x^2-y^2}}\mathrm{d}x\mathrm{d}y.$$

利用极坐标，得

$$\begin{aligned}A_1&=\iint\limits_{D_1}\frac{a}{\sqrt{a^2-r^2}}r\mathrm{d}\theta\mathrm{d}r=a\int_0^{2\pi}\mathrm{d}\theta\int_0^b\frac{r\mathrm{d}r}{\sqrt{a^2-r^2}}\\&=2\pi a\int_0^b\frac{r\mathrm{d}r}{\sqrt{a^2-r^2}}=2\pi a(a-\sqrt{a^2-b^2}).\end{aligned}$$

于是

$$\lim_{b\to a}A_1=\lim_{b\to a}2\pi a(a-\sqrt{a^2-b^2})=2\pi a^2.$$

这就是半个球面的面积，因此整个球面的面积为

$$A=4\pi a^2.$$

*11.3.2 物理应用

1. 非均匀平面薄片的总质量

非均匀平面薄片物体的质量为 $M=\iint\limits_D\mu(x,y)\mathrm{d}x\mathrm{d}y$，其中 $\mu(x,y)$ 为面密度，D 为平面薄片在 xOy 面上的所占区域.

2. 质心

先讨论平面薄片的质心

设在 xOy 上有 n 个质点，它们分别位于点 $(x_1,y_1),(x_2,y_2),\cdots,(x_n,y_n)$ 处，质量分别为 $m_1,m_2,\cdots,m_n$. 由力学知道，该质点系的质心的坐标为

$$\bar{x}=\frac{M_y}{M}=\frac{\sum\limits_{i=1}^n m_ix_i}{\sum\limits_{i=1}^n m_i},\quad \bar{y}=\frac{M_x}{M}=\frac{\sum\limits_{i=1}^n m_iy_i}{\sum\limits_{i=1}^n m_i},$$

其中 $M=\sum\limits_{i=1}^n m_i$ 为该质点的总质量，

$$M_y=\sum_{i=1}^n m_ix_i,\quad M_x=\sum_{i=1}^n m_iy_i,$$

分别为该质点系对 y 轴和 x 轴的静矩.

设有一平面薄片，占有 xOy 面上的闭区域 D，在点 (x,y) 处的面密度为 $\mu(x,y)$，假定 $\mu(x,y)$ 在 D 上连续. 现在要找该薄片的质心的坐标.

在闭区域 D 上任取一直径很小的闭区域 $\mathrm{d}\sigma$（该小闭区域的面积也记作 $\mathrm{d}\sigma$），(x,y)

是这小闭区域上的一个点，由于 $d\sigma$ 的直径很小，且 $\mu(x,y)$ 在 D 上连续，所以薄片中相应于 $d\sigma$ 的部分的质量近似于 $\mu(x,y)d\sigma$，这部分质量可近似看做集中在点 (x,y) 上，于是可写出静矩元素 dM_y 及 dM_x：

$$dM_y = x\mu(x,y)d\sigma,\quad dM_x = y\mu(x,y)d\sigma.$$

以这些元素为被积表达式，在闭区域 D 上积分，便得

$$M_y = \iint_D x\mu(x,y)d\sigma,\quad M_x = \iint_D y\mu(x,y)d\sigma.$$

又由 § 10.1 知道，薄片的质量为

$$M = \iint_D \mu(x,y)d\sigma,$$

所以薄片的质心的坐标为

$$\bar{x} = \frac{M_y}{M} = \frac{\iint\limits_D x\mu(x,y)d\sigma}{\iint\limits_D \mu(x,y)d\sigma},\quad \bar{y} = \frac{M_x}{M} = \frac{\iint\limits_D y\mu(x,y)d\sigma}{\iint\limits_D \mu(x,y)d\sigma}. \tag{2}$$

如果薄片是均匀的，即面密度为常量，则上式中可把 μ 提到积分记号外面并从分子、分母中约去，这样便得到均匀薄片的质心的坐标为

$$\bar{x} = \frac{1}{A}\iint_D x d\sigma,\quad \bar{y} = \frac{1}{A}\iint_D y d\sigma. \tag{3}$$

其中 $A = \iint\limits_D d\sigma$ 为闭区域 D 的面积，这时薄片的质心完全由闭区域 D 的形状所决定. 我们把均匀平面薄片的质心叫做该平面薄片所占的平面图形的形心. 因此，平面图形 D 的形心的坐标，就可用公式(3)计算.

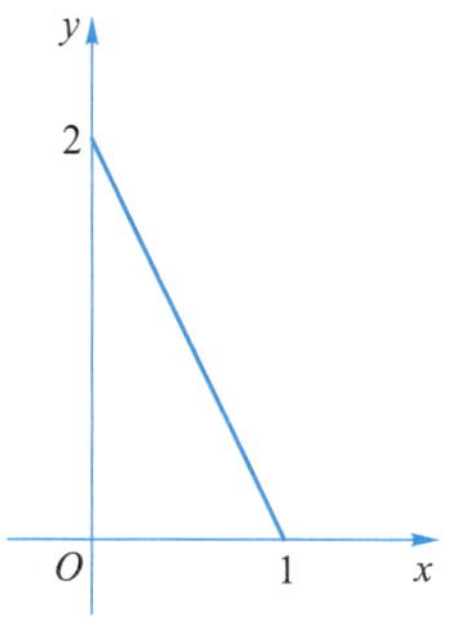

图 11－21

例 4　以(0,0)，(1,0)，(0,2)为顶点的三角形薄片的密度为 $\mu(x,y)=1+3x+y$，求其质量及重心坐标(图 11－21).

解　因为过(1,0)和(0,2)两点的直线方程为 $y=2-2x$，所以薄片总质量为

$$\begin{aligned} M &= \iint_D \mu(x,y)dxdy \\ &= \int_0^1 dx\int_0^{2-2x}(1+3x+y)dy = 4\int_0^1(1-x^2)dx = \frac{8}{3}; \end{aligned}$$

故

$$\begin{aligned} x_c &= \frac{1}{M}\iint_D x\mu(x,y)dxdy = \frac{3}{8}\int_0^1 dx\int_0^{2-2x} x(1+3x+y)dy \\ &= \frac{3}{2}\int_0^1 (x-x^3)dx = \frac{3}{8}, \\ y_c &= \frac{1}{M}\iint_D y\mu(x,y)dxdy = \frac{3}{8}\int_0^1 dx\int_0^{2-2x} y(1+3x+y)dy \\ &= \frac{1}{4}\int_0^1 (7-9x-3x^2+5x^3)dx = \frac{11}{16}. \end{aligned}$$

所以薄片质量为$\frac{8}{3}$，重心坐标为$\left(\frac{3}{8},\frac{11}{16}\right)$.

例 5 求位于两圆 $\rho=2\sin\theta$ 和 $\rho=4\sin\theta$ 之间的均匀薄片的质心(图 11－22).

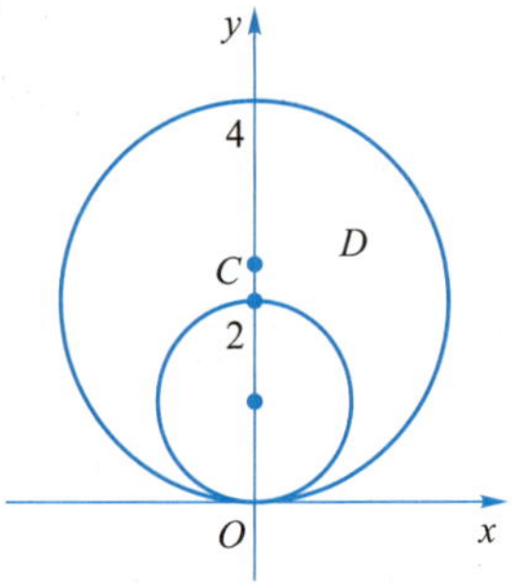

图 11－22

解 因为闭区域 D 对称于 y 轴，所以质心 $C=(\bar{x},\bar{y})$ 必位于 y 轴上，于是 $\bar{x}=0$，

再按公式

$$\bar{y}=\frac{1}{A}\iint\limits_D y\mathrm{d}\sigma$$

计算 $\bar{y}$，由于闭区域 D 位于半径为 1 与半径为 2 的两圆之间，所以它的面积等于这两个圆的面积之差，即 $A=3\pi$. 再利用极坐标计算积分

$$\iint\limits_D y\mathrm{d}\sigma=\iint\limits_D \rho^2\sin\theta\mathrm{d}\rho\mathrm{d}\theta=\int_0^{\pi}\sin\theta\mathrm{d}\theta\int_{2\sin\theta}^{4\sin\theta}\rho^2\mathrm{d}\rho$$

$$=\frac{56}{3}\int_0^{\pi}\sin^4\theta\mathrm{d}\theta=7\pi.$$

因此

$$\bar{y}=\frac{7\pi}{3\pi}=\frac{7}{3}.$$

所以质心是 $C\left(0,\frac{7}{3}\right)$.

3. 转动惯量

先讨论平面薄片的转动惯量.

设在 xOy 面上有 n 个质点，它们分别位于点 (x_1,y_1)，(x_2,y_2)，…，(x_n,y_n) 处，质量分别为 $m_1,m_2,\cdots,m_n$. 由力学知道，该质点系对于 x 轴以及 y 轴的转动惯量依次为

$$I_x=\sum_{i=1}^{n}y_i^2m_i,\quad I_y=\sum_{i=1}^{n}x_i^2m_i.$$

设有一薄片，占有 xOy 面上的闭区间 D，在点 (x,y) 处的面密度为 $\mu(x,y)$，假定 $\mu(x,y)$ 在 D 上连续. 现在要求该薄片对于 x 轴的转动惯量 I_x 以及对于 y 轴的转动惯量 I_y. 应用元素法，在闭区间 D 上任取一直径很小的闭区域 $\mathrm{d}\sigma$（该小闭区域的面积也记作 $\mathrm{d}\sigma$），(x,y) 是该小闭区域上的一个点，因为 $\mathrm{d}\sigma$ 部分的质量近似等于 $\mu(x,y)\mathrm{d}\sigma$，该部分质量可近似看做集中在点 (x,y) 上，于是可写出薄片对于 x 轴以及对于 y 轴的转动惯量元素：

$$\mathrm{d}I_x=y^2\mu(x,y)\mathrm{d}\sigma,\quad \mathrm{d}I_y=x^2\mu(x,y)\mathrm{d}\sigma,$$

以这些元素为被积表达式，在闭区域 D 上积分，使得

$$I_x=\iint\limits_D y^2\mu(x,y)\mathrm{d}\sigma,\quad I_y=\iint\limits_D x^2\mu(x,y)\mathrm{d}\sigma.$$

例 6 求半径为 a 的均匀半圆薄片（面密度为常量 μ）对于其直径边的转动惯量.

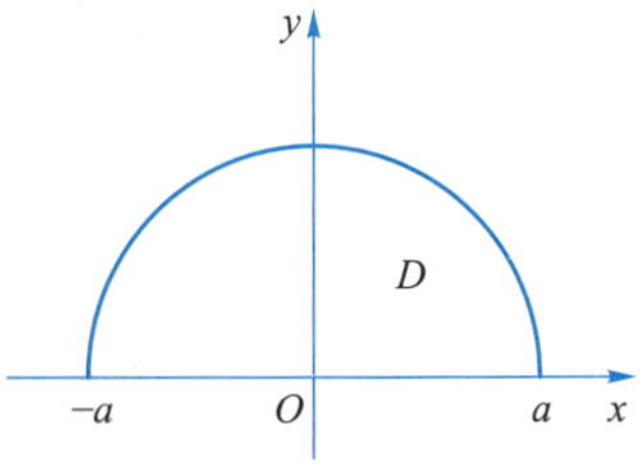

图 11－23

解 取坐标系如图 11－23 所示，则薄片所占闭区域

$$D=\{(x,y)\mid x^2+y^2\leqslant a^2,y\geqslant 0\}.$$

而所求转动惯量即半圆薄片对于 x 轴的转动惯量 I_x.

$$I_x=\iint_D y^2\mu\mathrm{d}\sigma=\mu\iint_D \rho^3\sin^2\theta\mathrm{d}\rho\mathrm{d}\theta=\mu\int_0^{\pi}\mathrm{d}\theta\int_0^{a}\rho^3\sin^2\theta\mathrm{d}\rho$$

$$=\mu\cdot\frac{a^2}{4}\int_0^{\pi}\sin^2\theta\mathrm{d}\theta=\frac{1}{4}\mu a^4\cdot\frac{\pi}{2}=\frac{1}{4}Ma^2,$$

其中 $M=\frac{1}{2}\pi a^2\mu$ 为半圆薄片的质量.

练习 11.3

1. 试用二重积分导出球面面积公式.

2. 以平行于半径为 R 的半球面的底圆的平面切割,使半球面被分成的两部分有相同的表面积,试确定平面的位置.

3. 求图 11－24 形状的均匀薄片的质心坐标.

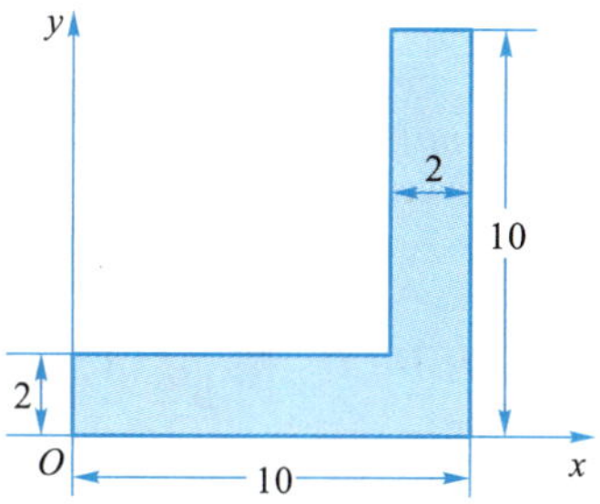

图 11－24

4. 求圆锥面 $z=\sqrt{x^2+y^2}$ 被柱面 $z^2=2x$ 所割下的部分的曲面面积.

习题 11.3

1. 求下列曲面的面积.

(1) 曲面 $z=1-x^2-y^2$ 在 $z\geqslant 0$ 的部分;

(2) 曲面 $z=xy$ 被柱面 $x^2+y^2=R^2$ 所截下部分;

(3) 球面 $x^2+y^2+z^2=16$ 被平面 $z=1,z=2$ 所夹的部分;

(4) 圆锥面 $z=\sqrt{x^2+y^2}$ 被柱面 $x^2+y^2=2x$ 所割下的部分.

2. 求下列平面薄片的质心坐标.

(1) 设密度均匀,区域为曲线 $y^2=4x+4$, $y^2=-2x+4$ 围成的平面图形;

(2) 设面密度 $\mu(x,y)=x^2+y^2$,区域为由直线 $y=0,x=0,x+y=a(a>0)$ 围成的平面图形;

3. 一均匀物体(密度 ρ 为常量)占有的闭区域 Ω 由曲面 $z=x^2+y^2$ 和平面 $z=0$, $|x|=a,|y|=a$ 所围成,

(1) 求物体的体积;

(2) 求物体的质心;

(3) 求物体关于 z 轴的转动惯量.

本 章 小 结

一、主要内容

1. 二重积分的定义

$\iint\limits_D f(x,y)\mathrm{d}x\mathrm{d}y=\lim\limits_{\lambda\to 0}\sum\limits_{i=1}^{n}f(\xi_i,\eta_i)\cdot\Delta\sigma_i$（其中 λ 为区域分划的最大直径）.

2. 二重积分的几何意义

当 $f(x,y)\geqslant 0,(x,y)\in D$, $\iint\limits_D f(x,y)\mathrm{d}x\mathrm{d}y$ 表示以 D 为底、曲面 $z=f(x,y)$ 为顶的 z 向曲顶柱体的体积, $\iint\limits_D \mathrm{d}x\mathrm{d}y$ 在数值上表示 D 的面积 S_D.

3. 二重积分的性质

（1）线性性质：$\iint\limits_D[af(x,y)+bg(x,y)]\mathrm{d}x\mathrm{d}y=a\iint\limits_D f(x,y)\mathrm{d}x\mathrm{d}y+\iint\limits_D g(x,y)\mathrm{d}x\mathrm{d}y$ $(a,b\in\mathbf{R})$；

（2）区域可加性：若把 D 划分为 D_1,D_2，则 $\iint\limits_D f(x,y)\mathrm{d}x\mathrm{d}y=(\iint\limits_{D_1}+\iint\limits_{D_2})f(x,y)\mathrm{d}x\mathrm{d}y$；

（3）估值定理：$M=\max\limits_{(x,y)\in D}f(x,y)$，$m=\min\limits_{(x,y)\in D}f(x,y)$，则 $mS_D\leqslant\iint\limits_D f(x,y)\mathrm{d}x\mathrm{d}y\leqslant MS_D$；

（4）中值定理：若 $f(x,y)$ 在 D 上连续，则存在 $(\xi,\eta)\in D$，使 $\iint\limits_D f(x,y)\mathrm{d}x\mathrm{d}y=f(\xi,\eta)S_D$.

4. 二重积分的计算

根据积分区域 D 的特点，化为累次积分，即连续两次计算定积分，计算内积分时，暂时视外积分变量为常数.

（1）$D=\{(x,y)\mid\varphi_1(x)\leqslant y\leqslant\varphi_2(x),\ a\leqslant x\leqslant b\}$（$X$ 型双曲边梯形）

$$\iint\limits_D f(x,y)\mathrm{d}x\mathrm{d}y=\int_a^b\mathrm{d}x\int_{\varphi_1(x)}^{\varphi_2(x)}f(x,y)\mathrm{d}y;$$

（2）$D=\{(x,y)\mid\psi_1(y)\leqslant x\leqslant\psi_2(y),\ c\leqslant y\leqslant d\}$（$X$ 型双曲边梯形）

$$\iint\limits_D f(x,y)\mathrm{d}x\mathrm{d}y=\int_c^d\mathrm{d}y\int_{\psi_1(y)}^{\psi_2(y)}f(x,y)\mathrm{d}x;$$

（3）$D=\{(r,\theta)\mid r_1(\theta)\leqslant r\leqslant r_2(\theta),\alpha\leqslant\theta\leqslant\beta\}$（极坐标表示的双曲边扇形）

$$\iint\limits_D f(x,y)\mathrm{d}x\mathrm{d}y\int_\alpha^\beta\mathrm{d}\theta\int_{r_1(\theta)}^{r_2(\theta)}f(r\cos\theta,r\sin\theta)\cdot r\mathrm{d}r.$$

5. 二重积分的应用

（1）曲面面积：方程为 $z=f(x,y),(x,y)\in D_{xy}$ 的曲面块 Σ 的面积 S_Σ 为

$$S_{\Sigma}=\iint\limits_{D_{xy}}\sqrt{1+\left(\frac{\partial z}{\partial x}\right)^2+\left(\frac{\partial z}{\partial y}\right)^2}\,\mathrm{d}x\mathrm{d}y;$$

(2) 重心(质心)的坐标:占有区域为 D、面密度为 $\mu(x,y)$ 的平面薄片的质心 C 的坐标为

$$x_C=\frac{1}{M}\iint\limits_D x\cdot\mu(x,y)\,\mathrm{d}x\mathrm{d}y,\quad y_C=\frac{1}{M}\iint\limits_D y\cdot\mu(x,y)\,\mathrm{d}x\mathrm{d}y,$$

其中 $M=\iint\limits_D\mu(x,y)\,\mathrm{d}x\mathrm{d}y$ 为薄片的总质量;

(3) 转动惯量:占有区域为 D、面密度为 $\mu(x,y)$ 的平面薄片关于 x 轴、y 轴和原点的转动惯量

$$J_x=\iint\limits_D y^2\mu(x,y)\,\mathrm{d}x\mathrm{d}y,\quad J_y=\iint\limits_D x^2\mu(x,y)\,\mathrm{d}x\mathrm{d}y,\quad J_O=J_x+J_y.$$

二、基本要求

1. 理解二重积分的概念,了解二重积分的性质.
2. 掌握二重积分的计算方法(直角坐标系和极坐标系两种).
3. 会用二重积分求一些几何量(体积和曲面的面积)以及一些简单的物理量(质量、重心等).

复习题十一

一、选择题

1. 如果 $\iint\limits_D\mathrm{d}x\mathrm{d}y=1$,则其中 D 是由(　　)围成的闭区域.

A. $y=x+1,x=0,x=1,x$ 轴　　B. $|x|=1,|y|=1$

C. $2x+y=2,x$ 轴,y 轴　　D. $|x+y|=1,|x-y|=1$

2. 设 D 是由 $|x|=2,|y|=1$ 所围成的闭区域,则 $\iint\limits_D xy^2\mathrm{d}x\mathrm{d}y=$(　　).

A. $\frac{4}{3}$　　B. $\frac{8}{3}$　　C. $\frac{16}{3}$　　D. 0

3. 二重积分 $\int_0^2\mathrm{d}x\int_{\frac{x^2}{4}}^1 f(x,y)\mathrm{d}y$ 交换积分次序后为(　　).

A. $\int_0^2\mathrm{d}y\int_{\sqrt{4y}}^1 f(x,y)\mathrm{d}x$　　B. $\int_0^2\mathrm{d}y\int_0^{\sqrt{4y}} f(x,y)\mathrm{d}x$

C. $\int_0^1\mathrm{d}y\int_0^{\sqrt{4y}} f(x,y)\mathrm{d}x$　　D. $\int_0^1\mathrm{d}y\int_{\sqrt{4y}}^{\sqrt{2}} f(x,y)\mathrm{d}x$

4. 二重积分 $\iint\limits_D f(x,y)\mathrm{d}\sigma$ 化为累次积分为(　　),其中 $D:(x-1)^2+y^2\leqslant 1$.

A. $\int_0^{2\pi}\mathrm{d}\theta\int_0^1 f(r\cos\theta,r\sin\theta)r\mathrm{d}r$　　B. $\int_{-\frac{\pi}{2}}^{\frac{\pi}{2}}\mathrm{d}\theta\int_0^{2\cos\theta} f(r\cos\theta,r\sin\theta)r\mathrm{d}r$

C. $\int_0^2 dx \int_0^{\sqrt{x-x^2}} f(x,y)\,dy$　　D. $\int_0^1 dx \int_0^{\sqrt{2x-x^2}} f(x,y)\,dy$

二、填空题

1. 设积分区域是由 $|x|=1$, $|y+1|=1$ 围成的矩形区域,则 $\iint\limits_D dxdy=$ ________;

2. 累次积分 $\int_0^1 dx \int_{-\sqrt{x}}^{\sqrt{x}} f(x,y)\,dy$,改变积分次序为________________;

3. 设 $D=\{(x,y)\,|\,x^2+y^2\leqslant R^2\}$,则 $\iint\limits_D \sqrt{R^2-x^2-y^2}\,dxdy=$ ________.

三、计算二重积分 $I=\iint\limits_D \frac{x+y}{\sqrt{x^2+y^2}}dxdy$,其中 D 是由 $x^2+y^2=1$, $x^2+y^2=9$, $y=x$ 及 $y=-x$ 所围成的区域在第一、二象限内的部分.

四、计算二重积分 $I=\iint\limits_D |\sin(x+y)|\,dxdy$, D 是由直线 $y=x$, $y=0$, $x=\pi$ 所围成的三角形区域.

五、交换二次积分 $\int_{-1}^1 dx \int_0^{\sqrt{1-x^2}} \frac{ye^{y^2}}{\sqrt{1-y^2}}dy$ 的积分次序并计算.

六、求由旋转抛物面 $z=x^2+y^2$,柱面 $x^2+y^2=1$,平面 $z=2$ 围成的在 $x^2+y^2\leqslant 1$ 内的立体体积.

阅读材料

多元微积分学

多元函数的微积分学,是微积分学的一个重要组成部分.多元微积分是在一元微积分的基本思想的发展和应用中自然而然地形成的.其基本概念都是在描述和分析物理现象和规律中,与一元微积分的基本概念合为一体而产生的.将微积分算法推广到多元函数而建立偏导数理论和多重积分理论的主要是 18 世纪的数学家.

偏导数的朴素思想,在微积分学创立的初期,就多次出现在力学研究的著作中,但这一时期,普通的导数与偏导数并没有明显地被区分开,人们只是注意到其物理意义不同.偏导数是在多个自变量的函数中,考虑其中某一个自变量变化的导数.牛顿从 x 和 y 的多项式 $f(x,y)=0$ 中导出 f 关于 x 或 y 的偏微商的表达式.雅各布·伯努利(1654—1705)在他关于等周问题的著作中使用了偏导数。尼古拉·伯努利(1687—1759)在 1720 年的一篇关于正交轨线的文章中也使用了偏导数,并证明了函数 $f(x,y)$ 在一定条件下,对 x,y 求偏导数其结果与求导顺序无关,即相当于有

$$\frac{\partial^2 f(x,y)}{\partial x\partial y}=\frac{\partial^2 f(x,y)}{\partial y\partial x}.$$

偏导数的理论是由欧拉和法国数学家方丹(1705—1771)、克莱罗(1713—1765)与达朗贝尔(1717—1783)在早期偏微分方程的研究中建立起来的. 欧拉在关于流体力学的一系列文章中给出了偏导数运算法则、复合函数偏导数、偏导数反演和函数行列式等有关运算。1739 年,克莱罗在关于地球形状的研究论文中首次提出全微分的概念,建立了现在称为全微分方程的一个方程 $P\mathrm{d}x+Q\mathrm{d}y+R\mathrm{d}z=0$,讨论了该方程可积分的条件. 达朗贝尔在 1743 年的著作《动力学》和 1747 年关于弦振动的研究中,推广了偏导数的演算. 不过当时一般都用同一个记号 d 表示通常导数与偏导数,现在用的专门的偏导数记号直到 19 世纪 40 年代才由雅可比(C. G. J. Jacobi, 1804—1851)在其行列式理论中正式创用并逐渐普及.

重积分的概念,牛顿在他的《原理》中讨论球与球壳作用于质点上的万有引力时就已经涉及,但他是用几何形式论述的. 在 18 世纪上半叶,牛顿的工作被以分析的形式加以推广. 1748 年,欧拉用累次积分算出了表示一厚度为 δc 的椭圆薄片对其中心正上方一质点的引力的重积分:

$$\delta c=\iint\frac{c\mathrm{d}x\mathrm{d}y}{(c^2+x^2+y^2)^{\frac{3}{2}}},$$

其中积分区域由椭圆 $\frac{x^2}{a^2}+\frac{y^2}{b^2}=1$ 围成.

1769 年,欧拉建立了平面有界区域上二重积分理论,他给出了用累次积分计算二重积分的方法. 而拉格朗日(1736—1813)在关于旋转椭球的引力的著作中,用三重积分表示引力. 为了克服计算中的困难,他转用球坐标,建立了有关的积分变换公式,开始了多重积分变换的研究. 与此同时,拉普拉斯(1749—1827)也使用了球坐标变换.

1828 年,俄国数学家奥斯特洛格拉茨基在研究热传导理论的过程中,证明了关于三重积分和曲面积分之间关系的公式,现在称为奥斯特洛格茨基 - 高斯公式(高斯也曾独立地证明过这个公式). 同一年,英国数学家格林(1793—1841)在研究位势方程时得到了著名的格林公式. 1833 年以后,德国数学家雅可比建立了多重积分变量替换的雅可比行列式. 与此同时,奥斯特洛格拉茨基不仅得到了二重积分和三重积分的变换公式,而且还把奥 - 高公式推广到 n 维的情形. 变量替换中涉及的曲线积分与曲面积分也是在这一时期得到明确的概念和系统的研究. 1854 年,英国数学物理学家斯托克斯(1819—1903)把格林公式推广到三维空间,建立了著名的斯托克斯定理. 多元微积分和一元微积分同时随着其理论分析的发展在数学物理的许多领域获得了广泛的应用.

第 12 章　矩阵及其运算

从本章开始到第 14 章，其内容属于数学的另外一个分支——线性代数. 线性代数同微积分一样，是高等数学中两大入门课程之一，它在物理、化学、计算机图形、信号处理、过程控制、经济学、社会科学等方面都有着极其广泛的应用.

矩阵是线性代数的主要研究对象和重要工具，许多理论问题和实际问题都可以转化为矩阵问题，并通过研究矩阵得以解决，从而使得问题变得简单.

例如，我们在考虑城市之间的交通情况时，其联结情况可以用通路矩阵来研究；电视、电影、计算机中的动态仿真图形的旋转、缩放变换，都可以用矩阵来表示；一定时空系统内化合物的各原子数量，可以用原子矩阵表示；用图论解决很多复杂的实际问题时，会用到邻接矩阵；大名鼎鼎的数学软件 MATLAB（matrix & laboratory 两个词的组合，意为矩阵实验室）其基本元素都是矩阵；利用可逆矩阵可以对信息的传递进行加密、解密工作；种群数量变化模型、层次分析法中要用到矩阵；赢得矩阵可以用来研究博弈论中的二人有限零和对策问题，等等.

本章就从矩阵开始，主要介绍矩阵的概念、矩阵的运算、行列式及其相关应用.

【导例】人口迁移问题

统计资料显示，某城市以往很长时间的总人口数可以看做近似不变，但每年人口的分布情况有所变化：每年都有 5% 的居民从市区迁移到郊区，且有 15% 的居民从郊区迁移到市区. 假设 2017 年该城市有 70 万人口居住在市区，30 万人口居住在郊区. 问：

（1）该城市 10 年后市区和郊区分别有多少人口？

（2）该城市 30 年后以及 50 年后市区和郊区分别有多少人口？并观察其变化趋势.

如何方便快捷地解决本题？待我们学习完矩阵的相关知识后，再来解决.

§12.1　矩阵的概念

12.1.1　矩阵的定义

数学的魅力在于将具有共性的对象进行抽象. 例如,我们用数字"1"既可以表示一个人,也可以表示一个苹果,一把椅子,一场电影等. 同样,矩阵也是从实际问题中抽象出来的数学概念.

引例 1　某企业生产甲、乙、丙三种食品,各种食品的季度产量(吨),见表 12-1,试确定该企业每个季度的食品生产总量以及各食品的年产量.

表 12-1　产量情况表　　单位:吨

季度＼产量＼产品	甲	乙	丙
一季度	30	40	50
二季度	45	50	55
三季度	55	60	70
四季度	65	70	80

引例 2　已知某学期张萍、王刚和李冰三人的期末成绩见表 12-2,试确定每个人的总成绩.

表 12-2　期末成绩表

姓名＼成绩＼科目	数学	物理	化学	英语
张萍	98	90	87	72
王刚	89	90	86	98
李冰	97	84	75	87

不难看出,引例 1 和引例 2 实际上是对表格中的行数据或列数据进行求和的问题. 因此,我们只需关心其中的数表.

引例 1 对应了如下 4 行 3 列的矩形数表:

$$\begin{pmatrix} 30 & 40 & 50 \\ 45 & 50 & 55 \\ 55 & 60 & 70 \\ 65 & 70 & 80 \end{pmatrix}$$

引例 2 对应了如下 3 行 4 列的矩形数表:

$$\begin{pmatrix} 98 & 90 & 87 & 72 \\ 89 & 90 & 86 & 98 \\ 97 & 84 & 75 & 87 \end{pmatrix}$$

在自然科学、工程技术及经济领域中，经常遇到类似这样的矩形数表. 数表可以简洁地反映实际问题中的有用信息，因此对实际问题的研究，常常可以转化为对这些矩形数表的研究与处理. 数学上将这种矩形数表称为矩阵.

定义 1 由 $m\times n$ 个数 $a_{ij}(i=1,2,\cdots,m;j=1,2,\cdots,n)$ 排成的 m 行 n 列的矩形数表

$$\boldsymbol{A}=\begin{pmatrix} a_{11} & a_{12} & \cdots & a_{1n} \\ a_{21} & a_{22} & \cdots & a_{2n} \\ \vdots & \vdots & & \vdots \\ a_{m1} & a_{m2} & \cdots & a_{mn} \end{pmatrix}$$

称为 m 行 n **列矩阵**，简称 $m\times n$ **矩阵**，其中 a_{ij} 为矩阵 $\boldsymbol{A}$ 的第 i 行第 j 列**元素**. 矩阵 $\boldsymbol{A}$ 一般用大写黑体的英文字母 $\boldsymbol{A},\boldsymbol{B},\boldsymbol{C},\cdots$ 来表示，可记作 $(a_{ij})_{m\times n}$ 或 $\boldsymbol{A}_{m\times n}$.

矩阵的概念

南京机电职业技术学院—杨青

一个矩阵的行数和列数就决定了这个矩阵的型. 当两个矩阵的行数和列数都相等时，称它们是**同型矩阵**.

定义 2 若两个同型矩阵 $\boldsymbol{A}=(a_{ij})_{m\times n}$ 与矩阵 $\boldsymbol{B}=(b_{ij})_{m\times n}$ 中对应元素相等，即 $a_{ij}=b_{ij}(i=1,2,\cdots,m;\ j=1,2,\cdots,n)$，则称矩阵 $\boldsymbol{A}$ 和矩阵 $\boldsymbol{B}$ 相等，记为 $\boldsymbol{A}=\boldsymbol{B}$.

作为应用，下面再给出一些用矩阵描述实际问题的例子.

例 1（原子矩阵） 在 600 ℃ 和 1×10^5 Pa 压力下，甲烷和水蒸气反应，生成气体中含有下列组分：CH_4，H_2O，H_2，CO，CO_2，C，C_2O_6，根据各组分的原子可列出一个原子矩阵：

$$\begin{array}{c} \\ C \\ H \\ O \end{array}\begin{array}{c} \begin{array}{ccccccc} CH_4 & H_2O & H_2 & CO & CO_2 & C & C_2O_6 \end{array} \\ \begin{pmatrix} 1 & 0 & 0 & 1 & 1 & 1 & 2 \\ 4 & 2 & 2 & 0 & 0 & 0 & 0 \\ 0 & 1 & 0 & 1 & 2 & 0 & 6 \end{pmatrix} \end{array}$$

例 2（通路矩阵） 四个城市间的物流线路如图 12－1 所示. 其中ⓘ$(i=1,2,3,4)$表示城市的代码，它们之间的连线和箭头表示城市之间的物流线路及方向. 若 a_{ij} 表示从 i 市直达 j 市线路的条数，则该线路图可以用如下矩阵表示：

$$\boldsymbol{A}=(a_{ij})=\begin{pmatrix} 0 & 1 & 1 & 1 \\ 1 & 0 & 0 & 0 \\ 0 & 1 & 0 & 0 \\ 1 & 0 & 1 & 0 \end{pmatrix}.$$

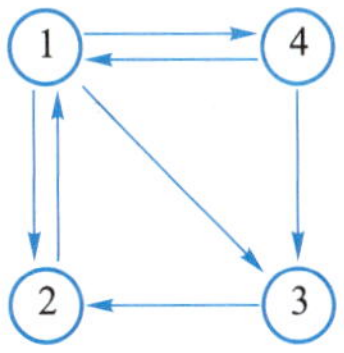

图 12－1 城市物流线路图

12.1.2 几种特殊的矩阵

我们利用矩阵解决问题时，经常遇到下面几种特殊矩阵.

1. 行矩阵和列矩阵 仅有一行的矩阵称为**行矩阵**，也称**行向量**. 此时，元素之间一般用"，"隔开，如 $\boldsymbol{A}=(a_1,a_2,\cdots,a_n)$.

仅有一列的矩阵称为**列矩阵**，也称**列向量**，常用希腊字母 $\boldsymbol{\alpha},\boldsymbol{\beta},\boldsymbol{\gamma}\cdots$ 表示. 如

$$\boldsymbol{\alpha}=\begin{pmatrix}b_1\\b_2\\\vdots\\b_m\end{pmatrix}.$$

2. 零矩阵 若一个矩阵的所有元素都为零,则称这个矩阵为**零矩阵**.例如,一个 $m\times n$ 的零矩阵可记为 $\boldsymbol{O}_{m\times n}$,如不混淆,可简记为 $\boldsymbol{O}$.

3. 方阵 行数和列数相同的矩阵称为**方阵**,例如

$$\boldsymbol{A}=\begin{pmatrix}a_{11}&a_{12}&\cdots&a_{1n}\\a_{21}&a_{22}&\cdots&a_{2n}\\\vdots&\vdots&&\vdots\\a_{n1}&a_{n2}&\cdots&a_{nn}\end{pmatrix}$$

为 $n\times n$ **方阵**,简记为 n **阶方阵**. n 阶方阵 $\boldsymbol{A}$ 也记作 $\boldsymbol{A}_n$.

方阵 $\boldsymbol{A}_n$ 中,左上角到右下角的连线称为**主对角线**,其上元素 $a_{11},a_{22},\cdots,a_{nn}$ 称为**主对角元**.特别地,一阶方阵可以不加矩阵符号,相当于一个数,如 $(a)=a$.

4. 上(下)三角矩阵 若一个方阵的主对角线下(上)的元素全为零,则此矩阵称为上(下)三角矩阵.上、下三角矩阵统称为三角矩阵.如

$$\begin{pmatrix}a_{11}&a_{12}&\cdots&a_{1n}\\0&a_{22}&\cdots&a_{2n}\\\vdots&\vdots&&\vdots\\0&0&\cdots&a_{nn}\end{pmatrix}\text{和}\begin{pmatrix}a_{11}&0&\cdots&0\\a_{21}&a_{22}&\cdots&0\\\vdots&\vdots&&\vdots\\a_{n1}&a_{n2}&\cdots&a_{nn}\end{pmatrix}\text{分别称为上三角矩阵和下三角矩阵.}$$

5. 对角矩阵 若一个 n 阶方阵 $\boldsymbol{A}$ 除了主对角线上的元素之外,其余的元素都等于零,则此矩阵称为**对角矩阵**,通常用 $\boldsymbol{\Lambda}$ 表示,即

$$\boldsymbol{\Lambda}=\begin{pmatrix}a_{11}&0&\cdots&0\\0&a_{22}&\cdots&0\\\vdots&\vdots&&\vdots\\0&0&\cdots&a_{nn}\end{pmatrix}.$$

6. 单位矩阵 主对角线上的元素都是 1 的对角矩阵称为**单位矩阵**.一个 n 阶单位矩阵用 $\boldsymbol{E}_n$ 或 $\boldsymbol{I}_n$ 表示.如不混淆,可简记为 $\boldsymbol{E}$ 或 $\boldsymbol{I}$.

$$\boldsymbol{E}=\begin{pmatrix}1&0&\cdots&0\\0&1&\cdots&0\\\vdots&\vdots&&\vdots\\0&0&\cdots&1\end{pmatrix}.$$

7. 对称矩阵 满足条件 $a_{ij}=a_{ji}(i,j=1,2,\cdots,n)$ 的方阵 $\boldsymbol{A}=(a_{ij})_{n\times n}$ 称为**对称矩阵**.对称矩阵的特点是:它的元素以主对角线为对称轴对应相等.如,矩阵

$$\begin{pmatrix}1&2\\2&4\end{pmatrix}\text{和}\begin{pmatrix}a_1&b&c\\b&a_2&d\\c&d&a_3\end{pmatrix}\text{均是对称矩阵.}$$

练习 12.1

1. 下列结论正确的是(　　).

A. 所有的零矩阵都相等

B. 零矩阵一定是方阵

C. 所有的 5 阶方阵一定是同型矩阵

D. 不是同型矩阵也可能相等

2. 下列矩阵哪些是方阵？哪些是三角矩阵？哪些是对称矩阵？如是方阵，主对角元素是什么？

$$\boldsymbol{A}=\begin{pmatrix}-1&0&2\\1&0&0\\-2&1&3\end{pmatrix},\quad \boldsymbol{B}=\begin{pmatrix}3&1&4&7\\0&2&2&6\\0&0&0&1\end{pmatrix},\quad \boldsymbol{C}=\begin{pmatrix}1&3&5\\0&1&2\\0&0&3\end{pmatrix},\quad \boldsymbol{D}=\begin{pmatrix}1&0&-2&4\\0&3&0&1\\-2&0&0&5\\4&1&5&2\end{pmatrix}$$

3. 有两种物资 A_1、A_2 要运往三个地区 B_1、B_2、B_3，其调运方案见表 12－3，试用矩阵 $\boldsymbol{A}$ 表示该调运方案，并给出 a_{23} 以及它代表的实际含义.

表 12－3　调运数据表　　单位：吨

地区 物资	B_1	B_2	B_3
A_1	92	88	87
A_2	85	65	76

习题 12.1

1. 已知 $\boldsymbol{A}=\begin{pmatrix}1&2-y\\x-1&2\end{pmatrix}$，$\boldsymbol{B}=\begin{pmatrix}1&y\\3&2\end{pmatrix}$，若 $\boldsymbol{A}=\boldsymbol{B}$，则 $x=$______，$y=$______.

2. 图 12－2 表示了四个城市之间的航线网图，其中ⓘ($i=1,2,3,4$)表示城市的代码，它们之间的连线和箭头表示城市之间的航线线路及方向. 请利用通路矩阵来表示.

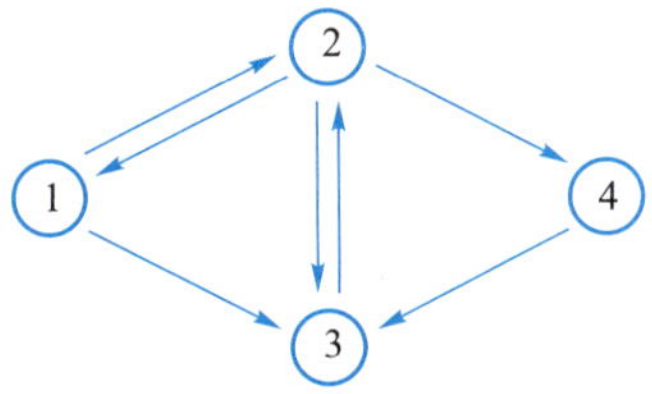

图 12－2　城市航线网

§ 12.2 矩阵的运算

12.2.1 矩阵的线性运算

1. 矩阵的加法

引例 1 某公司 2017 年在北京、上海、无锡销售甲、乙、丙、丁四种产品，其销量情况如表 12-4 所示. 试求该公司的四种产品在三个城市全年的总销量.

表 12-4 销售量情况表 单位：千件

产品和销售时间 / 销售城市	甲		乙		丙		丁	
	上半年	下半年	上半年	下半年	上半年	下半年	上半年	下半年
北京	15	25	30	40	35	30	55	70
上海	15	20	25	30	20	25	50	60
无锡	10	15	25	30	20	10	50	50

分析 三个城市上半年和下半年的四种产品销量可分别写成矩阵 $\boldsymbol{A}$ 和 $\boldsymbol{B}$：

$$\boldsymbol{A}=\begin{pmatrix}15 & 30 & 35 & 55\\ 15 & 25 & 20 & 50\\ 10 & 25 & 20 & 50\end{pmatrix},\quad \boldsymbol{B}=\begin{pmatrix}25 & 40 & 30 & 70\\ 20 & 30 & 25 & 60\\ 15 & 30 & 10 & 50\end{pmatrix}.$$

那么，三个城市全年四种产品的总销量可用矩阵 $\boldsymbol{C}$ 表示如下：

$$\boldsymbol{C}=\begin{pmatrix}15+25 & 30+40 & 35+30 & 55+70\\ 15+20 & 25+30 & 20+25 & 50+60\\ 10+15 & 25+30 & 20+10 & 50+50\end{pmatrix}=\begin{pmatrix}40 & 70 & 65 & 125\\ 35 & 55 & 45 & 110\\ 25 & 55 & 30 & 100\end{pmatrix}.$$

我们看到，矩阵 $\boldsymbol{C}$ 中的元素是由矩阵 $\boldsymbol{A}$ 和矩阵 $\boldsymbol{B}$ 中的对应元素相加得到的，下面给出矩阵加法的定义.

矩阵的运算(一)

南京机电职业技术学院—杨青

定义 1 设 $m\times n$ 矩阵 $\boldsymbol{A}=(a_{ij})_{m\times n}$ 与矩阵 $\boldsymbol{B}=(b_{ij})_{m\times n}$，则称 $m\times n$ 矩阵 $\boldsymbol{C}=(a_{ij}+b_{ij})_{m\times n}$ 为矩阵 $\boldsymbol{A}$ 与 $\boldsymbol{B}$ 的和，记为 $\boldsymbol{A}+\boldsymbol{B}$，即

$$\boldsymbol{A}+\boldsymbol{B}=\begin{pmatrix}a_{11}+b_{11} & a_{12}+b_{12} & \cdots & a_{1n}+b_{1n}\\ a_{21}+b_{21} & a_{22}+b_{22} & \cdots & a_{2n}+b_{2n}\\ \vdots & \vdots & & \vdots\\ a_{m1}+b_{m1} & a_{m2}+b_{m2} & \cdots & a_{mn}+b_{mn}\end{pmatrix}$$

注意 只有同型矩阵之间才能进行加法运算.

2. 矩阵的数乘

对于上述引例 1，我们用矩阵 $\boldsymbol{A}_1=\begin{pmatrix}15 & 25\\ 15 & 20\\ 10 & 15\end{pmatrix}$ 表示甲产品在三个城市上半年和下半年的销量情况. 如果甲产品的销售单价为 k 元/件，那么相应的销售额可用矩阵 $\boldsymbol{A}_2$ 表

示如下：

$$A_2=\begin{pmatrix}15\times k & 25\times k\\ 15\times k & 20\times k\\ 10\times k & 15\times k\end{pmatrix}.$$

可见，矩阵 A_2 中的元素是由矩阵 A_1 中的对应元素全部乘以常数 k 所得，下面给出矩阵数乘的定义.

定义 2 设 $A=(a_{ij})_{m\times n}$，λ 是一个数，则称矩阵

$$(\lambda a_{ij})_{m\times n}=\begin{pmatrix}\lambda a_{11} & \lambda a_{12} & \cdots & \lambda a_{1n}\\ \lambda a_{21} & \lambda a_{22} & \cdots & \lambda a_{2n}\\ \vdots & \vdots & & \vdots\\ \lambda a_{m1} & \lambda a_{m2} & \cdots & \lambda a_{mn}\end{pmatrix}$$

为数 λ 与矩阵 A 的积，简称为数乘，记作 λA，即 $\lambda A=(\lambda a_{ij})_{m\times n}$.

由数乘矩阵的定义，我们还可以定义矩阵 A 的负矩阵 $(-1)A$，记为 $-A$，从而可以定义矩阵的减法：$A-B=A+(-B)$.

以上矩阵的加法、矩阵的数乘运算统称为矩阵的线性运算. 矩阵的线性运算满足下列运算规律：

(1) 交换律：　$A+B=B+A$；

(2) 结合律：　$(A+B)+C=A+(B+C)$；

(3) 数乘结合律：　$(\lambda\mu)A=\lambda(\mu A)$；

(4) 数乘分配律：　$(\lambda+\mu)A=\lambda A+\mu A$；　$\lambda(A+B)=\lambda A+\lambda B$；

(5) 特殊矩阵的加法：$A+O=A$；$A+(-A)=O$.

其中，A,B,C 均为 $m\times n$ 矩阵，O 是 $m\times n$ 零矩阵，λ,μ 为常数.

例 1 设 $A=\begin{pmatrix}1 & 3 & -5\\ 1 & -9 & 0\\ 3 & 2 & 4\end{pmatrix}$，$B=\begin{pmatrix}1 & 8 & 3\\ 6 & 5 & 4\\ 1 & 2 & 1\end{pmatrix}$，求 $A+B$，$3A-2B$.

解 $A+B=\begin{pmatrix}1+1 & 3+8 & -5+3\\ 1+6 & -9+5 & 0+4\\ 3+1 & 2+2 & 4+1\end{pmatrix}=\begin{pmatrix}2 & 11 & -2\\ 7 & -4 & 4\\ 4 & 4 & 5\end{pmatrix}$；

$$3A-2B=3\begin{pmatrix}1 & 3 & -5\\ 1 & -9 & 0\\ 3 & 2 & 4\end{pmatrix}-2\begin{pmatrix}1 & 8 & 3\\ 6 & 5 & 4\\ 1 & 2 & 1\end{pmatrix}=\begin{pmatrix}1 & -7 & -21\\ -9 & -37 & -8\\ 7 & 2 & 10\end{pmatrix}.$$

例 2 已知 $A=\begin{pmatrix}1 & 2\\ 3 & 4\end{pmatrix}$，　$B=\begin{pmatrix}2 & 0\\ -1 & 3\end{pmatrix}$ 且 $2A-3X=B$，求矩阵 X.

解 由 $2A-3X=B$，得 $X=\dfrac{2}{3}A-\dfrac{1}{3}B$.

所以，$X=\dfrac{2}{3}\begin{pmatrix}1 & 2\\ 3 & 4\end{pmatrix}-\dfrac{1}{3}\begin{pmatrix}2 & 0\\ -1 & 3\end{pmatrix}=\begin{pmatrix}0 & \dfrac{4}{3}\\ \dfrac{7}{3} & \dfrac{5}{3}\end{pmatrix}$.

12.2.2 矩阵的乘法

矩阵的运算（二）

南京机电职业技术学院—杨青

1. 矩阵乘法的定义

引例 2 为支援灾区，两企业分别采购了大米、面粉、方便面等三种物资，并发至灾区. 两企业的采购量见表 12－5，各物资的单价与单位运输费用见表 12－6. 问两企业的采购和运输费各是多少？

表 12－5 物资采购表

物资 企业	大米	面粉	方便面
企业 1	1 000 吨	500 吨	2 000 箱
企业 2	500 吨	1 000 吨	1 000 箱

表 12－6 单价与运费表

费用类别 物资	采购费	运费
大米	3 500 元/吨	20 元/吨
面粉	2 600 元/吨	20 元/吨
方便面	36 元/箱	10 元/箱

分析 由表 12－5 和表 12－6，采购费与运输费的情况用总运费表 12－7 来表示.

表 12－7 总运费表　　单位：元

费用类别 企业	总采购费	总运费
企业 1	$1\ 000\times3\ 500+500\times2\ 600+2\ 000\times36=4\ 872\ 000$	$1\ 000\times20+500\times20+2\ 000\times10=50\ 000$
企业 2	$500\times3\ 500+1\ 000\times2\ 600+1\ 000\times36=4\ 386\ 000$	$500\times20+1\ 000\times20+1\ 000\times10=40\ 000$

如果我们将表 12－5，表 12－6 和表 12－7 分别用矩阵 $\boldsymbol{A}$、$\boldsymbol{B}$ 和 $\boldsymbol{C}$ 来表示，则有如下形式：

$$\boldsymbol{A}=\begin{pmatrix}1\ 000 & 500 & 2\ 000\\ 500 & 1\ 000 & 1\ 000\end{pmatrix},\quad \boldsymbol{B}=\begin{pmatrix}3\ 500 & 20\\ 2\ 600 & 20\\ 36 & 10\end{pmatrix},\quad \boldsymbol{C}=\begin{pmatrix}4\ 872\ 000 & 50\ 000\\ 4\ 386\ 000 & 40\ 000\end{pmatrix}.$$

可以看出，矩阵 $\boldsymbol{C}$ 由矩阵 $\boldsymbol{A}$ 和矩阵 $\boldsymbol{B}$ 决定，并且 $\boldsymbol{C}$ 中的元素是由矩阵 $\boldsymbol{A}$ 和矩阵 $\boldsymbol{B}$ 中的元素以某种运算所得. 我们就把矩阵 $\boldsymbol{A}$ 和矩阵 $\boldsymbol{B}$ 的元素间的这种运算方式称为矩阵的乘法.

定义 3 设有矩阵 $\boldsymbol{A}=(a_{ij})_{m\times s}$，$\boldsymbol{B}=(b_{ij})_{s\times n}$，则由元素

$$c_{ij}=a_{i1}b_{1j}+a_{i2}b_{2j}+\cdots+a_{is}b_{sj}=\sum_{k=1}^{s}a_{ik}b_{kj}\quad(i=1,2,\cdots,m;j=1,2,\cdots,n)$$

构成的 $m\times n$ 矩阵 $\boldsymbol{C}=(c_{ij})_{m\times n}$ 称为矩阵 $\boldsymbol{A}$ 与矩阵 $\boldsymbol{B}$ 的乘积，记为 $\boldsymbol{C}=\boldsymbol{AB}$.

注意 两个矩阵相乘的前提是左矩阵的列数等于右矩阵的行数.

例 3 已知矩阵 $\boldsymbol{A}=\begin{pmatrix}1&2&3\\3&4&5\end{pmatrix}$，$\boldsymbol{B}=\begin{pmatrix}1&1\\0&2\\-1&3\end{pmatrix}$，求 $\boldsymbol{AB}$，$\boldsymbol{BA}$.

解 $\boldsymbol{AB}=\begin{pmatrix}1&2&3\\3&4&5\end{pmatrix}\begin{pmatrix}1&1\\0&2\\-1&3\end{pmatrix}$

$$=\begin{pmatrix}1\times1+2\times0-3\times1 & 1\times1+2\times2+3\times3\\3\times1+4\times0-5\times1 & 3\times1+4\times2+5\times3\end{pmatrix}=\begin{pmatrix}-2&14\\-2&26\end{pmatrix},$$

$\boldsymbol{BA}=\begin{pmatrix}1&1\\0&2\\-1&3\end{pmatrix}\begin{pmatrix}1&2&3\\3&4&5\end{pmatrix}$

$$=\begin{pmatrix}1\times1+1\times3 & 1\times2+1\times4 & 1\times3+1\times5\\0\times1+2\times3 & 0\times2+2\times4 & 0\times3+2\times5\\-1\times1+3\times3 & -1\times2+3\times4 & -1\times3+3\times5\end{pmatrix}=\begin{pmatrix}4&6&8\\6&8&10\\8&10&12\end{pmatrix}.$$

例 4 已知矩阵 $\boldsymbol{A}=\begin{pmatrix}1&1\\-1&-1\end{pmatrix}$，$\boldsymbol{B}=\begin{pmatrix}1&-1\\-1&1\end{pmatrix}$，求 $\boldsymbol{AB}$，$\boldsymbol{BA}$.

解 $\boldsymbol{AB}=\begin{pmatrix}1&1\\-1&-1\end{pmatrix}\begin{pmatrix}1&-1\\-1&1\end{pmatrix}=\begin{pmatrix}0&0\\0&0\end{pmatrix}$；

$\boldsymbol{BA}=\begin{pmatrix}1&-1\\-1&1\end{pmatrix}\begin{pmatrix}1&1\\-1&-1\end{pmatrix}=\begin{pmatrix}2&2\\-2&-2\end{pmatrix}$.

2. 矩阵乘法的运算律

一般地，称 $\boldsymbol{AB}$ 为 $\boldsymbol{A}$ 左乘 $\boldsymbol{B}$，称 $\boldsymbol{BA}$ 为 $\boldsymbol{A}$ 右乘 $\boldsymbol{B}$.

由例 3，例 4 可见：

（1）矩阵乘法一般不满足交换律；

（2）两个非零矩阵的乘积可能是零矩阵，从而当 $\boldsymbol{AB}=\boldsymbol{O}$ 时，不一定有 $\boldsymbol{A}=\boldsymbol{O}$ 或 $\boldsymbol{B}=\boldsymbol{O}$；进一步可知，当 $\boldsymbol{AB}=\boldsymbol{AC}$ 时，即使 $\boldsymbol{A}\neq\boldsymbol{O}$，也不一定有 $\boldsymbol{B}=\boldsymbol{C}$，即不满足消去律.

特别地，若方阵 $\boldsymbol{A}$ 和 $\boldsymbol{B}$ 满足 $\boldsymbol{AB}=\boldsymbol{BA}$，则称 $\boldsymbol{A}$ 和 $\boldsymbol{B}$ 是**可交换矩阵.**

可以证明，矩阵乘法满足如下运算规律（假设运算可进行）：

（1）结合律： $(\boldsymbol{AB})\boldsymbol{C}=\boldsymbol{A}(\boldsymbol{BC})$；

（2）左分配律： $\boldsymbol{A}(\boldsymbol{B}+\boldsymbol{C})=\boldsymbol{AB}+\boldsymbol{AC}$；

右分配律： $(\boldsymbol{B}+\boldsymbol{C})\boldsymbol{A}=\boldsymbol{BA}+\boldsymbol{CA}$；

（3）数乘结合律： $k(\boldsymbol{AB})=(k\boldsymbol{A})\boldsymbol{B}=\boldsymbol{A}(k\boldsymbol{B})$（其中 k 是一个实数）；

（4）特殊矩阵的乘法：$\boldsymbol{A}_{m\times n}\boldsymbol{E}_n=\boldsymbol{A}_{m\times n}$，$\boldsymbol{E}_m\boldsymbol{A}_{m\times n}=\boldsymbol{A}_{m\times n}$；（$\boldsymbol{E}$ 称为单位矩阵的原因）

$\boldsymbol{A}_{m\times n}\boldsymbol{O}_{n\times s}=\boldsymbol{O}_{m\times s}$，$\boldsymbol{O}_{m\times n}\boldsymbol{B}_{n\times s}=\boldsymbol{O}_{m\times s}$.

3. 方阵的幂运算

由于矩阵乘法满足结合律，故可以定义方阵的幂运算.

定义 4 设 $\boldsymbol{A}$ 为 n 阶方阵，k 为正整数，则 $\boldsymbol{A}^k=\underbrace{\boldsymbol{AA}\cdots\boldsymbol{A}}_{k个}$称为方阵 $\boldsymbol{A}$ 的 **k 次幂.**

设 $\boldsymbol{A}$ 为 n 阶方阵,k,l 都是正整数时,方阵的幂运算满足以下运算律:

(1) $\boldsymbol{A}^{k+l}=\boldsymbol{A}^k\boldsymbol{A}^l$; (2) $(\boldsymbol{A}^k)^l=\boldsymbol{A}^{kl}$.

注意 因为矩阵乘法一般不满足交换律,所以一般地 $(\boldsymbol{AB})^k\neq\boldsymbol{A}^k\boldsymbol{B}^k$.

例 5 计算:$\begin{pmatrix}1&1\\0&1\end{pmatrix}^k$($k$ 是正整数).

解 $\begin{pmatrix}1&1\\0&1\end{pmatrix}^2=\begin{pmatrix}1&1\\0&1\end{pmatrix}\begin{pmatrix}1&1\\0&1\end{pmatrix}=\begin{pmatrix}1&2\\0&1\end{pmatrix}$,

$\begin{pmatrix}1&1\\0&1\end{pmatrix}^3=\begin{pmatrix}1&1\\0&1\end{pmatrix}^2\begin{pmatrix}1&1\\0&1\end{pmatrix}=\begin{pmatrix}1&2\\0&1\end{pmatrix}\begin{pmatrix}1&1\\0&1\end{pmatrix}=\begin{pmatrix}1&3\\0&1\end{pmatrix}$,

依次类推,可得 $\begin{pmatrix}1&1\\0&1\end{pmatrix}^k=\begin{pmatrix}1&k\\0&1\end{pmatrix}$.

12.2.3 矩阵的转置

把一个 $m\times n$ 矩阵 $\boldsymbol{A}$ 的行换成同序数的列,所得的 $n\times m$ 矩阵称为矩阵 $\boldsymbol{A}$ 的**转置矩阵**,记为 $\boldsymbol{A}^{\mathrm{T}}$,即

$$若\ \boldsymbol{A}=\begin{pmatrix}a_{11}&a_{12}&\cdots&a_{1n}\\a_{21}&a_{22}&\cdots&a_{2n}\\\vdots&\vdots&&\vdots\\a_{m1}&a_{m2}&\cdots&a_{mn}\end{pmatrix},\ 则\ \boldsymbol{A}^{\mathrm{T}}=\begin{pmatrix}a_{11}&a_{21}&\cdots&a_{m1}\\a_{12}&a_{22}&\cdots&a_{m2}\\\vdots&\vdots&&\vdots\\a_{1n}&a_{2n}&\cdots&a_{mn}\end{pmatrix}.$$

例如,$\boldsymbol{A}=\begin{pmatrix}1&2&3\\2&8&5\end{pmatrix}$ 的转置矩阵为 $\boldsymbol{A}^{\mathrm{T}}=\begin{pmatrix}1&2\\2&8\\3&5\end{pmatrix}$.

矩阵的转置也是矩阵的一种运算,它满足以下运算规律(假设运算是可行的):

(1) $(\boldsymbol{A}^{\mathrm{T}})^{\mathrm{T}}=\boldsymbol{A}$;

(2) $(\boldsymbol{A}+\boldsymbol{B})^{\mathrm{T}}=\boldsymbol{A}^{\mathrm{T}}+\boldsymbol{B}^{\mathrm{T}}$;

(3) $(\lambda\boldsymbol{A})^{\mathrm{T}}=\lambda\boldsymbol{A}^{\mathrm{T}}$($\lambda$ 为实数);

(4) $(\boldsymbol{AB})^{\mathrm{T}}=\boldsymbol{B}^{\mathrm{T}}\boldsymbol{A}^{\mathrm{T}}$.

例 6 已知 $\boldsymbol{A}=\begin{pmatrix}1&0&-1\\1&2&2\end{pmatrix}$,$\boldsymbol{B}=\begin{pmatrix}1&5&-1\\3&2&1\\2&0&1\end{pmatrix}$,验证:$(\boldsymbol{AB})^{\mathrm{T}}=\boldsymbol{B}^{\mathrm{T}}\boldsymbol{A}^{\mathrm{T}}$.

验证

$$\boldsymbol{AB}=\begin{pmatrix}1&0&-1\\1&2&2\end{pmatrix}\begin{pmatrix}1&5&-1\\3&2&1\\2&0&1\end{pmatrix}=\begin{pmatrix}-1&5&-2\\11&9&3\end{pmatrix},$$

则 $(\boldsymbol{AB})^{\mathrm{T}}=\begin{pmatrix}-1&11\\5&9\\-2&3\end{pmatrix}$,$\boldsymbol{B}^{\mathrm{T}}\boldsymbol{A}^{\mathrm{T}}=\begin{pmatrix}1&3&2\\5&2&0\\-1&1&1\end{pmatrix}\begin{pmatrix}1&1\\0&2\\-1&2\end{pmatrix}=\begin{pmatrix}-1&11\\5&9\\-2&3\end{pmatrix}$,

所以 $(\boldsymbol{AB})^{\mathrm{T}}=\boldsymbol{B}^{\mathrm{T}}\boldsymbol{A}^{\mathrm{T}}$.

12.2.4 矩阵的应用

1. 线性方程组的矩阵表示

设含有 n 个未知数、m 个方程的线性方程组

$$\begin{cases} a_{11}x_1 + a_{12}x_2 + \cdots + a_{1n}x_n = b_1, \\ a_{21}x_1 + a_{22}x_2 + \cdots + a_{2n}x_n = b_2, \\ \cdots\cdots\cdots\cdots \\ a_{m1}x_1 + a_{m2}x_2 + \cdots + a_{mn}x_n = b_m, \end{cases} \tag{1}$$

记

$$\boldsymbol{A} = \begin{pmatrix} a_{11} & a_{12} & \cdots & a_{1n} \\ a_{21} & a_{22} & \cdots & a_{2n} \\ \vdots & \vdots & & \vdots \\ a_{m1} & a_{m2} & \cdots & a_{mn} \end{pmatrix}, \boldsymbol{x} = \begin{pmatrix} x_1 \\ x_2 \\ \vdots \\ x_n \end{pmatrix}, \boldsymbol{b} = \begin{pmatrix} b_1 \\ b_2 \\ \vdots \\ b_m \end{pmatrix},$$

$$\tilde{\boldsymbol{A}} = \begin{pmatrix} a_{11} & a_{12} & \cdots & a_{1n} & b_1 \\ a_{21} & a_{22} & \cdots & a_{2n} & b_2 \\ \vdots & \vdots & & \vdots & \vdots \\ a_{m1} & a_{m2} & \cdots & a_{mn} & b_m \end{pmatrix}$$

称矩阵 $\boldsymbol{A}$ 为线性方程组(1)的**系数矩阵**,$\boldsymbol{x}$ 为**未知数矩阵(或未知数向量)**,$\boldsymbol{b}$ 为**常数项矩阵(或常数项向量)**. $\tilde{\boldsymbol{A}}$ 称为线性方程组(1)的**增广矩阵**.

由矩阵的乘法及矩阵相等的定义,可得

$$\boldsymbol{Ax} = \boldsymbol{b}. \tag{2}$$

方程(2)是线性方程组(1)的矩阵表达式,称为矩阵方程.

2. 线性变换的矩阵表示

n 个变量 $x_1, x_2, \cdots, x_n$ 与 m 个变量 $y_1, y_2, \cdots, y_m$ 之间的关系式

$$\begin{cases} y_1 = a_{11}x_1 + a_{12}x_2 + \cdots + a_{1n}x_n, \\ y_2 = a_{21}x_1 + a_{22}x_2 + \cdots + a_{2n}x_n, \\ \cdots\cdots\cdots\cdots \\ y_m = a_{m1}x_1 + a_{m2}x_2 + \cdots + a_{mn}x_n, \end{cases} \tag{3}$$

称为从变量 $x_1, x_2, \cdots, x_n$ 到变量 $y_1, y_2, \cdots, y_m$ 的线性变换.

类似于线性方程组的矩阵表示,上述线性变换(3)可表示为

$$\boldsymbol{y} = \boldsymbol{Ax},$$

其中

$$\boldsymbol{A} = \begin{pmatrix} a_{11} & a_{12} & \cdots & a_{1n} \\ a_{21} & a_{22} & \cdots & a_{2n} \\ \vdots & \vdots & & \vdots \\ a_{m1} & a_{m2} & \cdots & a_{mn} \end{pmatrix}, \boldsymbol{x} = \begin{pmatrix} x_1 \\ x_2 \\ \vdots \\ x_n \end{pmatrix}, \boldsymbol{y} = \begin{pmatrix} y_1 \\ y_2 \\ \vdots \\ y_m \end{pmatrix}.$$

由此可见,一个从变量 $x_1, x_2, \cdots, x_n$ 到变量 $y_1, y_2, \cdots, y_m$ 的线性变换可以和一个 $m \times n$ 矩阵 $\boldsymbol{A}$ 相互确定.

例 7(线性变换的复合) 已知从变量 $x_1,x_2,\cdots,x_n$ 到变量 $y_1,y_2,\cdots,y_m$ 的线性变换以及从变量 $y_1,y_2,\cdots,y_m$ 到变量 $z_1,z_2,\cdots,z_s$ 的线性变换如下：

$$\begin{cases} y_1=a_{11}x_1+a_{12}x_2+\cdots+a_{1n}x_n, \\ y_2=a_{21}x_1+a_{22}x_2+\cdots+a_{2n}x_n, \\ \cdots\cdots\cdots\cdots \\ y_m=a_{m1}x_1+a_{m2}x_2+\cdots+a_{mn}x_n, \end{cases} \qquad \begin{cases} z_1=b_{11}y_1+b_{12}y_2+\cdots+b_{1m}y_m, \\ z_2=b_{21}y_1+b_{22}y_2+\cdots+b_{2m}y_m, \\ \cdots\cdots\cdots\cdots \\ z_s=b_{s1}y_1+b_{s2}y_2+\cdots+b_{sm}y_m, \end{cases}$$

求变量 $x_1,x_2,\cdots,x_n$ 到变量 $z_1,z_2,\cdots,z_s$ 的线性变换.

解 变量 $x_1,x_2,\cdots,x_n$ 到变量 $y_1,y_2,\cdots,y_m$ 的线性变换可用矩阵表示为 $\boldsymbol{y}=\boldsymbol{A}\boldsymbol{x}$；变量 $y_1,y_2,\cdots,y_m$ 到变量 $z_1,z_2,\cdots,z_s$ 的线性变换可用矩阵表示为 $\boldsymbol{z}=\boldsymbol{B}\boldsymbol{y}$，其中

$$\boldsymbol{A}=\begin{pmatrix} a_{11} & a_{12} & \cdots & a_{1n} \\ a_{21} & a_{22} & \cdots & a_{2n} \\ \vdots & \vdots & & \vdots \\ a_{m1} & a_{m2} & \cdots & a_{mn} \end{pmatrix},\boldsymbol{B}=\begin{pmatrix} b_{11} & b_{12} & \cdots & b_{1m} \\ b_{21} & b_{22} & \cdots & b_{2m} \\ \vdots & \vdots & & \vdots \\ b_{s1} & b_{s2} & \cdots & b_{sm} \end{pmatrix},$$

$$\boldsymbol{x}=\begin{pmatrix} x_1 \\ x_2 \\ \vdots \\ x_n \end{pmatrix},\boldsymbol{y}=\begin{pmatrix} y_1 \\ y_2 \\ \vdots \\ y_m \end{pmatrix},\boldsymbol{z}=\begin{pmatrix} z_1 \\ z_2 \\ \vdots \\ z_s \end{pmatrix}.$$

从而，由矩阵乘法的结合律得：$\boldsymbol{z}=\boldsymbol{B}\boldsymbol{y}=\boldsymbol{B}(\boldsymbol{A}\boldsymbol{x})=(\boldsymbol{B}\boldsymbol{A})\boldsymbol{x}$.

令 $\boldsymbol{C}=\boldsymbol{B}\boldsymbol{A}$，则 $\boldsymbol{z}=\boldsymbol{C}\boldsymbol{x}$. 这里的矩阵 $\boldsymbol{C}$ 就是从变量 $x_1,x_2,\cdots,x_n$ 到变量 $z_1,z_2,\cdots,z_s$ 的线性变换矩阵.

由此可见，两次线性变换复合后的对应矩阵正是这两个线性变换对应矩阵的乘积.

线性变换在计算机图形领域中有着大量的应用，下面介绍几种常见的变换.

(1) 缩放变换

例如，向量 $\boldsymbol{x}=\begin{pmatrix} x_1 \\ x_2 \end{pmatrix}$ 左乘矩阵 $\boldsymbol{A}=\begin{pmatrix} k & 0 \\ 0 & k \end{pmatrix}$ 后得到向量 $\boldsymbol{y}=\boldsymbol{A}\boldsymbol{x}=\begin{pmatrix} kx_1 \\ kx_2 \end{pmatrix}=k\begin{pmatrix} x_1 \\ x_2 \end{pmatrix}$，它将向量 $\boldsymbol{x}$ 放缩了 k 倍.

图 12－3 给出了作用矩阵 $\boldsymbol{A}=\begin{pmatrix} \frac{1}{2} & 0 \\ 0 & \frac{1}{2} \end{pmatrix}$ 后的图形变化效果.

图 12－3

(2) 剪切变换

例如,向量 $\boldsymbol{x}=\begin{pmatrix}x_1\\x_2\end{pmatrix}$左乘矩阵 $\boldsymbol{A}=\begin{pmatrix}1&k\\0&1\end{pmatrix}$后得到向量 $\boldsymbol{y}=\boldsymbol{A}\boldsymbol{x}=\begin{pmatrix}x_1+kx_2\\x_2\end{pmatrix}$,它将向量 $\boldsymbol{x}$ 保持第 2 个分量不变,在第 1 个分量方向上进行了变化.

图 12-4 给出了作用矩阵 $\boldsymbol{A}=\begin{pmatrix}1&1\\0&1\end{pmatrix}$后的图形变化效果.

图 12-4

(3) 旋转变换

例如,向量 $\boldsymbol{x}=\begin{pmatrix}x_1\\x_2\end{pmatrix}$左乘矩阵 $\boldsymbol{A}=\begin{pmatrix}\cos\theta&-\sin\theta\\\sin\theta&\cos\theta\end{pmatrix}$后,它将会把向量 $\boldsymbol{x}$ 逆时针旋转 θ 角.

图 12-5 给出了作用矩阵 $\boldsymbol{A}=\begin{pmatrix}\cos\frac{\pi}{4}&-\sin\frac{\pi}{4}\\\sin\frac{\pi}{4}&\cos\frac{\pi}{4}\end{pmatrix}$后的图形变化效果.

图 12-5

练习 12.2

1. 下列命题是否成立,为什么?

(1) $(\boldsymbol{A}+\boldsymbol{B})^2=\boldsymbol{A}^2+2\boldsymbol{A}\boldsymbol{B}+\boldsymbol{B}^2$;

(2) $(A+B)(A-B)=A^2-B^2$;

(3) $AB=AC$,且 $A\neq O$,则 $B=C$;

(4) $A^2=E$,则 $A=E$ 或 $A=-E$.

2. 设 $A=\begin{pmatrix}5 & -2 & 1\\ 3 & 4 & -1\end{pmatrix}$,$B=\begin{pmatrix}-3 & 2 & 0\\ -2 & 0 & 1\end{pmatrix}$,求 AB^{T},BA^{T}.

习题 12.2

1. 设 $A=\begin{pmatrix}2 & -1 & 4\\ 0 & 3 & -2\end{pmatrix}$,$B=\begin{pmatrix}7 & 4 & 0\\ -1 & 3 & 2\end{pmatrix}$,求 $2A+3B$,$3A-2B$.

2. 设 $A=\begin{pmatrix}3 & -1 & 1\\ -2 & 0 & 2\end{pmatrix}$,$B=\begin{pmatrix}-2 & -1 & 1\\ 3 & 1 & -1\end{pmatrix}$,若 $2A-3X+B=O$,求矩阵 X.

3. 计算:

(1) $(-1\quad 2\quad 1)\begin{pmatrix}3\\ 1\\ 2\end{pmatrix}$;　　(2) $\begin{pmatrix}3\\ 2\\ 1\end{pmatrix}(1\quad 2\quad 3)$;

(3) $\begin{pmatrix}1 & 2\\ -1 & 4\end{pmatrix}\begin{pmatrix}4 & 5 & 1\\ 6 & 7 & 2\end{pmatrix}$;　　(4) $\begin{pmatrix}2 & 1 & 4 & 0\\ 1 & -1 & 3 & 4\end{pmatrix}\begin{pmatrix}1 & 3 & 1\\ 0 & -1 & 2\\ 1 & -2 & 1\\ 4 & 0 & -2\end{pmatrix}$;

(5) $\begin{pmatrix}1 & 2 & 3\\ 4 & 5 & 6\\ 1 & 4 & 3\end{pmatrix}\begin{pmatrix}x_1\\ x_2\\ x_3\end{pmatrix}$.

4. 已知矩阵 $A=\begin{pmatrix}1 & 1\\ 0 & 1\end{pmatrix}$,且 $AX=XA$,求矩阵 X.

5. 设 $A=\begin{pmatrix}1 & 2 & -1\\ 0 & -1 & 2\end{pmatrix}$,$B=\begin{pmatrix}1 & 0 & 3\\ 2 & 1 & -1\end{pmatrix}$,$C=\begin{pmatrix}1 & -1 & 4\\ 0 & 0 & 2\end{pmatrix}$,求 $(2A+B)C^{\mathrm{T}}$.

6. 求 $\begin{pmatrix}\cos\theta & -\sin\theta\\ \sin\theta & \cos\theta\end{pmatrix}^n$,并说明它的几何意义.

7. 试用矩阵表示图 12-2 中从ⓘ市经一次中转到ⓙ市的单向航线的所有情况.

§ 12.3 方阵的行列式

行列式是线性代数中的重要工具,在线性方程组、工程技术等问题中都有广泛应用.本节主要介绍行列式的定义、性质及相关计算,以及用 n 阶行列式求解 n 元线性方程组的克拉默法则.

12.3.1 n 阶行列式

行列式的概念来源于求解线性方程组.我们知道一元一次方程,一元二次方程都有公式解.对于含有 n 个未知量,n 个方程的线性方程组:

$$\begin{cases} a_{11}x_1+a_{12}x_2+\cdots+a_{1n}x_n=b_1, \\ a_{21}x_1+a_{22}x_2+\cdots+a_{2n}x_n=b_2, \\ \cdots\cdots\cdots\cdots \\ a_{n1}x_1+a_{n2}x_2+\cdots+a_{nn}x_n=b_n, \end{cases} \tag{1}$$

它有没有公式解?如果有,能否方便地表示出来?答案是肯定的.下面首先定义 n 阶方阵的行列式.

定义 1 设 n 阶方阵 $\boldsymbol{A}=\begin{pmatrix} a_{11} & a_{12} & \cdots & a_{1n} \\ a_{21} & a_{22} & \cdots & a_{2n} \\ \vdots & \vdots & & \vdots \\ a_{n1} & a_{n2} & \cdots & a_{nn} \end{pmatrix}$,符号 $\begin{vmatrix} a_{11} & a_{12} & \cdots & a_{1n} \\ a_{21} & a_{22} & \cdots & a_{2n} \\ \vdots & \vdots & & \vdots \\ a_{n1} & a_{n2} & \cdots & a_{nn} \end{vmatrix}$ 构成一个算式,称为 **n 阶行列式**,简记为 $\det(\boldsymbol{A})$ 或 $|\boldsymbol{A}|$.

在 n 阶行列式中,把元素 a_{ij} 所在的第 i 行和第 j 列划去后,余下的 $n-1$ 阶行列式叫做元素 a_{ij} 的**余子式**,记作 M_{ij}.即

$$M_{ij}=\begin{vmatrix} a_{11} & \cdots & a_{1,j-1} & a_{1,j+1} & \cdots & a_{1n} \\ \vdots & & \vdots & \vdots & & \vdots \\ a_{i-1,1} & \cdots & a_{i-1,j-1} & a_{i-1,j+1} & \cdots & a_{i-1,n} \\ a_{i+1,1} & \cdots & a_{i+1,j-1} & a_{i+1,j+1} & \cdots & a_{i+1,n} \\ \vdots & & \vdots & \vdots & & \vdots \\ a_{n1} & \cdots & a_{n,j-1} & a_{n,j+1} & \cdots & a_{nn} \end{vmatrix}$$

而 $A_{ij}=(-1)^{i+j}M_{ij}$ 叫做元素 a_{ij} 的**代数余子式**.

n 阶行列式的计算方法为:

当 $n=1$ 时,规定 $|a_{11}|=a_{11}$;

当 $n>1$ 时,

$$|\boldsymbol{A}|=\begin{vmatrix} a_{11} & a_{12} & \cdots & a_{1n} \\ a_{21} & a_{22} & \cdots & a_{2n} \\ \vdots & \vdots & & \vdots \\ a_{n1} & a_{n2} & \cdots & a_{nn} \end{vmatrix}=a_{11}A_{11}+a_{12}A_{12}+\cdots+a_{1n}A_{1n}=\sum_{j=1}^{n}a_{1j}A_{1j}. \tag{2}$$

行列式的定义

南京机电职业技术学院—吴伟萍

即 n 阶行列式 $|\boldsymbol{A}|$ 的值等于它的第一行元素与它们对应的代数余子式乘积的和. 上式又称为行列式按第一行元素的展开式.

根据定义,一个 n 阶行列式的计算,可以按第一行进行展开,将其转化为 n 个 $n-1$ 阶行列式的计算. 这些 $n-1$ 阶行列式又可以继续按第一行展开,转化为更低阶的行列式计算.

事实上,对于二阶行列式的计算相对简单.

当 $n=2$ 时,二阶行列式 $\begin{vmatrix} a_{11} & a_{12} \\ a_{21} & a_{22} \end{vmatrix} = a_{11}a_{22} - a_{12}a_{21}$,它是主对角线元素 a_{11} 与 a_{22} 之积减去次对角线元素 a_{12} 与 a_{21} 之积,称这个算法为二阶行列式的对角线法则.

例 1 计算四阶行列式 $D=\begin{vmatrix} 0 & 1 & 1 & 2 \\ 2 & 1 & 0 & 3 \\ -1 & 0 & 1 & 2 \\ 1 & -1 & 3 & 0 \end{vmatrix}$.

解 由公式(2)得

$$D = 0\cdot A_{11} + 1\cdot(-1)^{1+2}\begin{vmatrix} 2 & 0 & 3 \\ -1 & 1 & 2 \\ 1 & 3 & 0 \end{vmatrix} + 1\cdot(-1)^{1+3}\begin{vmatrix} 2 & 1 & 3 \\ -1 & 0 & 2 \\ 1 & -1 & 0 \end{vmatrix}$$

$$+2\cdot(-1)^{1+4}\begin{vmatrix} 2 & 1 & 0 \\ -1 & 0 & 1 \\ 1 & -1 & 3 \end{vmatrix} = 0+24+9-12=21.$$

例 2 证明 n 阶**下三角行列式**(当 $i<j$ 时,$a_{ij}=0$)

$$D_n = \begin{vmatrix} a_{11} & 0 & \cdots & 0 \\ a_{21} & a_{22} & \cdots & 0 \\ \vdots & \vdots & & \vdots \\ a_{n1} & a_{n2} & \cdots & a_{nn} \end{vmatrix} = a_{11}a_{22}\cdots a_{nn}.$$

证明 用数学归纳法,$n=2$ 时,结论显然成立. 假设结论对 $n-1$ 阶下三角行列式成立,则由定义得

$$D_n = \begin{vmatrix} a_{11} & & & \\ a_{21} & a_{22} & & \\ \vdots & \vdots & \ddots & \\ a_{n1} & a_{n2} & \cdots & a_{nn} \end{vmatrix} = (-1)^{1+1}a_{11}\begin{vmatrix} a_{22} & & & \\ a_{32} & a_{33} & & \\ \vdots & \vdots & \ddots & \\ a_{n2} & a_{n3} & \cdots & a_{nn} \end{vmatrix},$$

右端行列式是 $n-1$ 阶下三角行列式,根据归纳假设得

$$D_n = a_{11}(a_{22}a_{33}\cdots a_{nn}) = a_{11}a_{22}a_{33}\cdots a_{nn}.$$

特别地,n 阶**对角阵行列式**($i\neq j$,$a_{ij}=0$)

$$\begin{vmatrix} a_{11} & & & \\ & a_{22} & & \\ & & \ddots & \\ & & & a_{nn} \end{vmatrix} = a_{11}a_{22}\cdots a_{nn}.$$

12.3.2　行列式的性质

由行列式的定义,直接计算 n 阶行列式往往是比较繁琐的. 因此,我们将导出行列式的一些基本性质,利用这些性质不仅可以简化行列式的计算,而且在行列式的理论研究中也有非常重要的作用.

性质 1　矩阵转置后,其行列式的值保持不变,即 $|\boldsymbol{A}| = |\boldsymbol{A}^{\mathrm{T}}|$.

注意　行列式中行与列具有同等的地位,因此行列式的性质凡是对行成立的对列也同样成立.

由此性质及例 2,立得:上三角行列式的值也等于主对角线元素之积.

性质 2　互换行列式的两行(列),行列式的值变号.

推论 1　如果行列式有两行(列)对应元素相同,则此行列式的值为零.

事实上,互换对应元素相同的两行,有 $D = -D$, 所以 $D=0$.

性质 3　行列式的某一行(列)中所有的元素都乘以同一个数 k,等于用数 k 乘此行列式,即

$$\begin{vmatrix} a_{11} & a_{12} & \cdots & a_{1n} \\ \vdots & \vdots & & \vdots \\ ka_{i1} & ka_{i2} & \cdots & ka_{in} \\ \vdots & \vdots & & \vdots \\ a_{n1} & a_{n2} & \cdots & a_{nn} \end{vmatrix} = k\begin{vmatrix} a_{11} & a_{12} & \cdots & a_{1n} \\ \vdots & \vdots & & \vdots \\ a_{i1} & a_{i2} & \cdots & a_{in} \\ \vdots & \vdots & & \vdots \\ a_{n1} & a_{n2} & \cdots & a_{nn} \end{vmatrix}.$$

推论 2　行列式的某一行(列)中所有元素的公因子可以提到行列式符号的外面.

推论 3　如果一个行列式有一行(列)的元素全为零,那么这个行列式的值等于零.

推论 4　如果一个行列式有两行(列)的对应元素成比例,那么这个行列式的值等于零.

性质 4　若行列式的某一列(行)的元素都是两数之和. 如

$$D = \begin{vmatrix} a_{11} & a_{12} & \cdots & (a_{1i}+a'_{1i}) & \cdots & a_{1n} \\ a_{21} & a_{22} & \cdots & (a_{2i}+a'_{2i}) & \cdots & a_{2n} \\ \vdots & \vdots & & \vdots & & \vdots \\ a_{n1} & a_{n2} & \cdots & (a_{ni}+a'_{ni}) & \cdots & a_{nn} \end{vmatrix},$$

则 D 等于下列两个行列式之和

$$D = \begin{vmatrix} a_{11} & \cdots & a_{1i} & \cdots & a_{1n} \\ a_{21} & \cdots & a_{2i} & \cdots & a_{2n} \\ \vdots & & \vdots & & \vdots \\ a_{n1} & \cdots & a_{ni} & \cdots & a_{nn} \end{vmatrix} + \begin{vmatrix} a_{11} & \cdots & a'_{1i} & \cdots & a_{1n} \\ a_{21} & \cdots & a'_{2i} & \cdots & a_{2n} \\ \vdots & & \vdots & & \vdots \\ a_{n1} & \cdots & a'_{ni} & \cdots & a_{nn} \end{vmatrix}.$$

性质 5　把行列式的某一列(行)的各元素乘以同一数然后加到另一列(行)对应的元素上去,行列式的值不变.

$$\begin{vmatrix} a_{11} & \cdots & a_{1i} & \cdots & a_{1j} & \cdots & a_{1n} \\ a_{21} & \cdots & a_{2i} & \cdots & a_{2j} & \cdots & a_{2j} \\ \vdots & & \vdots & & \vdots & & \vdots \\ a_{n1} & \cdots & a_{ni} & \cdots & a_{nj} & \cdots & a_{nj} \end{vmatrix} = \begin{vmatrix} a_{11} & \cdots & (a_{1i}+ka_{1j}) & \cdots & a_{1j} & \cdots & a_{1n} \\ a_{21} & \cdots & (a_{2i}+ka_{2j}) & \cdots & a_{2j} & \cdots & a_{2j} \\ \vdots & & \vdots & & \vdots & & \vdots \\ a_{n1} & \cdots & (a_{ni}+ka_{nj}) & \cdots & a_{nj} & \cdots & a_{nj} \end{vmatrix}.$$

行列式的性质

南京机电职业技术学院—吴伟萍

由 n 阶行列式的定义,行列式的值等于它的第一行各元素与其对应的代数余子式乘积之和. 事实上,可推广至如下性质.

性质 6 行列式的值等于它的任一行(列)的各元素与其对应的代数余子式乘积之和. 即

$$D=a_{i1}A_{i1}+a_{i2}A_{i2}+\cdots+a_{in}A_{in}(i=1,2,\cdots,n);\quad (\text{按第 } i \text{ 行元素展开})$$

$$D=a_{1j}A_{1j}+a_{2j}A_{2j}+\cdots+a_{nj}A_{nj}(j=1,2,\cdots,n);\quad (\text{按第 } j \text{ 列元素展开}).$$

推论 5 行列式某一行(列)的元素与另一行(列)的对应元素的代数余子式乘积之和等于零,即

$$a_{i1}A_{j1}+a_{i2}A_{j2}+\cdots+a_{in}A_{jn}=0,i\neq j.$$

关于矩阵乘积的行列式,我们有如下重要定理.

定理 1 设 A、B 都是 n 阶方阵,则方阵乘积的行列式满足 $|\boldsymbol{AB}|=|\boldsymbol{A}||\boldsymbol{B}|$.

一般来说,对于两个 n 阶方阵 $\boldsymbol{A}$、$\boldsymbol{B}$,$\boldsymbol{AB}\neq\boldsymbol{BA}$,但 $|\boldsymbol{AB}|=|\boldsymbol{A}||\boldsymbol{B}|$. 此定理可以推广到 n 个同阶方阵的情形. 若 $\boldsymbol{A}_1,\boldsymbol{A}_2\cdots,\boldsymbol{A}_n$ 为同阶方阵,则 $|\boldsymbol{A}_1\boldsymbol{A}_2\cdots\boldsymbol{A}_n|=|\boldsymbol{A}_1||\boldsymbol{A}_2|\cdots|\boldsymbol{A}_n|$,特别地,若 $\boldsymbol{A}$ 为方阵,则 $|\boldsymbol{A}^n|=|\boldsymbol{A}|^n$.

12.3.3 行列式的计算

利用行列式按行(列)展开的法则和性质,可以简化行列式的计算. 计算行列式时,常利用性质把某一行(列)的元素化成尽可能多的零,再按该行(列)展开.

为说明计算过程,行列式第 i 行记作 r_i,第 j 列记作 c_j. 交换第 i 行(列)和第 j 行(列)两行(列)位置记作 $r_i\leftrightarrow r_j$($c_i\leftrightarrow c_j$);第 i 行(列)的 k 倍加到第 j 行(列)上记作 kr_i+r_j(kc_i+c_j);数 k 乘以第 i 行(列)记作 kr_i(kc_i).

行列式的计算

南京机电职业技术学院—吴伟萍

例 3 计算行列式 $\begin{vmatrix} a-2 & -2 & 2 \\ -2 & a-5 & 4 \\ 2 & 4 & a-5 \end{vmatrix}$.

解 $D=\begin{vmatrix} a-2 & -2 & 2 \\ -2 & a-5 & 4 \\ 2 & 4 & a-5 \end{vmatrix} \xlongequal{r_3+r_2} \begin{vmatrix} a-2 & -2 & 2 \\ 0 & a-1 & a-1 \\ 2 & 4 & a-5 \end{vmatrix}$

$\xlongequal{(-1)c_2+c_3} \begin{vmatrix} a-2 & -2 & 4 \\ 0 & a-1 & 0 \\ 2 & 4 & a-9 \end{vmatrix} \xlongequal{\text{按第 2 行展开}} (a-1)(-1)^{2+2}\begin{vmatrix} a-2 & 4 \\ 2 & a-9 \end{vmatrix}$

$=(a-1)^2(a-10)$.

例 4 计算行列式 $D=\begin{vmatrix} 3 & 1 & -1 & 2 \\ -5 & 1 & 3 & -4 \\ 2 & 0 & 1 & -1 \\ 1 & -5 & 3 & -3 \end{vmatrix}$.

解 $D=\begin{vmatrix} 3 & 1 & -1 & 2 \\ -5 & 1 & 3 & -4 \\ 2 & 0 & 1 & -1 \\ 1 & -5 & 3 & -3 \end{vmatrix} \xlongequal{c_3+c_4} \begin{vmatrix} 3 & 1 & -1 & 1 \\ -5 & 1 & 3 & -1 \\ 2 & 0 & 1 & 0 \\ 1 & -5 & 3 & 0 \end{vmatrix}$

$$\xlongequal{(-2)c_3+c_1}\begin{vmatrix}5&1&-1&1\\-11&1&3&-1\\0&0&1&0\\-5&-5&3&0\end{vmatrix}\xlongequal{\text{按第3行展开}}(-1)^{3+3}\begin{vmatrix}5&1&1\\-11&1&-1\\-5&-5&0\end{vmatrix}$$

$$\xlongequal{r_1+r_2}\begin{vmatrix}5&1&1\\-6&2&0\\-5&-5&0\end{vmatrix}\xlongequal{\text{按第3列展开}}(-1)^{1+3}\begin{vmatrix}-6&2\\-5&-5\end{vmatrix}=\begin{vmatrix}-8&2\\0&-5\end{vmatrix}=40.$$

例 5　计算 n 阶行列式 $D=\begin{vmatrix}0&1&1&\cdots&1\\1&0&1&\cdots&1\\1&1&0&\cdots&1\\\vdots&\vdots&\vdots&&\vdots\\1&1&1&\cdots&0\end{vmatrix}$.

解　我们看到，D 的每一列元素的和都是 $n-1$. 把第 2，第 3，…，第 n 行都加到第 1 行上，得

$$D=\begin{vmatrix}n-1&n-1&n-1&\cdots&n-1\\1&0&1&\cdots&1\\1&1&0&\cdots&1\\\vdots&\vdots&\vdots&&\vdots\\1&1&1&\cdots&0\end{vmatrix}.$$

根据推论 2，提出第 1 行的公因子 $n-1$，得

$$D=(n-1)\begin{vmatrix}1&1&1&\cdots&1\\1&0&1&\cdots&1\\1&1&0&\cdots&1\\\vdots&\vdots&\vdots&&\vdots\\1&1&1&\cdots&0\end{vmatrix}.$$

由第 2，第 3，…，第 n 行减去第 1 行，得

$$D=(n-1)\begin{vmatrix}1&1&1&\cdots&1\\0&-1&0&\cdots&0\\0&0&-1&\cdots&0\\\vdots&\vdots&\vdots&&\vdots\\0&0&0&\cdots&-1\end{vmatrix}.$$

由行列式定义，容易得到

$$D=(-1)^{n-1}(n-1).$$

12.3.4　行列式的应用

1. 克拉默法则

在本节开篇，我们提出了线性方程组(1)是否有公式解的问题，回答这个问题可

用克拉默法则.

定理 2(克拉默法则)　对于线性方程组(1),其矩阵形式记为 $\boldsymbol{Ax}=\boldsymbol{b}$. 如果系数矩阵的行列式 $D=|\boldsymbol{A}|\neq 0$,则此线性方程组有唯一解,且

$$x_j=\frac{D_j}{D}\quad (j=1,2,\cdots,n).$$

其中 D_j 是把系数行列式 D 中第 j 列的元素用方程组右端的常数列代替后所得到的 n 阶行列式.

例 6　用克拉默法则解线性方程组

$$\begin{cases}2x_1+3x_2-x_3=-4,\\ x_1-x_2+x_3=5,\\ 7x_1-6x_2-4x_3=1.\end{cases}$$

解　方程组的系数行列式为

$$D=\begin{vmatrix}2 & 3 & -1\\ 1 & -1 & 1\\ 7 & -6 & -4\end{vmatrix}=8+21+6-7-(-12)-(-12)=52\neq 0,$$

又求得

$$D_1=\begin{vmatrix}-4 & 3 & -1\\ 5 & -1 & 1\\ 1 & -6 & -4\end{vmatrix}=52,D_2=\begin{vmatrix}2 & -4 & -1\\ 1 & 5 & 1\\ 7 & 1 & -4\end{vmatrix}=-52,D_3=\begin{vmatrix}2 & 3 & -4\\ 1 & -1 & 5\\ 7 & -6 & 1\end{vmatrix}=156.$$

所以方程组的解为

$$x_1=\frac{D_1}{D}=1,x_2=\frac{D_2}{D}=-1,x_3=\frac{D_3}{D}=3.$$

若线性方程组(1)中的常数项 $b_1=b_2=\cdots=b_n=0$,即

$$\begin{cases}a_{11}x_1+a_{12}x_2+\cdots+a_{1n}x_n=0,\\ a_{21}x_1+a_{22}x_2+\cdots+a_{2n}x_n=0,\\ \cdots\cdots\cdots\cdots\\ a_{n1}x_1+a_{n2}x_2+\cdots+a_{nn}x_n=0,\end{cases}\tag{3}$$

称之为**齐次线性方程组**. 否则,称之为**非齐次线性方程组**.

显然,齐次线性方程组(3)必有一组解 $x_1=x_2=\cdots=x_n=0$,我们称它为**零解**. 若一组解 $x_1,x_2,\cdots,x_n$ 不全为零,则称为**非零解**. 根据定理 2,我们容易得到如下定理.

定理 3　如果齐次线性方程组(3)的系数行列式 $D\neq 0$,则该齐次线性方程组只有唯一的零解.

推论 6　如果齐次线性方程组有非零解,则它的系数行列式 D 必为零.

例 7　已知齐次线性方程组 $\begin{cases}(1-\lambda)x_1-2x_2+4x_3=0,\\ 2x_1+(3-\lambda)x_2+x_3=0,\\ x_1+x_2+(1-\lambda)x_3=0,\end{cases}$ 只有零解,则 λ 应取何值?

解　因为齐次线性方程组只有零解,所以方程组的系数行列式

$$D=\begin{vmatrix}1-\lambda & -2 & 4\\ 2 & 3-\lambda & 1\\ 1 & 1 & 1-\lambda\end{vmatrix}=\begin{vmatrix}1-\lambda & -3+\lambda & 4\\ 2 & 1-\lambda & 1\\ 1 & 0 & 1-\lambda\end{vmatrix}$$

$$=(1-\lambda)^3+(\lambda-3)-4(1-\lambda)-2(1-\lambda)(-3+\lambda)$$

$$=(1-\lambda)^3+2(1-\lambda)^2+\lambda-3\neq 0.$$

上式因式分解得 $-\lambda(\lambda-2)(\lambda-3)\neq 0$，

故当 $\lambda\neq 0,\lambda\neq 2$ 且 $\lambda\neq 3$ 时方程组只有零解.

2. 用行列式计算面积

由解析几何的知识可知，平行四边形的面积可以利用行列式来计算.

例 8 设三角形三个顶点的坐标为 $P(x_1,y_1),N(x_2,y_2),Q(x_3,y_3)$，

(1) 试求此三角形的面积；

(2) 利用此结果计算四个顶点坐标为 $A(0,1),B(3,5),C(4,3),D(2,0)$ 的四边形的面积；

(3) 将此结果推广至任意多边形.

解 (1) 三角形面积为对应的平行四边形面积一半，利用行列式等于两向量张成的平行四边形面积的关系，

$$\text{向量 } \boldsymbol{PN}=(x_2-x_1,y_2-y_1)\text{，向量 } \boldsymbol{PQ}=(x_3-x_1,y_3-y_1)\text{，}$$

所以三角形的面积

$$S=\left|\frac{1}{2}\begin{vmatrix}x_2-x_1 & y_2-y_1\\ x_3-x_1 & y_3-y_1\end{vmatrix}\right|=\frac{1}{2}\left|(x_2-x_1)(y_3-y_1)-(x_3-x_1)(y_2-y_1)\right|.$$

(2) 将该四边形划分成三角形 $\triangle ABD$ 和三角形 $\triangle CBD$，按照上面给出的面积公式

$$S_{\triangle ABD}=\frac{1}{2}\left|(2-0)\times(5-1)-(3-0)\times(0-1)\right|=5.5,$$

$$S_{\triangle CBD}=\frac{1}{2}\left|(4-2)\times(5-0)-(3-2)\times(3-0)\right|=3.5,$$

从而，此四边形的面积为 $S=S_1+S_2=9$.

(3) N 边多边形可划分为 $N-2$ 个三角形，用类似的办法可以求出其面积.

练习 12.3

1. 计算行列式.

(1) $\begin{vmatrix}5 & 1\\ -2 & 6\end{vmatrix}$； (2) $\begin{vmatrix}-5 & 1\\ 6 & -9\end{vmatrix}$； (3) $\begin{vmatrix}0 & 1 & 1\\ 1 & 0 & 1\\ 1 & 1 & 0\end{vmatrix}$； (4) $\begin{vmatrix}3 & 4 & -5\\ 8 & 7 & -2\\ 2 & -1 & 8\end{vmatrix}$.

2. 用克拉默法则解下列方程组.

(1) $\begin{cases}2x-3y=3,\\ 3x-y=8;\end{cases}$ (2) $\begin{cases}2x_1 - x_3=1,\\ 2x_1+4x_2-x_3=1,\\ -x_1+8x_2+3x_3=2.\end{cases}$

习题 12.3

1. 计算行列式.

(1) $\begin{vmatrix} 2 & -4 & 1 \\ 1 & -5 & 3 \\ 1 & -1 & 1 \end{vmatrix}$； (2) $\begin{vmatrix} 1 & 3 & 2 \\ -1 & 0 & 3 \\ 2 & 1 & 5 \end{vmatrix}$； (3) $\begin{vmatrix} 1 & 2 & 3 \\ 2 & 3 & 1 \\ 3 & 1 & 2 \end{vmatrix}$； (4) $\begin{vmatrix} a & 3 & 0 \\ 0 & b & 0 \\ 1 & 2 & c \end{vmatrix}$；

(5) $\begin{vmatrix} 1 & 1 & 1 & 1 \\ 1 & 2 & 3 & 4 \\ 1 & 3 & 6 & 10 \\ 1 & 4 & 10 & 20 \end{vmatrix}$；(6) $\begin{vmatrix} 1 & 2 & 3 & -1 \\ 1 & -1 & 0 & 2 \\ 0 & 1 & 0 & 1 \\ 0 & 0 & -1 & 3 \end{vmatrix}$；(7) $\begin{vmatrix} 2 & 1 & 1 & 1 \\ 4 & 2 & 1 & -1 \\ 201 & 102 & -99 & 98 \\ 1 & 2 & 1 & -2 \end{vmatrix}$；

(8) $\begin{vmatrix} a & b & a+b \\ b & a+b & a \\ a+b & a & b \end{vmatrix}$； (9) $\begin{vmatrix} 1+x & 1 & 1 & 1 \\ 1 & 1+x & 1 & 1 \\ 1 & 1 & 1+x & 1 \\ 1 & 1 & 1 & 1+x \end{vmatrix}$；

(10) $D_n = \begin{vmatrix} 0 & \cdots & 0 & 1 & 0 \\ 0 & \cdots & 2 & 0 & 0 \\ \vdots & & \vdots & \vdots & \vdots \\ n-1 & \cdots & 0 & 0 & 0 \\ 0 & \cdots & 0 & 0 & n \end{vmatrix}$.

2. 用克拉默法则解下列线性方程组.

(1) $\begin{cases} x_2 + 2x_3 = 1, \\ x_1 + x_2 + 4x_3 = 1, \\ 2x_1 - x_2 = 2; \end{cases}$ (2) $\begin{cases} x_1 + 2x_2 - x_3 = -3, \\ 2x_1 - x_2 + 3x_3 = 9, \\ -x_1 + x_2 + 4x_3 = 6. \end{cases}$

3. λ 为何值,下列行列式的值等于零.

(1) $\begin{vmatrix} \lambda-1 & 2 \\ 2 & \lambda+2 \end{vmatrix}$； (2) $\begin{vmatrix} \lambda & 2 & 4 \\ 2 & \lambda+3 & 8 \\ 5 & 7 & 6 \end{vmatrix}$.

4. λ 为何值时,齐次线性方程组 $\begin{cases} x_1 + x_2 + \lambda x_3 = 0, \\ x_1 + \lambda x_2 + x_3 = 0, \\ \lambda x_1 + x_2 + x_3 = 0 \end{cases}$ 只有零解?

5. 求一个二次多项式 $f(x)$,使 $f(1) = -1, f(-1) = 9, f(2) = -2$.

6. 利用行列式计算面积.

(1) 已知 $A(1,2), B(3,3), C(2,-1)$,求三角形 ABC 的面积.

(2) 已知 $A(0,0), B(1,4), C(5,3), D(4,1)$,求四边形 $ABCD$ 的面积.

§ 12.4 方阵的逆矩阵

12.4.1 逆矩阵的概念

矩阵的运算中，定义了加法和负矩阵，就可以定义矩阵的减法，那么定义了矩阵的乘法，是否可以定义矩阵的除法呢？在实数的运算中，当数 $a\neq 0$ 时，$a\cdot a^{-1}=1$，$a\cdot a^{-1}=a^{-1}\cdot a=1$，其中 a^{-1} 为 a 的倒数（或称 a 的逆）；在矩阵的乘法运算中，单位阵 $\boldsymbol{E}$ 相当于数的乘法运算中的 1，那么，对于一个矩阵 $\boldsymbol{A}$，是否存在一个矩阵 $\boldsymbol{A}^{-1}$，使得 $\boldsymbol{A}\boldsymbol{A}^{-1}=\boldsymbol{A}^{-1}\boldsymbol{A}=\boldsymbol{E}$ 呢？本节我们引入逆矩阵的概念，并研究矩阵可逆条件以及逆矩阵的求法.

逆矩阵

南京机电职业技术学院—杨青

定义 1 对于 n 阶方阵 $\boldsymbol{A}$，如果存在 n 阶方阵 $\boldsymbol{B}$，使得

$$\boldsymbol{AB}=\boldsymbol{BA}=\boldsymbol{E},$$

则称矩阵 $\boldsymbol{A}$ 是可逆的，并称矩阵 $\boldsymbol{B}$ 是 $\boldsymbol{A}$ 的一个逆矩阵. 否则，称 $\boldsymbol{A}$ 是不可逆的.

注意到，定义 1 中，$\boldsymbol{A}$ 与 $\boldsymbol{B}$ 的地位是相同的. 若 $\boldsymbol{A}$ 是可逆的，$\boldsymbol{B}$ 也一定是可逆的.

例如 $\boldsymbol{A}=\begin{pmatrix}1&-1\\1&1\end{pmatrix}$，$\boldsymbol{B}=\begin{pmatrix}1/2&1/2\\-1/2&1/2\end{pmatrix}$，因为 $\boldsymbol{AB}=\boldsymbol{BA}=\boldsymbol{E}$，所以 $\boldsymbol{B}$ 是 $\boldsymbol{A}$ 的一个逆矩阵，同时 $\boldsymbol{A}$ 也是 $\boldsymbol{B}$ 的一个逆矩阵.

而对于矩阵 $\boldsymbol{C}=\begin{pmatrix}1&0\\0&0\end{pmatrix}$，它与任意矩阵相乘都不可能是单位阵，所以不可逆.

定理 1 若 $\boldsymbol{A}$ 是可逆矩阵，则 $\boldsymbol{A}$ 的逆矩阵是唯一的，记作 $\boldsymbol{A}^{-1}$.

证明 若设 $\boldsymbol{B}$ 和 $\boldsymbol{C}$ 是 $\boldsymbol{A}$ 的逆矩阵，则 $\boldsymbol{AB}=\boldsymbol{BA}=\boldsymbol{E}$，$\boldsymbol{AC}=\boldsymbol{CA}=\boldsymbol{E}$，于是

$$\boldsymbol{B}=\boldsymbol{EB}=(\boldsymbol{CA})\boldsymbol{B}=\boldsymbol{C}(\boldsymbol{AB})=\boldsymbol{CE}=\boldsymbol{C}.$$

12.4.2 逆矩阵的存在性

定义 2 设 n 阶方阵 $\boldsymbol{A}=\begin{pmatrix}a_{11}&a_{12}&\cdots&a_{1n}\\a_{21}&a_{22}&\cdots&a_{2n}\\\vdots&\vdots&&\vdots\\a_{n1}&a_{n2}&\cdots&a_{nn}\end{pmatrix}$，

我们称 n 阶方阵

$$\boldsymbol{A}^{*}=\begin{pmatrix}A_{11}&A_{21}&\cdots&A_{n1}\\A_{12}&A_{22}&\cdots&A_{n2}\\\vdots&\vdots&&\vdots\\A_{1n}&A_{2n}&\cdots&A_{nn}\end{pmatrix}$$

为矩阵 $\boldsymbol{A}$ 的伴随矩阵，这里 A_{ij} 是 a_{ij} 的代数余子式.

容易证明 $\boldsymbol{AA}^{*}=\boldsymbol{A}^{*}\boldsymbol{A}=|\boldsymbol{A}|\boldsymbol{E}$，从而有如下定理.

定理 2 n 阶方阵 $\boldsymbol{A}$ 可逆的充要条件是 $|\boldsymbol{A}|\neq 0$. 且此时，$\boldsymbol{A}^{-1}=\dfrac{1}{|\boldsymbol{A}|}\boldsymbol{A}^{*}$.

行列式不为0的矩阵,称为**非奇异矩阵**.所以一个矩阵可逆的充要条件是它为非奇异矩阵.

逆矩阵有以下运算性质.

性质1 若$\boldsymbol{A}$可逆,则$\boldsymbol{A}^{-1}$可逆,且$(\boldsymbol{A}^{-1})^{-1}=\boldsymbol{A}$.

性质2 若$\boldsymbol{A}$可逆,则$\boldsymbol{A}^{\mathrm{T}}$可逆,且$(\boldsymbol{A}^{\mathrm{T}})^{-1}=(\boldsymbol{A}^{-1})^{\mathrm{T}}$;

性质3 若$\boldsymbol{A},\boldsymbol{B}$均为$n$阶可逆矩阵,则$\boldsymbol{AB}$亦可逆,且$(\boldsymbol{AB})^{-1}=\boldsymbol{B}^{-1}\boldsymbol{A}^{-1}$.

证明 因为$(\boldsymbol{AB})(\boldsymbol{B}^{-1}\boldsymbol{A}^{-1})=\boldsymbol{A}(\boldsymbol{BB}^{-1})\boldsymbol{A}^{-1}=\boldsymbol{AEA}^{-1}=\boldsymbol{AA}^{-1}=\boldsymbol{E}$,

所以$\boldsymbol{AB}$为可逆矩阵且$(\boldsymbol{AB})^{-1}=\boldsymbol{B}^{-1}\boldsymbol{A}^{-1}$.

性质4 若$\boldsymbol{A}$可逆,数$\lambda\neq0$,则$\lambda\boldsymbol{A}$可逆且$(\lambda\boldsymbol{A})^{-1}=\dfrac{1}{\lambda}\boldsymbol{A}^{-1}$.

性质5 若$\boldsymbol{A}$可逆,则有$|\boldsymbol{A}^{-1}|=\dfrac{1}{|\boldsymbol{A}|}$.

例1 设$\boldsymbol{A}=\begin{pmatrix}1&2&3\\2&2&1\\3&4&3\end{pmatrix}$,$\boldsymbol{B}=\begin{pmatrix}2&1\\5&3\end{pmatrix}$,$\boldsymbol{C}=\begin{pmatrix}1&3\\2&0\\3&1\end{pmatrix}$,求满足条件的$\boldsymbol{AXB}=\boldsymbol{C}$的$\boldsymbol{X}$.

解 因为$|\boldsymbol{A}|=\begin{vmatrix}1&2&3\\2&2&1\\3&4&3\end{vmatrix}=2\neq0$,$|\boldsymbol{B}|=\begin{vmatrix}2&1\\5&3\end{vmatrix}=1\neq0$,所以$\boldsymbol{A}^{-1}$,$\boldsymbol{B}^{-1}$都存在,且

$$\boldsymbol{A}^{-1}=\begin{pmatrix}1&3&-2\\-3/2&-3&5/2\\1&1&-1\end{pmatrix},\boldsymbol{B}^{-1}=\begin{pmatrix}3&-1\\-5&2\end{pmatrix},$$

又由$\boldsymbol{AXB}=\boldsymbol{C}\Rightarrow\boldsymbol{A}^{-1}\boldsymbol{AXBB}^{-1}=\boldsymbol{A}^{-1}\boldsymbol{CB}^{-1}\Rightarrow\boldsymbol{X}=\boldsymbol{A}^{-1}\boldsymbol{CB}^{-1}$.

于是 $$\boldsymbol{X}=\boldsymbol{A}^{-1}\boldsymbol{CB}^{-1}=\begin{pmatrix}1&3&-2\\-3/2&-3&5/2\\1&1&-1\end{pmatrix}\begin{pmatrix}1&3\\2&0\\3&1\end{pmatrix}\begin{pmatrix}3&-1\\-5&2\end{pmatrix}=\begin{pmatrix}-2&1\\10&-4\\-10&4\end{pmatrix}.$$

例2(Hill密码) 为了发送秘密消息,一种编制密码的简单方法是把消息中的每个字母当作在1与26之间的一个数字来对待,如下表12-8所示.

表12-8 空格及字母的整数代码表

空格	A	B	C	D	E	F	G	H	I	J	K	L	M
0	1	2	3	4	5	6	7	8	9	10	11	12	13
N	**O**	**P**	**Q**	**R**	**S**	**T**	**U**	**V**	**W**	**X**	**Y**	**Z**	
14	15	16	17	18	19	20	21	22	23	24	25	26	

若要发送信息"action",使用表格中的代码,则此信息的编码为:1,3,20,9,15,14.利用矩阵的乘法对明文"action"加密,首先将明文信息编码按两行排成一个矩阵$\boldsymbol{A}=\begin{pmatrix}1&3&20\\9&15&14\end{pmatrix}$,利用加密矩阵$\boldsymbol{P}=\begin{pmatrix}1&1&0\\2&1&1\\3&2&2\end{pmatrix}$与$\boldsymbol{A}$的矩阵乘积$\boldsymbol{AP}=\begin{pmatrix}67&44&43\\81&52&43\end{pmatrix}$对应着

将发出密文编码:67, 44, 43, 81, 52, 43. 要还原成明文, 只要计算$\begin{pmatrix}67&44&43\\81&52&43\end{pmatrix}\boldsymbol{P}^{-1}$,再对照表 9“翻译”成单词即可.

练习 12.4

判断下列矩阵是否可逆? 如可逆,求其逆矩阵.

(1) $\begin{pmatrix}2&7\\-1&5\end{pmatrix}$;　(2) $\begin{pmatrix}-2&1&3\\1&0&2\\-1&1&5\end{pmatrix}$.

习题 12.4

1. 求下列矩阵的逆矩阵.

(1) $\begin{pmatrix}1&4\\-3&2\end{pmatrix}$;　(2) $\begin{pmatrix}2&2&3\\1&-1&0\\-1&2&1\end{pmatrix}$;

(3) $\begin{pmatrix}3&0&3\\0&3&3\\0&0&3\end{pmatrix}$;　(4) $\begin{pmatrix}\lambda_1&0&\cdots&0\\0&\lambda_2&\cdots&0\\\vdots&\vdots&&\vdots\\0&0&\cdots&\lambda_n\end{pmatrix}$,(其中 $\lambda_1,\lambda_2,\cdots,\lambda_n\neq0$).

2. 解下列矩阵方程.

(1) $\begin{pmatrix}1&3\\2&4\end{pmatrix}\boldsymbol{X}=\begin{pmatrix}1&0&1\\4&3&1\end{pmatrix}$;　(2) $\begin{pmatrix}1&2&-1\\3&-2&1\\1&-1&-1\end{pmatrix}\boldsymbol{X}=\begin{pmatrix}1\\0\\2\end{pmatrix}$;

(3) $\begin{pmatrix}1&3\\2&4\end{pmatrix}\boldsymbol{X}\begin{pmatrix}2&3\\1&5\end{pmatrix}=\begin{pmatrix}1&2\\1&3\end{pmatrix}$;　(4) $\boldsymbol{X}\begin{pmatrix}1&1&-1\\2&1&0\\1&-1&1\end{pmatrix}=\begin{pmatrix}1&-1&3\\4&3&2\end{pmatrix}$.

3. 设 $\boldsymbol{A}$、$\boldsymbol{B}$ 为同阶方阵,且满足 $\boldsymbol{AB}=\boldsymbol{BA}$,$\boldsymbol{A}^{-1}$存在. 试证 $\boldsymbol{A}^{-1}\boldsymbol{B}=\boldsymbol{BA}^{-1}$.

4. 设方阵 $\boldsymbol{A}$ 满足 $\boldsymbol{A}^2-\boldsymbol{A}-2\boldsymbol{E}=\boldsymbol{O}$,证明 $\boldsymbol{A}$ 及 $\boldsymbol{A}+2\boldsymbol{E}$ 都可逆,并求它们的逆阵.

5. 现有一段明码(中文汉语拼音字母),若利用矩阵$\begin{pmatrix}1&2&1\\2&5&3\\2&3&2\end{pmatrix}$加密,发出的“密文”编码为:41,97,81,33,92,66,59,154,103. 请参照书中例 2 破译这段密文.

§12.5 矩阵运算的 MATLAB 操作

本节介绍了矩阵的输入方法、矩阵及内部元素的修改,以及常用的矩阵数据操作等内容,还介绍了矩阵的加减、数乘、转置,矩阵的乘法、求逆等内容.

12.5.1 矩阵的创建

1. 直接输入产生矩阵

MATLAB 软件中,用于创建矩阵指令的调用格式如下:

```
A =[ a11 a12 a13…; a21 a22 a23…; a31 a32 a33…]
```

注意 (1) 元素用空格或逗号间隔,换行用分号分割或用回车分割.

(2) 当输入运算程序后面没有“;”时,回车便直接显示运行结果,当语句后面加了“;”,不显示所生成的变量;要显示时只需键入变量名回车即可. MATLAB 命令窗口中,输入的命令百分号后的所有文字为注释语句,不参与运算. 例如:% 定义符号变量 x,y.

(3) 多条命令可以放在同一行中,用逗号或分号分隔. 一条语句也可以写在多行,用三个点表示该语句未完成,续在下一行. 但变量名不能被两行分隔,注释语句不能续行.

例 1 输入矩阵

$$\boldsymbol{A}=\begin{pmatrix}1&2&3&4\\5&6&7&8\\9&0&1&2\end{pmatrix},\boldsymbol{B}=\begin{pmatrix}1&0&0\\0&1&0\\0&0&1\end{pmatrix}.$$

输入命令:

```
>> A =[ 1 2 3 4;5 6 7 8;9 0 1 2]
```

输出结果:

```
A =
     1     2     3     4
     5     6     7     8
     9     0     1     2
```

输入命令:

```
>> B =[ 1 0 0;0 1 0;0 0 1]
```

输出结果:

```
B =
     1     0     0
     0     1     0
     0     0     1
```

2. 通过函数命令生成矩阵(表 12－9)

表 12－9 生成矩阵函数表

矩阵	描述	矩阵	描述
zero(n,m)	n 行 m 列零矩阵	ones(n,m)	n 行 m 列壹矩阵
rand (n,m)	n 行 m 列随机矩阵	randn(n,m)	n 行 m 列正态随机矩阵
eye (n)	n 列单位矩阵	magic(n)	n 阶幻方阵
vander (c)	由向量 c 成范德蒙德矩阵		

例 2 产生一个 2×4 的零矩阵.

输入命令:

```
>> z = zeros(2,4)
```

输出结果:

```
z =

     0     0     0     0
     0     0     0     0
```

例 3 产生一个 3 阶随机方阵.

输入命令:

```
>> rl = rand(3)
```

输出结果:

```
rl =

    0.9501    0.4860    0.4565
    0.2311    0.8913    0.0185
    0.6068    0.7621    0.8214
```

例 4 产生一个 5 阶幻方阵.

输入命令:

```
>> ml = magic(5)
```

输出结果:

```
ml =

    17    24     1     8    15
    23     5     7    14    16
     4     6    13    20    22
    10    12    19    21     3
    11    18    25     2     9
```

注意 幻方阵的特征是每行元素之和、每列元素之和、对角线元素之和皆相同.

例 5 由向量 $\boldsymbol{C}=(2,3,4,5,6,7)$ 做 6 阶范德蒙德矩阵.

输入命令:

```
>>C = 2:7
```

```
>> F = vander(C)
>> F1 = rot90(F)
```

输出结果:

```
C =

    2     3     4     5     6     7

F =

       32        16         8         4         2         1
      243        81        27         9         3         1
     1024       256        64        16         4         1
     3125       625       125        25         5         1
     7776      1296       216        36         6         1
    16807      2401       343        49         7         1

F1 =

        1         1         1         1         1         1
        2         3         4         5         6         7
        4         9        16        25        36        49
        8        27        64       125       216       343
       16        81       256       625      1296      2401
       32       243      1024      3125      7776     16807
```

注意 分号、逗号、百分号的输入必须是英文状态.

例 6 分块法生成大矩阵. 如有已知矩阵 $\boldsymbol{A}$、$\boldsymbol{B}$、$\boldsymbol{C}$、$\boldsymbol{D}$,生成分块大矩阵 $\boldsymbol{G}$,$\boldsymbol{G}$ = [$\boldsymbol{A}$ $\boldsymbol{B}$; $\boldsymbol{C}$ $\boldsymbol{D}$],运行结果演示如下.

输入命令:

```
>> A = [1 2; 3 4];B = [5 6;7 8];C = [1 0];D = [0 1];
>> G = [A B;C D]
```

输出结果:

```
G =

    1     2     5     6
    3     4     7     8
    1     0     0     1
```

12.5.2 矩阵及其元素的修改

(1) 由已知矩阵 $\boldsymbol{A}$ 或者矩阵 $\boldsymbol{A}$ 的元素构成的各种矩阵,进行修改操作后得到的矩阵,见表 12 - 10.

表 12－10 修改矩阵操作表

操作	描述	操作	描述
diag（A）	由 ***A*** 的对角线上元素构成的列向量	diag（X）	以向量 ***X*** 做对角元素创建对角阵
triu（A）	由 ***A*** 的上三角元素构成的上三角阵	tril（A）	由 ***A*** 的下三角元素构成的下三角阵
f lipud（A）	矩阵做上下翻转	f liplr（A）	矩阵 ***A*** 做左右翻转
rot90（A）	矩阵逆时针翻转 90°	size（A）	得到表示 ***A*** 的行数和列数的向量
eye（size(A)）	***A*** 的标准形	B = f ix(15 * rand(size(A))	与 ***A*** 同阶随机整数阵

（2）修改矩阵 ***A*** 的某元素. 如果矩阵 ***A***,将 ***A*** 的第 3 行第 2 列的元素重新赋值为 0,***A***(3,2) =0.

（3）用赋值法扩充矩阵 ***A***. 如果 ***A*** 是 3 ×4 矩阵,将其扩充成 5 ×6 矩阵,且 ***A*** 的第 5 行第 6 列的元素赋值为 1,则只需 ***A***(5,6) =1. 这时产生一个 5 行 6 列的矩阵,其余没有赋值的元素自动赋值为 0.

（4）选择矩阵 ***A*** 的部分行. 如取矩阵 ***A*** 的 1,3 行的全部元素构成矩阵,A1 = 1([1,3],:).

（5）选择矩阵 ***A*** 的部分列. 如取矩阵 ***A*** 的 2,3 列的全部元素构成矩阵,A2 = A(:,[2,3]).

（6）选择矩阵 ***A*** 的子阵,如取矩阵 ***A*** 的 2,3 行 1,3 列交叉位置上的元素构成的子阵,A3 = A([2,3],[1,3]).

（7）拉伸矩阵 ***A*** 的所有元素成列向量. 如将矩阵 ***A*** 的所有元素构成列向量 A4,,A4 = A(:).

（8）删除矩阵 ***A*** 的某列. 如删除矩阵 ***A*** 的第 3 列,A(:,3) = [ ].

（9）删除矩阵 ***A*** 的某行. 如删除矩阵 ***A*** 的第 1 行,A(1,:) = [ ].

（10）用一行向量替换矩阵 ***A*** 的某行. 如用行向量 ***b*** 替换矩阵 ***A*** 的第 3 行,A(3,:) =b.

（11）用一列向量替换矩阵 ***A*** 的某列. 如用行向量 ***b*** 的转置替换矩阵 ***A*** 的第 2 列,A(:,2) =b.

（12）重复用矩阵 ***A*** 的某列生成新矩阵. 如用矩阵 ***A*** 的第 1 列生产有相同 3 列的 A11,A11 =(:,[1 1 1]).

（13）复制一已知行向量成矩阵. 如果已知行向量 ***b***,用其生成三行相同的矩阵 A12. A12 = B([1 1 1],:).

（14）用已知矩阵的行去复合新矩阵. 如用矩阵 ***A*** 的 2,3 行去做矩阵 ***B*** 的 3,4 行,B(3:4,:) = A(2:3,:).

（15）用矩阵 ***A*** 的部分列创建向量. 如用矩阵 ***A*** 的第 2,3 列创建向量 A14,A14(1:6) = A(:,2:3).

(16) 取矩阵的某个元素. 如取矩阵 **A** 的第 2 行第 4 列的元素,A(2,4)(或按列排序取 A(i)).

12.5.3 矩阵的加减、数乘、转置、乘法运算

矩阵的加减、数乘、转置、乘法运算符见表 12-11.

表 12-11 矩阵的加减、数乘、转置、乘法运算符表

运算	含义	运算	含义
A+B	矩阵加法	A*K	矩阵数与矩阵乘法
A-B	矩阵减法	A'	矩阵 A 的转置矩阵
A*B	矩阵乘法	A^n	方阵 A 的 n 次幂

例 7 已知矩阵 $\boldsymbol{A}=\begin{pmatrix}5&-3&8&3\\-2&7&2&1\\7&-5&12&9\end{pmatrix}$, $\boldsymbol{B}=\begin{pmatrix}-3&1&9&10\\8&-9&0&1\\7&12&-2&4\end{pmatrix}$,

试求 $\boldsymbol{A}+\boldsymbol{B},\boldsymbol{A}-\boldsymbol{B},2\boldsymbol{A}+3\boldsymbol{B},\boldsymbol{A}^{\mathrm{T}}$.

解

输入命令:

```
>>A =[5 -3 8 3; -2 7 2 1;7 -5 12 9];
>>B =[ -3 1 9 10;8 -9 0 1;7 12 -2 4];
>>C =A +B, D =A -B, E =2 *A +3 *B, F =A'
```

输出结果:

```
C =

     2    -2    17    13
     6    -2     2     2
    14     7    10    13

D =

     8    -4    -1    -7
   -10    16     2     0
     0   -17    14     5

E =

     1    -3    43    36
    20   -13     4     5
    35    26    18    30

F =

     5    -2     7
    -3     7    -5
```

```
        8     2    12
        3     1     9
```

例 8 已知矩阵 $\boldsymbol{A}=\begin{pmatrix}0&-1&1\\1&2&3\\3&0&4\end{pmatrix}$,$\boldsymbol{B}=\begin{pmatrix}1&4&-1\\0&2&3\\1&3&0\end{pmatrix}$,求 $\boldsymbol{AB},\boldsymbol{BA},\boldsymbol{A}^5$.

解

输入命令:

```
>> A =[0 -1 1; 1 2 3; 3 0 4];
>>B =[1 4 -1;0 2 3; 1 3 0];
>>C =A * B,D =B * A,E =A^5
C =

        1     1    -3
        4    17     5
        7    24    -3

D =

        1     7     9
       11     4    18
        3     5    10

E =

             -64          -20         -113
            1217         -423         1789
             858         -399         1213
```

12.5.4 矩阵的逆矩阵

MATLAB 软件中,用于求矩阵的逆矩阵的指令函数是 `inv(A)`,具体调用格式如下:

`inv(A)`

返回矩阵 $\boldsymbol{A}$ 的逆矩阵.

例 9 已知矩阵 $\boldsymbol{A}=\begin{pmatrix}1&2&3\\3&2&1\\2&1&3\end{pmatrix}$,求 $\boldsymbol{A}^{-1}$.

解

输入命令:

```
>> A =[1 2 3; 3 2 1; 2 1 3];
>> inv(A)
```

输出结果:

```
ans =

     -0.4167      0.2500      0.3333
```

```
    0.5833     0.2500    -0.6667
    0.0833    -0.2500     0.3333
```

12.5.5 行列式的运算

MATLAB 软件中,用于求解行列式的指令函数是 det,具体调用格式如下:

det (A)

返回矩阵 A 方阵行列式的值.

例 10 计算矩阵 $A=\begin{pmatrix}3&4&4&4\\4&3&4&4\\4&4&3&4\\4&4&4&3\end{pmatrix}$的行列式.

解

输入命令:

```
>> A=[3 4 4 4;4 3 4 4;4 4 3 4;4 4 4 3];
>> det(A)
```

输出结果:

```
ans =
      -15.0000
```

例 11 计算矩阵

$$A=\begin{pmatrix}a&b&c&d\\a&a+b&a+b+c&a+b+c+d\\a&2a+b&3a+2b+c&4a+3b+2c+d\\a&3a+b&6a+3b+c&10a+6b+3c+d\end{pmatrix}.$$

的方阵行列式的值.

解

输入命令:

```
>> syms a b c d;
>> A=[a b c d;a a+b a+b+c a+b+c+d;a  2*a+b 3*a+2*b+c
4*a+3*b+2*c+d;
a 3*a+b 6*a+3*b+c 10*a+6*b+3*c+d];
>> det(A)
```

输出结果:

```
ans =
      a^4
```

练习 12.5

1. 按下列要求完成操作.

(1) 已知矩阵 $A=\begin{pmatrix}1&4&3\\2&0&1\\-3&8&3\end{pmatrix}$,请输入矩阵;

（2）由（1）中的矩阵，按表 12－9 的内容修改矩阵；

（3）已知矩阵 $\boldsymbol{A}=\begin{pmatrix}2 & 1 & 0\\ 4 & -1 & 1\\ -1 & 7 & 3\end{pmatrix}$，行向量 $\boldsymbol{b}=(3,2,1)$，按本节表 12－10 后的修改操作（2）~（13）内容操作生成新的矩阵.

2. 已知矩阵 $\boldsymbol{A}=\begin{pmatrix}7 & -5 & 2\\ 3 & -1 & 2\\ 9 & 4 & 12\end{pmatrix}$，$\boldsymbol{B}=\begin{pmatrix}-3 & 2 & 9\\ 10 & -5 & 2\\ 1 & -2 & 1\end{pmatrix}$，试求 $\boldsymbol{A}+2\boldsymbol{B}$，$5\boldsymbol{A}-4\boldsymbol{B}$ $(\boldsymbol{A}+2\boldsymbol{B})^{\mathrm{T}}$.

3. 已知矩阵 $\boldsymbol{A}=\begin{pmatrix}3 & -2 & 0 & -1\\ 0 & 2 & 2 & 1\\ 1 & -2 & -3 & -2\\ 0 & 1 & 2 & 1\end{pmatrix}$，$\boldsymbol{B}=\begin{pmatrix}2 & -1 & 3 & 1\\ 2 & 3 & -7 & 2\\ 1 & 3 & -1 & 8\\ 2 & 1 & 5 & 2\end{pmatrix}$，求 $\boldsymbol{AB}$，$\boldsymbol{BA}$，$\boldsymbol{A}^{-1}$，$\boldsymbol{B}^{-1}\boldsymbol{A}$.

4. 计算矩阵 $\boldsymbol{A}=\begin{pmatrix}1 & 4 & 0 & 3\\ -2 & 7 & 6 & -3\\ -4 & 8 & 30 & -5\\ 9 & -7 & 2 & 5\end{pmatrix}$的方阵行列式.

§12.6 应用实例

本节首先应用矩阵知识以及 MATLAB 软件，求解本章起始提出的导例问题，然后再介绍一个实际应用案例.

12.6.1 本章导例的求解

解 该问题可以用矩阵的乘法来描述.

设人口变量 $x_n=\begin{pmatrix}a_n\\b_n\end{pmatrix}$，其中 a_n, b_n 分别表示第 n 年市区和郊区的人口数.

由题意，2017 年的人口分布情况记为：$x_0=\begin{pmatrix}a_0\\b_0\end{pmatrix}=\begin{pmatrix}700\ 000\\300\ 000\end{pmatrix}$，

第 $n+1$ 年的人口分布情况与第 n 年的关系可由下式表示

$$\begin{cases}a_{n+1}=0.95a_n+0.15b_n\\b_{n+1}=0.05a_n+0.85b_n\end{cases}$$

用矩阵乘法可表示为

$$\boldsymbol{x}_{n+1}=\begin{pmatrix}a_{n+1}\\b_{n+1}\end{pmatrix}=\begin{pmatrix}0.95&0.15\\0.05&0.85\end{pmatrix}\begin{pmatrix}a_n\\b_n\end{pmatrix}.$$

记 $\boldsymbol{A}=\begin{pmatrix}0.95&0.15\\0.05&0.85\end{pmatrix}$，则有 $\boldsymbol{x}_{n+1}=\boldsymbol{A}\boldsymbol{x}_n$.

从而可得，

1 年后市区和郊区的人口分布 $\boldsymbol{x}_1=\boldsymbol{A}\boldsymbol{x}_0$，

2 年后市区和郊区的人口分布 $\boldsymbol{x}_2=\boldsymbol{A}\boldsymbol{x}_1=\boldsymbol{A}(\boldsymbol{A}\boldsymbol{x}_0)=\boldsymbol{A}^2\boldsymbol{x}_0$，

以此类推，……

n 年后市区和郊区的人口分布 $\boldsymbol{x}_n=\boldsymbol{A}^n\boldsymbol{x}_0$.

分别取 $n=10, 30, 50$ 便得到 10 年，30 年，50 年后的人口分布情况. 然而我们注意到，此时的计算量非常大，尤其是要讨论人口变化趋势的时候，我们要取 n 为很大的数值. 这时候，我们可以借助 MATLAB 软件运算.

10 年，30 年，50 年后市区和郊区的人口分布分别为：

$$\boldsymbol{x}_{10}=\boldsymbol{A}^{10}\boldsymbol{x}_0=\begin{pmatrix}0.95&0.15\\0.05&0.85\end{pmatrix}^{10}\begin{pmatrix}700\ 000\\300\ 000\end{pmatrix}=\begin{pmatrix}744\ 630\\255\ 370\end{pmatrix};$$

$$\boldsymbol{x}_{30}=\boldsymbol{A}^{30}\boldsymbol{x}_0=\begin{pmatrix}0.95&0.15\\0.05&0.85\end{pmatrix}^{30}\begin{pmatrix}700\ 000\\300\ 000\end{pmatrix}=\begin{pmatrix}749\ 938\\250\ 062\end{pmatrix};$$

$$\boldsymbol{x}_{50}=\boldsymbol{A}^{50}\boldsymbol{x}_0=\begin{pmatrix}0.95&0.15\\0.05&0.85\end{pmatrix}^{50}\begin{pmatrix}700\ 000\\300\ 000\end{pmatrix}=\begin{pmatrix}749\ 999\\250\ 000\end{pmatrix}.$$

为观察人口变化趋势，我们再取 $n=100$ 和 $n=200$ 时的情况：

$$\boldsymbol{x}_{100}=\boldsymbol{A}^{100}\boldsymbol{x}_0=\begin{pmatrix}0.95&0.15\\0.05&0.85\end{pmatrix}^{100}\begin{pmatrix}700\ 000\\300\ 000\end{pmatrix}=\begin{pmatrix}750\ 000\\250\ 000\end{pmatrix};$$

$$x_{200}=A^{200}x_0=\begin{pmatrix}0.95 & 0.15\\ 0.05 & 0.85\end{pmatrix}^{200}\begin{pmatrix}700\ 000\\ 300\ 000\end{pmatrix}=\begin{pmatrix}750\ 000\\ 250\ 000\end{pmatrix}.$$

MATLAB 命令如下：

```
>>A=[0.95,0.15;0.05,0.85], x0=[700000;300000], x10=A^10*x0,x30 = A^30*x0,
x50=A^50*x0,x100 = A^100*x0, x200 = A^200*x0
A =
      0.9500    0.1500
      0.0500    0.8500
x0 =
      700000
      300000
x10 =
      1.0e + 005 *
      7.4463
      2.5537
x30 =
      1.0e + 005 *
      7.4994
      2.5006
x50 =
      1.0e + 005 *
      7.5000
      2.5000
x100 =
      1.0e + 005 *
      7.5000
      2.5000
x200 =
      1.0e + 005 *
      7.5000
      2.5000
```

以上的数据是经过四舍五入过后取整的. 随着年数 n 的增加，市区和郊区人口的比例逐渐接近于 0.75:0.25. 这个解我们通常称为稳态解. 该问题与“马尔可夫链”有关，有兴趣的读者可进一步参看有关知识.

12.6.2　应用实例：网络的矩阵分割和连接

在电路设计中，经常要把复杂的电路分割为局部电路，每一个电路都用一个网络“黑盒子”来表示. “黑盒子”的输入为 u_1,i_1，输出为 u_2,i_2，其输入与输出的关系用矩阵

$\boldsymbol{A}$ 来表示(图 12－6).

$$\begin{pmatrix} u_2 \\ i_2 \end{pmatrix} = \boldsymbol{A} \begin{pmatrix} u_1 \\ i_1 \end{pmatrix}$$

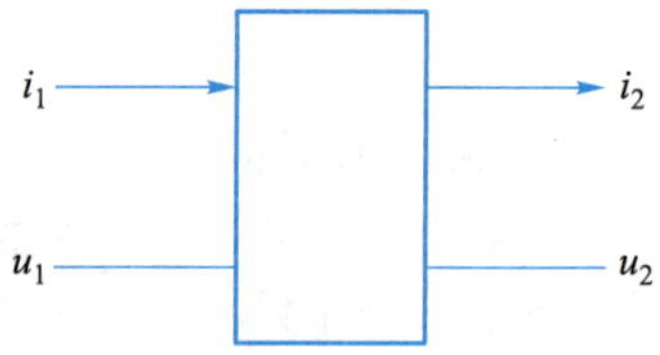

图 12－6

$\boldsymbol{A}$ 是 2×2 矩阵,称为该局部电路的传输矩阵.

把复杂的电路分成许多串接的局部电路,分别求出它们的传输矩阵,再相乘,即可得到总的传输矩阵,这样可以使分析电路的工作简化.

如图 12－7 所示,把两个电阻组成的分压电路分成两个串接的子网络. 第一个子网络包含电阻 R_1,第二个子网络包含电阻 R_2,列出第一个子网络的电路方程为

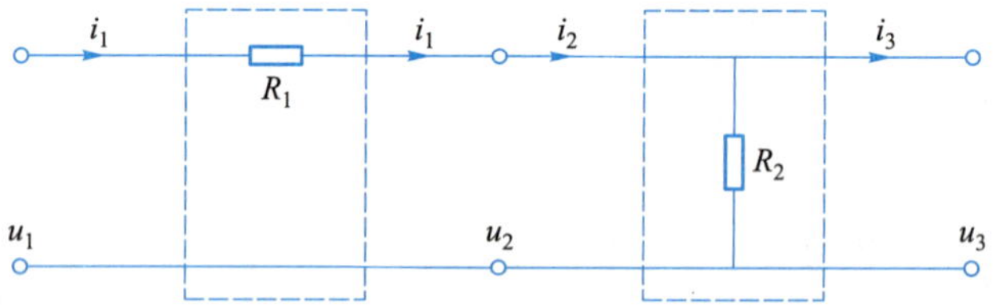

图 12－7

$$\begin{cases} u_2 = u_1 - i_1 R_1, \\ i_2 = i_1, \end{cases}$$

写成矩阵方程为

$$\begin{pmatrix} u_2 \\ i_2 \end{pmatrix} = \begin{pmatrix} 1 & -R_1 \\ 0 & 1 \end{pmatrix} \begin{pmatrix} u_1 \\ i_1 \end{pmatrix},$$

同样可列出第二个子网络的电路方程

$$\begin{cases} u_3 = u_2, \\ i_3 = i_2 - \dfrac{u_2}{R_2}, \end{cases}$$

写成矩阵方程为

$$\begin{pmatrix} u_3 \\ i_3 \end{pmatrix} = \begin{pmatrix} 1 & 0 \\ -1/R_2 & 1 \end{pmatrix} \begin{pmatrix} u_2 \\ i_2 \end{pmatrix} = \boldsymbol{A}_2 \begin{pmatrix} u_2 \\ i_2 \end{pmatrix} = \boldsymbol{A}_2 \boldsymbol{A}_1 \begin{pmatrix} u_1 \\ i_1 \end{pmatrix}.$$

从而,得到两个子网络的传输矩阵为

$$\boldsymbol{A}_1 = \begin{pmatrix} 1 & -R_1 \\ 0 & 1 \end{pmatrix}, \quad \boldsymbol{A}_2 = \begin{pmatrix} 1 & 0 \\ -1/R_2 & 1 \end{pmatrix}.$$

整个电路的传输矩阵为两者的乘积

$$\boldsymbol{A} = \boldsymbol{A}_2 \boldsymbol{A}_1 = \begin{pmatrix} 1 & 0 \\ -1/R_2 & 1 \end{pmatrix} \begin{pmatrix} 1 & -R_1 \\ 0 & 1 \end{pmatrix} = \begin{pmatrix} 1 & -R_1 \\ -1/R_2 & 1 + R_1/R_2 \end{pmatrix}.$$

在实际中,通常对比较复杂的网络进行分段,对上述较为简单的电路是不分段的,这里只是一个示例.

本章小结

一、主要内容

1. 矩阵的概念、线性运算、乘法运算以及矩阵的转置.

2. 二阶行列式、三阶行列式以及 n 阶行列式的定义，二、三阶行列式的对角线计算方法，一般的行列式计算公式

$$D=\begin{vmatrix} a_{11} & a_{12} & \cdots & a_{1n} \\ a_{21} & a_{22} & \cdots & a_{2n} \\ \vdots & \vdots & & \vdots \\ a_{n1} & a_{n2} & \cdots & a_{nn} \end{vmatrix}=a_{11}A_{11}+a_{12}A_{12}+\cdots+a_{1n}A_{1n}=\sum_{j=1}^{n} a_{1j}A_{1j}.$$

对于比较复杂的行列式，利用上面公式计算行列式无疑工作量非常大，于是有行列式的性质，利用行列式性质计算行列式的值.

3. 克拉默法则求解 n 个未知量的 n 个方程的线性方程组.

4. 可逆矩阵的逆矩阵，n 阶矩阵 $\boldsymbol{A}$ 可逆的充要条件是 $|\boldsymbol{A}|\neq 0$ 且 $\boldsymbol{A}^{-1}=\dfrac{1}{|\boldsymbol{A}|}\boldsymbol{A}^{*}$，利用逆矩阵求解矩阵方程.

二、学习指导

1. 本章介绍了行列式与矩阵的基础知识，利用行列式的性质计算行列式的值，为应用克拉默法则求解 n 个未知量的 n 个方程的线性方程组提供了有力工具；继而矩阵的运算、逆矩阵都为求解一般性方程组作了很好的铺垫工作. 本章内容在线性代数中是最基础，但又最重要的部分，在实际生活和工程技术中都有广泛应用.

2. 本章学习比较注重概念、运算和应用，理论推导只要求理解；

3. 灵活应用行列式的性质求行列式的值；对于行列式求值和矩阵的逆等相关运算可用 MATLAB 软件完成.

复习题十二

一、选择题

1. 设矩阵 $\boldsymbol{C}=(c_{ij})_{m\times n}$，矩阵 $\boldsymbol{A},\boldsymbol{B}$ 满足 $\boldsymbol{AC}=\boldsymbol{CB}$，则 $\boldsymbol{A}$ 与 $\boldsymbol{B}$ 分别是(　　)矩阵.

A. $m\times n, n\times m$　　B. $n\times m, m\times n$

C. $n\times n, m\times m$　　D. $m\times m, n\times n$

2. 设矩阵 $\boldsymbol{A}=(a_{ij})_{s\times n}(s\neq n)$，则下列运算不可进行的是(　　).

A. $\boldsymbol{AA}$　　B. $\boldsymbol{A}+\boldsymbol{A}$　　C. $\boldsymbol{AA}^{\mathrm{T}}$　　D. $\boldsymbol{A}^{\mathrm{T}}+\boldsymbol{A}^{\mathrm{T}}$

3. $\boldsymbol{A},\boldsymbol{B}$ 同为 n 阶方阵，则(　　)成立.

A. $|\boldsymbol{A}+\boldsymbol{B}|=|\boldsymbol{A}|+|\boldsymbol{B}|$　　B. $\boldsymbol{AB}=\boldsymbol{BA}$

C. $|\boldsymbol{AB}|=|\boldsymbol{A}||\boldsymbol{B}|$　　D. $(\boldsymbol{A}+\boldsymbol{B})^{-1}=\boldsymbol{A}^{-1}+\boldsymbol{B}^{-1}$

4. 设 $f(x)=\begin{vmatrix}1 & 1 & 2\\ 1 & 1 & x-4\\ 2 & x-1 & 4\end{vmatrix}$,则 $f(x)=0$ 的根是(　　).

A. 3　　B. 6　　C. 3,6　　D. 4,1

5. 下列说法正确的是(　　).

A. 若 $\boldsymbol{A}$ 与 $\boldsymbol{B}$ 是可交换矩阵,则 $\boldsymbol{AB}=\boldsymbol{BA}$

B. 若 $\boldsymbol{AB}$ 与 $\boldsymbol{BA}$ 均有意义,则 $\boldsymbol{AB}=\boldsymbol{BA}$

C. 若 $\boldsymbol{AB}=\boldsymbol{O}$,则 $\boldsymbol{A}=\boldsymbol{O}$ 或 $\boldsymbol{B}=\boldsymbol{O}$

D. 若 $\boldsymbol{A}$ 可逆,$\boldsymbol{B}$ 可逆,则 $\boldsymbol{AB}$ 可逆,且 $(\boldsymbol{AB})^{-1}=\boldsymbol{A}^{-1}\boldsymbol{B}^{-1}$

6. 设 $\boldsymbol{A}$ 为 n 阶方阵,则满足 $\boldsymbol{AB}$ 可逆的条件是(　　).

A. $|\boldsymbol{A}|\neq 0$　　B. $|\boldsymbol{B}|\neq 0$　　C. $\boldsymbol{AB}\neq\boldsymbol{O}$　　D. $|\boldsymbol{AB}|\neq 0$

7. 设 2 阶方阵 $\boldsymbol{A}$ 的行列式 $|\boldsymbol{A}|=-2$,则 $|-2\boldsymbol{A}^{\mathrm{T}}|=$(　　).

A. -4　　B. 4　　C. -8　　D. 8

二、填空题

1. 若 $\boldsymbol{A},\boldsymbol{B}$ 均为 n 阶方阵,且 $|\boldsymbol{A}|=3$,$|\boldsymbol{B}|=-4$,则 $|\boldsymbol{AB}|=$________;

2. 设矩阵 $\boldsymbol{A}=(a_{ij})_{n\times n}$ 中每一行元素之和为零,则 $|\boldsymbol{A}|=$________;

3. 设行列式 $\boldsymbol{D}=\begin{vmatrix}3 & 0 & 4 & 0\\ 2 & 2 & 2 & 2\\ 0 & -7 & 0 & 0\\ 5 & 3 & -2 & 2\end{vmatrix}$,则第四行各元素余子式之和的值为________;

4. 矩阵方程 $\begin{pmatrix}2 & 3\\ 1 & 4\end{pmatrix}\boldsymbol{X}=\begin{pmatrix}1 & 0\\ 0 & 1\end{pmatrix}$ 的解为________;

5. 设 $\boldsymbol{A}=\begin{pmatrix}2 & 1\\ -1 & 2\end{pmatrix}$,$\boldsymbol{E}$ 为 2 阶单位矩阵,矩阵 $\boldsymbol{B}$ 满足 $\boldsymbol{BA}=\boldsymbol{B}+2\boldsymbol{E}$,则 $\boldsymbol{B}=$______;

6. 已知 $\boldsymbol{A}=\begin{pmatrix}2 & 1 & 0 & 0\\ 4 & -1 & 0 & 0\\ 0 & 0 & 4 & -1\\ 0 & 0 & 0 & 5\end{pmatrix}$,则 $\boldsymbol{A}^{\mathrm{T}}=$________;

7. 已知 $\boldsymbol{A}=\begin{pmatrix}1 & 31 & 41\\ 0 & -\frac{1}{2} & 51\\ 0 & 0 & 2\end{pmatrix}$,则 $|-2\boldsymbol{A}|=$________.

三、设 $\boldsymbol{A}=\begin{pmatrix}1 & 0 & 2 & 4\\ 0 & 3 & -1 & 5\\ 2 & -4 & 1 & 0\end{pmatrix}$,$\boldsymbol{B}=\begin{pmatrix}0 & -1 & 1 & 2\\ 2 & 0 & 1 & 3\\ 3 & 1 & -1 & 4\end{pmatrix}$

求(1) $2\boldsymbol{A}-3\boldsymbol{B}$;　　(2) $\boldsymbol{AB}^{\mathrm{T}}$.

四、计算下列行列式.

(1) $\begin{vmatrix} -2 & 3 & 1 \\ 18 & 34 & 69 \\ -5 & 4 & 7 \end{vmatrix}$;　　(2) $\begin{vmatrix} 1 & 0 & -1 & 2 \\ -2 & 1 & 3 & 1 \\ 0 & 1 & 0 & -1 \\ 1 & 3 & 4 & -2 \end{vmatrix}$.

五、用克拉默法则解线性方程组.

$$\begin{cases} 3x_1 + x_2 - x_3 + x_4 = -3, \\ x_1 - x_2 + x_3 + 2x_4 = 4, \\ 2x_1 + x_2 + 2x_3 - x_4 = 7, \\ x_1 + 2x_3 + x_4 = 6. \end{cases}$$

六、求下列矩阵的逆矩阵.

(1) $\begin{pmatrix} 2 & 0 & 1 \\ 3 & 4 & 2 \\ 1 & -1 & 0 \end{pmatrix}$;　　(2) $\begin{pmatrix} 1 & -4 & -3 \\ 1 & -5 & -3 \\ -1 & 6 & 4 \end{pmatrix}$.

七、已知矩阵 $\boldsymbol{A} = \begin{pmatrix} 1 & 0 & 0 \\ 1 & 1 & 0 \\ 1 & 1 & 1 \end{pmatrix}$, $\boldsymbol{B} = \begin{pmatrix} 0 & 1 & 1 \\ 1 & 0 & 1 \\ 1 & 1 & 0 \end{pmatrix}$,且矩阵 $\boldsymbol{X}$ 满足

$$\boldsymbol{AXA} + \boldsymbol{BXB} = \boldsymbol{AXB} + \boldsymbol{BXA} + \boldsymbol{E},$$

其中 $\boldsymbol{E}$ 是 3 阶单位阵,求 $\boldsymbol{X}$.

八、某试验性生产线每年一月份进行熟练工与非熟练工的人数统计，然后将 1/6 熟练工支援其他生产部门，其缺额由新招收的非熟练工补齐. 新、老非熟练工经过培训及实践至年终考核有 2/5 成为熟练工. 假设第一年一月份统计的熟练工和非熟练工各占一半，求第二年一月份统计的熟练工和非熟练工所占百分比.

阅读材料

行　列　式

行列式出现于线性方程组的求解,它最早是一种速记的表达式,现在已经是数学中一种非常有用的工具. 行列式是由莱布尼茨和日本数学家关孝和发明的. 1693 年 4 月,莱布尼茨在写给洛必达的一封信中使用并给出了行列式,并给出方程组的系数行列式为零的条件. 同时代的日本数学家关孝和在其著作《解伏题元法》中也提出了行列式的概念与算法.

1750 年,瑞士数学家克拉默(1704—1752) 在其著作《线性代数分析导引》中,对行列式的定义和展开法则给出了比较完整、明确的阐述,并给出了现在我们所称的解

线性方程组的克拉默法则. 稍后,数学家贝祖 (1730—1783) 将确定行列式每一项符号的方法进行了系统化,利用系数行列式概念指出了如何判断一个齐次线性方程组有非零解. 总之,在很长一段时间内,行列式只是作为解线性方程组的一种工具使用,并没有人意识到它可以独立于线性方程组之外,单独形成一门理论加以研究.

在行列式的发展史上,第一个对行列式理论做出连贯的逻辑的阐述,即把行列式理论与线性方程组求解相分离的人,是法国数学家范德蒙德 (1735—1796). 范德蒙德自幼在父亲的指导下学习音乐,但对数学有浓厚的兴趣,后来终于成为法兰西科学院院士. 特别地,他给出了用二阶子式和它们的余子式来展开行列式的法则. 他是行列式理论的奠基人. 1772 年,拉普拉斯在一篇论文中证明了范德蒙德提出的一些规则,推广了他展开行列式的方法.

继范德蒙德之后,在行列式的理论方面,又一位做出突出贡献的就是另一位法国大数学家柯西. 1815 年,柯西在一篇论文中给出了行列式的第一个系统的、几乎是近代的处理. 其中主要结果之一是行列式的乘法定理. 另外,他第一个把行列式的元素排成方阵,采用双足标记法;引进了行列式特征方程的术语;给出了相似行列式概念;改进了拉普拉斯的行列式展开定理并给出了一个证明等.

继柯西之后,在行列式理论方面最多产的人就是德国数学家雅可比 (1804—1851) ,他引进了函数行列式,即"雅可比行列式",指出函数行列式在多重积分的变量替换中的作用,给出了函数行列式的导数公式. 雅可比的著名论文《论行列式的形成和性质》标志着行列式系统理论的形成.

第 13 章 线性方程组

线性方程组是线性代数中最基本、最重要的内容之一，它广泛应用于经济学、社会学、工程学以及物理学等各个领域，许多的实际问题都可以转化为线性方程组的求解问题. 例如投入产出问题、交通流量的预测问题、空间几何问题等都与线性方程组密不可分.

在上一章中，我们曾谈到线性方程组的概念，并给出了一个重要定理——克拉默法则. 对于变量和方程个数相等的线性方程组，当系数行列式不为零时，利用克拉默法则可以公式化地求出其解. 事实上，克拉默法则在求解线性方程组中更多的价值在于理论意义. 本章将利用矩阵的初等变换给出求解线性方程组的一般方法. 最后，通过向量组理论讨论线性方程组解的结构.

【导例】 YC_rC_b 色彩空间

电视机的成像是通过一把电子枪，把电子打到屏幕上. 对于彩色图片，我们可以使用三把电子枪，分别是 R、G、B 来呈现出彩色的画面（图 13－1）. 但是电视台那边过来的信号不是 RGB，而是 YC_rC_b，其中 YC_rC_b 是对色彩空间的另外一种分解方式.

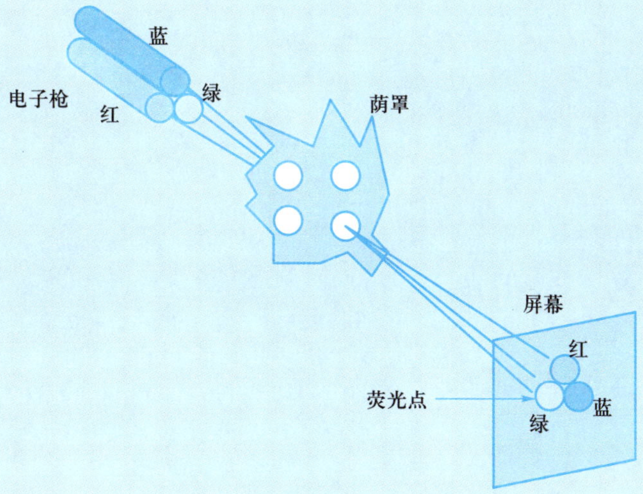

图 13－1

"Y"表示明亮度，也就是灰阶值；"亮度"是通过 RGB 输入信号来创建的，方法是将 RGB 信号的特定部分叠加到一起；"色度"则定义了颜色的两个方面——色调与饱和度，分别用 C_r 和 C_b 来表示。其中，C_r 反映了 RGB 输入信号红色部分与 RGB 信号亮度值之间的差异，而 C_b 反映的是 RGB 输入信号蓝色部分与 RGB 信号亮度值之同的差异.

从电视机背后的接口可以看出，图 13－2 标注的 YP_rP_b 其实就是 YC_rC_b（两者的区别不在色彩分解上，而是电视成像技术中的“逐行扫描”以及“隔行扫描”）.

图 13－2

电视台传过来的 YC_rC_b 信号，它是按照如下公式转换成 RGB，给三把电子枪使用：

$$\begin{cases}0.299R+0.587G+0.114B=Y,\\0.500R-0.419G-0.081B+128=C_r,\\-0.169R-0.331G+0.500B+128=C_b.\end{cases}$$

已知 YC_rC_b 求 RGB，实际就是一个求解线性方程组的问题. 学习完本章知识将会很方便地求出一个线性方程组的解.

§ 13.1 高斯消元法与矩阵的初等行变换

13.1.1 高斯消元法与行阶梯形方程组

在中学里,我们学习过用消元法求解二元一次、三元一次方程组,其基本思想是:通过对方程组施行一系列同解变形,消去一些方程中的未知量,把方程组化成容易求解的同解方程组.下面通过例子回顾这种方法.

引例 1 解线性方程组:

$$\begin{cases} 2x_2 - x_3 = 1, \\ 2x_1 + 2x_2 + 3x_3 = 5, \\ x_1 + 2x_2 + 2x_3 = 4. \end{cases} \tag{1}$$

解 交换(1)中第一个方程与第三个方程的位置,得

$$\begin{cases} x_1 + 2x_2 + 2x_3 = 4, \\ 2x_1 + 2x_2 + 3x_3 = 5, \\ 2x_2 - x_3 = 1. \end{cases} \tag{2}$$

把(2)中第一个方程的 -2 倍加到第二个方程上,得

$$\begin{cases} x_1 + 2x_2 + 2x_3 = 4, \\ -2x_2 - x_3 = -3, \\ 2x_2 - x_3 = 1. \end{cases} \tag{3}$$

把(3)中第二个方程加到第三个方程上,得

$$\begin{cases} x_1 + 2x_2 + 2x_3 = 4, \\ -2x_2 - x_3 = -3, \\ -2x_3 = -2. \end{cases} \tag{4}$$

方程组(4)具有这样的特点:自上而下未知量的个数依次减少成阶梯状,称这样的方程组为**行阶梯形方程组**.这样的阶梯形方程组可以用回代法方便地逐个求出它的解.

回代过程如下:方程组(4)的第三个方程两边同乘以 -1/2,可得 $x_3 = 1$,将其回代到第二个方程中,得 $x_2 = 1$.再将 x_3, x_2 回代到第一个方程中,得 $x_1 = 0$.

消元法中的回代过程其实是另一轮的消元,它消除的是方程组(4)对角线右上方的各项.

在方程组(4)中,把第二个方程加到第一个方程中,再将第三个方程两边同乘以 -1/2;最后把第三个方程乘以 -1,加到第一个方程上,乘以 1 加到第二个方程上,最后将第二个方程两边同乘以 -1/2,得到:

$$\begin{cases} x_1 = 0, \\ x_2 = 1, \\ x_3 = 1. \end{cases} \tag{5}$$

方程组(5)是只保留了对角项的阶梯形方程组,并且对角线各项系数都是 1. 这样的方程组称为**最简阶梯形方程组**. 得到它就等于求出了方程组的解.

上述求解线性方程组的方法称为**高斯消元法**. 分析上面的例子,我们在求解方程组的过程中,反复进行了三种变换:

(1) 交换两方程的位置;

(2) 用一个不等于零的数乘以某一个方程;

(3) 用一个数乘以某一个方程后加到另一个方程上.

我们把这三种变换叫作**线性方程组的初等变换**. 可以证明,线性方程组经过上述任意一种变换所得的方程组与原方程组同解.

13.1.2 矩阵的初等行变换

1. 矩阵的初等行变换

通过引例 1 可以看出,线性方程组的初等行变换只是对线性方程组的系数和常数项进行了运算,而未知量并未参与运算,因此整个消元过程都可在线性方程组对应的增广矩阵上进行. 为此,可以对照线性方程组的初等行变换引入矩阵初等行变换的概念.

定义 1 下面的三种变换称为**矩阵的初等行变换**:

(1) 交换两行的位置(交换第 i,j 行,记作 $r_i \leftrightarrow r_j$);

(2) 用非零数 k 乘以某行(用 k 乘以第 i 行,记作 kr_i);

(3) 把某一行的 k 倍加到另一行上(把第 i 行的 k 倍加到第 j 行上,记作 kr_i+r_j).

下面用矩阵的初等行变换重解引例 1,其变换过程可与线性方程组的消元过程一一对照.

$$\widetilde{A}=\begin{pmatrix}0&2&-1&1\\2&2&3&5\\1&2&2&4\end{pmatrix}\xrightarrow{r_1\leftrightarrow r_3}\begin{pmatrix}1&2&2&4\\2&2&3&5\\0&2&-1&1\end{pmatrix}\xrightarrow{(-2)r_1+r_2}\begin{pmatrix}1&2&2&4\\0&-2&-1&-3\\0&2&-1&1\end{pmatrix}$$

$$\xrightarrow{r_2+r_3}\begin{pmatrix}1&2&2&4\\0&-2&-1&-3\\0&0&-2&-2\end{pmatrix}$$

最后得到的矩阵称为行阶梯形矩阵,它对应引例 1 中的方程组(4). 对该矩阵还可以继续进行初等行变换:

$$\begin{pmatrix}1&2&2&4\\0&-2&-1&-3\\0&0&-2&-2\end{pmatrix}\xrightarrow{r_2+r_1}\begin{pmatrix}1&0&1&1\\0&-2&-1&-3\\0&0&-2&-2\end{pmatrix}\xrightarrow{\left(-\frac{1}{2}\right)r_3}\begin{pmatrix}1&0&1&1\\0&-2&-1&-3\\0&0&1&1\end{pmatrix}$$

$$\xrightarrow[r_3+r_2]{(-1)r_3+r_1}\begin{pmatrix}1&0&0&0\\0&-2&0&-2\\0&0&1&1\end{pmatrix}\xrightarrow{\left(-\frac{1}{2}\right)r_2}\begin{pmatrix}1&0&0&0\\0&1&0&1\\0&0&1&1\end{pmatrix}$$

最后得到的矩阵称为最简行阶梯形矩阵,它对应的线性方程组即是方程组(5).

归纳起来,所谓**行阶梯形矩阵**,是指满足下列两个条件的矩阵:

(1) 非零行的第一个非零元素的列标随着行标的增大而严格增大(列标一定不小于行标);

(2) 矩阵的零行位于矩阵的最下方(或者无全零行).

若行阶梯形矩阵中各非零行的第一个非零元素皆为 1,且各非零行的第一个非零元素所在列的其余元素全为 0,称这样的矩阵为**最简行阶梯形矩阵**.

综上所述,用矩阵初等行变换求解线性方程组,就是将其增广矩阵(如果是齐次线性方程组只需研究系数矩阵,想想为什么?)通过初等行变换化为最简行阶梯形矩阵的过程.

例 1 求解线性方程组:$\begin{cases} x_1+2x_2+\ x_3+\ x_4=1, \\ \qquad 3x_2+\qquad\ 2x_4=-1, \\ 2x_1+\ x_2+2x_3\qquad\ =3. \end{cases}$

解 对增广矩阵 $\widetilde{\boldsymbol{A}}$ 施行初等行变换,将其化为最简行阶梯形矩阵

$$\widetilde{\boldsymbol{A}}=\begin{pmatrix}1&2&1&1&1\\0&3&0&2&-1\\2&1&2&0&3\end{pmatrix}\xrightarrow{r_1\times(-2)+r_3}\begin{pmatrix}1&2&1&1&1\\0&3&0&2&-1\\0&-3&0&-2&1\end{pmatrix}$$

$$\xrightarrow{r_2+r_3}\begin{pmatrix}1&2&1&1&1\\0&3&0&2&-1\\0&0&0&0&0\end{pmatrix}\xrightarrow{\frac{1}{3}r_2}\begin{pmatrix}1&2&1&1&1\\0&1&0&\frac{2}{3}&-\frac{1}{3}\\0&0&0&0&0\end{pmatrix}$$

$$\xrightarrow{(-2)r_2+r_1}\begin{pmatrix}1&0&1&-\frac{1}{3}&\frac{5}{3}\\0&1&0&\frac{2}{3}&-\frac{1}{3}\\0&0&0&0&0\end{pmatrix}$$

得原线性方程组的同解线性方程组

$$\begin{cases} x_1+x_3-\frac{1}{3}x_4=\frac{5}{3}, \\ x_2+\frac{2}{3}x_4=-\frac{1}{3}. \end{cases}$$

即

$$\begin{cases} x_1=\frac{5}{3}-x_3+\frac{1}{3}x_4, \\ x_2=-\frac{1}{3}-\frac{2}{3}x_4. \end{cases} \tag{6}$$

我们称首非零元所在列对应的变量 x_1 和 x_2 为**基本变量**. 其他变量如 x_3,x_4 称为**自由变量**. 我们说 x_3,x_4 是自由变量,是指它们可取任意的值. 当 x_3,x_4 取定一组值后,由(6)就可以确定 x_1 和 x_2 的值,x_3 和 x_4 的不同选择确定了方程组的不同的解,方程组的每个解由 x_3 和 x_4 的值的选择来确定. 可见此方程组有无穷多个解.

自由变量 x_3 和 x_4 分别取任意实数 c_1 和 c_2,得方程组的**一般解**为

$$\begin{cases} x_1 = \dfrac{5}{3} - c_1 + \dfrac{1}{3}c_2, \\ x_2 = -\dfrac{1}{3} - \dfrac{2}{3}c_2, \\ x_3 = c_1, \\ x_4 = c_2. \end{cases}$$

例 2 求解线性方程组：

$$\begin{cases} x_1 - 2x_2 + 3x_3 = 4, \\ 4x_1 - 2x_2 - 4x_3 = 1, \\ 3x_1 \qquad\quad - 7x_3 = 5. \end{cases}$$

解 对增广矩阵 $\tilde{A}$ 施行初等行变换

$$\tilde{\boldsymbol{A}} = \begin{pmatrix} 1 & -2 & 3 & 4 \\ 4 & -2 & -4 & 1 \\ 3 & 0 & -7 & 5 \end{pmatrix} \xrightarrow[r_1 \times (-3) + r_3]{r_1 \times (-4) + r_2} \begin{pmatrix} 1 & -2 & 3 & 4 \\ 0 & 6 & -16 & -15 \\ 0 & 6 & -16 & -7 \end{pmatrix}$$

$$\xrightarrow{r_2 \times (-1) + r_3} \begin{pmatrix} 1 & -2 & 3 & 4 \\ 0 & 6 & -16 & -15 \\ 0 & 0 & 0 & 8 \end{pmatrix}$$

此时，矩阵的最后一行表示方程：$0 \cdot x_1 + 0 \cdot x_2 + 0 \cdot x_3 = 8$，即 $0 = 8$，为矛盾方程. 故原方程组无解.

在利用矩阵的行初等变换求解线性方程组时，对于齐次线性方程组，由于它的增广矩阵 $\tilde{A}$ 的最后一列元素均为 0，因此只需对其系数矩阵 $\boldsymbol{A}$ 施行初等行变换即可.

例 3 求解齐次线性方程组：

$$\begin{cases} 2x_1 + x_2 - x_3 + 3x_4 + x_5 = 0, \\ 4x_1 + 2x_2 - x_3 + 2x_4 \qquad = 0, \\ 2x_1 + x_2 - x_3 + 4x_4 + 2x_5 = 0, \\ 6x_1 + 3x_2 - 3x_3 + 10x_4 + 4x_5 = 0. \end{cases}$$

解 对系数矩阵施行初等行变换，将其化为最简行阶梯形矩阵.

$$\boldsymbol{A} = \begin{pmatrix} 2 & 1 & -1 & 3 & 1 \\ 4 & 2 & -1 & 2 & 0 \\ 2 & 1 & -1 & 4 & 2 \\ 6 & 3 & -3 & 10 & 4 \end{pmatrix} \to \begin{pmatrix} 2 & 1 & -1 & 3 & 1 \\ 0 & 0 & 1 & -4 & -2 \\ 0 & 0 & 0 & 1 & 1 \\ 0 & 0 & 0 & 1 & 1 \end{pmatrix} \to \begin{pmatrix} 2 & 1 & -1 & 3 & 1 \\ 0 & 0 & 1 & -4 & -2 \\ 0 & 0 & 0 & 1 & 1 \\ 0 & 0 & 0 & 0 & 0 \end{pmatrix}$$

$$\to \begin{pmatrix} 2 & 1 & -1 & 0 & -2 \\ 0 & 0 & 1 & 0 & 2 \\ 0 & 0 & 0 & 1 & 1 \\ 0 & 0 & 0 & 0 & 0 \end{pmatrix} \to \begin{pmatrix} 2 & 1 & 0 & 0 & 0 \\ 0 & 0 & 1 & 0 & 2 \\ 0 & 0 & 0 & 1 & 1 \\ 0 & 0 & 0 & 0 & 0 \end{pmatrix},$$

得原齐次线性方程组的同解线性方程组

$$\begin{cases}2x_1+x_2=0,\\ x_3+2x_5=0,\\ x_4+x_5=0,\end{cases}$$

自由变量 x_2、x_5 分别取任意实数 c_1、c_2，得方程组的一般解为

$$\begin{cases}x_1=-\dfrac{1}{2}c_1,\\ x_2=c_1,\\ x_3=-2c_2,\\ x_4=-c_2,\\ x_5=c_2.\end{cases}$$

2. 用初等变换求逆矩阵

利用初等行变换还可以求可逆矩阵的逆矩阵.

步骤：(1) 在方阵 $\boldsymbol{A}$ 的右端接一个同阶单位阵 E 构成一个 $n\times 2n$ 矩阵 $(\boldsymbol{A}\vdots\boldsymbol{E})$；

(2) 对 $(\boldsymbol{A}\vdots\boldsymbol{E})$ 施以初等行变换将 $\boldsymbol{A}$ 化为 $\boldsymbol{E}$，则同时 $\boldsymbol{E}$ 就化成了 $\boldsymbol{A}^{-1}$，即 $(\boldsymbol{A}\vdots\boldsymbol{E})\to(\boldsymbol{E}\vdots\boldsymbol{A}^{-1})$. 其实质是：$\boldsymbol{A}^{-1}\cdot(\boldsymbol{A}\vdots\boldsymbol{E})=(\boldsymbol{A}^{-1}\cdot\boldsymbol{A}\vdots\boldsymbol{A}^{-1}\cdot\boldsymbol{E})=(\boldsymbol{E}\vdots\boldsymbol{A}^{-1})$.

例 4 用矩阵的初等行变换求 $\boldsymbol{A}^{-1}$，其中

$$\boldsymbol{A}=\begin{pmatrix}2&2&3\\1&-1&0\\-1&2&1\end{pmatrix}.$$

解 因为 $|\boldsymbol{A}|=-1\neq 0$，所以 $\boldsymbol{A}$ 的逆阵 $\boldsymbol{A}^{-1}$ 存在.

$$(\boldsymbol{A}\vdots\boldsymbol{E})=\left(\begin{array}{ccc|ccc}2&2&3&1&0&0\\1&-1&0&0&1&0\\-1&2&1&0&0&1\end{array}\right)\xrightarrow{r_1\leftrightarrow r_2}\left(\begin{array}{ccc|ccc}1&-1&0&0&1&0\\2&2&3&1&0&0\\-1&2&1&0&0&1\end{array}\right)$$

$$\xrightarrow[r_1+r_3]{-2r_1+r_2}\left(\begin{array}{ccc|ccc}1&-1&0&0&1&0\\0&4&3&1&-2&0\\0&1&1&0&1&1\end{array}\right)\xrightarrow{r_2\leftrightarrow r_3}\left(\begin{array}{ccc|ccc}1&-1&0&0&1&0\\0&1&1&0&1&1\\0&4&3&1&-2&0\end{array}\right)$$

$$\xrightarrow{-4r_2+r_3}\left(\begin{array}{ccc|ccc}1&-1&0&0&1&0\\0&1&1&0&1&1\\0&0&-1&1&-6&-4\end{array}\right)\xrightarrow{r_3+r_2}\left(\begin{array}{ccc|ccc}1&-1&0&0&1&0\\0&1&0&1&-5&-3\\0&0&-1&1&-6&-4\end{array}\right)$$

$$\xrightarrow[(-1)r_3]{r_2+r_1}\left(\begin{array}{ccc|ccc}1&0&0&1&-4&-3\\0&1&0&1&-5&-3\\0&0&1&-1&6&4\end{array}\right)=(\boldsymbol{E}\vdots\boldsymbol{A}^{-1})$$

所以 $$\boldsymbol{A}^{-1}=\begin{pmatrix}1&-4&-3\\1&-5&-3\\-1&6&4\end{pmatrix}.$$

练习 13.1

1. 设 $\tilde{\boldsymbol{A}}$ 为线性方程组的增广矩阵，$\tilde{\boldsymbol{A}}$ 通过初等行变换后化为如下矩阵 $\boldsymbol{C}$，试写

出与原方程组同解的方程组,使其增广矩阵为 $\boldsymbol{C}$.

(1) $\boldsymbol{C}=\begin{pmatrix}1 & -2 & 1 & 0 & 3\\ 0 & 2 & 0 & 3 & 4\\ 0 & 0 & 0 & 0 & 1\end{pmatrix}$; (2) $\boldsymbol{C}=\begin{pmatrix}1 & -1 & 0 & 0 & 1\\ 0 & 0 & 1 & 0 & 2\\ 0 & 0 & 0 & 1 & 3\\ 0 & 0 & 0 & 0 & 0\end{pmatrix}$.

2. 若含有未知量 x_1,x_2,x_3,x_4 的线性方程组的增广矩阵为 $\tilde{\boldsymbol{A}}$, $\tilde{\boldsymbol{A}}$ 通过初等行变换后化为如下最简行阶梯形矩阵,试写出线性方程组的解.

(1) $\begin{pmatrix}1 & 3 & 0 & -2 & 3\\ 0 & 0 & 1 & 1 & 1\\ 0 & 0 & 0 & 0 & 0\\ 0 & 0 & 0 & 0 & 0\end{pmatrix}$; (2) $\begin{pmatrix}1 & 0 & 0 & 0 & 1\\ 0 & 1 & 0 & 0 & 2\\ 0 & 0 & 1 & 0 & 3\\ 0 & 0 & 0 & 1 & 4\end{pmatrix}$.

习题 13.1

1. 求解下列线性方程组.

(1) $\begin{cases}x_1+x_2-x_3=4,\\ 2x_1+3x_2-5x_3=7,\\ 3x_1+x_2+2x_3=13;\end{cases}$ (2) $\begin{cases}x_1+2x_2+3x_3+4x_4=5,\\ 2x_1+4x_2+4x_3+6x_4=8,\\ -x_1-2x_2-x_3-2x_4=-3;\end{cases}$

(3) $\begin{cases}2x_1+x_2-x_3+x_4=1,\\ 4x_1+2x_2-2x_3+x_4=2,\\ 2x_1+x_2-x_3-x_4=1;\end{cases}$ (4) $\begin{cases}x_1+8x_2-7x_3=12,\\ x_1+9x_2-5x_3=16,\\ x_1+10x_2-3x_3=20,\\ x_1+11x_2-x_3=24;\end{cases}$

(5) $\begin{cases}x_1+2x_2+x_3+2x_4=0,\\ x_2+x_3+x_4=0,\\ x_1+x_2+x_4=0;\end{cases}$ (6) $\begin{cases}2x_1-4x_2+5x_3+3x_4=0,\\ 3x_1-6x_2+4x_3+2x_4=0,\\ 4x_1-8x_2+17x_3+11x_4=0.\end{cases}$

2. 应用矩阵的初等行变换,求下列方阵的逆矩阵.

(1) $\begin{pmatrix}3 & 2 & 1\\ 3 & 1 & 5\\ 3 & 2 & 3\end{pmatrix}$; (2) $\begin{pmatrix}3 & -1 & 0\\ -2 & 1 & 1\\ 1 & -1 & 4\end{pmatrix}$; (3) $\begin{pmatrix}1 & 1 & 1 & 1\\ 1 & 1 & -1 & -1\\ 1 & -1 & 1 & -1\\ 1 & -1 & -1 & 1\end{pmatrix}$.

§13.2 线性方程组解的判定

设有 n 个未知量，m 个方程的线性方程组：

$$A_{m\times n}x=b. \tag{1}$$

若 $m=n$，当 $|A|\neq 0$ 时，由克拉默法则可知方程组(1)存在唯一解.

若 $m\neq n$ 或 $|A|=0$，方程组(1)在什么条件下有解？如果有解，解是否唯一？如果解不唯一而且有无穷多个解，这些解之间有何关系？这些问题将是接下来讨论的内容. 为解决以上问题，首先介绍矩阵秩的概念.

13.2.1 矩阵的秩

由§13.1 的讨论可知，一个线性方程组解的情况是由方程组内方程之间的关系决定的，或者说是由其增广矩阵中行与行的关系决定的. 这个关系我们一开始无法看出，但是将增广矩阵化为行阶梯形后便一目了然了.

例如§13.1 中的例 1，将增广矩阵化为行阶梯形后，出现一行是零行. 说明方程组表面上由三个方程构成，但实质上“有效”的方程只有两个，另外一个可以由其他的方程表示出来. 对于矩阵来讲，“有效”行实际上只有两行(即非零行的行数).

由于矩阵的初等行变换对应了方程组的同解变形，因此，矩阵中行与行的关系在初等行变换的过程中保持不变. 或者说，一个矩阵“有效”行的行数在初等行变换的过程中保持不变. 当它在化为行阶梯形后便“现原形了”，就等于非零行的行数. 这是一个矩阵固有的特性，我们称之为**矩阵的秩**.

矩阵的秩

南京机电职业技术学院

—杨青

矩阵 A 的秩我们一般记作 $R(A)$，它的数值等于化为行阶梯形后非零行的行数.

§13.1 中的例 1，方程组对应增广矩阵的秩为 2，例 2 对应的增广矩阵的秩为 3，例 3 对应的系数矩阵的秩为 3.

对于方阵 A_n，若 $R(A)=n$，称 A 为**满秩矩阵**；若 $R(A)<n$，称 A 为**降秩矩阵**.

关于秩的几个结论：

(1) 矩阵的秩一定不超过它的行数，也不超过它的列数；

(2) $R(A^{T})=R(A)$；

(3) 一个 n 阶方阵 A 满秩的充要条件是 $|A|\neq 0$. 从而，满秩矩阵即可逆矩阵.

13.2.2 线性方程组解的判定

有了秩的概念后，下面就来讨论线性方程组解的情况.

从§13.1 的例子可以看到，如果用初等行变换将线性方程组(1)的增广矩阵 $\tilde{A}$ 化为阶梯形矩阵 B，我们就很容易从阶梯形矩阵 B 判断方程组(1)的解的情况.

(1) 线性方程组(1)有解当且仅当 B 的最后一个非零行不是形如“$0\ 0\ \cdots\ 0\ d$”($d\neq 0$).

假设 B 中有 r 个非零行，则 $\tilde{A}$ 的秩就为 r. 如果 B 的最后一个非零行为“$0\ 0\ \cdots\ 0\ d$”，这时 A 的秩就是 $r-1$；如果 B 的最后一个非零行不为“$0\ 0\ \cdots\ 0\ d$”，这时 A 的秩也是 r. 因

此，线性方程组(1)有解当且仅当 $R(\tilde{\boldsymbol{A}})=R(\boldsymbol{A})$.

(2) 当线性方程组(1)有解时，有唯一解的充分必要条件是 $\boldsymbol{B}$ 中非零行的行数与未知量的个数 n 相同，即 $R(\boldsymbol{A})=n$；有无穷多解的充分必要条件是 $\boldsymbol{B}$ 中非零行的行数小于未知量的个数 n，即 $R(\boldsymbol{A})<n$.（$\boldsymbol{B}$ 中非零行的行数会大于未知量的个数吗？请读者自行思考）

由上述讨论，得到如下定理.

定理 1 n 元线性方程组 $\boldsymbol{AX}=\boldsymbol{b}$ 有解的充要条件是系数矩阵 $\boldsymbol{A}$ 与增广矩阵 $\tilde{\boldsymbol{A}}$ 有相同的秩，即 $R(\boldsymbol{A})=R(\tilde{\boldsymbol{A}})$.

定理 2 n 元线性方程组 $\boldsymbol{AX}=\boldsymbol{b}$，

(1) 无解的充分必要条件是 $R(\boldsymbol{A})<R(\tilde{\boldsymbol{A}})$；

(2) 有唯一解的充分必要条件是 $R(\boldsymbol{A})=R(\tilde{\boldsymbol{A}})=n$；

(3) 有无穷多解的充分必要条件是 $R(\boldsymbol{A})=R(\tilde{\boldsymbol{A}})<n$.

例 1 判断线性方程组 $\begin{cases}4x_1+2x_2-x_3=2,\\3x_1-x_2+2x_3=10,\\11x_1+3x_2=8\end{cases}$ 是否有解.

解 对增广矩阵 $\tilde{\boldsymbol{A}}$ 施行初等行变换

$$\tilde{\boldsymbol{A}}=\begin{pmatrix}4&2&-1&2\\3&-1&2&10\\11&3&0&8\end{pmatrix}\xrightarrow{r_2\times(-1)+r_1}\begin{pmatrix}1&3&-3&-8\\3&-1&2&10\\11&3&0&8\end{pmatrix}$$

$$\xrightarrow[(-11)r_1+r_3]{(-3)r_1+r_2}\begin{pmatrix}1&3&-3&-8\\0&-10&11&34\\0&-30&33&96\end{pmatrix}\xrightarrow{(-3)r_2+r_3}\begin{pmatrix}1&3&-3&-8\\0&-10&11&34\\0&0&0&-6\end{pmatrix}.$$

因为 $R(\boldsymbol{A})=2$，$R(\tilde{\boldsymbol{A}})=3$，所以方程组无解.

例 2 判断方程组 $\begin{cases}x_1-x_2+2x_3=1,\\x_1-2x_2-x_3=2,\\3x_1-x_2+5x_3=3,\\-2x_1+2x_2+3x_3=-4\end{cases}$ 是否有解. 若有解，求出它的解.

解 对增广矩阵 $\tilde{\boldsymbol{A}}$ 施行初等行变换

$$\tilde{\boldsymbol{A}}=\begin{pmatrix}1&-1&2&1\\1&-2&-1&2\\3&-1&5&3\\-2&2&3&-4\end{pmatrix}\xrightarrow[2r_1+r_4]{\substack{(-1)r_1+r_2\\(-3)r_1+r_3}}\begin{pmatrix}1&-1&2&1\\0&-1&-3&1\\0&2&-1&0\\0&0&7&-2\end{pmatrix}$$

$$\xrightarrow{r_2\times2+r_3}\begin{pmatrix}1&-1&2&1\\0&-1&-3&1\\0&0&-7&2\\0&0&7&-2\end{pmatrix}\xrightarrow{r_3+r_4}\begin{pmatrix}1&-1&2&1\\0&-1&-3&1\\0&0&-7&2\\0&0&0&0\end{pmatrix},$$

可得 $R(\boldsymbol{A})=R(\tilde{\boldsymbol{A}})=3$,所以方程组有唯一解.此时将上述阶梯形矩阵继续化为行最简阶梯形,可得

$$\tilde{\boldsymbol{A}}=\begin{pmatrix}1&-1&2&1\\1&-2&-1&2\\3&-1&5&3\\-2&2&3&-4\end{pmatrix}\longrightarrow\begin{pmatrix}1&-1&2&1\\0&-1&-3&1\\0&0&-7&2\\0&0&0&0\end{pmatrix}\longrightarrow\begin{pmatrix}1&0&0&\frac{10}{7}\\0&1&0&-\frac{1}{7}\\0&0&1&-\frac{2}{7}\\0&0&0&0\end{pmatrix}$$

从而,方程组的解为 $x_1=\frac{10}{7},x_2=-\frac{1}{7},x_3=-\frac{2}{7}$.

例 3 求 a,b 为何值时,线性方程组

$$\begin{cases}x_1+x_2+x_3+x_4+x_5=2,\\3x_1+2x_2+x_3+x_4-3x_5=a,\\x_2+2x_3+2x_4+6x_5=3,\\5x_1+4x_2+3x_3+3x_4-x_5=b\end{cases}$$

有解,并求此时线性方程组的解.

解 对线性方程组的增广矩阵 $\tilde{\boldsymbol{A}}$ 施行初等行变换,得

$$\tilde{\boldsymbol{A}}=\begin{pmatrix}1&1&1&1&1&2\\3&2&1&1&-3&a\\0&1&2&2&6&3\\5&4&3&3&-1&b\end{pmatrix}\xrightarrow[(-5)r_1+r_4]{(-3)r_1+r_2}\begin{pmatrix}1&1&1&1&1&2\\0&-1&-2&-2&-6&a-6\\0&1&2&2&6&3\\0&-1&-2&-2&-6&b-10\end{pmatrix}$$

$$\xrightarrow[r_3+r_4]{r_3+r_2}\begin{pmatrix}1&1&1&1&1&2\\0&0&0&0&0&a-3\\0&1&2&2&6&3\\0&0&0&0&0&b-7\end{pmatrix}\xrightarrow[r_3\leftrightarrow r_2]{r_3\times(-1)+r_1}\begin{pmatrix}1&0&-1&-1&-5&-1\\0&1&2&2&6&3\\0&0&0&0&0&a-3\\0&0&0&0&0&b-7\end{pmatrix},$$

所以 $R(\boldsymbol{A})=2$,当且仅当 $a-3=b-7=0$,即 $a=3,b=7$ 时,$R(\boldsymbol{A})=R(\tilde{\boldsymbol{A}})=2$.此时,方程组有无穷多解.当 $a=3,b=7$ 时,方程组可写为

$$\begin{cases}x_1=-1+x_3+x_4+5x_5,\\x_2=3-2x_3-2x_4-6x_5,\end{cases}$$

得方程组的一般解为

$$\begin{cases}x_1=-1+c_1+c_2+5c_3,\\x_2=2-2c_1-2c_2-6c_3,\\x_3=c_1,\\x_4=c_2,\\x_5=c_3,\end{cases}\qquad c_1,c_2,c_3\text{ 为任意常数.}$$

对于齐次线性方程组

$$\boldsymbol{A}_{m\times n}\boldsymbol{x}=\boldsymbol{0} \tag{2}$$

显然,齐次线性方程组的增广矩阵 $\tilde{A}$ 与系数矩阵 A 的秩相等,即 $R(\tilde{A})=R(A)$. 根据定理 1,线性方程组(2)一定有解,这个解就是零解. 那么齐次线性方程组(2)在什么条件下有非零解? 由定理 2 容易得到如下定理.

定理 3 n 元齐次线性方程组(2)有非零解的充分必要条件是 $R(A)<n$.

特别地,若齐次线性方程组(2)中 $m=n$,即 A 为方阵,其矩阵方程如下:

$$A_{n\times n}x=0 \tag{3}$$

则齐次线性方程组(3)有非零解的充要条件是它的系数行列式 $|A|=0$. 这说明了克拉默法则的逆命题也是成立的.

例 4 λ 取何值时,齐次线性方程组

$$\begin{cases}x_1+x_2+x_3=0,\\ \lambda x_1+(\lambda-1)x_2+2x_3=0,\\ 3(\lambda+1)x_1+x_2+(\lambda+10)x_3=0\end{cases}$$

有非零解? 并求其解.

解 计算系数矩阵 A 的行列式

$$|A|=\begin{vmatrix}1&1&1\\ \lambda&\lambda-1&2\\ 3(\lambda+1)&1&\lambda+10\end{vmatrix}\xlongequal[(-3)r_2+r_3]{(-3)r_1+r_3}\begin{vmatrix}1&1&1\\ \lambda&\lambda-1&2\\ 0&1-3\lambda&\lambda+1\end{vmatrix}$$

$$\xlongequal{(-\lambda)r_1+r_2}\begin{vmatrix}1&1&1\\ 0&-1&2-\lambda\\ 0&1-3\lambda&\lambda+1\end{vmatrix}\xlongequal{(1-3\lambda)r_2+r_3}\begin{vmatrix}1&1&1\\ 0&-1&2-\lambda\\ 0&0&3(\lambda-1)^2\end{vmatrix}=-3(\lambda-1)^2,$$

当 $3(\lambda-1)^2=0$,即 $\lambda=1$ 时,$|A|=0$(此时 $R(A)=2$),方程组有非零解. 此时对系数矩阵施行初等行变换后得

$$A\to\begin{pmatrix}1&1&1\\ 0&-1&1\\ 0&0&0\end{pmatrix}\xrightarrow{r_2+r_1}\begin{pmatrix}1&0&2\\ 0&-1&1\\ 0&0&0\end{pmatrix}\xrightarrow{(-1)r_2}\begin{pmatrix}1&0&2\\ 0&1&-1\\ 0&0&0\end{pmatrix},$$

于是得方程组的解为

$$\begin{cases}x_1=-2c,\\ x_2=c,\\ x_3=c\end{cases}\quad 其中\ c\ 取任意实数.$$

例 5 证明平面上三条互异直线 $ax+by+c=0$, $bx+cy+a=0$, $cx+ay+b=0$,若 $a+b+c=0$,则这三条直线交于一点.

证明 要证明这三条直线交于一点,就是要证方程组

$$\begin{cases}ax+by=-c,\\ bx+cy=-a,\\ cx+ay=-b\end{cases}\tag{4}$$

有唯一解.

将方程组(4)的增广矩阵作初等行变换化为阶梯形矩阵,即

$$\begin{pmatrix} a & b & -c \\ b & c & -a \\ c & a & -b \end{pmatrix} \xrightarrow[r_2+r_3]{r_1+r_3} \begin{pmatrix} a & b & -c \\ b & c & -a \\ a+b+c & a+b+c & -(a+b+c) \end{pmatrix} = \begin{pmatrix} a & b & -c \\ b & c & -a \\ 0 & 0 & 0 \end{pmatrix}$$

由 $a+b+c=0$,有 $c=-a-b$,

所以

$$\begin{vmatrix} a & b \\ b & c \end{vmatrix} = a(-a-b)-b^2 = -\frac{1}{2}[a^2+(a+b)^2+b^2] \leqslant 0,$$

上式当且仅当 $a=b=0$ 时等号成立,但 $a=b=0$ 与 $ax+by+c=0$ 为直线方程矛盾. 故 $\begin{vmatrix} a & b \\ b & c \end{vmatrix} \neq 0$. 由此知方程组(4)的系数矩阵的秩与增广矩阵的秩相等且等于该方程组的未知量的个数 2,所以方程组(4)有唯一解,即三直线交于一点.

练习 13.2

1. 非齐次线性方程组的增广矩阵 $\tilde{\boldsymbol{A}}$ 通过初等行变换后,化为如下阶梯形矩阵,试问线性方程组的系数矩阵与增广矩阵的秩分别是多少?方程组是否有解?

(1) $\begin{pmatrix} 1 & -2 & 0 & -4 & 8 \\ 0 & 0 & 1 & -3 & -2 \\ 0 & 0 & 0 & 0 & 1 \\ 0 & 0 & 0 & 0 & 0 \end{pmatrix}$; (2) $\begin{pmatrix} 1 & -1 & 0 & 5 & 2 \\ 0 & 0 & 1 & 0 & 3 \\ 0 & 0 & 0 & 1 & -1 \\ 0 & 0 & 0 & 0 & 0 \end{pmatrix}$.

2. 齐次线性方程组的系数矩阵 $\boldsymbol{A}$ 通过初等行变换后,化为如下阶梯形矩阵,试问齐次线性方程组是否有非零解?

(1) $\begin{pmatrix} 1 & 2 & 3 & 4 \\ 0 & 0 & 1 & -1 \\ 0 & 0 & 0 & 0 \end{pmatrix}$; (2) $\begin{pmatrix} 1 & 1 & 1 \\ 0 & 1 & 1 \\ 0 & 0 & 1 \\ 0 & 0 & 0 \end{pmatrix}$.

习题 13.2

1. 判别下列线性方程组是否有解.

(1) $\begin{cases} 2x_1 + x_2 - x_3 + x_4 = 1, \\ 3x_1 + 3x_2 + x_4 = 3, \\ x_1 + x_2 + 2x_3 + x_4 = 3; \end{cases}$ (2) $\begin{cases} x_1 + x_2 + 3x_3 = -3, \\ 2x_1 + 2x_2 - 2x_3 = -2, \\ x_1 + x_2 + x_3 = 1, \\ 3x_1 + 3x_2 - 5x_3 = -5; \end{cases}$

(3) $\begin{cases} x_1 + x_2 + x_3 + x_4 = 1, \\ x_1 + x_2 - x_3 - x_4 = 2, \\ x_1 - x_2 - x_3 - x_4 = 1, \\ x_1 - x_2 - x_3 + x_4 = 1. \end{cases}$

2. λ 取何值时,线性方程组

$$\begin{cases} \lambda x_1 + x_2 + x_3 = 1, \\ x_1 + \lambda x_2 + x_3 = \lambda, \\ x_1 + x_2 + \lambda x_3 = \lambda^2, \end{cases}$$

(1) 有解? (2) 有唯一解? (3) 有无穷多解?

3. 判别下列齐次线性方程组是否有非零解.

(1) $\begin{cases} 2x_1 + 3x_2 - x_3 + 5x_4 = 0, \\ 3x_1 - x_2 + 2x_3 - 7x_4 = 0, \\ 4x_1 + x_2 - 3x_3 + 6x_4 = 0, \\ x_1 - 2x_2 + 4x_3 - 7x_4 = 0; \end{cases}$

(2) $\begin{cases} x_1 + x_2 + x_3 + x_4 + x_5 = 0, \\ 3x_1 + 2x_2 + x_3 - 3x_5 = 0, \\ x_2 + 2x_3 + 3x_4 + 6x_5 = 0, \\ 5x_1 + 4x_2 + 3x_3 + 2x_4 + 6x_5 = 0. \end{cases}$

4. λ 取何值时,线性方程组

$$\begin{cases} \lambda x_1 + x_2 + x_3 = 0, \\ x_1 + \lambda x_2 + x_3 = 0, \\ x_1 + x_2 + \lambda x_3 = 0, \end{cases}$$

有非零解? 并在有非零解时求其解.

§ 13.3 n 维向量

在解析几何中学习过平面和空间向量，为了解决更多的实际的问题，本节将向量的概念进行推广，引入 n 维向量，并介绍向量组的线性相关性、向量组的秩等概念.

13.3.1 n 维向量的概念

在前一章，我们将只有一行的矩阵称为行向量，只有一列的矩阵称为列向量. 事实上，行向量和列向量都只是向量的一种表示形式.

定义 1 n 个数 $a_1, a_2, \cdots, a_n$ 所组成的有序数组称为 **n 维向量**，这 n 个数称为该向量的分量，第 i 个数 a_i 称为第 i 个分量.

n 维向量写成列的形式时称为 n 维列向量，记作 $\boldsymbol{\alpha}=\begin{pmatrix}a_1\\a_2\\\vdots\\a_n\end{pmatrix}$ 或 $\boldsymbol{\alpha}=(a_1,a_2,\cdots,a_n)^{\mathrm{T}}$；

n 维向量写成行的形式时称为 n 维行向量，记作 $\boldsymbol{\alpha}^{\mathrm{T}}=(a_1,a_2,\cdots,a_n)$.

行向量和列向量可看做矩阵的特殊情形（行矩阵和列矩阵），其运算规则与矩阵一致. 因此，行向量与列向量总看做是两个不同的向量.

本书中，列向量用黑体字母 $\boldsymbol{\alpha}, \boldsymbol{\beta}, \boldsymbol{\gamma}, \cdots$ 表示，行向量则用 $\boldsymbol{\alpha}^{\mathrm{T}}, \boldsymbol{\beta}^{\mathrm{T}}, \boldsymbol{\gamma}^{\mathrm{T}}, \cdots$ 表示. 所讨论的向量在没有特别说明时，都看做列向量.

分量全为零的向量称为**零向量**，记作 $\mathbf{0}$.

n 维向量的概念

南京信息职业技术学院 一缪蕙

例 1 设 $\boldsymbol{\alpha}_1=(-1,0,2,4,-2)^{\mathrm{T}}, \boldsymbol{\alpha}_2=(1,1,-3,0,6)^{\mathrm{T}}, \boldsymbol{\alpha}_3=(0,1,3,1,2)^{\mathrm{T}}$，计算 $2\boldsymbol{\alpha}_1+\boldsymbol{\alpha}_2-4\boldsymbol{\alpha}_3$.

解 由题设条件得 $2\boldsymbol{\alpha}_1=(-2,0,4,8,-4)^{\mathrm{T}}, 4\boldsymbol{\alpha}_3=(0,4,12,4,8)^{\mathrm{T}}$

所以

$$\begin{aligned}&2\boldsymbol{\alpha}_1+\boldsymbol{\alpha}_2-4\boldsymbol{\alpha}_3\\=&(-2,0,4,8,-4)^{\mathrm{T}}+(1,1,-3,0,6)^{\mathrm{T}}-(0,4,12,4,8)^{\mathrm{T}}\\=&(-1,-3,-11,4,-6)^{\mathrm{T}}.\end{aligned}$$

例 2 将线性方程组

$$\begin{cases}a_{11}x_1+a_{12}x_2+\cdots+a_{1n}x_n=b_1,\\a_{21}x_1+a_{22}x_2+\cdots+a_{2n}x_n=b_2,\\\cdots\cdots\cdots\cdots\\a_{m1}x_1+a_{m2}x_2+\cdots+a_{mn}x_n=b_m,\end{cases}\tag{1}$$

写成向量方程的形式.

解 令

$$\boldsymbol{\alpha}_1=\begin{pmatrix}a_{11}\\a_{21}\\\vdots\\a_{m1}\end{pmatrix},\quad \boldsymbol{\alpha}_2=\begin{pmatrix}a_{12}\\a_{22}\\\vdots\\a_{m2}\end{pmatrix},\quad \cdots,\quad \boldsymbol{\alpha}_n=\begin{pmatrix}a_{1n}\\a_{2n}\\\vdots\\a_{mn}\end{pmatrix},\quad \boldsymbol{\beta}=\begin{pmatrix}b_1\\b_2\\\vdots\\b_m\end{pmatrix},$$

则方程组(1)可表示为

$$x_1\begin{pmatrix}a_{11}\\a_{21}\\\vdots\\a_{m1}\end{pmatrix}+x_2\begin{pmatrix}a_{12}\\a_{22}\\\vdots\\a_{m2}\end{pmatrix}+\cdots+x_n\begin{pmatrix}a_{1n}\\a_{2n}\\\vdots\\a_{mn}\end{pmatrix}=\begin{pmatrix}b_1\\b_2\\\vdots\\b_m\end{pmatrix},$$

即得到**方程组的向量表示形式**

$$x_1\boldsymbol{\alpha}_1+x_2\boldsymbol{\alpha}_2+\cdots+x_n\boldsymbol{\alpha}_n=\boldsymbol{\beta}. \tag{2}$$

若线性方程组(1)中 $b_1=b_2=\cdots=b_m=0$,则得到齐次线性方程组的向量表示形式

$$x_1\boldsymbol{\alpha}_1+x_2\boldsymbol{\alpha}_2+\cdots+x_m\boldsymbol{\alpha}_m=\mathbf{0}. \tag{3}$$

13.3.2 线性组合和线性表示

通常称同维数的 m 个列向量(或行向量)$\boldsymbol{\alpha}_1,\boldsymbol{\alpha}_2,\cdots,\boldsymbol{\alpha}_m$ 为**向量组**.

对于 $m\times n$ 矩阵

$$\boldsymbol{A}=\begin{pmatrix}a_{11}&a_{12}&\cdots&a_{1n}\\a_{21}&a_{22}&\cdots&a_{2n}\\\vdots&\vdots&&\vdots\\a_{m1}&a_{m2}&\cdots&a_{mn}\end{pmatrix},$$

可看成 m 个 n 维行向量

$$\boldsymbol{\alpha}_i^{\mathrm{T}}=(a_{i1},a_{i2},\cdots,a_{in}),\quad i=1,2,\cdots,m$$

组成的向量组,向量组$\boldsymbol{\alpha}_1^{\mathrm{T}},\boldsymbol{\alpha}_2^{\mathrm{T}},\cdots,\boldsymbol{\alpha}_m^{\mathrm{T}}$ 称为矩阵 $\boldsymbol{A}$ 的行向量组;也可以看成 n 个 m 维列向量

$$\boldsymbol{\beta}_j=\begin{pmatrix}a_{1j}\\a_{2j}\\\vdots\\a_{mj}\end{pmatrix},\quad j=1,2,\cdots,n$$

组成的向量组,向量组$\boldsymbol{\beta}_1,\boldsymbol{\beta}_2,\cdots,\boldsymbol{\beta}_n$ 称为矩阵 $\boldsymbol{A}$ 的列向量组.

则矩阵 $\boldsymbol{A}$ 可记为

$$\boldsymbol{A}=\begin{pmatrix}\boldsymbol{\alpha}_1^{\mathrm{T}}\\\boldsymbol{\alpha}_2^{\mathrm{T}}\\\vdots\\\boldsymbol{\alpha}_m^{\mathrm{T}}\end{pmatrix}\quad 或\quad \boldsymbol{A}=(\boldsymbol{\beta}_1,\boldsymbol{\beta}_2,\cdots,\boldsymbol{\beta}_n). \tag{4}$$

反之,由有限个向量所组成的向量组可以构成一个矩阵. 向量构成矩阵的组合形式如(4)式.

定义 2 设$\boldsymbol{\alpha}_1,\boldsymbol{\alpha}_2,\cdots,\boldsymbol{\alpha}_m$ 都是 n 维向量,$k_1,k_2,\cdots,k_m$ 是数,则称向量

$$k_1\boldsymbol{\alpha}_1+k_1\boldsymbol{\alpha}_2+\cdots+k_m\boldsymbol{\alpha}_m$$

是向量组$\boldsymbol{\alpha}_1,\boldsymbol{\alpha}_2,\cdots,\boldsymbol{\alpha}_m$ 的**线性组合**,$k_1,k_2,\cdots,k_m$ 称为这个线性组合的**组合系数**.

如果 n 维向量 $\boldsymbol{\beta}$ 可以写成 $\boldsymbol{\alpha}_1,\boldsymbol{\alpha}_2,\cdots,\boldsymbol{\alpha}_m$ 的线性组合,即存在一组数 $\lambda_1,\lambda_2,\cdots,\lambda_m$,使得

$$\boldsymbol{\beta}=\lambda_1\boldsymbol{\alpha}_1+\lambda_1\boldsymbol{\alpha}_2+\cdots+\lambda_m\boldsymbol{\alpha}_m,$$

则称向量 $\boldsymbol{\beta}$ 可由 $\boldsymbol{\alpha}_1,\boldsymbol{\alpha}_2,\cdots,\boldsymbol{\alpha}_m$ **线性表示**.

例如,$\boldsymbol{\alpha}_1=(1,1,2,3)^{\mathrm{T}},\boldsymbol{\alpha}_2=(3,7,0,8)^{\mathrm{T}},\boldsymbol{\alpha}_3=(-1,-5,4,-2)^{\mathrm{T}}$,因为 $\boldsymbol{\alpha}_3=2\boldsymbol{\alpha}_1-\boldsymbol{\alpha}_2$,所以 $\boldsymbol{\alpha}_3$ 可由 $\boldsymbol{\alpha}_1,\boldsymbol{\alpha}_2$ 线性表示.

任一 n 维向量 $\boldsymbol{\alpha}=(a_1,a_2,\cdots,a_n)^{\mathrm{T}}$ 都可由 **n 维单位向量组**

$$\boldsymbol{\varepsilon}_1=(1,0,\cdots,0)^{\mathrm{T}},\quad \boldsymbol{\varepsilon}_2=(0,1,\cdots,0)^{\mathrm{T}},\quad \cdots,\quad \boldsymbol{\varepsilon}_n=(0,0,\cdots,1)^{\mathrm{T}}$$

线性表示. 这是因为 $\boldsymbol{\alpha}=a_1\boldsymbol{\varepsilon}_1+a_2\boldsymbol{\varepsilon}_2+\cdots+a_n\boldsymbol{\varepsilon}_n$.

由上述定义及方程组的向量表示形式(2)可知,向量 $\boldsymbol{\beta}$ 可由 $\boldsymbol{\alpha}_1,\boldsymbol{\alpha}_2,\cdots,\boldsymbol{\alpha}_m$ 线性表示等价于线性方程组 $x_1\boldsymbol{\alpha}_1+x_2\boldsymbol{\alpha}_2+\cdots+x_m\boldsymbol{\alpha}_m=\boldsymbol{\beta}$ 有解. 由 § 13.2 的定理 1,立即可得

定理 1　向量 $\boldsymbol{\beta}$ 可由 $\boldsymbol{\alpha}_1,\boldsymbol{\alpha}_2,\cdots,\boldsymbol{\alpha}_m$ 线性表示的充分必要条件是矩阵 $\boldsymbol{A}=(\boldsymbol{\alpha}_1,\boldsymbol{\alpha}_2,\cdots,\boldsymbol{\alpha}_m)$ 的秩等于矩阵 $\widetilde{\boldsymbol{A}}=(\boldsymbol{\alpha}_1,\boldsymbol{\alpha}_2,\cdots,\boldsymbol{\alpha}_m,\boldsymbol{\beta})$ 的秩.

例 3　设 $\boldsymbol{\alpha}_1=(3,1,2)^{\mathrm{T}},\boldsymbol{\alpha}_2=(1,2,3)^{\mathrm{T}},\boldsymbol{\alpha}_3=(2,3,1)^{\mathrm{T}},\boldsymbol{\beta}=(2,0,4)^{\mathrm{T}}$,判断向量 $\boldsymbol{\beta}$ 是否可由向量组 $\boldsymbol{\alpha}_1,\boldsymbol{\alpha}_2,\boldsymbol{\alpha}_3$ 线性表示?

解　只需判断线性方程组 $x_1\boldsymbol{\alpha}_1+x_2\boldsymbol{\alpha}_2+x_3\boldsymbol{\alpha}_3=\boldsymbol{\beta}$ 是否有解即可. 由向量 $\boldsymbol{\alpha}_1,\boldsymbol{\alpha}_2,\boldsymbol{\alpha}_3,\boldsymbol{\beta}$ 构造矩阵 $\widetilde{\boldsymbol{A}}$,并对其施行初等行变换

$$\widetilde{\boldsymbol{A}}=(\boldsymbol{\alpha}_1,\boldsymbol{\alpha}_2,\boldsymbol{\alpha}_3,\boldsymbol{\beta})=\begin{pmatrix}3&1&2&2\\1&2&3&0\\2&3&1&4\end{pmatrix}\xrightarrow{r_1\leftrightarrow r_2}\begin{pmatrix}1&2&3&0\\3&1&2&2\\2&3&1&4\end{pmatrix}$$

$$\xrightarrow[(-2)r_1+r_3]{(-3)r_1+r_2}\begin{pmatrix}1&2&3&0\\0&-5&-7&2\\0&-1&-5&4\end{pmatrix}\xrightarrow[(-5)r_2+r_3]{r_2\leftrightarrow r_3}\begin{pmatrix}1&2&3&0\\0&-1&-5&4\\0&0&18&-18\end{pmatrix}$$

$$\xrightarrow[\frac{1}{18}r_4]{2r_2+r_1}\begin{pmatrix}1&0&-7&8\\0&-1&-5&4\\0&0&1&-1\end{pmatrix}\xrightarrow[7r_4+r_1]{\substack{5r_4+r_3\\(-1)r_3}}\begin{pmatrix}1&0&0&1\\0&1&0&1\\0&0&1&-1\end{pmatrix}.$$

可见,$R(\boldsymbol{A})=R(\widetilde{\boldsymbol{A}})=3$,因此向量 $\boldsymbol{\beta}$ 能由向量组 $\boldsymbol{\alpha}_1,\boldsymbol{\alpha}_2,\boldsymbol{\alpha}_3$ 线性表示.

由上述行最简阶梯形,可得方程组 $x_1\boldsymbol{\alpha}_1+x_2\boldsymbol{\alpha}_2+x_3\boldsymbol{\alpha}_3=\boldsymbol{\beta}$ 的解为

$$x_1=1,x_2=1,x_3=-1,$$

于是向量 $\boldsymbol{\beta}$ 可由向量组 $\boldsymbol{\alpha}_1,\boldsymbol{\alpha}_2,\boldsymbol{\alpha}_3$ 线性表示为 $\boldsymbol{\beta}=\boldsymbol{\alpha}_1+\boldsymbol{\alpha}_2-\boldsymbol{\alpha}_3$.

13.3.3　线性相关性

我们知道,平面中两个向量 $\boldsymbol{\alpha},\boldsymbol{\beta}$ 共线当且仅当存在不全为零的数 k,l,使得 $k\boldsymbol{\alpha}+l\boldsymbol{\beta}=\mathbf{0}$. 空间中三个向量 $\boldsymbol{\alpha},\boldsymbol{\beta},\boldsymbol{\gamma}$ 共面当且仅当存在不全为零的数 k,l,m,使得 $k\boldsymbol{\alpha}+l\boldsymbol{\beta}+m\boldsymbol{\gamma}=\mathbf{0}$. 下面我们将这些概念推广到 n 维向量上来.

定义 3　对于向量组 $\boldsymbol{\alpha}_1,\boldsymbol{\alpha}_2,\cdots,\boldsymbol{\alpha}_m$,如果存在一组不全为零的数 $k_1,k_2,\cdots,k_m$,使得

$$k_1\boldsymbol{\alpha}_1+k_2\boldsymbol{\alpha}_2+\cdots+k_m\boldsymbol{\alpha}_m=\mathbf{0} \tag{5}$$

成立，则称向量组$\boldsymbol{\alpha}_1,\boldsymbol{\alpha}_2,\cdots,\boldsymbol{\alpha}_m$ **线性相关**；如果只有 $k_1,k_2,\cdots,k_m$ 全为零时才能使(5)式成立，则称向量组$\boldsymbol{\alpha}_1,\boldsymbol{\alpha}_2,\cdots,\boldsymbol{\alpha}_m$ **线性无关**.

例 3 中的$\boldsymbol{\alpha}_1,\boldsymbol{\alpha}_2,\boldsymbol{\alpha}_3,\boldsymbol{\beta}$ 线性相关，因为$\boldsymbol{\beta}=\boldsymbol{\alpha}_1+\boldsymbol{\alpha}_2-\boldsymbol{\alpha}_3$，即$\boldsymbol{\alpha}_1+\boldsymbol{\alpha}_2-\boldsymbol{\alpha}_3-\boldsymbol{\beta}=\mathbf{0}$，存在一组不全为零的数 $k_1=1,k_2=1,k_3=-1,k_4=-1$ 使 $k_1\boldsymbol{\alpha}_1+k_2\boldsymbol{\alpha}_2+k_3\boldsymbol{\alpha}_3+k_4\boldsymbol{\beta}=\mathbf{0}$.

向量组的线性相关性

南京信息职业技术学院 一崔进

类似地可以得出，如果向量组$\boldsymbol{\alpha}_1,\boldsymbol{\alpha}_2,\cdots,\boldsymbol{\alpha}_m$ 中有一个向量$\boldsymbol{\alpha}_i$ 可由其余 $m-1$ 个向量线性表示，则向量组$\boldsymbol{\alpha}_1,\boldsymbol{\alpha}_2,\cdots,\boldsymbol{\alpha}_m$ 线性相关. 反过来，如果向量组$\boldsymbol{\alpha}_1,\boldsymbol{\alpha}_2,\cdots,\boldsymbol{\alpha}_m$ 线性相关，则该向量组中至少有一个向量可以由其余 $m-1$ 个向量线性表示. 这是因为：

如果向量组$\boldsymbol{\alpha}_1,\boldsymbol{\alpha}_2,\cdots,\boldsymbol{\alpha}_m$ 线性相关，则存在不全为零的数 $k_1,k_2,\cdots,k_m$(不妨设 $k_1\neq 0$)，使得 $k_1\boldsymbol{\alpha}_1+k_2\boldsymbol{\alpha}_2+\cdots+k_m\boldsymbol{\alpha}_m=\mathbf{0}$，于是$\boldsymbol{\alpha}_1=\dfrac{-1}{k_1}(k_2\boldsymbol{\alpha}_2+\cdots+k_m\boldsymbol{\alpha}_m)$，即$\boldsymbol{\alpha}_1$ 能由向量组$\boldsymbol{\alpha}_2,\boldsymbol{\alpha}_3,\cdots,\boldsymbol{\alpha}_m$ 线性表示.

根据上述结论易知含有零向量的向量组必线性相关，因为零向量一定可以表示为其余向量的线性组合(组合系数都取 0 即可).

由定义 3 及方程组的向量表示形式(3)可知，向量组$\boldsymbol{\alpha}_1,\boldsymbol{\alpha}_2,\cdots,\boldsymbol{\alpha}_m$ 线性相关等价于齐次线性方程组 $x_1\boldsymbol{\alpha}_1+x_2\boldsymbol{\alpha}_2+\cdots+x_m\boldsymbol{\alpha}_m=\mathbf{0}$ 有非零解. 而向量组$\boldsymbol{\alpha}_1,\boldsymbol{\alpha}_2,\cdots,\boldsymbol{\alpha}_m$ 线性无关则等价于齐次线性方程组 $x_1\boldsymbol{\alpha}_1+x_2\boldsymbol{\alpha}_2+\cdots+x_m\boldsymbol{\alpha}_m=\mathbf{0}$ 只有零解.

由上节的定理 3，立即可得

定理 2　向量组$\boldsymbol{\alpha}_1,\boldsymbol{\alpha}_2,\cdots,\boldsymbol{\alpha}_m$ 线性相关的充分必要条件是矩阵 $\boldsymbol{A}=(\boldsymbol{\alpha}_1,\boldsymbol{\alpha}_2,\cdots,\boldsymbol{\alpha}_m)$ 的秩小于向量个数 m；向量组线性无关的充分必要条件是 $R(\boldsymbol{A})=m$.

注意　如果定理 2 中的矩阵 $\boldsymbol{A}$ 是方阵，则有：向量组线性相关的充分必要条件是 $|\boldsymbol{A}|=0$；向量组线性无关的充分必要条件是 $|\boldsymbol{A}|\neq 0$.

例 4　判断向量组$\boldsymbol{\alpha}_1=(1,0,-1)^{\mathrm{T}},\boldsymbol{\alpha}_2=(1,1,1)^{\mathrm{T}},\boldsymbol{\alpha}_3=(3,1,-1)^{\mathrm{T}},\boldsymbol{\alpha}_4=(5,3,1)^{\mathrm{T}}$ 的线性相关性.

解　对矩阵 $\boldsymbol{A}=(\boldsymbol{\alpha}_1,\boldsymbol{\alpha}_2,\boldsymbol{\alpha}_3,\boldsymbol{\alpha}_4)$ 施行初等行变换，化为行阶梯形矩阵：

$$\boldsymbol{A}=\begin{pmatrix}1&1&3&5\\0&1&1&3\\-1&1&-1&1\end{pmatrix}\xrightarrow{r_1+r_3}\begin{pmatrix}1&1&3&5\\0&1&1&3\\0&2&2&6\end{pmatrix}\xrightarrow{r_2\times(-2)+r_3}\begin{pmatrix}1&1&3&5\\0&1&1&3\\0&0&0&0\end{pmatrix}$$

由 $R(\boldsymbol{A})=2<3$，可得$\boldsymbol{\alpha}_1,\boldsymbol{\alpha}_2,\boldsymbol{\alpha}_3,\boldsymbol{\alpha}_4$ 线性相关.

例 5　判断向量组$\boldsymbol{\alpha}_1=(1,0,3,2)^{\mathrm{T}},\boldsymbol{\alpha}_2=(0,1,-2,1)^{\mathrm{T}},\boldsymbol{\alpha}_3=(3,-2,4,2)^{\mathrm{T}},\boldsymbol{\alpha}_4=(2,1,2,7)^{\mathrm{T}}$ 的线性相关性.

解　因为

$$|\boldsymbol{A}|=|(\boldsymbol{\alpha}_1,\boldsymbol{\alpha}_2,\boldsymbol{\alpha}_3,\boldsymbol{\alpha}_4)|=\begin{vmatrix}1&0&3&2\\0&1&-2&1\\3&-2&4&2\\2&1&2&7\end{vmatrix}=-22\neq 0,$$

所以向量组$\boldsymbol{\alpha}_1,\boldsymbol{\alpha}_2,\boldsymbol{\alpha}_3,\boldsymbol{\alpha}_4$ 线性无关.

例 6　证明 n 维单位向量组$\boldsymbol{\varepsilon}_1,\boldsymbol{\varepsilon}_2,\cdots,\boldsymbol{\varepsilon}_n$ 线性无关.

证明　因为 n 维单位向量组所组成的矩阵是单位矩阵 $\boldsymbol{E}$，而 $|\boldsymbol{E}|=1\neq 0$，所以向

量组线性无关.

13.3.4 向量组的秩

前面我们学习了矩阵的秩，它反映了矩阵的一种固有特性. 而矩阵可以看做向量组，那么向量组的固有特性又该如何刻画，下面把秩的概念引进向量组.

定义 4 设有向量组 T，如果向量组 T 中能选出 r 个向量 $\boldsymbol{\alpha}_1,\boldsymbol{\alpha}_2,\cdots,\boldsymbol{\alpha}_r$，满足：

(1) 向量组 $\boldsymbol{\alpha}_1,\boldsymbol{\alpha}_2,\cdots,\boldsymbol{\alpha}_r$ 线性无关；

(2) 对于任意向量 $\boldsymbol{\alpha}\in T$，向量 $\boldsymbol{\alpha}$ 可由向量组 $\boldsymbol{\alpha}_1,\boldsymbol{\alpha}_2,\cdots,\boldsymbol{\alpha}_r$ 线性表示，则称向量组 $\boldsymbol{\alpha}_1,\boldsymbol{\alpha}_2,\cdots,\boldsymbol{\alpha}_r$ 为向量组 T 的一个**最大线性无关向量组**，简称**最大无关组**.

极大线性无关组及秩

南京信息职业技术学院 —王罡

上述定义的条件(2)也就是说，若在向量组 $\boldsymbol{\alpha}_1,\boldsymbol{\alpha}_2,\cdots,\boldsymbol{\alpha}_r$ 中任意添加 T 中的一个向量 $\boldsymbol{\alpha}$，将会导致所得的向量组线性相关. 所以说向量组 $\boldsymbol{\alpha}_1,\boldsymbol{\alpha}_2,\cdots,\boldsymbol{\alpha}_r$ 是“最大的”无关组.

例 7 求全体 n 维向量构成的向量组的一个最大线性无关组.

解 由前面例 6 可知，n 维单位向量组 $\varepsilon_1,\varepsilon_2,\cdots,\varepsilon_n$ 线性无关，且任何一个 n 维向量 $\boldsymbol{\alpha}$ 都可由向量组 $\varepsilon_1,\varepsilon_2,\cdots,\varepsilon_n$ 线性表示. 由定义 4 可知，$\varepsilon_1,\varepsilon_2,\cdots,\varepsilon_n$ 是全体 n 维向量构成的向量组的一个最大线性无关组.

事实上，任何一个线性无关的 n 维向量组 $\boldsymbol{\alpha}_1,\boldsymbol{\alpha}_2,\cdots,\boldsymbol{\alpha}_n$ 都是全体 n 维向量构成的向量组的一个最大线性无关组.

结论 一个向量组的最大线性无关组不唯一，但该向量组所有最大线性无关组所含向量的个数相等.

因此，给出如下定义.

定义 5 向量组的最大无关组所含的向量个数，称为该**向量组的秩**. 向量组 $\boldsymbol{\alpha}_1,\boldsymbol{\alpha}_2,\cdots,\boldsymbol{\alpha}_n$ 的秩记作 $R(\boldsymbol{\alpha}_1,\boldsymbol{\alpha}_2,\cdots,\boldsymbol{\alpha}_n)$.

一个 $m\times n$ 矩阵可看成由 m 个 n 维行向量或 n 个 m 维列向量组成的向量组. 矩阵的行向量组的秩称为矩阵的**行秩**，它的列向量组的秩称为矩阵的**列秩**. 矩阵的秩和它的行秩、列秩之间有如下关系：

定理 3 矩阵的秩等于它的列秩，也等于它的行秩.

于是，向量组的秩可以通过求其组成的矩阵的秩来得到. 若秩等于 r，就意味着该向量组的最大无关组所含向量的个数为 r，我们只要找出向量组中 r 个线性无关的向量就得到了一个最大无关组.

求向量组 $\boldsymbol{\alpha}_1,\boldsymbol{\alpha}_2,\cdots,\boldsymbol{\alpha}_n$ 的秩和最大无关组的一般方法和步骤如下：

(1) 由向量组 $\boldsymbol{\alpha}_1,\boldsymbol{\alpha}_2,\cdots,\boldsymbol{\alpha}_n$ 构成一个矩阵 $\boldsymbol{A}=(\boldsymbol{\alpha}_1,\boldsymbol{\alpha}_2,\cdots,\boldsymbol{\alpha}_n)$；

(2) 对矩阵 $\boldsymbol{A}$ 施行初等行变换，将其化为阶梯形矩阵 $\boldsymbol{B}$，于是 $R(\boldsymbol{\alpha}_1,\boldsymbol{\alpha}_2,\cdots,\boldsymbol{\alpha}_n)=R(\boldsymbol{B})$；

(3) 与矩阵 $\boldsymbol{B}$ 的非零行第一个非零元素对应的矩阵 $\boldsymbol{A}$ 的列向量组，即为向量组 $\boldsymbol{\alpha}_1,\boldsymbol{\alpha}_2,\cdots,\boldsymbol{\alpha}_n$ 的一个最大无关组.

例 8 求向量组 $\boldsymbol{\alpha}_1=(1,-2,2,3)^{\mathrm{T}},\boldsymbol{\alpha}_2=(-2,4,-1,3)^{\mathrm{T}},\boldsymbol{\alpha}_3=(-1,2,0,3)^{\mathrm{T}},\boldsymbol{\alpha}_4=(0,6,2,3)^{\mathrm{T}}$ 的秩，并求一个最大线性无关组.

解 由向量组 $\boldsymbol{\alpha}_1,\boldsymbol{\alpha}_2,\boldsymbol{\alpha}_3,\boldsymbol{\alpha}_4$ 构成矩阵 $\boldsymbol{A}=(\boldsymbol{\alpha}_1,\boldsymbol{\alpha}_2,\boldsymbol{\alpha}_3,\boldsymbol{\alpha}_4)$，并对 $\boldsymbol{A}$ 施行初等行变换

$$A=\begin{pmatrix}1&-2&-1&0\\-2&4&2&6\\2&-1&0&2\\3&3&3&3\end{pmatrix}\xrightarrow[(-3)r_1+r_4]{\substack{2r_1+r_2\\(-2)r_1+r_3}}\begin{pmatrix}1&-2&-1&0\\0&0&0&6\\0&3&2&2\\0&9&6&3\end{pmatrix}$$

$$\xrightarrow{r_2\leftrightarrow r_4}\begin{pmatrix}1&-2&-1&0\\0&9&6&3\\0&3&2&2\\0&0&0&6\end{pmatrix}\xrightarrow{\frac{1}{3}r_2}\begin{pmatrix}1&-2&-1&0\\0&3&2&1\\0&3&2&2\\0&0&0&6\end{pmatrix}$$

$$\xrightarrow{(-1)r_2+r_3}\begin{pmatrix}1&-2&-1&0\\0&3&2&1\\0&0&0&1\\0&0&0&6\end{pmatrix}\xrightarrow{(-6)r_3+r_4}\begin{pmatrix}1&-2&-1&0\\0&3&2&1\\0&0&0&1\\0&0&0&0\end{pmatrix}.$$

因为 $R(\boldsymbol{A})=3$,所以向量组$\boldsymbol{\alpha}_1,\boldsymbol{\alpha}_2,\boldsymbol{\alpha}_3,\boldsymbol{\alpha}_4$ 的秩为 3. 由此可知最大线性无关组含有 3 个向量. 而行阶梯形矩阵的非零行第一个非零元素所在列是第 1、2、4 列,故向量组$\boldsymbol{\alpha}_1,\boldsymbol{\alpha}_2,\boldsymbol{\alpha}_4$ 是一个最大线性无关组.

值得注意的是,上例中$\boldsymbol{\alpha}_1,\boldsymbol{\alpha}_3,\boldsymbol{\alpha}_4$ 也是一个最大线性无关组. 但$\boldsymbol{\alpha}_1,\boldsymbol{\alpha}_2,\boldsymbol{\alpha}_3$ 就不是,因为$\boldsymbol{\alpha}_1,\boldsymbol{\alpha}_2,\boldsymbol{\alpha}_3$ 线性相关.

练习 13.3

1. 已知向量$\boldsymbol{\alpha}_1=(-6,7,-1)^{\mathrm{T}},\boldsymbol{\alpha}_2=(0,1,-7)^{\mathrm{T}},\boldsymbol{\alpha}_3=(0,5,-4)^{\mathrm{T}},\boldsymbol{\alpha}_4=(-5,6,0)^{\mathrm{T}}$,试将 $k_1\boldsymbol{\alpha}_1+k_2\boldsymbol{\alpha}_2+k_3\boldsymbol{\alpha}_3+k_4\boldsymbol{\alpha}_4=\mathbf{0}$ 写成线性方程组的形式.

2. 将方程组$\begin{cases}x_1+2x_2-x_3+x_4=2,\\-2x_1-3x_2+3x_3+2x_4=-1,\\x_1+x_2-2x_3-3x_4=-1\end{cases}$用向量形式表示.

3. 下列结论是否正确,并简要说明理由.

(1) $\boldsymbol{\alpha}_1,\boldsymbol{\alpha}_2,\boldsymbol{\alpha}_3,\boldsymbol{\alpha}_4$ 线性无关,则$\boldsymbol{\alpha}_1+\boldsymbol{\alpha}_2,\boldsymbol{\alpha}_2+\boldsymbol{\alpha}_3,\boldsymbol{\alpha}_3+\boldsymbol{\alpha}_4,\boldsymbol{\alpha}_4+\boldsymbol{\alpha}_1$ 也线性无关;

(2) 用列向量组构成的矩阵作初等行变换和用行向量组构成的矩阵作初等行变换,化成最简行阶梯矩阵,所得到最简行阶梯矩阵的秩相同,都等于原向量组的秩.

习题 13.3

1. 设 $-5(\boldsymbol{\beta}_1+\boldsymbol{\beta})+4(\boldsymbol{\beta}_2-\boldsymbol{\beta})=3(\boldsymbol{\beta}_3-\boldsymbol{\beta})$,求向量 $\boldsymbol{\beta}$. 其中 $\boldsymbol{\beta}_1=(2,3,0,1)^{\mathrm{T}}$,$\boldsymbol{\beta}_2=(1,0,-1,0)^{\mathrm{T}},\boldsymbol{\beta}_3=(-3,1,-2,1)^{\mathrm{T}}$.

2. 判断向量 $\boldsymbol{\beta}$ 能否可由向量组$\boldsymbol{\alpha}_i$ 线性表示?

(1) $\boldsymbol{\beta}=(1,1,0)^{\mathrm{T}},\boldsymbol{\alpha}_1=(0,2,5)^{\mathrm{T}},\boldsymbol{\alpha}_2=(2,4,7)^{\mathrm{T}}$;

(2) $\boldsymbol{\beta}=(1,2,1,1)^{\mathrm{T}},\boldsymbol{\alpha}_1=(1,1,1,1)^{\mathrm{T}},\boldsymbol{\alpha}_2=(1,1,-1,-1)^{\mathrm{T}},\boldsymbol{\alpha}_3=(1,-1,-1,-1)^{\mathrm{T}}$,$\boldsymbol{\alpha}_4=(1,-1,-1,1)^{\mathrm{T}}$.

3. 判断下列向量组是否线性相关?

(1) $\boldsymbol{\alpha}_1=\begin{pmatrix}3\\1\\0\end{pmatrix},\boldsymbol{\alpha}_2=\begin{pmatrix}1\\-1\\2\end{pmatrix},\boldsymbol{\alpha}_3=\begin{pmatrix}1\\3\\-4\end{pmatrix}$;

(2) $\boldsymbol{\alpha}_1^{\mathrm{T}}=(1,1,0),\boldsymbol{\alpha}_2^{\mathrm{T}}=(1,-1,0),\boldsymbol{\alpha}_3^{\mathrm{T}}=(1,1,-1)$;

(3) $\boldsymbol{\alpha}_1^{\mathrm{T}}=(1,2,1,1),\boldsymbol{\alpha}_2^{\mathrm{T}}=(1,0,1,1),\boldsymbol{\alpha}_3^{\mathrm{T}}=(0,1,-1,0),\boldsymbol{\alpha}_4^{\mathrm{T}}=(1,1,1,1)$.

4. 设$\boldsymbol{\beta}_1=\boldsymbol{\alpha}_1,\boldsymbol{\beta}_2=\boldsymbol{\alpha}_1+\boldsymbol{\alpha}_2,\boldsymbol{\beta}_3=\boldsymbol{\alpha}_1+\boldsymbol{\alpha}_2+\boldsymbol{\alpha}_3,\cdots,\boldsymbol{\beta}_m=\boldsymbol{\alpha}_1+\boldsymbol{\alpha}_2+\cdots+\boldsymbol{\alpha}_m$,并且向量组$\boldsymbol{\alpha}_1,\boldsymbol{\alpha}_2,\cdots,\boldsymbol{\alpha}_m$ 线性无关,试证明向量组$\boldsymbol{\beta}_1,\boldsymbol{\beta}_2,\cdots,\boldsymbol{\beta}_m$ 也线性无关.

5. 求下列向量组的秩及一个最大线性无关组.

(1) $\boldsymbol{\alpha}_1=(1,1,0)^{\mathrm{T}},\boldsymbol{\alpha}_2=(0,2,0)^{\mathrm{T}},\boldsymbol{\alpha}_3=(0,0,3)^{\mathrm{T}}$;

(2) $\boldsymbol{\alpha}_1=(2,0,2)^{\mathrm{T}},\boldsymbol{\alpha}_2=(3,1,1)^{\mathrm{T}},\boldsymbol{\alpha}_3=(2,1,0)^{\mathrm{T}},\boldsymbol{\alpha}_4=(4,2,0)^{\mathrm{T}}$.

§13.4 线性方程组解的结构

对于线性方程组,已经解决了方程组解的存在条件问题,本节我们将进一步来讨论线性方程组解之间的关系,即解的结构问题.

13.4.1 齐次线性方程组解的结构

齐次线性方程组的解法

南京信息职业技术学院—冯晨

对于齐次线性方程组

$$\begin{cases} a_{11}x_1 + a_{12}x_2 + \cdots + a_{1n}x_n = 0, \\ a_{21}x_1 + a_{22}x_2 + \cdots + a_{2n}x_n = 0, \\ \cdots\cdots\cdots\cdots \\ a_{m1}x_1 + a_{m2}x_2 + \cdots + a_{mn}x_n = 0 \end{cases} \tag{1}$$

可写成矩阵形式为

$$\boldsymbol{A}\boldsymbol{x} = \boldsymbol{0}, \tag{2}$$

其中 $\boldsymbol{A} = \begin{pmatrix} a_{11} & a_{12} & \cdots & a_{1n} \\ a_{21} & a_{22} & \cdots & a_{2n} \\ \vdots & \vdots & & \vdots \\ a_{m1} & a_{m2} & \cdots & a_{mn} \end{pmatrix}$, $\boldsymbol{x} = \begin{pmatrix} x_1 \\ x_2 \\ \vdots \\ x_n \end{pmatrix}$.

若 $x_1 = \lambda_1, x_2 = \lambda_2, \cdots x_n = \lambda_n$ 为方程组(1)的解,则列向量

$$\xi = \begin{pmatrix} \lambda_1 \\ \lambda_2 \\ \vdots \\ \lambda_n \end{pmatrix},$$

称为方程组(1)的**解向量**,它也就是矩阵方程(2)的解.

齐次线性方程组的解具有如下性质:

性质 1 若 $\boldsymbol{X} = \boldsymbol{\xi}_1, \boldsymbol{X} = \boldsymbol{\xi}_2$ 是方程组(1)的解向量,则 $\boldsymbol{X} = \boldsymbol{\xi}_1 + \boldsymbol{\xi}_2$ 也是(1)的解向量.

性质 2 若 $\boldsymbol{X} = \boldsymbol{\xi}$ 是方程组(1)的解向量,k 是实数,则 $\boldsymbol{X} = k\boldsymbol{\xi}$ 也是(1)的解向量.

由性质 1,2 容易得到以下推论

推论 如果 $\boldsymbol{\xi}_1, \boldsymbol{\xi}_2, \cdots, \boldsymbol{\xi}_s$ 是方程组(1)的 s 个解向量,则 $\boldsymbol{\xi}_1, \boldsymbol{\xi}_2, \cdots, \boldsymbol{\xi}_s$ 的线性组合

$$k_1\boldsymbol{\xi}_1 + k_2\boldsymbol{\xi}_2 + \cdots + k_s\boldsymbol{\xi}_s$$

也是方程组(1)的解向量,其中 $k_1, k_2, \cdots, k_s$ 是任意实数.

将方程组(1)的全体解向量组成的向量组记作 M,如果能求得向量组 M 的一个最大无关组 M_1:$\boldsymbol{\xi}_1, \boldsymbol{\xi}_2, \cdots, \boldsymbol{\xi}_s$,那么方程组(1)的任一解向量都可由最大无关组 M_1 线性表示;另一方面,由推论可知最大无关组 M_1 的任何线性组合

$$\boldsymbol{X} = k_1\boldsymbol{\xi}_1 + k_2\boldsymbol{\xi}_2 + \cdots + k_s\boldsymbol{\xi}_s$$

都是方程组(1)的解,因此上式表示了方程组(1)的全部解,我们称之为**通解**. 齐次线性方程组的全体解向量组的最大无关组称为该齐次线性方程组的**基础解系**.

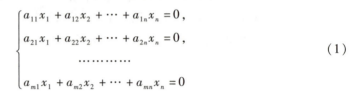

由上面的讨论可知，要求齐次线性方程组的通解，只需求出它的基础解系.

下面通过具体例子来介绍基础解系的一般求法.

例 1 求齐次线性方程组

$$\begin{cases} x_1 - x_2 - x_3 + x_4 = 0, \\ x_1 - x_2 + x_3 - 3x_4 = 0, \\ x_1 - x_2 - 2x_3 + 3x_4 = 0 \end{cases} \tag{3}$$

的一个基础解系及通解.

解 对系数矩阵施行初等行变换

$$\boldsymbol{A} = \begin{pmatrix} 1 & -1 & -1 & 1 \\ 1 & -1 & 1 & -3 \\ 1 & -1 & -2 & 3 \end{pmatrix} \xrightarrow[(-1)r_1 + r_3]{(-1)r_1 + r_2} \begin{pmatrix} 1 & -1 & -1 & 1 \\ 0 & 0 & 2 & -4 \\ 0 & 0 & -1 & 2 \end{pmatrix}$$

$$\xrightarrow[\left(\frac{1}{2}\right)r_2]{\left(\frac{1}{2}\right)r_2 + r_3} \begin{pmatrix} 1 & -1 & -1 & 1 \\ 0 & 0 & 1 & -2 \\ 0 & 0 & 0 & 0 \end{pmatrix} \xrightarrow{r_2 + r_1} \begin{pmatrix} 1 & -1 & 0 & -1 \\ 0 & 0 & 1 & -2 \\ 0 & 0 & 0 & 0 \end{pmatrix}$$

得同解方程组为

$$\begin{cases} x_1 = x_2 + x_4, \\ x_3 = 2x_4. \end{cases}$$

将 x_2, x_4 看做自由变量，并分别令为 c_1 和 c_2，得到方程组的一般解为

$$\begin{cases} x_1 = c_1 + c_2, \\ x_2 = c_1, \\ x_3 = 2c_2, \\ x_4 = c_2, \end{cases} \tag{4}$$

令 $\begin{pmatrix} x_2 \\ x_4 \end{pmatrix} = \begin{pmatrix} 1 \\ 0 \end{pmatrix}$ 及 $\begin{pmatrix} 0 \\ 1 \end{pmatrix}$，则对应有 $\begin{pmatrix} x_1 \\ x_3 \end{pmatrix} = \begin{pmatrix} 1 \\ 0 \end{pmatrix}$ 及 $\begin{pmatrix} 1 \\ 2 \end{pmatrix}$，

从而方程组的两个解向量为

$$\boldsymbol{\xi}_1 = (1,1,0,0)^{\mathrm{T}}, \quad \boldsymbol{\xi}_2 = (1,0,2,1)^{\mathrm{T}}.$$

由一般解(4)，令 $\boldsymbol{x} = (x_1, x_2, \cdots, x_n)^{\mathrm{T}}$，可得 $\boldsymbol{X} = c_1\boldsymbol{\xi}_1 + c_2\boldsymbol{\xi}_2$. 这表明，方程组的任一解向量 $\boldsymbol{X}$ 都可以由 $\boldsymbol{\xi}_1$ 和 $\boldsymbol{\xi}_2$ 线性表示.

此外，从 $\boldsymbol{\xi}_1$ 和 $\boldsymbol{\xi}_2$ 的构造容易看出，$\boldsymbol{\xi}_1$ 和 $\boldsymbol{\xi}_2$ 是线性无关的. 根据最大无关组的定义可知 $\boldsymbol{\xi}_1$ 和 $\boldsymbol{\xi}_2$ 是方程组(3)全体解向量组的一个最大无关组，即为方程组(3)的基础解系.

所以方程组(3)的通解为 $\boldsymbol{X} = c_1\boldsymbol{\xi}_1 + c_2\boldsymbol{\xi}_2$.

由以上讨论可得如下定理

定理 1 对于 n 元齐次线性方程组(1)，若 $R(\boldsymbol{A}) = r < n$，则一定有基础解系，且基础解系中含 $n - R(\boldsymbol{A})$ 个向量.

注意 在解方程组的过程中，因为自由变量的赋值方法不唯一，所以基础解系也是不唯一的. 例 1 中如果取

$\begin{pmatrix} x_2 \\ x_4 \end{pmatrix} = \begin{pmatrix} 1 \\ 0 \end{pmatrix}$及$\begin{pmatrix} 1 \\ 1 \end{pmatrix}$,则对应有$\begin{pmatrix} x_1 \\ x_3 \end{pmatrix} = \begin{pmatrix} 1 \\ 0 \end{pmatrix}$及$\begin{pmatrix} 2 \\ 2 \end{pmatrix}$,

即得到不同的基础解系

$$\boldsymbol{\eta}_1 = (1,1,0,0)^{\mathrm{T}}, \quad \boldsymbol{\eta}_2 = (2,1,2,1)^{\mathrm{T}},$$

虽然基础解系形式不一样,但它们却是等价的,都含有两个线性无关的解向量.

13.4.2 非齐次线性方程组解的结构

非齐次线性方程组的解法

南京信息职业技术学院—王卉

对于非齐次线性方程组

$$\begin{cases} a_{11}x_1 + a_{12}x_2 + \cdots + a_{1n}x_n = b_1, \\ a_{21}x_1 + a_{22}x_2 + \cdots + a_{2n}x_n = b_2, \\ \cdots\cdots\cdots\cdots \\ a_{m1}x_1 + a_{m2}x_2 + \cdots + a_{mn}x_n = b_m, \end{cases} \tag{5}$$

也可写成

$$\boldsymbol{Ax} = \boldsymbol{b}. \tag{6}$$

矩阵方程(6)的解也就是方程组(5)的解向量,它具有

性质 3 设 $\boldsymbol{X} = \boldsymbol{\eta}_1$ 及 $\boldsymbol{X} = \boldsymbol{\eta}_2$ 都是(6)的解,则 $\boldsymbol{X} = \boldsymbol{\eta}_1 - \boldsymbol{\eta}_2$ 为对应的齐次线性方程组

$$\boldsymbol{Ax} = \boldsymbol{0} \tag{7}$$

的解.

证明 因为 $\boldsymbol{A}(\boldsymbol{\eta}_1 - \boldsymbol{\eta}_2) = \boldsymbol{A}\boldsymbol{\eta}_1 - \boldsymbol{A}\boldsymbol{\eta}_2 = \boldsymbol{b} - \boldsymbol{b} = \boldsymbol{0}$,所以 $\boldsymbol{X} = \boldsymbol{\eta}_1 - \boldsymbol{\eta}_2$ 是(7)的解.

性质 4 设 $\boldsymbol{X} = \boldsymbol{\eta}$ 是非齐次线性方程(6)的解,$\boldsymbol{X} = \boldsymbol{\xi}$ 是齐次线性方程(7)的解,则 $\boldsymbol{X} = \boldsymbol{\xi} + \boldsymbol{\eta}$ 仍是(6)的解.

证明 因为 $\boldsymbol{A}(\boldsymbol{\xi} + \boldsymbol{\eta}) = \boldsymbol{A\xi} + \boldsymbol{A\eta} = \boldsymbol{0} + \boldsymbol{b} = \boldsymbol{b}$,所以 $\boldsymbol{X} = \boldsymbol{\xi} + \boldsymbol{\eta}$ 是(6)的解.

如果我们知道(6)的一个解$\boldsymbol{\eta}^*$,称为**特解**,则由性质 3 可知,(6)的任意一个解都可表示为该特解与(7)的某一个解之和,即 $\boldsymbol{X} = \boldsymbol{\xi} + \boldsymbol{\eta}^*$,其中 $\boldsymbol{X} = \boldsymbol{\xi}$ 是方程(7)的解. 若方程(7)的通解为 $\boldsymbol{X} = c_1\boldsymbol{\xi}_1 + c_2\boldsymbol{\xi}_2 + \cdots + c_{n-r}\boldsymbol{\xi}_{n-r}$,则方程(6)的任意一个解都可表示为

$$\boldsymbol{X} = c_1\boldsymbol{\xi}_1 + c_2\boldsymbol{\xi}_2 + \cdots + c_{n-r}\boldsymbol{\xi}_{n-r} + \boldsymbol{\eta}^*.$$

而由性质 4 可知,对任何实数 $c_1, c_2, \cdots, c_{n-r}$,上式总是方程(6)的解. 于是方程(6)的通解为

$$\boldsymbol{X} = c_1\boldsymbol{\xi}_1 + c_2\boldsymbol{\xi}_2 + \cdots + c_{n-r}\boldsymbol{\xi}_{n-r} + \boldsymbol{\eta}^* \ (c_1, c_2, \cdots, c_{n-r}\text{为任意实数}).$$

其中 $\boldsymbol{\xi}_1, \boldsymbol{\xi}_2, \cdots, \boldsymbol{\xi}_{n-r}$是方程组(7)的基础解系.

因此,非齐次线性方程组的通解等于它的一个特解加上对应的齐次线性方程组的通解.

例 2 求非齐次线性方程组

$$\begin{cases} x_1 - x_2 + x_3 - x_4 = 1, \\ x_1 - x_2 - x_3 + x_4 = 0, \\ 2x_1 - 2x_2 - 4x_3 + 4x_4 = -1 \end{cases}$$

的通解.

解 对增广矩阵 $\tilde{\boldsymbol{A}}$ 施行初等行变换

$$\tilde{\boldsymbol{A}}=\begin{pmatrix}1&-1&1&-1&1\\1&-1&-1&1&0\\2&-2&-4&4&-1\end{pmatrix}\xrightarrow[(-1)r_1+r_2]{(-2)r_1+r_3}\begin{pmatrix}1&-1&1&-1&1\\0&0&-2&2&-1\\0&0&-6&6&-3\end{pmatrix}$$

$$\xrightarrow[\left(-\frac{1}{2}\right)r_2]{(-3)r_2+r_3}\begin{pmatrix}1&-1&1&-1&1\\0&0&1&-1&\frac{1}{2}\\0&0&0&0&0\end{pmatrix}\xrightarrow{(-1)r_2+r_1}\begin{pmatrix}1&-1&0&0&\frac{1}{2}\\0&0&1&-1&\frac{1}{2}\\0&0&0&0&0\end{pmatrix}$$

得

$$\begin{cases}x_1=x_2+\dfrac{1}{2},\\x_3=x_4+\dfrac{1}{2}.\end{cases}$$

取 $x_2=x_4=0$，则 $x_1=x_3=\dfrac{1}{2}$，即得方程组的一个特解

$$\boldsymbol{\eta}^*=\left(\frac{1}{2},0,\frac{1}{2},0\right)^{\mathrm{T}},$$

令 $\begin{pmatrix}x_2\\x_4\end{pmatrix}=\begin{pmatrix}1\\0\end{pmatrix}$ 及 $\begin{pmatrix}0\\1\end{pmatrix}$，则对应有 $\begin{pmatrix}x_1\\x_3\end{pmatrix}=\begin{pmatrix}\frac{3}{2}\\\frac{1}{2}\end{pmatrix}$ 及 $\begin{pmatrix}\frac{1}{2}\\\frac{3}{2}\end{pmatrix}$.

即得对应的齐次线性方程组的基础解系为

$$\boldsymbol{\xi}_1=\left(\frac{3}{2},1,\frac{1}{2},0\right)^{\mathrm{T}},\quad \boldsymbol{\xi}_2=\left(\frac{1}{2},0,\frac{3}{2},1\right)^{\mathrm{T}}.$$

所以通解为 $\boldsymbol{X}=c_1\boldsymbol{\xi}_1+c_2\boldsymbol{\xi}_2+\boldsymbol{\eta}^*$， c_1,c_2 为任意实数.

练习 13.4

1. 设四元齐次线性方程组如下，试写出该方程组的一个基础解系.

(1) $\begin{cases}x_1+x_2=0,\\x_2-x_4=0;\end{cases}$　　(2) $\begin{cases}x_1-x_2+x_3=0,\\x_2-x_3+x_4=0.\end{cases}$

2. 非齐次线性方程组的增广矩阵 $\tilde{\boldsymbol{A}}$ 施行初等行变换后，化为如下行最简阶梯形矩阵，试写出该方程组的通解.

(1) $\begin{pmatrix}1&2&0&1&2\\0&0&1&-1&3\\0&0&0&0&0\end{pmatrix}$；　　(2) $\begin{pmatrix}1&-1&1&-1\\0&0&0&0\\0&0&0&0\end{pmatrix}$.

习题 13.4

1. 求下列齐次线性方程组的一个基础解系及通解.

(1) $\begin{cases} x_1+2x_2+x_3+2x_4=0, \\ x_2+x_3+x_4=0, \\ x_1+x_2+x_4=0; \end{cases}$

(2) $\begin{cases} 3x_1+7x_2+8x_3=0, \\ x_1+2x_2+5x_3=0, \\ x_1+3x_2-2x_3=0, \\ x_1+4x_2-9x_3=0; \end{cases}$

(3) $\begin{cases} x_1+x_2-3x_4-x_5=0, \\ x_1-x_2+2x_3-x_4=0, \\ 4x_1-2x_2+6x_3+3x_4-4x_5=0, \\ 2x_1-4x_2-2x_3+4x_4-7x_5=0; \end{cases}$

(4) $\begin{cases} x_1-2x_2+x_3-x_4+x_5=0, \\ 2x_1+x_2-x_3+2x_4-3x_5=0, \\ 3x_1-2x_2-x_3+x_4-2x_5=0, \\ 2x_1-5x_2+x_3-2x_4-2x_5=0. \end{cases}$

2. 求下列非齐次线性方程组的通解.

(1) $\begin{cases} 2x_1+x_2-x_3+x_4=1, \\ x_1+2x_2+x_3-x_4=2, \\ x_1+x_2+2x_3+x_4=3; \end{cases}$

(2) $\begin{cases} 2x_1-3x_2+x_3-15x_4=1, \\ x_1+x_2+x_3-2x_4=2, \\ x_1+4x_2+3x_3+6x_4=1, \\ 2x_1-4x_2+9x_3-9x_4=-16; \end{cases}$

(3) $\begin{cases} x_1+5x_2-x_3-x_4=-1, \\ x_1-2x_2+x_3+3x_4=3, \\ 3x_1+8x_2-x_3+x_4=1, \\ x_1-9x_2+3x_3+7x_4=7; \end{cases}$

(4) $\begin{cases} 2x_1-3x_2+6x_3-5x_4=3, \\ -x_1+2x_2-5x_3+3x_4=-1, \\ 4x_1-5x_2+8x_3-9x_4=7. \end{cases}$

§13.5 MATLAB 实验

13.5.1 矩阵化为行最简形的运算

MATLAB 软件中,用于矩阵化为行最简形的指令函数是 rref,具体调用格式如下:

```
rref(A)
```

返回矩阵 A 的最简形矩阵.

例 1 已知矩阵 $\boldsymbol{A}=\begin{pmatrix}2&-1&-1&1&2\\1&1&-2&1&4\\4&-6&2&-2&4\\3&6&-9&7&9\end{pmatrix}$,将矩阵 $\boldsymbol{A}$ 化为行最简形.

解 输入命令:

```
>>A=[2 -1 -1 1 2;1 1 -2 1 4;4 -6 2 -2 4;3 6 -9 7 9];
>>rref(A)
```

输出结果:

```
ans =
    1     0     -1     0     4
    0     1     -1     0     3
    0     0      0     1    -3
    0     0      0     0     0
```

13.5.2 矩阵的秩

MATLAB 中用于求矩阵的秩是 rank,函数指令是 rank(A),具体的调用格式如下:

```
rank(A)
```

返回矩阵 A 的秩.

例 2 已知矩阵 $\boldsymbol{A}=\begin{pmatrix}2&-1&2&1&1\\1&1&-1&0&2\\2&5&-4&-2&9\\3&3&-1&-1&8\end{pmatrix}$,求矩阵 $\boldsymbol{A}$ 的秩.

解 输入命令:

```
>>A=[2 -1 2 1 1;1 1 -1 0 2;2 5 -4 -2 9;3 3 -1 -1 8];
>>rank(A)
```

输出结果:

```
ans =
     3
```

13.5.3 向量组的线性相关性判别

MATLAB 中没有具体的判断向量组线性相关性的指令函数,我们可借助于矩阵化行最简形的指令函数 rref,结合线性相关性相关理论判别向量组线性相关性.

例 3 给定向量组

$$\boldsymbol{\alpha}_1=\begin{pmatrix}2\\1\\4\\3\end{pmatrix},\quad \boldsymbol{\alpha}_2=\begin{pmatrix}-1\\1\\-6\\6\end{pmatrix},\quad \boldsymbol{\alpha}_3=\begin{pmatrix}-1\\-2\\2\\-9\end{pmatrix},\quad \boldsymbol{\alpha}_4=\begin{pmatrix}1\\1\\-2\\7\end{pmatrix},\quad \boldsymbol{\alpha}_5=\begin{pmatrix}2\\4\\4\\9\end{pmatrix},$$

试讨论它的线性相关性. 若线性相关,求向量组中的一个最大线性无关组.

解 输入命令:

```
% 生成矩阵 A = (α1,α2,α3,α4,α5)
>>A =[2 -1 -1 1 2;1 1 -2 1 4;4 -6 2 -2 4;3 6 -9 7 9];
>>rref(A)
```

输出结果:

```
ans =
        1      0     -1      0      4
        0      1     -1      0      3
        0      0      0      1     -3
        0      0      0      0      0
```

由运行结果可知向量组的秩为 3,所以向量组线性相关 $\boldsymbol{\alpha}_1,\boldsymbol{\alpha}_2,\boldsymbol{\alpha}_4$ 是向量组一个最大线性无关组.

13.5.4 线性方程组的求解

MATLAB 中没有具体求解线性方程组的指令函数,我们可借助于矩阵运算、矩阵化行最简形指令函数 rref 等方法求解线性方程组.

1. 利用矩阵运算求解线性方程组

例 4 求线性方程组 $\begin{cases}2x_1+x_2-5x_3+x_4=8,\\ x_1-3x_2-6x_4=9,\\ 2x_2-x_3+2x_4=-5,\\ x_1+4x_2-7x_3+6x_4=0\end{cases}$ 的解.

解 输入命令:

```
>>A =[2 1 -5 1;1 -3 0 -6;0 2 -1 2;1 4 -7 6];   % 生成系数矩阵
>>b =[8;9; -5;0];                               % 生成系数矩阵
>>X =A \b                                       % 左除法求解
```

输出结果:

```
X =
     3.0000
    -4.0000
    -1.0000
     1.0000
```

例 5 利用 inv 指令函数求例 4 中线性方程组的解.

解 输入命令:

```
>>A=[2 1 -5 1;1 -3 0 -6;0 2 -1 2;1 4 -7 6];  % 生成系数矩阵
>>b=[8;9;-5;0];                              % 生成系数矩阵
>>X=inv(A)*b                                 % inv 指令函数求解
```

输出结果:

```
X =
     3.0000
    -4.0000
    -1.0000
     1.0000
```

2. 利用指令函数 rank、rref 求解线性方程组

例 6 判断线性方程组 $\begin{cases} x_1 - x_2 + 4x_3 - 2x_4 = 0, \\ x_1 - x_2 - x_3 + 2x_4 = 0, \\ 3x_1 + x_2 + 7x_3 - 2x_4 = 0, \\ x_1 - 3x_2 - 12x_3 + 6x_4 = 0 \end{cases}$ 的解的情况,若有多个解,写出通解.

解 输入命令:

```
>>A=[1 -1 4 -2;1 -1 -1 2;3 1 7 -2;1 -3 -12 6];  % 生成系数矩阵
>>R=rank(A)                                     % 求矩阵的秩判断解的情况
```

输出结果:

```
R =
     4
```

因为系数矩阵的秩等于未知数个数,即是 4,所有方程组只有零解.

例 7 判断线性方程组 $\begin{cases} 2x_1 + x_2 - x_3 + x_4 = 1, \\ 4x_1 + 2x_2 - 2x_3 + x_4 = 2, \\ 2x_1 + x_2 - x_3 - x_4 = 1 \end{cases}$ 的解的情况,若有多个解,写出通解.

解 输入命令:

```
>>A=[2 1 -1 1 1;4 2 -2 1 2;2 1 -1 -1 1];  % 生成增广矩阵
>>rref(A)                                 % 化行最简形
```

输出结果:

```
ans =
    1.0000    0.5000    -0.5000     0       0.5000
         0         0          0    1.0000       0
         0         0          0     0           0
```

由输出矩阵 $R(\boldsymbol{A}) = R(\boldsymbol{A}, \boldsymbol{b}) = 2 < 4$,可知线性方程组有无穷多解.

线性方程组的一般解为

$$\begin{cases} x_1 = \dfrac{1}{2} - \dfrac{1}{2}x_2 + \dfrac{1}{2}x_3, \\ x_4 = 0. \end{cases}$$

令 $x_2 = C_1, x_3 = C_2$，则线性方程组的通解

$$\begin{pmatrix} x_1 \\ x_2 \\ x_3 \\ x_4 \end{pmatrix} = C_1\begin{pmatrix} -\dfrac{1}{2} \\ 1 \\ 0 \\ 0 \end{pmatrix} + C_2\begin{pmatrix} \dfrac{1}{2} \\ 0 \\ 1 \\ 0 \end{pmatrix} + \begin{pmatrix} \dfrac{1}{2} \\ 0 \\ 0 \\ 0 \end{pmatrix}.$$

注意 通过将增广矩阵作初等行变换，求解线性方程组时无需要求系数矩阵可逆.

练习 13.5

1. 已知矩阵 $\boldsymbol{A} = \begin{pmatrix} 2 & 3 & 1 & -3 & -7 \\ 1 & 2 & 0 & -2 & -4 \\ 3 & -2 & 8 & 3 & 0 \\ 2 & -3 & 7 & 4 & 3 \end{pmatrix}$，将 $\boldsymbol{A}$ 化为行最简形矩阵.

2. 已知矩阵 $\boldsymbol{A} = \begin{pmatrix} 1 & 1 & 1 & 1 & 1 \\ 2 & 0 & -3 & 2 & 1 \\ 1 & 3 & 6 & 1 & 2 \\ 4 & 2 & 6 & 4 & 3 \end{pmatrix}$，求矩阵 $\boldsymbol{A}$ 的秩.

3. 讨论向量组 $\boldsymbol{\alpha}_1 = \begin{pmatrix} 1 \\ 1 \\ 1 \\ 1 \end{pmatrix}, \boldsymbol{\alpha}_2 = \begin{pmatrix} -1 \\ -1 \\ 1 \\ 1 \end{pmatrix}, \boldsymbol{\alpha}_3 = \begin{pmatrix} -2 \\ -2 \\ 1 \\ 1 \end{pmatrix}, \boldsymbol{\alpha}_4 = \begin{pmatrix} 5 \\ -3 \\ 0 \\ 6 \end{pmatrix}$ 的线性相关性，若线性相关，求向量组中的一个最大线性无关组.

4. 求线性方程组 $\begin{cases} 2x_1 + 4x_2 + 6x_3 = 7, \\ 9x_1 + 6x_2 + 3x_3 = 9, \\ 4x_1 + 3x_2 + 7x_3 = 6 \end{cases}$ 的解.

5. 判断线性方程组 $\begin{cases} x_1 + 5x_2 + 4x_3 - 13x_4 = 3, \\ 3x_1 - x_2 + 2x_3 + 5x_4 = -1, \\ 2x_1 + 2x_2 + 3x_3 - 4x_4 = 1 \end{cases}$ 解的情况，若有多个解，写出通解.

§13.6 应用实例

13.6.1 减肥配方的实现

设三种食物每100克中蛋白质、碳水化合物和脂肪的含量如表13－1所示. 表中还给出了20世纪80年代流行美国的剑桥大学医学院的简捷营养处方. 如果用这三种食物作为每天的主食,那么它们的用量应为多少才能实现这个营养要求?

13－1 营养处方表

营养	每100 g食物所含营养(g)			减肥所要求的每日营养量
	脱脂牛奶	大豆面粉	乳清	
蛋白质	36	51	13	33
碳水化合物	52	34	74	45
脂肪	0	7	1.1	3

解 设脱脂牛奶的用量为 x_1 个单位(100 g),大豆面粉的用量为 x_2 个单位(100 g),乳清的用量为 x_3 个单位(100 g). 要使三种食品合成的营养与剑桥配方的要求一致,就得到如下线性方程组

$$\begin{cases} 36x_1+51x_2+13x_3=33, \\ 52x_1+34x_2+74x_3=45, \\ \qquad\quad 7x_2+1.1x_3=3. \end{cases}$$

该方程组的求解利用MATLAB非常方便,其程序如下:

```
A=[36,51,13;52,34,74,0,7,1.1]
b=[33;45;3]
x=inv(A)*b
```

程序执行的结果为:

$$\boldsymbol{X}=\begin{pmatrix} 0.2772 \\ 0.3919 \\ 0.2332 \end{pmatrix}.$$

即每天脱脂牛奶的用量为27.7 g,大豆面粉的用量为39.2 g,乳清的用量为23.3 g,就能保证所需的综合营养量.

13.6.2 交通流量的分析

某城市有两组单行道,构成了一个包含四个节点A～D的十字路口,如图13－3所示. 汽车进出十字路口的流量(每小时的车流数)标于图上. 现要求计算每两个节点之间路段上的交通流量 x_1,x_2,x_3,x_4,然后分析该路段的交通状况.

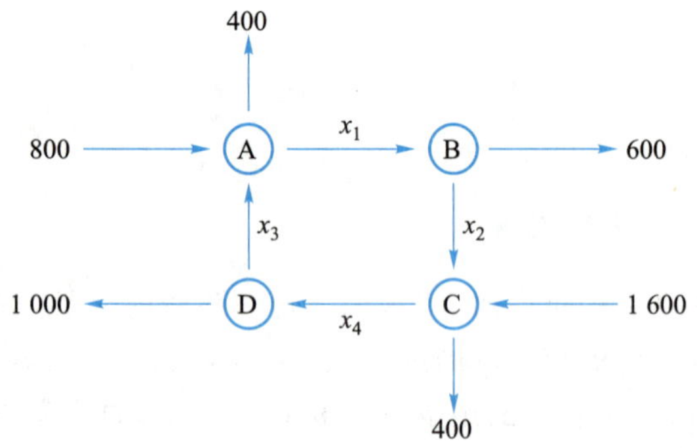

图 13－3

解 在 A 点：$800+x_3=x_1+400$，在 B 点：$x_1=600+x_2$，

在 C 点：$1\ 600+x_2=400+x_4$，在 D 点：$x_4=x_3+1\ 000$.

于是建立如下方程组

$$\begin{cases}-x_1+x_3=-400,\\ x_1-x_2=600,\\ x_2-x_4=-1\ 200,\\ -x_3+x_4=1\ 000.\end{cases}$$

利用 MATLAB 求解，其程序如下：

```
A =[ -1,0,1,0;1, -1,0,0;0,1,0, -1;0,0, -1,1]
b =[ -400;600; -1200;1000]
U0 =rref([A,b])
```

可以得出其最简行阶梯形矩阵

$$\begin{pmatrix}1&0&0&-1&-600\\0&1&0&-1&-1\ 200\\0&0&1&-1&-1\ 000\end{pmatrix}.$$

以 x_4 为自由变量，方程组的解可以表示为

$$\begin{cases}x_1=x_4-600,\\ x_2=x_4-1\ 200,\\ x_3=x_4-1\ 000.\end{cases}$$

若 $x_4=1\ 300$ 时，$x_1=700$，$x_2=100$，$x_3=300$，车流按图所指方向移动. 如果 $x_4=600$，$x_1=0$，$x_2=-600$，$x_3=-400$，此时 A 到 B 道路不通. x_2，x_3 出现负值，表示只要修改图中 B 到 C 道路的方向为 C 到 B 的方向，D 到 A 道路的方向为 A 到 D 的方向，就能保证道路流通.

本 章 小 结

一、主要内容

1. 利用高斯消元法求解线性方程组，等价于对其增广矩阵施行初等行变换，所得

最简阶梯形矩阵对应的方程组与原方程组同解.

2. n 元线性方程组 $\boldsymbol{Ax}=\boldsymbol{b}$ 的解有唯一解、无穷多解、无解等三种情况. 线性方程组有唯一解当且仅当 $R(\boldsymbol{A})=R(\tilde{\boldsymbol{A}})=n$;有无穷多解当且仅当 $R(\boldsymbol{A})=R(\tilde{\boldsymbol{A}})<n$;无解当且仅当 $R(\boldsymbol{A})\neq R(\tilde{\boldsymbol{A}})$. 特别地,齐次线性方程组 $\boldsymbol{Ax}=\boldsymbol{0}$ 的解有唯一零解和有非零解两种情况. 有唯一零解当且仅当 $R(\boldsymbol{A})=n$;有非零解当且仅当 $R(\boldsymbol{A})<n$.

3. n 维向量的概念及其向量之间的关系——线性相关与线性无关;向量组中的每一个向量都可由其最大无关组线性表示,一个向量组的最大无关组中所含向量的个数反映了该向量组的关系特征,我们称之为向量组的秩,它等于向量组构成的矩阵的秩;矩阵的秩既等于其列向量组的秩,也等于其行向量组的秩.

4. 当线性方程组有无穷多解时,齐次线性方程组的通解可由一组基础解系线性表示;非齐次线性方程组的通解可表示为它的一个特解与对应的齐次线性方程组的通解之和.

二、学习指导

1. 本章主要研究线性方程组的求解问题. 首先介绍传统的方程组求解方法——高斯消元法. 研究了线性方程组解的存在性问题,得到了三种解的情况的充要条件. 引入了向量组的概念,对向量组的线性相关性作了讨论,研究了矩阵的秩和向量组的秩等问题. 利用向量这一工具讨论了线性方程组解之间的关系,即解的结构问题.

2. 会用矩阵的初等变换求解线性方程组的解;掌握线性方程组解存在的条件;理解向量组线性相关性,最大无关组及秩等概念;掌握线性方程组解的结构,会用基础解系来表示通解.

复习题十三

一、判断题

1. 初等变换不改变矩阵的行列式的值. ( )

2. 初等变换不改变矩阵的秩. ( )

3. 设 $\boldsymbol{\alpha}_1,\boldsymbol{\alpha}_2,\cdots,\boldsymbol{\alpha}_s$ 是 n 维列向量,由此构成矩阵 $\boldsymbol{A}=(\boldsymbol{\alpha}_1,\boldsymbol{\alpha}_2,\cdots,\boldsymbol{\alpha}_s)$,若 $R(\boldsymbol{A})=r<n$,则 $\boldsymbol{\alpha}_1,\boldsymbol{\alpha}_2,\cdots,\boldsymbol{\alpha}_s$ 线性相关. ( )

4. 设 $\boldsymbol{\alpha}_1,\boldsymbol{\alpha}_2,\cdots,\boldsymbol{\alpha}_s$ 是 n 维列向量,由此构成矩阵 $\boldsymbol{A}=(\boldsymbol{\alpha}_1,\boldsymbol{\alpha}_2,\cdots,\boldsymbol{\alpha}_s)$,若 $R(\boldsymbol{A})=r=n$,则 $\boldsymbol{\alpha}_1,\boldsymbol{\alpha}_2,\cdots,\boldsymbol{\alpha}_s$ 线性无关. ( )

5. 设 $\boldsymbol{\alpha}_1,\boldsymbol{\alpha}_2,\cdots,\boldsymbol{\alpha}_s$ 是 n 维列向量,因为 $0\cdot\boldsymbol{\alpha}_1+0\cdot\boldsymbol{\alpha}_2+\cdots+0\cdot\boldsymbol{\alpha}_s=\boldsymbol{0}$,所以 $\boldsymbol{\alpha}_1,\boldsymbol{\alpha}_2,\cdots,\boldsymbol{\alpha}_s$ 线性无关. ( )

6. 设 $\boldsymbol{\alpha}_1,\boldsymbol{\alpha}_2,\cdots,\boldsymbol{\alpha}_s$ 是 n 维列向量,由此构成矩阵 $\boldsymbol{A}=(\boldsymbol{\alpha}_1,\boldsymbol{\alpha}_2,\cdots,\boldsymbol{\alpha}_s)$,设 $R(\boldsymbol{A})=r$,则 $\boldsymbol{\alpha}_1,\boldsymbol{\alpha}_2,\cdots,\boldsymbol{\alpha}_s$ 的秩为 r. ( )

7. 齐次线性方程组一定有解. ( )

8. 设 $\boldsymbol{A}$、$\tilde{\boldsymbol{A}}$ 为线性方程组 $\begin{cases} a_{11}x_1 + a_{12}x_2 + \cdots + a_{1n}x_n = b_1, \\ a_{21}x_1 + a_{22}x_2 + \cdots + a_{2n}x_n = b_2, \\ \cdots\cdots\cdots\cdots \\ a_{m1}x_1 + a_{m2}x_2 + \cdots + a_{mn}x_n = b_m. \end{cases}$ 的系数矩阵和增广矩阵,线性方程组有无穷多个解时应满足 $R(\boldsymbol{A}) = R(\tilde{\boldsymbol{A}}) < n$. ( )

二、填空题

1. 设齐次线性方程组 $\begin{cases} a_{11}x_1 + a_{12}x_2 + \cdots + a_{1n}x_n = 0, \\ a_{21}x_1 + a_{22}x_2 + \cdots + a_{2n}x_n = 0, \\ \cdots\cdots\cdots\cdots \\ a_{n1}x_1 + a_{n2}x_2 + \cdots + a_{nn}x_n = 0, \end{cases}$ 当系数________时,齐次线性方程组有非零解;

2. 向量 $\boldsymbol{\beta}$ 是向量组 $\boldsymbol{\alpha}_1, \boldsymbol{\alpha}_2, \cdots, \boldsymbol{\alpha}_s$ 的线性组合,则向量组 $\boldsymbol{\beta}, \boldsymbol{\alpha}_1, \boldsymbol{\alpha}_2, \cdots, \boldsymbol{\alpha}_s$ 线性________;

3. 设矩阵 $\boldsymbol{A} = \begin{pmatrix} k & 1 & 1 & 1 \\ 1 & k & 1 & 1 \\ 1 & 1 & k & 1 \\ 1 & 1 & 1 & k \end{pmatrix}$,且 $R(\boldsymbol{A}) = 3$,则 $k =$________;

4. 设 $\boldsymbol{\alpha}_1, \boldsymbol{\alpha}_2, \boldsymbol{\alpha}_3$ 均为 3 维列向量,记矩阵 $\boldsymbol{A} = (\boldsymbol{\alpha}_1, \boldsymbol{\alpha}_2, \boldsymbol{\alpha}_3)$,$\boldsymbol{B} = (\boldsymbol{\alpha}_1 + \boldsymbol{\alpha}_2 + \boldsymbol{\alpha}_3, \boldsymbol{\alpha}_1 + 2\boldsymbol{\alpha}_2 + 4\boldsymbol{\alpha}_3, \boldsymbol{\alpha}_1 + 3\boldsymbol{\alpha}_2 + 9\boldsymbol{\alpha}_3)$,如果 $|\boldsymbol{A}| = 1$,那么 $|\boldsymbol{B}| =$________;

5. 向量组 $\boldsymbol{\alpha}_1 = (1,2,3)$,$\boldsymbol{\alpha}_2 = (1,2,0)$,$\boldsymbol{\alpha}_1 = (1,0,0)$ 的秩为________;

6. n 阶非奇异矩阵 $\boldsymbol{A}$ 的秩为________;

7. 若齐次线性方程组 $\begin{cases} \lambda x_1 + x_2 + x_3 = 0, \\ x_1 + \lambda x_2 + x_3 = 0, \\ x_1 + x_2 + x_3 = 0 \end{cases}$ 只有零解,则 λ 应满足________;

8. 向量组 $\boldsymbol{\alpha}_1 = (2,1,3)$,$\boldsymbol{\alpha}_2 = (3,4,-1)$,$\boldsymbol{\alpha}_3 = (1,3,-4)$ 线性________.

三、计算题

1. 利用消元法求解下列线性方程组.

(1) $\begin{cases} x_1 - x_2 + 2x_3 = 1, \\ x_1 - 2x_2 - x_3 = 2, \\ 3x_1 - x_2 + 5x_3 = 3, \\ -x_1 + 2x_3 = -2; \end{cases}$ (2) $\begin{cases} x_1 + x_2 + x_3 = 2, \\ x_1 + 2x_3 = -1, \\ x_2 - x_3 = 0. \end{cases}$

2. 求齐次线性方程组的一个基础解系.

$$\begin{cases} x_1 - 2x_2 + x_3 + 2x_4 = 0, \\ 2x_1 - 3x_2 + x_3 + 4x_4 = 0, \\ x_1 - 3x_2 - x_3 + 8x_4 = 0. \end{cases}$$

3. λ 为何值时,线性方程组

$$\begin{cases} x_1+2x_2+x_3=\lambda, \\ -x_1-x_2+\lambda x_3=1, \\ 2x_1+\lambda x_2+8x_3=-4 \end{cases}$$

(1) 有唯一解;(2) 无解;(3) 有无穷多个解?

4. 求下列向量组的秩.

(1) $\boldsymbol{\alpha}_1=(1,2,4,5)$, $\boldsymbol{\alpha}_2=(1,-3,-1,0)$, $\boldsymbol{\alpha}_3=(-2,5,1,-1)$, $\boldsymbol{\alpha}_4=(2,1,5,2)$;

(2) $\boldsymbol{\alpha}_1=(1,4,2,5)$, $\boldsymbol{\alpha}_2=(1,-3,4,9)$, $\boldsymbol{\alpha}_3=(-2,5,-1,1)$, $\boldsymbol{\alpha}_4=(2,7,6,3)$.

5. 求向量组$\boldsymbol{\alpha}_1=(3,2,1,0)$, $\boldsymbol{\alpha}_2=(1,2,1,1)$, $\boldsymbol{\alpha}_3=(5,6,3,2)$的秩,并求一个最大无关组.

6. 已知向量组 $\boldsymbol{\alpha}_1,\boldsymbol{\alpha}_2,\boldsymbol{\alpha}_3$ 线性无关,$\boldsymbol{\beta}_1=\boldsymbol{\alpha}_1+\boldsymbol{\alpha}_2+\boldsymbol{\alpha}_3$, $\boldsymbol{\beta}_2=\boldsymbol{\alpha}_2+\boldsymbol{\alpha}_3$, $\boldsymbol{\beta}_3=\boldsymbol{\alpha}_1+2\boldsymbol{\alpha}_2$,试证向量组 $\boldsymbol{\beta}_1,\boldsymbol{\beta}_2,\boldsymbol{\beta}_3$ 线性无关.

阅读材料

线性方程组

线性方程组的解法,早在中国古代的数学著作《九章算术》——方程章中已作了比较完整的论述. 其中所述方法实质上相当于现代的对方程组的增广矩阵施行初等行变换从而消去未知量的方法,即高斯消元法. 在西方,线性方程组的研究是在 17 世纪后期由莱布尼茨开创的. 他曾研究含两个未知量的三个线性方程组成的方程组. 麦克劳林在 18 世纪上半叶研究了具有二、三、四个未知量的线性方程组,得到了现在称为克拉默法则的结果. 克拉默不久也发表了这个法则. 18 世纪下半叶,法国数学家贝祖对线性方程组理论进行了一系列研究,证明了 n 元齐次线性方程组有非零解的条件是系数行列式等于零.

19 世纪,英国数学家史密斯和道奇森继续研究线性方程组理论,前者引进了方程组的增广矩阵和非增广矩阵的概念,后者证明了 n 个未知数 m 个方程的方程组相容的充要条件是系数矩阵和增广矩阵的秩相同. 这正是现代方程组理论中的重要结果之一.

大量的科学技术问题,最终往往归结为解线性方程组. 因此在线性方程组的数值解法得到发展的同时,线性方程组解的结构等理论性工作也取得了令人满意的进展. 现在,线性方程组的数值解法在计算数学中占有重要地位.

线性方程组

欲解线性方程组,西称高斯消元法,
需知初等行变换,东方古著见《九章》,
矩阵化至最简形,代数文章日月异,
字里行间有答案,真理妙谛永流传.

第 14 章　特征值、特征向量及二次型

特征值、特征向量是线性代数中的基本概念，在数学的许多分支中起着重要的作用，在实际应用方面非常广泛. 运用矩阵分析或计算经济问题、工程技术中的振动问题及稳定性问题，往往可归结为求一个方阵的特征值和特征向量的问题.

二次型的理论起源于解析几何中对二次曲线和二次曲面的研究. 除了在几何上的应用，二次型还可用于求多元函数极值，解决多项式根的有关问题等，它在经济学、物理学、工程技术等方面都有着广泛地应用.

本章首先介绍了矩阵的特征值和特征向量，进而得出矩阵可对角化的条件与方法；给出了二次型的矩阵表示，以及二次型化为标准形的配方法，并介绍了惯性定律及正定矩阵的概念和判别法. 本章涉及的矩阵，若不加特殊说明都指方阵.

【导例】　网页排名算法 PageRank

PageRank 算法是 Google 曾经独步天下的“倚天剑”，该算法由 Google 创始人拉里·佩奇(Larry Page)和谢尔盖·布林(Sergey Brin)于 1997 年构建早期的搜索系统原型时提出，自从 Google 在商业上获得空前的成功后，该算法也成为其他搜索引擎和学术界十分关注的计算模型.

当用户在搜索引擎上提交搜索条件(一个或多个关键词)，搜索引擎搜索出相关的结果网页，有时可能很少，只有几个，有时却达到成百上千个，此时需要对结果网页进行排序. 最初人们根据匹配度进行简单排序，例如搜索关键词“数学”，网页 A 中出现 5 次数学，网页 B 中出现 3 次数学，就认为网页 A 的匹配度是 5，而 B 是 3，网页 A 就排在网页 B 前. 不过这样排序也存在不小的弊端，尤其是当一个病毒网页里含有成千上万个“数学”，那这个排名靠前的病毒网页，显然不是用户所需要的网页.

为此，Google 采用 PageRank 算法负责对得出的结果网页的重要性进行排序. 基本想法是被用户访问越多的网页更可能重要性越高. 因为用户都是通过超链接访问网页的，所以 PageRank 算法主要是考虑链接组成的拓扑结构来推算每个网页被访问频率的高低.

简便起见，这里我们考虑一个最简单的链接组成的拓扑结构，假设关键词“数学”录入后，只出现 4 个相关网页 1、2、3、4，将这 4 个网页看成 4 个节点，如果页面 1 可直接链向 2，则存在一条有向边从 1 到 2，并假设从任一个网页出发都能到达其他网页，则该拓扑结构可以表示成这样一个强连通的有向图(图 14－1).

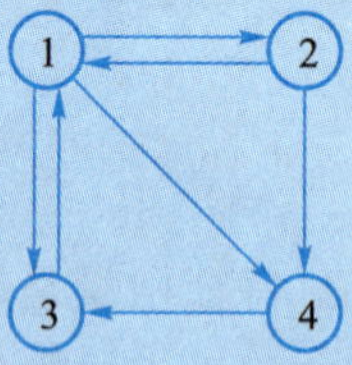

图 14－1

PageRank 是如何对这 4 个网页进行排序的？学习完有关特征值和特征向量的知识后，我们就能理解其背后的数学原理了.

§ 14.1 特征值和特征向量

14.1.1 特征值与特征向量的概念

我们知道,一个非零向量 $\boldsymbol{x}$ 在某个方阵 $\boldsymbol{A}$ 的作用下一般会变换成为一个新的向量 $\boldsymbol{y}$,即 $\boldsymbol{Ax}=\boldsymbol{y}$. 对于某些特殊的向量 $\boldsymbol{x}$,$\boldsymbol{A}$ 对其作用后所得到的向量 $\boldsymbol{y}$ 恰好是 $\boldsymbol{x}$ 的常数倍,即 $\boldsymbol{Ax}=\lambda\boldsymbol{x}$. 也就是说,这些向量在方阵 $\boldsymbol{A}$ 的作用下与原向量共线.

本节我们将研究形如 $\boldsymbol{Ax}=\lambda\boldsymbol{x}$ 的方程,并且去寻找那些在 $\boldsymbol{A}$ 作用下保持共线的向量.

定义 设 $\boldsymbol{A}$ 是 n 阶方阵,如果存在常数 λ 和非零的 n 维列向量 $\boldsymbol{x}$ 使得

$$\boldsymbol{Ax}=\lambda\boldsymbol{x} \tag{1}$$

成立,则称 λ 是方阵 $\boldsymbol{A}$ 的**特征值**,非零的 n 维列向量 $\boldsymbol{x}$ 为矩阵 $\boldsymbol{A}$ 的对应于特征值 λ 的**特征向量**.

例如,对于矩阵

$$\boldsymbol{A}=\begin{pmatrix}2&0\\0&3\end{pmatrix},$$

因为

$$\begin{pmatrix}2&0\\0&3\end{pmatrix}\begin{pmatrix}1\\0\end{pmatrix}=\begin{pmatrix}2\\0\end{pmatrix}=2\begin{pmatrix}1\\0\end{pmatrix},$$

所以 2 为 $\boldsymbol{A}$ 的特征值,列向量 $\boldsymbol{x}=\begin{pmatrix}1\\0\end{pmatrix}$ 为 $\boldsymbol{A}$ 的对应于特征值 2 的特征向量.

又

$$\begin{pmatrix}2&0\\0&3\end{pmatrix}\begin{pmatrix}0\\1\end{pmatrix}=\begin{pmatrix}0\\3\end{pmatrix}=3\begin{pmatrix}0\\1\end{pmatrix},$$

所以 3 也是 $\boldsymbol{A}$ 的特征值,而列向量 $\boldsymbol{x}=\begin{pmatrix}0\\1\end{pmatrix}$ 为 $\boldsymbol{A}$ 的对应于特征值 3 的特征向量.

特征值与特征向量

南京信息职业技术学院—黄国建

由定义不难看出,同一特征值对应的特征向量有无穷多个. 这是因为,若 $\boldsymbol{\alpha}$ 为矩阵 $\boldsymbol{A}$ 的对应于特征值 λ 的特征向量,即 $\boldsymbol{A\alpha}=\lambda\boldsymbol{\alpha}$,则 $\boldsymbol{A}(k\boldsymbol{\alpha})=k\boldsymbol{A\alpha}=k\lambda\boldsymbol{\alpha}=\lambda(k\boldsymbol{\alpha})$,所以 $k\boldsymbol{\alpha}(k\neq0)$ 也都是对应于特征值 λ 的特征向量.

而同一特征向量只对应唯一的一个特征值. 这是因为,若 $\boldsymbol{\alpha}$ 是对应于特征值 λ_1 和 λ_2 的特征向量,那么 $\boldsymbol{A\alpha}=\lambda_1\boldsymbol{\alpha}$,$\boldsymbol{A\alpha}=\lambda_2\boldsymbol{\alpha}$,两式相减得 $(\lambda_1-\lambda_2)\boldsymbol{\alpha}=\boldsymbol{0}$,又 $\boldsymbol{\alpha}\neq\boldsymbol{0}$,从而 $\lambda_1=\lambda_2$.

14.1.2 特征值与特征向量的求法

(1) 式可写成 $(\lambda\boldsymbol{E}-\boldsymbol{A})\boldsymbol{x}=\boldsymbol{0}$,这是 n 个方程 n 个未知数的齐次线性方程组,它有非零解的充分必要条件是系数行列式 $|\lambda\boldsymbol{E}-\boldsymbol{A}|=\boldsymbol{0}$,

即
$$|\lambda\boldsymbol{E}-\boldsymbol{A}|=\begin{vmatrix}\lambda-a_{11} & -a_{12} & \cdots & -a_{1n}\\ -a_{21} & \lambda-a_{22} & \cdots & -a_{2n}\\ \vdots & \vdots & & \vdots\\ -a_{n1} & -a_{n2} & \cdots & \lambda-a_{nn}\end{vmatrix}=0.$$

上式是以 λ 为未知数的一元 n 次方程，称为矩阵 $\boldsymbol{A}$ 的**特征方程**. 其左端 $|\lambda\boldsymbol{E}-\boldsymbol{A}|$ 是 λ 的 n 次多项式，记作 $f(\lambda)$，称为矩阵 $\boldsymbol{A}$ 的**特征多项式**. 显然，$\boldsymbol{A}$ 的特征值就是特征方程的根. 又特征方程是 n 次方程，它在复数范围内必有 n 个根（重根按重数计算），所以 n 阶矩阵 $\boldsymbol{A}$ 在复数范围内必有 n 个特征值. 将求得的特征值代入方程 $(\lambda\boldsymbol{E}-\boldsymbol{A})\boldsymbol{x}=\boldsymbol{0}$ 中，其非零解向量 $\boldsymbol{x}$ 即为对应的特征向量.

n 阶方阵 $\boldsymbol{A}$ 的特征值和特征向量的求解步骤如下：

（1）写出方阵 $\boldsymbol{A}$ 的特征多项式 $f(\lambda)=|\lambda\boldsymbol{E}-\boldsymbol{A}|$，令 $f(\lambda)=0$，求出特征方程的全部特征根 $\lambda_i(i=1,2,\cdots,n)$，即矩阵的全部特征值；

（2）将每一个 λ_i，代入 $(\lambda\boldsymbol{E}-\boldsymbol{A})\boldsymbol{x}=\boldsymbol{0}$，求出所有非零解，其通解为 $c_1p_1+c_2p_2+\cdots+c_rp_r$，其中 $p_1,p_2,\cdots,p_r$ 为基础解系，$c_1,c_2,\cdots,c_r$ 为不同时为零的任意常数. 此即 $\boldsymbol{A}$ 的对应于特征值 λ_i 的所有特征向量.

例 1 求矩阵 $\boldsymbol{A}=\begin{pmatrix}1 & 1 & 0\\ 0 & 1 & 0\\ 0 & 0 & 2\end{pmatrix}$ 的特征值和特征向量.

解 $\boldsymbol{A}$ 的特征多项式为

$$|\lambda\boldsymbol{E}-\boldsymbol{A}|=\begin{vmatrix}\lambda-1 & -1 & 0\\ 0 & \lambda-1 & 0\\ 0 & 0 & \lambda-2\end{vmatrix}=(\lambda-1)^2(\lambda-2),$$

所以 $\boldsymbol{A}$ 的特征值为 $\lambda_1=\lambda_2=1,\lambda_3=2$.

当 $\lambda_1=\lambda_2=1$ 时，代入方程组 $(\lambda\boldsymbol{E}-\boldsymbol{A})\boldsymbol{x}=\boldsymbol{0}$，由于

$$\boldsymbol{E}-\boldsymbol{A}=\begin{pmatrix}0 & -1 & 0\\ 0 & 0 & 0\\ 0 & 0 & -1\end{pmatrix}\to\begin{pmatrix}0 & -1 & 0\\ 0 & 0 & -1\\ 0 & 0 & 0\end{pmatrix},$$

得方程组的一个基础解系

$$\boldsymbol{p}_1=(1,0,0)^{\mathrm{T}},$$

所以 $\boldsymbol{A}$ 的对应于特征值 $\lambda_1=\lambda_2=1$ 的全部特征向量是 $c_1\boldsymbol{p}_1(c_1\neq0)$.

当 $\lambda_3=2$ 时，代入方程组 $(\lambda\boldsymbol{E}-\boldsymbol{A})\boldsymbol{x}=\boldsymbol{0}$，由于

$$2\boldsymbol{E}-\boldsymbol{A}=\begin{pmatrix}1 & -1 & 0\\ 0 & 1 & 0\\ 0 & 0 & 0\end{pmatrix}\to\begin{pmatrix}1 & 0 & 0\\ 0 & 1 & 0\\ 0 & 0 & 0\end{pmatrix},$$

得方程组的一个基础解系

$$\boldsymbol{p}_2=(0,0,1)^{\mathrm{T}},$$

所以 $\boldsymbol{A}$ 的对应于特征值 $\lambda_3\doteq2$ 的全部特征向量是 $c_2\boldsymbol{p}_2(c_2\neq0)$.

例 2 求矩阵 $\boldsymbol{A}=\begin{pmatrix}-2&1&1\\0&2&0\\-4&1&3\end{pmatrix}$ 的特征值和特征向量.

解 $\boldsymbol{A}$ 的特征多项式为

$$|\lambda\boldsymbol{E}-\boldsymbol{A}|=\begin{vmatrix}\lambda+2&-1&-1\\0&\lambda-2&0\\4&-1&\lambda-3\end{vmatrix}=(\lambda-2)^2(\lambda+1),$$

所以 $\boldsymbol{A}$ 的特征值为 $\lambda_1=\lambda_2=2,\lambda_3=-1$.

当 $\lambda_1=\lambda_2=2$ 时,代入方程组 $(\lambda\boldsymbol{E}-\boldsymbol{A})\boldsymbol{x}=\boldsymbol{0}$,由于

$$2\boldsymbol{E}-\boldsymbol{A}=\begin{pmatrix}4&-1&-1\\0&0&0\\4&-1&-1\end{pmatrix}\to\begin{pmatrix}1&-1/4&-1/4\\0&0&0\\0&0&0\end{pmatrix},$$

得到方程组的一个基础解系

$$\boldsymbol{p}_1=(1,4,0)^{\mathrm{T}},\quad \boldsymbol{p}_2=(1,0,4)^{\mathrm{T}},$$

所以 $\boldsymbol{A}$ 的对应于特征值 $\lambda_1=\lambda_2=2$ 的全部特征向量是 $c_1\boldsymbol{p}_1+c_2\boldsymbol{p}_2$($c_1,c_2$ 不同时为 0).

当 $\lambda_3=-1$ 时,代入方程组 $(\lambda\boldsymbol{E}-\boldsymbol{A})\boldsymbol{x}=\boldsymbol{0}$,由于

$$-\boldsymbol{E}-\boldsymbol{A}=\begin{pmatrix}1&-1&-1\\0&-3&0\\4&-1&-4\end{pmatrix}\to\begin{pmatrix}1&0&-1\\0&1&0\\0&0&0\end{pmatrix},$$

得到方程组的一个基础解系

$$\boldsymbol{p}_3=(1,0,1)^{\mathrm{T}},$$

所以 $\boldsymbol{A}$ 的对应于特征值 $\lambda_3=-1$ 的全部特征向量是 $c_3\boldsymbol{p}_3(c_3\neq0)$.

例 3 设 $\boldsymbol{A}=\begin{pmatrix}a&0&0\\0&b&0\\0&0&c\end{pmatrix}$,求 $\boldsymbol{A}$ 的特征值和特征向量.

解 $\boldsymbol{A}$ 的特征多项式为

$$|\lambda\boldsymbol{E}-\boldsymbol{A}|=\begin{vmatrix}\lambda-a&0&0\\0&\lambda-b&0\\0&0&\lambda-c\end{vmatrix}=(\lambda-a)(\lambda-b)(\lambda-c),$$

所以 $\boldsymbol{A}$ 的特征值为 $\lambda_1=a,\lambda_2=b,\lambda_3=c$.

当 $\lambda_1=a$ 时,代入 $(\lambda\boldsymbol{E}-\boldsymbol{A})\boldsymbol{x}=\boldsymbol{0}$,得到方程组的一个基础解系 $\boldsymbol{p}_1=(1,0,0)^{\mathrm{T}}$,所以 $\boldsymbol{A}$ 的对应于特征值 $\lambda_1=a$ 的全部特征向量是 $c_1\boldsymbol{p}_1(c_1\neq0)$.

当 $\lambda_2=b$ 时,代入 $(\lambda\boldsymbol{E}-\boldsymbol{A})\boldsymbol{x}=\boldsymbol{0}$,得到方程组的一个基础解系 $\boldsymbol{p}_2=(0,1,0)^{\mathrm{T}}$,所以 $\boldsymbol{A}$ 的对应于特征值 $\lambda_2=b$ 的全部特征向量是 $c_2\boldsymbol{p}_2(c_2\neq0)$.

当 $\lambda_3=c$ 时,代入 $(\lambda\boldsymbol{E}-\boldsymbol{A})\boldsymbol{x}=\boldsymbol{0}$,得到方程组的一个基础解系 $\boldsymbol{p}_3=(0,0,1)^{\mathrm{T}}$,所以 $\boldsymbol{A}$ 的对应于特征值 $\lambda_3=c$ 的全部特征向量是 $c_3\boldsymbol{p}_3(c_3\neq0)$.

由例 3 可得:**对角矩阵的主对角线元素等于其所有特征值**.

14.1.3 有关特征值和特征向量的几个重要结论

定理 1 设 $\boldsymbol{A}$ 是 n 阶方阵,则 $\boldsymbol{A}$ 与 $\boldsymbol{A}^{\mathrm{T}}$ 有相同的特征值.

定理 2 设 n 阶方阵 $\boldsymbol{A}=(a_{ij})_{n\times n}$ 的特征值为 $\lambda_1,\cdots,\lambda_n$,则

(1) $\lambda_1+\cdots+\lambda_n=a_{11}+\cdots+a_{nn}$;

(2) $\lambda_1\cdot\lambda_1\cdots\lambda_n=|\boldsymbol{A}|$.

推论 n 阶方阵 $\boldsymbol{A}$ 可逆的充分必要条件是它的任一特征值都不为零.

定理 3 方阵 $\boldsymbol{A}$ 对应于不同特征值的特征向量线性无关.

练习 14.1

求下列矩阵的特征值和特征向量.

(1) $\begin{pmatrix} 2 & -3 \\ -1 & 4 \end{pmatrix}$; (2) $\begin{pmatrix} 1 & 0 & 0 \\ 0 & 2 & 0 \\ 0 & 0 & 3 \end{pmatrix}$.

习题 14.1

求下列矩阵的特征值和特征向量.

(1) $\begin{pmatrix} 2 & -1 & 1 \\ 0 & 3 & -1 \\ 2 & 1 & 3 \end{pmatrix}$; (2) $\begin{pmatrix} 1 & -1 & 1 \\ 1 & 3 & -1 \\ 1 & 1 & 1 \end{pmatrix}$; (3) $\begin{pmatrix} 0 & 1 & 1 & -1 \\ 1 & 0 & -1 & 1 \\ 1 & -1 & 0 & 1 \\ -1 & 1 & 1 & 0 \end{pmatrix}$.

§ 14.2 相似矩阵与对角化

对角矩阵是最简单的一类矩阵,一个直接的原因就是其运算上的简单. 例如,对角矩阵之间的乘法运算,只需将它们的主对角线元素相乘;计算一个对角矩阵的 k 次幂,只需将其主对角线元素 k 次幂即可.

就一般矩阵而言,其幂运算的计算量是很大的. 例如在第 12 章导例的求解中,我们需要计算 $\boldsymbol{A}=\begin{pmatrix}0.95 & 0.15\\ 0.05 & 0.85\end{pmatrix}$ 的 k 次幂,在那里我们借助了 MATLAB 软件辅助解决.

如果有可逆矩阵 $\boldsymbol{P}$,使得 $\boldsymbol{P}^{-1}\boldsymbol{AP}=\boldsymbol{B}$,($\boldsymbol{B}$ 为对角矩阵),那么

$$\boldsymbol{A}^n=(\boldsymbol{PBP}^{-1})^n=(\boldsymbol{PBP}^{-1})\cdots(\boldsymbol{PBP}^{-1})=\boldsymbol{PB}^n\boldsymbol{P}^{-1}.$$

由于 $\boldsymbol{B}$ 是对角矩阵,所以 $\boldsymbol{B}^n$ 容易计算,于是 $\boldsymbol{A}^n$ 就容易计算了. 为此,我们引出相似矩阵的概念.

14.2.1 相似矩阵的概念和性质

相似矩阵

南京信息职业技术学院—蔡鸣晶

定义 1 设 $\boldsymbol{A},\boldsymbol{B}$ 都是 n 阶方阵,如果存在可逆方阵 $\boldsymbol{P}$,使得 $\boldsymbol{P}^{-1}\boldsymbol{AP}=\boldsymbol{B}$,则称方阵 $\boldsymbol{A}$ 与 $\boldsymbol{B}$ **相似**,记作 $\boldsymbol{A}\sim\boldsymbol{B}$,其中 $\boldsymbol{P}$ 称为 $\boldsymbol{A}$ 变为 $\boldsymbol{B}$ 的**相似变换矩阵**.

例如,对于方阵 $\boldsymbol{A}=\begin{pmatrix}1 & 0\\ -1 & 2\end{pmatrix}$,$\boldsymbol{B}=\begin{pmatrix}1 & 0\\ 0 & 2\end{pmatrix}$,存在可逆矩阵 $\boldsymbol{P}=\begin{pmatrix}1 & 0\\ 1 & 1\end{pmatrix}$,使 $\boldsymbol{P}^{-1}\boldsymbol{AP}=\boldsymbol{B}$,所以 $\boldsymbol{A}\sim\boldsymbol{B}$.

矩阵之间的"相似"关系是一种等价关系,具有如下性质:

(1) 自反性 $\boldsymbol{A}\sim\boldsymbol{A}$;

(2) 对称性 若 $\boldsymbol{A}\sim\boldsymbol{B}$,则 $\boldsymbol{B}\sim\boldsymbol{A}$;

(3) 传递性 若 $\boldsymbol{A}\sim\boldsymbol{B}$,$\boldsymbol{B}\sim\boldsymbol{C}$,则 $\boldsymbol{A}\sim\boldsymbol{C}$.

定理 1 如果 n 阶方阵 $\boldsymbol{A}$ 与 $\boldsymbol{B}$ 相似,则 $\boldsymbol{A}$ 与 $\boldsymbol{B}$ 有相同的特征多项式和特征值.

证明 由于 $\boldsymbol{A}\sim\boldsymbol{B}$,故存在可逆矩阵 $\boldsymbol{P}$,使 $\boldsymbol{P}^{-1}\boldsymbol{AP}=\boldsymbol{B}$,故 $\boldsymbol{B}$ 的特征多项式

$$\begin{aligned}|\lambda\boldsymbol{E}-\boldsymbol{B}|&=|\lambda\boldsymbol{E}-\boldsymbol{P}^{-1}\boldsymbol{AP}|=|\boldsymbol{P}^{-1}(\lambda\boldsymbol{E}-\boldsymbol{A})\boldsymbol{P}|=|\boldsymbol{P}^{-1}||(\lambda\boldsymbol{E}-\boldsymbol{A})||\boldsymbol{P}|\\&=|\boldsymbol{P}^{-1}||\boldsymbol{P}||(\lambda\boldsymbol{E}-\boldsymbol{A})|=|\boldsymbol{P}^{-1}\boldsymbol{P}||(\lambda\boldsymbol{E}-\boldsymbol{A})|=|(\lambda\boldsymbol{E}-\boldsymbol{A})|,\end{aligned}$$

所以相似矩阵 $\boldsymbol{A}$ 与 $\boldsymbol{B}$ 有相同的特征多项式,从而有相同的特征值.

由于对角矩阵的特征值就是它的主对角线元素,从而有下面的推论

推论 1 如果 n 阶方阵 $\boldsymbol{A}$ 与对角矩阵

$$\boldsymbol{A}=\begin{pmatrix}\lambda_1 & 0 & \cdots & 0\\ 0 & \lambda_2 & \cdots & 0\\ \vdots & \vdots & & \vdots\\ 0 & 0 & \cdots & \lambda_n\end{pmatrix}$$

相似,则 $\lambda_1,\lambda_2,\cdots,\lambda_n$ 就是 $\boldsymbol{A}$ 的特征值.

例如:$\boldsymbol{A}=\begin{pmatrix}1 & 0\\ -1 & 2\end{pmatrix}$,$\boldsymbol{B}=\begin{pmatrix}1 & 0\\ 0 & 2\end{pmatrix}$,由前面可知 $\boldsymbol{A}\sim\boldsymbol{B}$,故由推论 1 可知,$\lambda_1=1$,

$\lambda_2=2$ 就是 $\boldsymbol{A}$ 的特征值.

可以证明,相似矩阵还有以下性质:

(1) 相似矩阵的行列式相等;

(2) 相似矩阵的秩相等;

(3) 相似矩阵具有相同的可逆性.

14.2.2 矩阵的相似对角化

定义 2 如果方阵 $\boldsymbol{A}$ 相似于一个对角矩阵 $\boldsymbol{\Lambda}$,则称方阵 $\boldsymbol{A}$ **可对角化**.

并非所有的方阵都可对角化,下面的定理告诉我们如何判断方阵能否对角化.

定理 2 n 阶方阵 $\boldsymbol{A}$ 可对角化的充分必要条件是 $\boldsymbol{A}$ 有 n 个线性无关的特征向量.

证明 必要性 不妨假设相似变换矩阵为 $\boldsymbol{P}$,由推论 1 可得

$$\boldsymbol{P}^{-1}\boldsymbol{A}\boldsymbol{P}=\boldsymbol{\Lambda}=\begin{pmatrix}\lambda_1 & & \\ & \ddots & \\ & & \lambda_n\end{pmatrix}. \tag{1}$$

其中 $\lambda_i(i=1,2,\cdots n)$是方阵 $\boldsymbol{A}$ 的特征值.

令 $\boldsymbol{P}=(\boldsymbol{p}_1,\boldsymbol{p}_2,\cdots,\boldsymbol{p}_n)$,$\boldsymbol{p}_j(j=1,2,\cdots,n)$是矩阵 $\boldsymbol{P}$ 的第 j 列向量,

由(1)式可得

$$\boldsymbol{A}\boldsymbol{P}=\boldsymbol{P}\begin{pmatrix}\lambda_1 & & \\ & \ddots & \\ & & \lambda_n\end{pmatrix},$$

即

$$\boldsymbol{A}(\boldsymbol{p}_1,\boldsymbol{p}_2,\cdots,\boldsymbol{p}_n)=(\boldsymbol{p}_1,\boldsymbol{p}_2,\cdots,\boldsymbol{p}_n)\begin{pmatrix}\lambda_1 & & \\ & \ddots & \\ & & \lambda_n\end{pmatrix},$$

由矩阵的乘法,得 $\boldsymbol{A}\boldsymbol{p}_i=\lambda_i\boldsymbol{p}_i,i=1,2,\cdots,n.$

由此可见,λ_i 是 $\boldsymbol{A}$ 的特征值,$\boldsymbol{p}_i$ 是 $\boldsymbol{A}$ 的对应于特征值 λ_i 的特征向量.

充分性 设方阵 $\boldsymbol{A}$ 的特征值为 $\lambda_1,\lambda_2,\cdots,\lambda_n$,对应于 λ_i 的特征向量为 $\boldsymbol{p}_i(i=1,2,\cdots,n)$,则有

$$\boldsymbol{A}\boldsymbol{P}_i=\lambda_i\boldsymbol{P}_i \quad (i=1,2,\cdots,n).$$

以 $\boldsymbol{p}_1,\boldsymbol{p}_2,\cdots,\boldsymbol{p}_n$ 为矩阵的列向量组构造方阵 $\boldsymbol{P}$,则必有

$$\boldsymbol{A}\boldsymbol{P}=\boldsymbol{P}\begin{pmatrix}\lambda_1 & & \\ & \ddots & \\ & & \lambda_n\end{pmatrix}.$$

若 $\boldsymbol{p}_1,\boldsymbol{p}_2,\cdots,\boldsymbol{p}_n$ 线性无关,则 $R(\boldsymbol{P})=n$,从而有 $|\boldsymbol{P}|\neq0$,即 $\boldsymbol{P}$ 是可逆矩阵. 因此

$$\boldsymbol{P}^{-1}\boldsymbol{A}\boldsymbol{P}=\begin{pmatrix}\lambda_1 & & \\ & \ddots & \\ & & \lambda_n\end{pmatrix}=\boldsymbol{\Lambda},$$

矩阵 $\boldsymbol{P}$ 就是把矩阵 $\boldsymbol{A}$ 变为对角阵的相似变换矩阵.

由上述定理,结合§14.1中的定理3,有如下定理.

定理3 如果 n 阶方阵 $\boldsymbol{A}$ 有 n 个互不相同的特征值,那么 $\boldsymbol{A}$ 可对角化.

定理2的证明过程实际上也给出了将方阵对角化的过程.对于 n 阶方阵 $\boldsymbol{A}$,将其对角化的一般步骤如下:

(1) 写出方阵 $\boldsymbol{A}$ 的特征方程,求出全部特征值 $\lambda_i(i=1,2,\cdots,n)$;

(2) 对每一个 λ_i,代入 $(\lambda\boldsymbol{E}-\boldsymbol{A})\boldsymbol{x}=\boldsymbol{0}$,求出对应的一个基础解系,所有的基础解系构成向量组 $\boldsymbol{p}_1,\boldsymbol{p}_2,\cdots,\boldsymbol{p}_r$. 若 $r<n$,则 $\boldsymbol{A}$ 不可对角化;若 $r=n$,则 $\boldsymbol{A}$ 可对角化;

(3) 构造 $\boldsymbol{P}=(\boldsymbol{p}_1,\boldsymbol{p}_2,\cdots,\boldsymbol{p}_n)$,则

$$\boldsymbol{P}^{-1}\boldsymbol{A}\boldsymbol{P}=\begin{pmatrix}\lambda_1 & & \\ & \ddots & \\ & & \lambda_n\end{pmatrix}.$$

例1 判断矩阵 $\boldsymbol{A}=\begin{pmatrix}1&1&0\\0&1&0\\0&0&2\end{pmatrix}$ 是否可对角化?

解 由§14.1例1可知,方阵 $\boldsymbol{A}$ 仅有两个线性无关的特征向量

$$\boldsymbol{p}_1=(1,0,0)^{\mathrm{T}},\quad \boldsymbol{p}_2=(0,0,1)^{\mathrm{T}}.$$

由定理2知 $\boldsymbol{A}$ 不可对角化.

例2 判断矩阵 $\boldsymbol{A}=\begin{pmatrix}2&1&0\\2&3&0\\1&1&2\end{pmatrix}$ 是否可对角化?

解 $\boldsymbol{A}$ 的特征多项式为

$$|\lambda\boldsymbol{E}-\boldsymbol{A}|=\begin{vmatrix}\lambda-2&-1&0\\-2&\lambda-3&0\\-1&-1&\lambda-2\end{vmatrix}=(\lambda-1)(\lambda-2)(\lambda-4),$$

所以 $\boldsymbol{A}$ 具有3个互不相同的特征值 $\lambda_1=1,\lambda_2=2,\lambda_3=4$,由定理3,$\boldsymbol{A}$ 必可对角化.

例3 判别矩阵 $\boldsymbol{A}=\begin{pmatrix}-2&1&1\\0&2&0\\-4&1&3\end{pmatrix}$ 是否可对角化,若可对角化,找出相似变换矩阵 P,使得 $\boldsymbol{P}^{-1}\boldsymbol{A}\boldsymbol{P}=\boldsymbol{\Lambda}$.

解 由§14.1例2可知,方阵 $\boldsymbol{A}$ 的全部特征值为 $\lambda_1=\lambda_2=2,\lambda_3=-1$,且有三个线性无关的特征向量 $\boldsymbol{p}_1=(1,4,0)^{\mathrm{T}},\boldsymbol{p}_2=(1,0,4)^{\mathrm{T}},\boldsymbol{p}_3=(1,0,1)^{\mathrm{T}}$.

故 $\boldsymbol{A}$ 可对角化. 令 $\boldsymbol{P}=\begin{pmatrix}1&1&1\\4&0&0\\0&4&1\end{pmatrix}$,则 $\boldsymbol{P}^{-1}\boldsymbol{A}\boldsymbol{P}=\boldsymbol{\Lambda}=\begin{pmatrix}2&0&0\\0&2&0\\0&0&-1\end{pmatrix}$.

例4 计算第12章导例中的转移矩阵 $\boldsymbol{A}=\begin{pmatrix}0.95&0.15\\0.05&0.85\end{pmatrix}$ 的 n 次幂.

解 $\boldsymbol{A}$ 的特征多项式为

$$|\lambda\boldsymbol{E}-\boldsymbol{A}|=\begin{vmatrix}\lambda-0.95&-0.15\\-0.05&\lambda-0.85\end{vmatrix}=\lambda^2-1.8\lambda+0.8=(\lambda-1)(\lambda-0.8),$$

所以 $\boldsymbol{A}$ 的特征值为 $\lambda_1=1,\lambda_2=0.8$.

当 $\lambda_1=1$ 时,代入方程组 $(\lambda\boldsymbol{E}-\boldsymbol{A})\boldsymbol{x}=\boldsymbol{0}$,由于

$$\boldsymbol{E}-\boldsymbol{A}=\begin{pmatrix}0.05 & -0.15\\ -0.05 & 0.15\end{pmatrix}\to\begin{pmatrix}1 & -3\\ 0 & 0\end{pmatrix},$$

得到方程组的一个基础解系 $\boldsymbol{p}_1=(3,1)^{\mathrm{T}}$.

当 $\lambda_2=0.8$ 时,代入方程组 $(\lambda\boldsymbol{E}-\boldsymbol{A})\boldsymbol{x}=\boldsymbol{0}$,由于

$$0.8\boldsymbol{E}-\boldsymbol{A}=\begin{pmatrix}-0.15 & -0.15\\ -0.05 & -0.05\end{pmatrix}\to\begin{pmatrix}1 & 1\\ 0 & 0\end{pmatrix},$$

得到方程组的一个基础解系 $\boldsymbol{p}_2=(-1,1)^{\mathrm{T}}$.

令 $\boldsymbol{P}=\begin{pmatrix}3 & -1\\ 1 & 1\end{pmatrix}$,则 $\boldsymbol{P}^{-1}=\frac{1}{4}\begin{pmatrix}1 & 1\\ -1 & 3\end{pmatrix}$,此时

$$\boldsymbol{A}^n=\boldsymbol{P}\boldsymbol{\Lambda}^n\boldsymbol{P}^{-1}=\frac{1}{4}\begin{pmatrix}3 & -1\\ 1 & 1\end{pmatrix}\begin{pmatrix}1^n & 0\\ 0 & 0.8^n\end{pmatrix}\begin{pmatrix}1 & 1\\ -1 & 3\end{pmatrix}=\frac{1}{4}\begin{pmatrix}3+0.8^n & 3(1-0.8^n)\\ 1-0.8^n & 1+3\times0.8^n\end{pmatrix}.$$

进一步,当 $n\to\infty$ 时,$\boldsymbol{A}^n\to\frac{1}{4}\begin{pmatrix}3 & 3\\ 1 & 1\end{pmatrix}$. 这就是最终人口分布趋于稳定的原因.

14.2.3　特征值、特征向量、相似对角化的 MATLAB 求解

MATLAB 软件中,用于求矩阵特征值和特征向量的指令函数是 eig,具体调用格式如下:

```
[V,D] = eig(A)
```

返回给出两个矩阵 $\boldsymbol{V}$ 和 $\boldsymbol{D}$,其中对角矩阵 $\boldsymbol{D}$ 的对角元素为 $\boldsymbol{A}$ 的特征值,$\boldsymbol{V}$ 的列向量是对应的特征向量.

例 5　求矩阵 $\begin{pmatrix}2 & 1\\ -1 & 0\end{pmatrix}$ 的特征值和特征向量.

解　输入命令:

```
>>A =[2 1; -1 0];
>>[V,D] =eig(A);
```

输出结果:

```
V =
    0.7071    -0.7071
   -0.7071     0.7071
D =
    1.0000          0
         0     1.0000
```

例 6　求矩阵 $\begin{pmatrix}3 & -2 & 0 & -1\\ 1 & 2 & 2 & 0\\ 1 & -1 & 3 & 2\\ 1 & 0 & 2 & 1\end{pmatrix}$ 的特征值和特征向量.

解　输入命令:

```
>>A=[3,-2,0,-1;1,2,2,0;1,-1,3,2;1,0,2,1];
>>[V,D]=eig(A)
```

输出结果:

```
V =
 -0.6803            -0.6803            -0.4474    -0.8165
 0.1396 +0.4416i    0.1396 -0.4416i    -0.3089    -0.4082
 0.0392 +0.4434i    0.0392 -0.4434i     0.5121     0.4082
 0.0158 +0.3526i    0.0158 -0.3526i    -0.6650    -0.0000
D =
 3.4337 + 1.8164i         0                  0          0
        0         3.4337 - 1.8164i           0          0
        0                 0             0.1325          0
        0                 0                  0     2.0000
```

练习 14.2

1. 若 $\boldsymbol{A}\sim\boldsymbol{E}$,求 $\boldsymbol{A}$.

2. 设三阶方阵 $\boldsymbol{A}$ 的特征值 $\lambda_1=1,\lambda_2=0,\lambda_3=-1$,对应的特征向量分别为 $\boldsymbol{p}_1=(1,2,2)^{\mathrm{T}},\boldsymbol{p}_2=(2,-2,1)^{\mathrm{T}},\boldsymbol{p}_3=(-2,-1,2)^{\mathrm{T}}$. 求可逆矩阵 $\boldsymbol{P}$,使 $\boldsymbol{P}^{-1}\boldsymbol{A}\boldsymbol{P}$ 为对角阵,并求对角阵 $\boldsymbol{\Lambda}$.

习题 14.2

1. 下列矩阵是否可对角阵化,若可以,求出可逆矩阵 $\boldsymbol{P}$,使 $\boldsymbol{P}^{-1}\boldsymbol{A}\boldsymbol{P}$ 为对角阵.

(1) $\begin{pmatrix}0&0&1\\0&1&0\\1&0&0\end{pmatrix}$;　　(2) $\begin{pmatrix}3&1&0\\-4&-1&0\\4&-8&-2\end{pmatrix}$;

(3) $\begin{pmatrix}-1&1&0\\-4&3&0\\1&0&2\end{pmatrix}$;　　(4) $\begin{pmatrix}1&2&2\\2&1&2\\2&2&1\end{pmatrix}$.

2. 已知 $\boldsymbol{A}=\begin{pmatrix}2&0&0\\0&0&1\\0&1&x\end{pmatrix},\boldsymbol{B}=\begin{pmatrix}2&0&0\\0&y&0\\0&0&-1\end{pmatrix}$,若 $\boldsymbol{P}^{-1}\boldsymbol{A}\boldsymbol{P}=\boldsymbol{B}$,求参数 x,y.

3. 设 $\boldsymbol{A}=\begin{pmatrix}3&-1\\-1&3\end{pmatrix}$,求 $\boldsymbol{A}^n$.

§14.3 二次型及其标准形

二次型的研究起源于解析几何中化二次曲线和二次曲面为标准形的问题. 先看一个引例.

引例 在平面直角坐标系中,二次曲线 $x^2+xy+y^2=1$ 表示什么图形?

分析 在原坐标系 xOy 下,我们很难看出. 作一个变量代换,令

$$\begin{cases} x=\dfrac{\sqrt{2}}{2}x'-\dfrac{\sqrt{2}}{2}y', \\ y=\dfrac{\sqrt{2}}{2}x'+\dfrac{\sqrt{2}}{2}y', \end{cases}$$

则在新坐标系 $x'Oy'$ 下,原方程表示为:$\dfrac{3}{2}x'^2+\dfrac{1}{2}y'^2=1$.

该方程中不含交叉乘积项,只有平方项,它事实上是椭圆的一个标准方程.

这样一个变换过程,实际上是作了如下旋转变换

$$\begin{pmatrix} x \\ y \end{pmatrix}=\begin{pmatrix} \dfrac{\sqrt{2}}{2} & -\dfrac{\sqrt{2}}{2} \\ \dfrac{\sqrt{2}}{2} & \dfrac{\sqrt{2}}{2} \end{pmatrix}\begin{pmatrix} x' \\ y' \end{pmatrix}.$$

结合第 12 章介绍的旋转变换矩阵$\begin{pmatrix} \cos\theta & -\sin\theta \\ \sin\theta & \cos\theta \end{pmatrix}$,事实上是将原坐标系下的图形逆时针旋转了$\dfrac{\pi}{4}$. 变换前后图形的形状没有发生改变,因此原坐标系下的图形也是椭圆.

从代数的观点看,上述过程是通过一个可逆的线性变换,将一个二次齐次函数化为只含有平方项的函数. 现在把这类问题一般化,讨论 n 个变量的二次齐次多项式的化简问题.

14.3.1 二次型的概念及其矩阵表示

定义 1 含有 n 个变量 $x_1,x_2,\cdots,x_n$ 的二次齐次函数

$$\begin{aligned} f(x_1,x_2,\cdots,x_n)=&a_{11}x_1^2+a_{22}x_2^2+a_{33}x_3^2+\cdots+a_{nn}x_n^2+ \\ &2a_{12}x_1x_2+2a_{13}x_1x_3+\cdots+2a_{1n}x_1x_n+ \\ &2a_{23}x_2x_3+\cdots+2a_{2n}x_2x_n+\cdots+ \\ &2a_{n-1n}x_{n-1}x_n \end{aligned} \tag{1}$$

称为 ***n* 元二次型(简称二次型)**. 特别地,如果系数 $a_{ij}(1\leqslant i\leqslant n;i\leqslant j\leqslant n)$ 全为实数时,则称为 ***n* 元实二次型**.

定义 2 若 n 元二次型只有平方项,即

$$f(x_1,x_2,\cdots,x_n)=d_1x_1^2+d_2x_2^2+d_3x_3^2+\cdots+d_nx_n^2$$

则称为**二次型的标准形**. 特别地,若 $d_i(i=0,1,2,\cdots,n)$ 为 1,0 或 -1,则称该形式为**规范二次型**.

在二次型(1)中,令 $a_{ji}=a_{ij}$,则 $2a_{ij}x_ix_j=a_{ij}x_ix_j+a_{ji}x_jx_i$,
于是(1)式可写成

$$\begin{aligned}f(x_1,x_2,\cdots,x_n)=&a_{11}x_1^2+a_{12}x_1x_2+a_{13}x_1x_3+\cdots+a_{1n}x_1x_n+\\&a_{21}x_2x_1+a_{22}x_2^2+a_{23}x_2x_3+\cdots+a_{2n}x_2x_n+\\&a_{31}x_3x_1+a_{32}x_3x_2+a_{33}x_3^2+\cdots+a_{3n}x_3x_n+\cdots+\\&a_{n1}x_nx_1+a_{n2}x_nx_2+a_{n3}x_nx_3+\cdots+a_{nn}x_n^2\\=&\sum_{i,j=1}^{n}a_{ij}x_ix_j.\end{aligned}$$

再令
$$\boldsymbol{x}=\begin{pmatrix}x_1\\x_2\\\vdots\\x_n\end{pmatrix},\quad \boldsymbol{A}=\begin{pmatrix}a_{11}&a_{12}&\cdots&a_{1n}\\a_{21}&a_{22}&\cdots&a_{2n}\\\vdots&\vdots&&\vdots\\a_{n1}&a_{n2}&\cdots&a_{nn}\end{pmatrix},$$

则可写成矩阵形式

$$f(x_1,x_2,\cdots,x_n)=\boldsymbol{x}^{\mathrm{T}}\boldsymbol{A}\boldsymbol{x}.\tag{2}$$

由此可知,n 元二次型 $f(x_1,x_2,\cdots,x_n)$ 与实对称矩阵 $\boldsymbol{A}$ 有一一对应关系,(2)式称为**二次型(1)的矩阵表示**.

定义 3 若二次型的矩阵表示为 $f=\boldsymbol{x}^{\mathrm{T}}\boldsymbol{A}\boldsymbol{x}$,其中 $\boldsymbol{A}$ 为对称阵,则称对称阵 $\boldsymbol{A}$ 为**二次型 f 的矩阵**,并将 $\boldsymbol{A}$ 的秩称为**二次型 f 的秩**.

例 1 写出下列二次型的矩阵表示.

(1) $f(x_1,x_2,x_3)=x_1^2+2x_2^2-x_3^2+4x_1x_2+14x_1x_3+6x_2x_3$;

(2) $f(x_1,x_2,x_3)=4x_1x_2-2x_2x_3$;

(3) $f(x_1,x_2,\cdots,x_n)=a_{11}x_1^2+a_{22}x_2^2+a_{33}x_3^2+\cdots+a_{nn}x_n^2$.

解 (1) 由于 $a_{11}=1,a_{22}=a_{12}=a_{21}=2,a_{33}=-1,a_{13}=a_{31}=7,a_{23}=a_{32}=3$,故

$$f(x_1,x_2,x_3)=(x_1,x_2,x_3)\begin{pmatrix}1&2&7\\2&2&3\\7&3&-1\end{pmatrix}\begin{pmatrix}x_1\\x_2\\x_3\end{pmatrix}.$$

(2) 由于 $a_{11}=a_{33}=a_{22}=a_{13}=a_{31}=0,a_{12}=a_{21}=2,a_{23}=a_{32}=-1$,故

$$f(x_1,x_2,x_3)=(x_1,x_2,x_3)\begin{pmatrix}0&2&0\\2&0&-1\\0&-1&0\end{pmatrix}\begin{pmatrix}x_1\\x_2\\x_3\end{pmatrix}.$$

(3) $$f(x_1,x_2,\cdots,x_n)=(x_1,x_2,\cdots,x_n)\begin{pmatrix}a_{11}&&&\\&a_{22}&&\\&&\ddots&\\&&&a_{nn}\end{pmatrix}\begin{pmatrix}x_1\\x_2\\\vdots\\x_n\end{pmatrix}.$$

例 2 求以 $A=\begin{pmatrix}1&1&0&0\\1&2&-1&0\\0&-1&3&2\\0&0&2&4\end{pmatrix}$ 为矩阵的二次型 $f(x_1,x_2,x_3,x_4)$.

解 $f(x_1,x_2,x_3,x_4)=x_1^2+2x_1x_2+2x_2^2-2x_2x_3+3x_3^2+4x_3x_4+4x_4^2.$

配方法化二次型为标准形

南京信息职业技术学院——蔡鸣晶

14.3.2 用配方法化二次型为标准形

定义 4 对于线性变换 $\boldsymbol{x}=\boldsymbol{C}\boldsymbol{y}$，如果线性变换矩阵 $\boldsymbol{C}$ 是可逆的，我们称之为可逆线性变换.

对二次型 $f(x_1,x_2,\cdots,x_n)=\boldsymbol{x}^{\mathrm{T}}\boldsymbol{A}\boldsymbol{x}$，施以线性变换 $\boldsymbol{x}=\boldsymbol{C}\boldsymbol{y}$，则有

$$f=\boldsymbol{x}^{\mathrm{T}}\boldsymbol{A}\boldsymbol{x}=\boldsymbol{y}^{\mathrm{T}}\boldsymbol{C}^{\mathrm{T}}\boldsymbol{A}\boldsymbol{C}\boldsymbol{y}=\boldsymbol{y}^{\mathrm{T}}\boldsymbol{B}\boldsymbol{y}\text{（其中 }\boldsymbol{B}=\boldsymbol{C}^{\mathrm{T}}\boldsymbol{A}\boldsymbol{C}\text{）},$$

因为 $\boldsymbol{A}$ 是实对称矩阵，所以

$$\boldsymbol{B}^{\mathrm{T}}=(\boldsymbol{C}^{\mathrm{T}}\boldsymbol{A}\boldsymbol{C})^{\mathrm{T}}=\boldsymbol{C}^{\mathrm{T}}\boldsymbol{A}^{\mathrm{T}}(\boldsymbol{C}^{\mathrm{T}})^{\mathrm{T}}=\boldsymbol{C}^{\mathrm{T}}\boldsymbol{A}\boldsymbol{C}=\boldsymbol{B},$$

即 $\boldsymbol{B}$ 也是对称矩阵，所以二次型经可逆线性变换后仍为二次型.

对二次型 $f(x_1,x_2,\cdots,x_n)=\boldsymbol{x}^{\mathrm{T}}\boldsymbol{A}\boldsymbol{x}$ 研究的主要问题是如何寻求适当的可逆矩阵 $\boldsymbol{C}$，使得变换后的二次型 $f=\boldsymbol{y}^{\mathrm{T}}\boldsymbol{C}^{\mathrm{T}}\boldsymbol{A}\boldsymbol{C}\boldsymbol{y}$ 可化为 $d_1y_1^2+d_2y_2^2+\cdots+d_ny_n^2$ 的形式.

定理 1 任意一个 n 元二次型 $f(x_1,x_2,\cdots,x_n)=\boldsymbol{x}^{\mathrm{T}}\boldsymbol{A}\boldsymbol{x}$，存在可逆线性变换 $\boldsymbol{x}=\boldsymbol{C}\boldsymbol{y}$，使得 f 成为标准形

$$f=d_1y_1^2+d_2y_2^2+\cdots+d_ny_n^2.$$

下面通过具体例子介绍配方法化标准形的过程.

例 3 化二次型

$$f(x_1,x_2,x_3)=x_1^2+2x_2^2+5x_3^2+2x_1x_2+2x_1x_3+8x_2x_3$$

为标准形，并求所用的可逆线性变换矩阵.

解
$$\begin{aligned}f(x_1,x_2,x_3)&=x_1^2+2x_2^2+5x_3^2+2x_1x_2+2x_1x_3+8x_2x_3\\&=(x_1+x_2+x_3)^2+(x_2+3x_3)^2-5x_3^2,\end{aligned}$$

令 $\begin{cases}y_1=x_1+x_2+x_3,\\y_2=\quad x_2+3x_3,\\y_3=\qquad x_3,\end{cases}$ 即 $\begin{cases}x_1=y_1-y_2+2y_3,\\x_2=\quad y_2-3y_3,\\x_3=\qquad y_3,\end{cases}$

通过上述线性变换把 f 化成标准形

$$f=y_1^2+y_2^2-5y_3^2,$$

所用的可逆线性变换矩阵为

$$\boldsymbol{C}=\begin{pmatrix}1&-1&2\\0&1&-3\\0&0&1\end{pmatrix},\quad |\boldsymbol{C}|\neq 0.$$

例 4 化二次型 $f=x_1x_2-4x_2x_3$ 为标准形，并求所用的可逆线性变换矩阵.

解 此二次型不含平方项，先作线性变换

$$\begin{cases}x_1=y_1+y_2,\\x_2=y_1-y_2,\\x_3=\qquad y_3,\end{cases}$$

令

$$\boldsymbol{x}=\begin{pmatrix}x_1\\x_2\\x_3\end{pmatrix},\quad \boldsymbol{C}_1=\begin{pmatrix}1&1&0\\1&-1&0\\0&0&1\end{pmatrix},\quad \boldsymbol{y}=\begin{pmatrix}y_1\\y_2\\y_3\end{pmatrix},$$

则线性变换可写成矩阵形式 $\boldsymbol{x}=\boldsymbol{C}_1\boldsymbol{y}$,

从而有

$$\begin{aligned}f&=y_1^2-y_2^2-4y_1y_3+4y_2y_3\\&=(y_1-2y_3)^2-(y_2-2y_3)^2,\end{aligned}$$

再令 $\begin{cases}z_1=y_1-2y_3,\\z_2=y_2-2y_3,\\z_3=\qquad y_3,\end{cases}$ 即有 $\begin{cases}y_1=z_1+2z_3,\\y_2=z_2+2z_3,\\y_3=\qquad z_3,\end{cases}$ 写成矩阵形式为 $\boldsymbol{y}=\boldsymbol{C}_2\boldsymbol{z}$,

其中

$$\boldsymbol{y}=\begin{pmatrix}y_1\\y_2\\y_3\end{pmatrix},\quad \boldsymbol{C}_2=\begin{pmatrix}1&0&2\\0&1&2\\0&0&1\end{pmatrix},\quad \boldsymbol{z}=\begin{pmatrix}z_1\\z_2\\z_3\end{pmatrix},$$

所以 f 的标准形为

$$f=z_1^2-z_2^2,$$

可逆线性变换为

$$\boldsymbol{C}=\boldsymbol{C}_1\boldsymbol{C}_2=\begin{pmatrix}1&1&0\\1&-1&0\\0&0&1\end{pmatrix}\begin{pmatrix}1&0&2\\0&1&2\\0&0&1\end{pmatrix}=\begin{pmatrix}1&1&4\\1&-1&0\\0&0&1\end{pmatrix},\quad |\boldsymbol{C}|=-2.$$

正定二次型

南京信息职业技术学院

—蔡鸣晶

14.3.3 正定二次型

1. 正定二次型的概念

一般地,实二次型的标准形不是唯一的,与所选用的线性变换有关. 例如,例 3 中如取可逆线性变换

$$\begin{cases}x_1=y_1-y_2+\dfrac{2\sqrt{5}}{5}y_3,\\[2mm]x_2=\qquad y_2-\dfrac{3\sqrt{5}}{5}y_3,\\[2mm]x_3=\qquad\qquad \dfrac{\sqrt{5}}{5}y_3,\end{cases}$$

则标准形为 $f=y_1^2+y_2^2-y_3^2.$

不难发现,同一个实二次型通过不同的可逆线性变换化为不同形式的标准形. 这两个标准形之间有什么联系? 比较两个标准形可以发现:所含的平方项项数是相同的;不仅如此,标准形中正系数、负系数的个数也是不变的.

定理 2(惯性定理) 设有实二次型 $f=\boldsymbol{x}^{\mathrm{T}}\boldsymbol{A}\boldsymbol{x}$,它的秩为 r. 并有两个实的可逆线性变换 $\boldsymbol{x}=\boldsymbol{C}\boldsymbol{y}$ 及 $\boldsymbol{x}=\boldsymbol{P}\boldsymbol{z}$ 使

$$f=d_1y_1^2+d_2y_2^2+\cdots+d_ry_r^2\quad (d_i\neq 0),$$

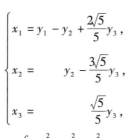

及
$$f=\lambda_1 z_1^2+\lambda_2 z_2^2+\cdots+\lambda_r z_r^2 \quad (\lambda_i\neq 0),$$
则 $d_1,d_2,\cdots,d_r$ 中的正数的个数与 $\lambda_1,\lambda_2,\cdots,\lambda_r$ 中正数的个数相等. 这里正数的个数称为二次型 f 的(或二次型矩阵 $\boldsymbol{A}$)**正惯性指数**,负数的个数称为二次型 f(或二次型矩阵 $\boldsymbol{A}$)的**负惯性指数**,分别记作 π,v.

例如二次型 $f(x_1,x_2)=x_1^2+4x_2^2+6x_1x_2$,根据前面可知:$f$ 正惯性指数 $\pi=1$,负惯性指数 $v=1$.

定义 5 设 $f(x_1,x_2,\cdots,x_n)$ 为 n 元实二次型,如果对任何不全为零的实数 $x_1,x_2,\cdots,x_n$,有
$$f(x_1,x_2,\cdots,x_n)>0,$$
则称此二次型 $f(x_1,x_2,\cdots,x_n)$ 是**正定二次型**,对应的二次型矩阵称为**正定矩阵**;如果对任何不全为零的实数 $x_1,x_2,\cdots,x_n$,有
$$f(x_1,x_2,\cdots,x_n)<0,$$
则称此二次型 $f(x_1,x_2,\cdots,x_n)$ 是**负定二次型**,对应的二次型矩阵称为**负定矩阵**.

例如,$f(x_1,x_2)=x_1^2+x_2^2$ 是一个正定二次型,它对应的矩阵
$$\boldsymbol{A}=\begin{pmatrix}1&0\\0&1\end{pmatrix}$$
是正定矩阵.

由于二次型 f 是负定的当且仅当 $-f$ 是正定的,所以下面仅研究正定二次型.

2. 正定二次型的判别法

给出一个二次型,如果它是标准形,那么正定的充分必要条件是它的平方项前面的系数全为正. 对于一般的二次型,我们可以利用下面的定理来判别是否为正定的.

定理 3 下列命题相互等价

(1) 二次型 $f(x_1,x_2,\cdots,x_n)=\boldsymbol{x}^{\mathrm{T}}\boldsymbol{A}\boldsymbol{x}$ 的标准形的 n 个系数全为正;

(2) 二次型 $f(x_1,x_2,\cdots,x_n)=\boldsymbol{x}^{\mathrm{T}}\boldsymbol{A}\boldsymbol{x}$ 的矩阵 $\boldsymbol{A}$ 的所有特征值都为正;

(3) 二次型矩阵 $\boldsymbol{A}$ 的各阶顺序主子式都大于零,即
$$|\boldsymbol{A}_1|=a_{11},\ |\boldsymbol{A}_2|=\begin{vmatrix}a_{11}&a_{12}\\a_{21}&a_{22}\end{vmatrix},\cdots,|\boldsymbol{A}_n|=\begin{vmatrix}a_{11}&a_{12}&\cdots&a_{1n}\\a_{21}&a_{22}&\cdots&a_{2n}\\\vdots&\vdots&&\vdots\\a_{n1}&a_{n2}&\cdots&a_{nn}\end{vmatrix}\text{都大于零.}$$

例 5 试判别二次型 $f(x_1,x_2)=2x_1^2+2x_1x_2+x_2^2$ 是否正定.

解 **方法一**:取可逆线性变换
$$\begin{cases}x_1=y_1,\\x_2=y_2-y_1,\end{cases}$$
则 f 可化为标准形
$$f=y_1^2+y_2^2,$$
由定理 2 可知:由于系数全部为正,故 f 是正定二次型.

方法二:f 的二次型矩阵
$$\boldsymbol{A}=\begin{pmatrix}2&1\\1&1\end{pmatrix},$$

$\boldsymbol{A}$ 的特征多项式是

$$|\lambda\boldsymbol{E}-\boldsymbol{A}|=\begin{vmatrix}\lambda-2 & -1\\ -1 & \lambda-1\end{vmatrix}=\lambda^2-3\lambda+1,$$

由定理 2 可知:由于 $\boldsymbol{A}$ 的特征值 $\lambda_{1,2}=\dfrac{3\pm\sqrt{5}}{2}>0$,故 f 是正定的.

方法三:f 的二次型矩阵

$$\boldsymbol{A}=\begin{pmatrix}2 & 1\\ 1 & 1\end{pmatrix},$$

因为 $$|2|=2>0,\quad \begin{vmatrix}2 & 1\\ 1 & 1\end{vmatrix}=1>0,$$

由定理 2 可知:f 是正定二次型.

例 6 选用适当的方法判断下列二次型是否正定.

(1) $f=x_1^2+2x_2^2+2x_3^2+2x_1x_2+2x_2x_3$;

(2) $f=x_1^2+2x_2^2+x_3^2+2x_1x_2+4x_2x_3$.

解 (1) f 的二次型矩阵 $\boldsymbol{A}=\begin{pmatrix}1 & 1 & 0\\ 1 & 2 & 1\\ 0 & 1 & 2\end{pmatrix}$,

因为 $|1|=1>0$, $\begin{vmatrix}1 & 1\\ 1 & 2\end{vmatrix}=1>0$, $|\boldsymbol{A}|=1>0$. 所以 f 是正定二次型;

(2) f 的二次型矩阵 $\boldsymbol{A}=\begin{pmatrix}1 & 1 & 0\\ 1 & 2 & 2\\ 0 & 2 & 1\end{pmatrix}$,

因为 $|1|=1>0$, $\begin{vmatrix}1 & 1\\ 1 & 2\end{vmatrix}=1>0$, $|\boldsymbol{A}|=-3<0$. 所以 f 不是正定二次型.

练习 14.3

1. 给出下列二次型的矩阵.

(1) $f(x_1,x_2,x_3)=x_1^2+x_1x_2+x_1x_3$;

(2) $f(x_1,x_2,x_3,x_4)=x_1x_2+x_1x_3+x_2x_3+x_3x_4$.

2. 已知二次型 f 的矩阵为 $\boldsymbol{A}$,写出对应的二次型 f.

(1) $\boldsymbol{A}=\begin{pmatrix}2 & -1 & -1\\ -1 & 2 & -1\\ -1 & -1 & 2\end{pmatrix}$; (2) $\boldsymbol{A}=\begin{pmatrix}0 & 1 & 1 & -1\\ 1 & 0 & -1 & 1\\ 1 & -1 & 0 & 1\\ -1 & 1 & 1 & 0\end{pmatrix}$.

3. 二次型 $f(x_1,x_2,x_3)=x_1^2+2x_1x_2+4x_2x_3$,通过如下可逆线性变换

$$\begin{cases}x_1=y_1+y_2+y_3,\\ x_2=y_1-y_2+y_3,\\ x_3=-y_1+y_3\end{cases}$$

化成什么形式?

4. 用配方法化 $f(x_1,x_2,x_3)=x_1^2+2x_1x_2+x_3^2$ 为标准形.

5. 判别下列二次型是否正定.

(1) $f=x_1^2+2x_2^2+x_3^2+4x_1x_2-2x_1x_3-4x_2x_3$;

(2) $f=2x_1^2+3x_2^2+4x_2x_3+3x_3^2$.

习题 14.3

1. 写出下列二次型的矩阵表示.

(1) $f=x_1^2+4x_1x_2+2x_2^2+4x_2x_3+3x_3^2$;

(2) $f=-x_1^2+x_2^2+11x_3^2+2x_1x_2-4x_1x_3+2x_2x_3$;

(3) $f=x_1x_2+x_1x_3+x_2x_3$.

2. 用配方法化下列二次型为标准形.

(1) $f=x_1^2+x_2^2+2x_3^2+2x_1x_3$;

(2) $f=x_1^2-3x_2^2+2x_1x_2+2x_1x_3+6x_2x_3$;

(3) $f=2x_1x_2-2x_3x_4$.

3. 判别下列二次型是否正定.

(1) $f(x_1,x_2,x_3)=-5x_1^2-6x_2^2-4x_3^2+4x_1x_2+4x_2x_3$;

(2) $f(x_1,x_2,x_3)=5x_1^2+x_2^2+x_3^2+4x_1x_2-8x_1x_3-4x_2x_3$;

(3) $f(x_1,x_2,x_3)=-x_1^2-2x_2^2+2x_1x_2-2x_1x_3$.

4. 设 $f(x_1,x_2,x_3)=x_1^2+x_2^2+5x_3^2-2\lambda x_1x_2-2x_1x_3+4x_2x_3$,确定 λ 的值,使 f 为正定二次型.

5. 设 $\boldsymbol{U}$ 为可逆矩阵,$\boldsymbol{A}=\boldsymbol{U}^{\mathrm{T}}\boldsymbol{U}$,证明 $f=\boldsymbol{X}^{\mathrm{T}}\boldsymbol{A}\boldsymbol{X}$ 为正定二次型.

§14.4 应用实例

14.4.1 本章导例的求解

解 图 14－1 中页面 1 链向页面 2、3、4，则一个用户从页面 1 跳转到页面 2、3、4 的概率各为 1/3. 依次类推我们可以写出这样的一个矩阵 $\boldsymbol{M}$，称为转移矩阵：

$$\boldsymbol{M}=\begin{pmatrix} 0 & 1/2 & 1 & 0 \\ 1/3 & 0 & 0 & 0 \\ 1/3 & 0 & 0 & 1 \\ 1/3 & 1/2 & 0 & 0 \end{pmatrix}$$

其中的元素 $\boldsymbol{M}_{ij}$ 是网页 j 链接到网页 i 的概率，向量 $\boldsymbol{V}=(v_1,v_2,v_3,v_4)^{\mathrm{T}}$ 表示页面的重要性或访问频率. 将 $\boldsymbol{M}$ 与 $\boldsymbol{V}$ 相乘，可得到用户对每个页面访问的概率，例如矩阵第一行乘以 $\boldsymbol{V}$，按照矩阵乘法得到 $\sum\limits_{i=1}^{4} M_{1i}V_i$，即为用户通过其他页面对页面 1 的访问概率.

我们假设向量 $\boldsymbol{V}$ 的初始值为 $\boldsymbol{V}_0=(1/4,1/4,1/4,1/4)^{\mathrm{T}}$，即假设四个页面同等重要，我们有：$\boldsymbol{V}_1=\boldsymbol{M}\boldsymbol{V}_0,\boldsymbol{V}_2=\boldsymbol{M}\boldsymbol{V}_1,\cdots,\boldsymbol{V}_n=\boldsymbol{M}\boldsymbol{V}_{n-1}$.

若 $n\to\infty$ 时，$\boldsymbol{V}_n\to\boldsymbol{V}$，得 $\boldsymbol{V}=\boldsymbol{M}\boldsymbol{V}$. 这说明向量 V 是矩阵 $\boldsymbol{M}$ 的对应特征值 1 的特征向量. 当然，在实际应用中由于网页数目太多，一般迭代或数值求解出 $\boldsymbol{V}_n$ 作为 $\boldsymbol{V}$ 的近似值.

令 $|\lambda\boldsymbol{E}-\boldsymbol{M}|=0$，可验证 1 是矩阵 $\boldsymbol{M}$ 的特征值. 计算方程 $(\boldsymbol{E}-\boldsymbol{M})\boldsymbol{V}=\boldsymbol{0}$，得到矩阵 $\boldsymbol{M}$ 的对应特征值 1 的特征向量为：$\boldsymbol{V}=(6/16,2/16,5/16,3/16)^{\mathrm{T}}$. 由此判断重要性排序为 $1>3>4>2$，观察图也可以发现和计算的结果是一致的.

当有向图不是强连通的时候，比如去掉网页 3 到 1 的有向链接，可验证 1 不是矩阵的特征值，$\boldsymbol{V}_n$ 最终收敛到零向量，即意味着用户浏览到网页 3 的时候就进入了死胡同，但是按照上网习惯，用户很有可能选择其他网页浏览，而不是一直停留在网页 3 上，由此 PageRank 算法中对转移矩阵 $\boldsymbol{M}$ 进行了所谓的“心灵转移”处理. 有兴趣的读者可以进一步查阅相关资料学习.

14.4.2 二次型判别多元函数的极值问题

理论依据：对于一个 n 元函数 $f(x_1,x_2,\cdots,x_n)$，如果函数在 $\boldsymbol{x}_0=(x_1^0,x_2^0,\cdots,x_n^0)$ 的某领域内有一阶和二阶连续偏导数，称 n 个一阶偏导数构成的 n 维列向量为 $f(\boldsymbol{x})$ 的梯度，记为 $\nabla f(\boldsymbol{x})$，即

$$\nabla f(\boldsymbol{x})=\left(\frac{\partial f}{\partial x_1},\frac{\partial f}{\partial x_2},\cdots,\frac{\partial f}{\partial x_n}\right)^{\mathrm{T}}.$$

当 $\nabla f(\boldsymbol{x}_0)=\boldsymbol{0}$ 时，即 $f_i'(\boldsymbol{x}_0)=0,(i=1,2,\cdots,n)$，称此点 $\boldsymbol{x}_0$ 为驻点. 当 $\boldsymbol{x}_0$ 为驻点时，判断它是否为极值点可以研究其黑塞(Hesse)矩阵

$$H(x_0)=\begin{pmatrix} f''_{11}(x_0) & f''_{12}(x_0) & \cdots & f''_{1n}(x_0) \\ f''_{21}(x_0) & f''_{22}(x_0) & \cdots & f''_{2n}(x_0) \\ \vdots & \vdots & & \vdots \\ f''_{n1}(x_0) & f''_{n2}(x_0) & \cdots & f''_{nn}(x_0) \end{pmatrix}.$$

那么,有

(1) $\boldsymbol{H}(\boldsymbol{x}_0)$为正定矩阵时,函数$f(\boldsymbol{x})$在点$\boldsymbol{x}_0$处取得极小值;

(2) $\boldsymbol{H}(\boldsymbol{x}_0)$为负定矩阵时,函数$f(\boldsymbol{x})$在点$\boldsymbol{x}_0$处取得极大值;

(3) $\boldsymbol{H}(\boldsymbol{x}_0)$为不定矩阵时,函数$f(\boldsymbol{x})$在点$\boldsymbol{x}_0$处不存在极值;

(4) $\boldsymbol{H}(\boldsymbol{x}_0)$为半正(负)定矩阵时,无法判断.

利用该结论求函数$f(x,y)=x^3-y^3+3x^2+3y^2-9x+1$的极值.

解 令$f'_x(x,y)=3x^2+6x-9=0$, $f'_y(x,y)=-3y^2+6y=0$,得全部驻点为$(1,0)$, $(1,2)$, $(-3,0)$, $(-3,2)$.

又因为
$$\boldsymbol{H}(x,y)=\begin{pmatrix} 6x+6 & 0 \\ 0 & 6-6y \end{pmatrix},$$

所以,$\boldsymbol{H}(1,0)=\begin{pmatrix} 12 & 0 \\ 0 & 6 \end{pmatrix}$为正定矩阵,故$f(x,y)$在$(1,0)$有极小值;

$\boldsymbol{H}(-3,2)=\begin{pmatrix} -12 & 0 \\ 0 & -6 \end{pmatrix}$为负定矩阵,故$f(x,y)$在$(-3,2)$有极大值;

$\boldsymbol{H}(1,2)=\begin{pmatrix} 12 & 0 \\ 0 & -6 \end{pmatrix}$和$\boldsymbol{H}(-3,0)=\begin{pmatrix} -12 & 0 \\ 0 & 6 \end{pmatrix}$为不定矩阵,因此$f(x,y)$在$(1,2)$和$(-3,0)$处没有极值.

本章小结

一、主要内容

本章的主要内容是:方阵的特征值和特征向量的计算,方阵的相似矩阵,二次型的标准形以及正定、负定的判断.

1. 方阵的特征值和特征向量

特征值、特征向量是方阵的两个重要概念,也是学习本章的理论基础.

(1) 方阵的特征向量在该方阵的作用下相当于一个数乘变换,特征值就是这个变换常系数;

(2) 一个n阶方阵就对应一个n次特征方程,它的根就是特征值,在复数域内共有n个(重根按重数计算);由每一个特征值可对应求出其所有的特征向量(相当于求解一个齐次线性方程组),属于不同特征值的特征向量线性无关;

(3) 可逆矩阵的特征值都不为零.

2. 相似矩阵与对角化

(1) 相似是一种等价关系,两个相似的矩阵具有许多“相似”的性质,如特征值相同、行列式相等、可逆性一致等；

（2）如果一个矩阵相似于对角阵，那么就可以通过对角阵来研究该矩阵的性质，这就是对角化问题. 若 n 阶方阵 $\boldsymbol{A}$ 有 n 个线性无关的特征向量，则必可对角化. 由这 n 个线性无关的特征向量组成的矩阵 $\boldsymbol{P}$ 就是一个相似变换矩阵，它把 $\boldsymbol{A}$ 变换成以特征值为对角线元素的对角矩阵.

3. 二次型及其标准形、正定二次型

（1）每个实二次型都对应一个实对称矩阵，二次型化为标准形的过程实际上就是实对称矩阵对角化的过程；

（2）化二次型为标准形的配方法；

（3）惯性指数是二次型的固有属性，如果惯性系数都为正就是正定二次型. 判断二次型是否正定的常用方法有：顺序主子式法和特征值法.

二、学习指导

1. 在学习本章时，注意与矩阵的秩、线性方程组的解等知识相结合；

2. 本章要重点掌握特征值、特征向量的基本概念和求法；矩阵可对角化条件和相似变换矩阵的求法；二次型的相关理论以及将二次型化为标准形的方法.

复习题十四

一、选择题

1. 已知矩阵 $\boldsymbol{A}=\begin{pmatrix}3&-1\\1&1\end{pmatrix}$，下列向量是 $\boldsymbol{A}$ 的特征向量的是（　　）.

A. $\begin{pmatrix}-1\\0\end{pmatrix}$　　B. $\begin{pmatrix}-1\\1\end{pmatrix}$　　C. $\begin{pmatrix}1\\0\end{pmatrix}$　　D. $\begin{pmatrix}-1\\2\end{pmatrix}$

2. 设 $\boldsymbol{A}$ 的特征值为 2、3，$\boldsymbol{\alpha},\boldsymbol{\beta}$ 分别是对应于特征值 2、3 的特征向量，则下列正确的是（　　）.

A. $\boldsymbol{\alpha}$ 与 $\boldsymbol{\beta}$ 线性无关　　B. $\boldsymbol{\alpha}$ 与 $\boldsymbol{\beta}$ 必正交

C. $\boldsymbol{\alpha}$ 与 $\boldsymbol{\beta}$ 线性相关　　D. $\boldsymbol{\alpha}+\boldsymbol{\beta}$ 也是 $\boldsymbol{A}$ 的特征向量

3. 二次型 $f(x_1,x_2,x_3)=x_1^2+x_2^2-x_1x_2$ 的矩阵是（　　）.

A. $\begin{pmatrix}2&-1\\-1&1\end{pmatrix}$　　B. $\begin{pmatrix}2&-1&0\\-1&1&0\\0&0&0\end{pmatrix}$

C. $\begin{pmatrix}2&-\frac{1}{2}\\-\frac{1}{2}&1\end{pmatrix}$　　D. $\begin{pmatrix}2&-1/2&0\\-1/2&1&0\\0&0&0\end{pmatrix}$

4. 下列二次型中，属于正定二次型的是（　　）.

A. $f(x_1,x_2,x_3)=x_1^2+x_2^2+2x_1x_2+x_3^2$

B. $f(x_1,x_2,x_3)=x_1^2+x_2^2$

C. $f(x_1,x_2,x_3)=8x_1^2+6x_2^2+12x_3^2-2x_1x_2-2x_1x_3$

D. $f(x_1,x_2,x_3)=-x_1^2-x_2^2-x_3^2-2x_1x_2-2x_1x_3-2x_2x_3$

二、填空题

1. 上三角矩阵 $\boldsymbol{A}=\begin{pmatrix} a_{11} & a_{12} & \cdots & a_{1n} \\ 0 & a_{22} & \cdots & a_{2n} \\ \vdots & \vdots & & \vdots \\ 0 & 0 & \cdots & a_{nn} \end{pmatrix}$的特征值为______________.

2. 已知 -2 是 $\boldsymbol{A}=\begin{pmatrix} 0 & -2 & -2 \\ 2 & x & -2 \\ -2 & 2 & b \end{pmatrix}$的特征值,其中 b 是非零常数,则 $x=$__________.

3. 实二次型 $f(x_1,x_2,x_3)=x_1^2-x_2^2+3x_3^2$ 的秩为______,正惯性指数是__________,负惯性指数是____________.

三、计算题

1. 求下列矩阵的特征值与特征向量.

(1) $\begin{pmatrix} 1 & 2 \\ 3 & 2 \end{pmatrix}$; (2) $\begin{pmatrix} 2 & 0 & 0 \\ 1 & 2 & 1 \\ 0 & 0 & 2 \end{pmatrix}$.

2. 设 $\boldsymbol{A}=\begin{pmatrix} 7 & 4 & -1 \\ 4 & 7 & -1 \\ -4 & -4 & 4 \end{pmatrix}$,求可逆矩阵 $\boldsymbol{P}$,使得 $\boldsymbol{P}^{-1}\boldsymbol{AP}$ 为对角矩阵.

3. 设 $\boldsymbol{A}=\begin{pmatrix} -2 & 0 & 0 \\ 2 & a & 2 \\ 3 & 1 & 1 \end{pmatrix}$,$\boldsymbol{B}=\begin{pmatrix} -1 & 0 & 0 \\ 0 & 2 & 0 \\ 0 & 0 & b \end{pmatrix}$,若 $\boldsymbol{A}$ 与 $\boldsymbol{B}$ 相似,试求 a,b 的值,使得 $\boldsymbol{P}^{-1}\boldsymbol{AP}$ 为对角矩阵.

4. 用配方法将二次型 $f(x_1,x_2,x_3)=2x_1^2+x_2^2-4x_1x_2-4x_2x_3$ 化为标准形,并写出所用的可逆线性变换.

阅读材料

二次型发展简介

二次型也称为“二次形式”,数域上的 n 元二次齐次多项式称为数域上的 n 元二次型. 二次型是线性代数教材的后继内容,这里对二次型的发展历史也作简单介绍. 二次型的系统研究是从 18 世纪开始的,它起源于对二次曲线和二次曲面的分类问题的讨论. 将二次曲线和二次曲面的方程变形,选用主轴方向的轴作为坐标轴以简化方程的形状. 柯西在其著作中给出结论:当方程是标准形时,二次曲面用二次项的符号来进行分类. 然而,那时并不太清楚,在化简成标准形时,为何总是得到同样数目的正项和负项. 西尔维斯特回答了这个问题,他给出了 n 个变量的二次型的惯性定律,但没有证明. 这个定律后被雅可比重新发现和证明. 1801 年,高斯在《算术研究》中引进了二次型的正定、负定、半正定和半负定等术语.

二次型化简的进一步研究涉及二次型或行列式的特征方程的概念. 特征方程的概念隐含地出现在欧拉的著作中,拉格朗日在其关于线性微分方程组的著作中首先明确地给出了这个概念. 三个变量的二次型的特征值的确定性则是由阿歇特、蒙日和泊松建立的.

柯西在别人著作的基础上,着手研究化简变量的二次型问题,并证明了特征方程在直角坐标系的任何变换下的不变性. 后来,他又证明了 n 个变量的两个二次型能用同一个线性变换同时化成平方和.

1851 年,西尔维斯特在研究二次曲线和二次曲面的切触和相交时需要考虑这种二次曲线和二次曲面束的分类. 在分类方法中他引进了初等因子和不变因子的概念,但他没有证明"不变因子组成两个二次型的不变量的完全集"这一结论.

1858 年,魏尔斯特拉斯对同时化两个二次型成平方和给出了一个一般的方法,并证明,如果二次型之一是正定的,那么即使某些特征根相等,这个化简也是可能的. 魏尔斯特拉斯比较系统地完成了二次型的理论并将其推广到双线性型.

第 15 章　数 值 计 算

科学计算是人类从事科学研究和工程技术活动不可缺少的手段之一，随着现代科学技术的不断发展，大量的实际问题被抽象为具体的符号化数学模型. 数学模型求解是一个复杂的数值计算过程. 在实际解决这些计算问题的过程中，形成了数值计算（计算方法）这门学科. 高等数学和线性代数等传统分析数学为我们提供了解决各种不同类型数学问题的理论和结论，但对具体实际问题的解决还远远不够，例如在求积分 $\int \frac{\sin x}{x} dx$ 时，牛顿 - 莱布尼兹公式便失去了作用，需引入新的计算方法.

为了说明数值计算的研究对象，首先考虑用计算机解决科学计算问题时的步骤（图 15 - 1）：

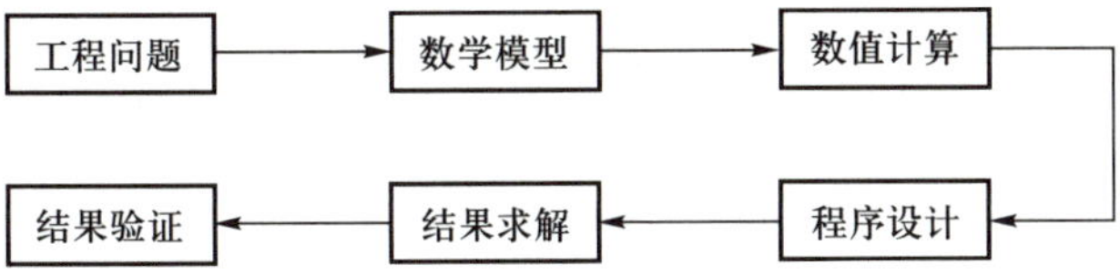

图 15 - 1

由实际问题结合相关学科专业知识、数学理论建立抽象数学模型的过程，需要熟悉相关学科知识及扎实的数学基本功，通常应当归为数学应用的范畴. 依据数学模型设计有效、稳定、便于实现的数值计算方法直到编写出程序并上机求解，属于数值分析研究的范畴. 数值计算是研究用计算机解决数学问题的计算方法及理论，主要研究求解数学模型的计算方法、算法的收敛性、稳定性、有效性及误差分析. 数值分析具有的特点，概括起来有四点：

（1）面向计算机，要根据计算机的特点提供实际可行的有效算法，即算法只能包括加、减、乘、除运算和逻辑运算，是计算机能直接处理的.

（2）有可靠的理论分析，能达到精度要求，对近似算法要保证收敛性和数值稳定性，还要对误差进行分析. 这都建立在相应数学理论的基础上.

（3）要有好的计算复杂性，时间复杂性好是指节省时间，空间复杂性好是指节省存储量，这也是建立算法要研究的问题，它关系到算法能否在计算机上实现.

（4）要有数值实验，即任何一个算法除了从理论上要满足上述三点外，还要通过数值试验证明是行之有效的.

【导例】卫星轨道

地球卫星轨道是一个椭圆,椭圆周长的计算公式为

$$S = 4a\int_0^{\frac{\pi}{2}}\sqrt{1-\left(\frac{c}{a}\right)^2\sin^2 x}\,\mathrm{d}x$$

这里 a 是椭圆的半长轴,c 是地球中心与轨道中心(椭圆中心)的距离.我国第一颗人造地球卫星轨道参数值为 $a=7\ 782.5(\mathrm{km})$,$c=972.5(\mathrm{km})$,试求该卫星轨道的周长.

§ 15.1 误差的基本概念

通过数学建模的方法解决实际工程问题，难免会出现计算得到的数据结果与实际数值之间的差异，这种差异称为**误差**. 采用特定数值方法求出的结果往往是精确值的近似，因此研究和学习数值计算必须注重误差分析，要分析误差的来源，还要对计算结果给出合理的误差估计.

15.1.1 误差的来源与分类

在工程技术的计算中，估计计算结果的精确度是十分重要的工作，而影响精确度的是各种各样的误差，误差的来源是多方面的，按照它们的来源可分为四类.

误差

无锡职业技术学院
—杨先伟

1. 模型误差

用计算机解决科学计算问题首先要建立数学模型，数学模型是对被描述的实际问题的简化与抽象，因而总是近似的，这就不可避免地要产生误差. 数学模型与实际问题之间的这种误差称为**模型误差**. 只有实际问题的描述正确，建立数学模型时又抽象、简化得合理，才能得到好的结果. 模型误差难以定量表示，且通常都假定数学模型是合理的，故这种误差可以忽略不计.

2. 观测误差

在数学模型中的数据有一些需要通过实验或测量获得，如温度、长度、电压等，由于观测不可能绝对准确，因而观测得到的数据与实际数据本身总存在误差，这种误差称为**观测误差**. 由于观测误差来源于观测或实验所使用的工具，故可看做是一个均值为零的随机量.

3. 截断误差

由实际问题建立起来的数学模型，在很多情况下要得到准确解是困难的. 当数学模型不能得到准确解时，通常要用数值方法求它的近似解. 一个实际计算问题必须在有限的步骤内结束，而理论上的精确值往往对应于无限项的求和过程，故只能截取有限项进行近似计算，由此产生的误差称为**截断误差**.

例如，已知 $x>0$，求 e^x 时，由麦克劳林展开式，可得

$$e^x=1+x+\frac{1}{2!}x^2+\frac{1}{3!}x^3+\cdots+\frac{1}{n!}x^n+\cdots,$$

当 $|x|$ 较小时，可取前三项之和，即 $S(x)=1+x+\frac{1}{2}x^2$ 作为 e^x 的近似值. 其截断误差为

$$E(x)=e^{-x}-S(x)=\frac{x^4}{4!}e^{\theta x},0<\theta<1.$$

4. 舍入误差

对于数据的处理通常要借助于计算机，机器的可表示数集必须是有限集，故计算机只能用有限位表示浮点数的尾数和阶数，对超出尾数有效位数的部分都要采取措施进行舍入处理，由此产生的误差称为**舍入误差**.

例如：在十位十进制限制下会出现

$$\frac{1}{3}=0.333\,333\,333\,3,(1.000\,002)^2-1.000\,004=0,$$

两个结果都不是准确的.

观测误差和原始数据的舍入误差虽然来源不同,但对计算结果的影响完全一样.数学模型和实际问题之间的模型误差,在现有理论水平和计算机计算能力的条件下,往往是无法解决的.基于上述原因,截断误差和舍入误差是数值分析研究的主要对象,讨论它们在计算过程中的传播和对计算结果的影响,研究如何控制其影响,以保证计算和精度,并以此得到简便、有效、稳定的数值算法.

15.1.2 绝对误差

定义 1 设某一数的精确值为 x,其近似值为 x^*,那么称 x 与 x^* 之差为近似值 x^* 的**绝对误差**,简称**误差**,记作 $E(x)=x-x^*$.

$E(x)$绝对值的大小标志着 x^* 的精度,一般在同一物理量的不同近似值中,$E(x)$的绝对值越小,x^* 的精度越高.绝对误差具有与精确值 x 完全相同的量纲.

由于精确值 x 未知,故 $E(x)$的准确值也不能求出,但可以根据具体测量或计算的情况对准确值进行估计.

定义 2 设存在一个正数 η,使得

$$|E(x)|=|x-x^*|\leqslant\eta,$$

则称 η 为 x^* 的**绝对误差限**,即为绝对误差值的上限,简称为 x^* 的**误差限**.

由不等式性质显然有

$$x^*-\eta\leqslant x\leqslant x^*+\eta,$$

因此,有时也可用 $x=x^*\pm\eta$ 表示近似值的精度或准确值所在的范围.

15.1.3 相对误差

对于不同量的近似值,误差限的大小并不能完全反映近似值的近似程度,如设

$$x^*=1\,000,\qquad x=1\,000\pm1,$$
$$y^*=100\,000,\qquad y=100\,000\pm1,$$

则

$$|E(x)|=1,|E(y)|=1,$$
$$|E(x)|=|E(y)|,$$

似乎 x^* 的近似程度要好于 y^*,但$\dfrac{|E(x)|}{x^*}=\dfrac{1}{1\,000}$,$\dfrac{|E(y)|}{y^*}=\dfrac{1}{100\,000}$,即 x^* 的误差范围为 0.1%.y^* 的误差范围为 0.001%.显然 y^* 的近似值要好于 x^*.为区别不同问题的误差,我们引入相对误差的概念.

定义 3 绝对误差与精确值之比称为近似值 x^* 的相对误差,记作 $E_\gamma(x)=\dfrac{E(x)}{x}=\dfrac{x-x^*}{x}$.

由于精确值 x 一般不容易计算,故实际计算时通常取

$$E_\gamma^*(x)=\frac{E(x)}{x^*}=\frac{x-x^*}{x^*}$$

作为近似值 x^* 的相对误差. 相对误差的取值也可正、可负,若存在一个正数 δ 使得 $|E_\gamma^*(x)|\leqslant\delta$,则称 δ 为近似值的相对误差限. 显然,相对误差限是相对误差绝对值的上限,且 $\delta=\frac{\eta}{|x^*|}$.

例 1 设 $\pi=3.141\ 592\ 65\cdots$,按四舍五入取五位数字作为其近似值:$x^*=3.141\ 6$,问其绝对误差 $E(\pi)$ 和相对误差 $E_r(\pi)$ 各为多少?

解 $E(\pi)=x^*-\pi=0.000\ 007\ 3\cdots$,$E_r(\pi)=\frac{x^*-\pi}{\pi}\approx 0.233\ 8\times 10^{-5}$.

例 2 用有毫米刻度的尺子测量直杆,读出的长度为 $a^*=312$ mm,由于存在观测误差,故这是一个近似值. 问 $E(a)$,$E_r(a)$ 各为多少? 直杆实际长度在什么范围?

解 由尺子的精度知道,该近似值的误差不超过 0.5 mm,则有

$$|E(a)|=|a-a^*|\leqslant 0.5\ \text{mm},$$

写成

$$a=(312\pm 0.5)\ \text{mm},$$

即

$$311.5\ \text{mm}\leqslant a\leqslant 312.5\ \text{mm},$$

其相对误差限为

$$E_r(a)=\frac{0.5}{312}\approx 0.16\%.$$

15.1.4 有效数字

当准确值 x 的位数很多或者根本无法表示时,通常按四舍五入原则得到 x 的近似值 x^*. 例如

$$x=\pi=3.141\ 592\ 6\cdots,$$

取三位的近似值:$x^*=3.14$,则 $|E(x)|=0.001\ 592\ 6\cdots\leqslant 0.005$;若取五位的近似值:
$x^*=3.141\ 6$,则 $|E(x)|=0.000\ 007\ 4\leqslant 0.000\ 05$.
它们的误差都不超过末位数字的半个单位,即

$$|\pi-3.14|\leqslant\frac{1}{2}\times 10^{-2},$$

$$|\pi-3.141\ 6|\leqslant\frac{1}{2}\times 10^{-4},$$

为了可以从近似数的有限位小数本身就能求出近似数的误差估计,现引入有效数字的概念.

定义 4 若近似值 x^* 的绝对误差限是某一位的半个单位,该位到第一位非零数字共有 n 位,则称 x^* 有 n 位有效数字.

例 3 设近似值 $x^*=0.060\ 52$,它对应的精确值 $x=0.060\ 517\ 3$,问 x^* 有几位有效数字?

解 因为 x^* 是通过 x 在小数点后第六位四舍五入而产生的,因此 x^* 精确到10^{-5}

位，由此推出 x^* 有 4 位有效数字.

由于任何一个实数 x 经四舍五入后得到的近似值 x^* 都可以表示为

$$x^* = \pm(a_1\times10^{-1}+a_2\times10^{-2}+\cdots+a_n\times10^{-n})\times10^m,$$

所以若其绝对误差限满足

$$|x-x^*|\leqslant\frac{1}{2}\times10^{m-n},$$

则 x^* 有 n 位有效数字. 其中，m 为整数，a_1 是 1 ~ 9 中的任一个数字，$a_2,a_3,\cdots,a_n$ 是 0 ~ 9 中任一个数字.

例 4 按四舍五入原则写出下列各数具有 5 位有效数字的近似值.

163. 342 6，0. 038 674 875，6. 000 021，2. 718 281 7

解 按上述定义及结论，各数具有 5 位有效数字的近似值分别为：

163. 34，0. 038 675，6. 000 0，2. 718 3.

若某数 x 的近似值 x^* 有 n 位有效数字，则

$$|x-x^*|\leqslant\frac{1}{2}\times10^{m-n},$$

显然，当 m 相同时，n 越大，10^{m-n} 越小，即有效位数越多，其绝对误差限越小.

定理 若 x^* 有 n 位有效数字，且 $x^*=\pm(a_1\times10^{-1}+a_2\times10^{-2}+\cdots+a_n\times10^{-n})\times10^m$，$a_1\neq0$，则其相对误差限为

$$|E_r^*(x)|\leqslant\frac{1}{2a_1}\times10^{-n+1},$$

反之，若 x^* 的相对误差限满足

$$|E_r^*(x)|\leqslant\frac{1}{2(a_1+1)}\times10^{-n+1},$$

则 x^* 至少具有 n 位有效数字.

例 5 设 $x=2.72$ 表示 e 具有 3 位有效数字的近似值，求此近似值的相对误差限.

解 $x=2.72=0.272\times10^1$，$a_1=2$，$n=3$，由定理 1 有

$$|E_r^*(x)|\leqslant\frac{1}{2a_1}\times10^{-n+1}=\frac{1}{2\times2}\times10^{-3+1}=0.25\times10^{-2}.$$

例 6 要使 $\sqrt{20}$ 的近似值的相对误差限小于 0. 1%，需取几位有效数字？

解 由于 $4<\sqrt{20}<5$，故可取 $a_1=4$. 若相对误差限满足 $E_r^*(x)<0.001$，由定理 1 有

$$|E_r^*(x)|\leqslant\frac{1}{2(a_1+1)}\times10^{-n+1},$$

可知有效位数字应满足

$$\frac{1}{2(4+1)}\times10^{-n+1}\leqslant0.001,$$

由此解出 $n=4$，即应取 4 位有效数字.

练习 15.1

1. 已知某个场地长 L 的观测值 $L^*=110$ m，宽 W 的观察值 $W^*=80$ m，已知

$|L-L^*|\leqslant 0.2$ m, $|W-W^*|\leqslant 0.1$ m,试求面积 $S=LW$ 的绝对误差限和相对误差限.

2. 设 $x=5.645\ 36$,求 x 的具有 2,3,4,5 位有效数字的近似值和近似值的相对误差限.

习题 15.1

1. 下列各近似值均有四位有效数字,

$$a=0.013\ 47, b=-12.341, c=-1.200,$$

试指出它们的绝对误差限和相对误差限.

2. 下列各近似值的绝对误差限都是 0.000 5,

$$a=-1.000\ 31, b=-0.042, c=-0.000\ 32,$$

试指出它们有几位有效数字.

3. 古代数学家祖冲之曾以 $\frac{355}{113}$ 作为圆周率的近似值,问此近似值具有多少位有效数字.

4. 用有毫米刻度的尺子测量办公桌的长度,读出的长度为 $x^*=1\ 200$ mm,问 $E(x)$, $E_r(x)$ 为多少?办公桌的实际长度在什么范围?

5. 计算 $\sqrt{10}-\pi$ 的值,精确到 5 位有效数字.

§15.2 非线性方程的数值解法

在科学研究和工程设计中，许多问题常常可以归结为求解非线性方程

$$f(x)=0$$

的问题. 讨论非线性问题的解，与线性问题相比，无论是从理论上还是计算方法上都要复杂很多. 方程

$$f(x)=0$$

的解通常称为**方程的根**，或称为函数 $f(x)$ 的**零点**.

若 $f(x)$ 为 n 次多项式，即

$$f(x)=a_0+a_1x+\cdots+a_nx^n\ (a_n\neq 0),$$

则对应的方程称为**代数方程**. 例如 $x^2-5x-6=0$，就是一个二次代数方程.

若 $f(x)$ 中含有三角函数、指数函数等，则对应的方程称为**超越方程**. 例如，$2^x-7x+6=0$，就是一个超越方程.

对于高次代数方程，由代数学基本定理知其根的个数与其次数相同（包括重根），在大多数情况下，对于高于四次的代数方程没有精确的求根公式；而超越方程的解更为复杂，一般情况下，超越方程无法求出其解. 事实上，在实际应用中也不一定需要得到根的精确表达式，只要得到满足一定精度要求的根的近似值就可以了. 因此，研究求方程的根的数值方法，就成为迫切需要解决的问题.

15.2.1 方程的根的隔离

研究非线性方程 $f(x)=0$ 的根，首先要判断方程的根是否存在，找出方程的根存在的区间，使得在一些较小的区间中方程只有一个实根，这个过程称为**根的隔离**. 因此，所谓根的隔离就是要确定一个较小区间 $[a,b]$，使得方程 $f(x)=0$ 在区间 $[a,b]$ 内只有一个根，区间 $[a,b]$ 称为**有根区间**. 由连续函数的方程根判别定理可知：如果 $f(x)$ 在 $[a,b]$ 上连续，又 $f(a)\cdot f(b)<0$，则 $f(x)$ 在 (a,b) 内至少有一个实数解. 如果这时 $f(x)$ 在 $[a,b]$ 内只有一个实数解，则 $[a,b]$ 就是方程 $f(x)=0$ 的有根区间.

确定非线性方程 $f(x)=0$ 有根区间，通常有如下方法.

(1) 作图法

描点法绘出函数 $y=f(x)$ 的粗略图形，根据图形显示 $y=f(x)$ 与 x 轴交点的大致位置，确定有根区间.

(2) 搜索法

选取适当初始区间 $[a,b]$，满足 $f(a)\cdot f(b)<0$，从区间左端点 $x_0=a$ 作为起点，按步长 h 逐点检查各个点 $x_k=a+kh$ 上的函数值 $f(x_k)$. 由连续函数的介值定理可知：当 $f(x_k)$ 与 $f(x_{k+1})$ 异号时，则 (x_k,x_{k+1}) 为方程 $f(x)=0$ 的一个有根区间，其宽度等于步长 h.

例 1 求方程 $x^3-2x^2-5=0$ 的有根区间.

解 取连续函数 $f(x)=x^3-2x^2-5$，由于 $f(0)<0$，$f(3)>0$，$f(x)$ 在区间 $[0,3]$ 内至少有一个解. 设从 $x=0$ 出发，取 $h=1$ 为步长，计算各步上的函数值，结果见表15－1.

表 15-1

x	0	1	2	3
$f(x)$	−	−	−	+

$f(x)=0$ 在区间 $(2,3)$ 内有解，且当 $x\in(2,3)$ 时，$f'(x)=3x^2-4x-4>0$，可知 $x^3-2x^2-5=0$ 在区间 $(2,3)$ 内有唯一的根.

例 2 求方程 $x^3-2x^2-4x-7=0$ 的一个有解区间.

解 取连续函数 $f(x)=x^3-2x^2-4x-7$，由于 $f(0)=-7<0$，$f(10)>0$，可知 $f(x)$ 至少有一个大于零的解. 设从 $x=0$ 出发，取 $h=1$ 为步长，计算各步上的函数值，结果见表 15-2.

表 15-2

x	0	1	2	3	4
$f(x)$	−	−	−	−	+

$f(x)=0$ 在区间 $(3,4)$ 内有解，且当 $x\in(3,4)$ 时，$f'(x)=3x^2-4x-4>0$，可知 $x^3-2x^2-4x-7=0$ 在区间 $(3,4)$ 内有唯一的解.

在具体运用上述方法时，步长 h 的选择很关键. 只要步长 h 选取的足够小，则利用此方法便可以得到具有任意精度的近似根，也可以找出方程所有的有根区间. 但当 h 缩小时，所要搜索的步数相应增加，从而使计算量增大. 因此，当精度要求较高时，可以先采用逐步搜索法取得方程一个较小的有根区间，再使用适当的方法求根.

15.2.2 二分法

在求非线性方程根的方法中，最简单、最直观的方法是二分法. 二分法的**基本思想**：将 $f(x)=0$ 有根区间 $[a,b]$ 从中点一分为二，通过判断中点函数值的符号，利用连续函数的方程根判别定理，逐步对半缩小有根区间，直至将有解区间的长度缩小到误差范围之内，然后取区间的中点为根 x^* 的近似值. 其具体做法如下图 15-2：

设 $f(x)$ 为连续函数，有根区间为 $[a,b]$，取中点 $x_0=\dfrac{a+b}{2}$，计算 $f(x_0)$，若 $f(x_0)=0$，则解 $x^*=x_0$；否则，若 $f(x_0)$ 与 $f(a)$ 同号，则所求解 x^* 应落在 x_0 的右侧，取 $a_1=x_0$，$b_1=b$；若 $f(x_0)$ 与 $f(a)$ 异号，则所求解 x^* 应落在 x_0 的左侧，取 $a_1=a$，$b_1=x_0$，这样得到新的有根区间 $[a_1,b_1]$，其长度为 $[a,b]$ 的一半. 如此反复上述过程，即得

$$[a,b]\supset[a_1,b_1]\supset[a_2,b_2]\supset\cdots\supset[a_n,b_n]\supset\cdots$$

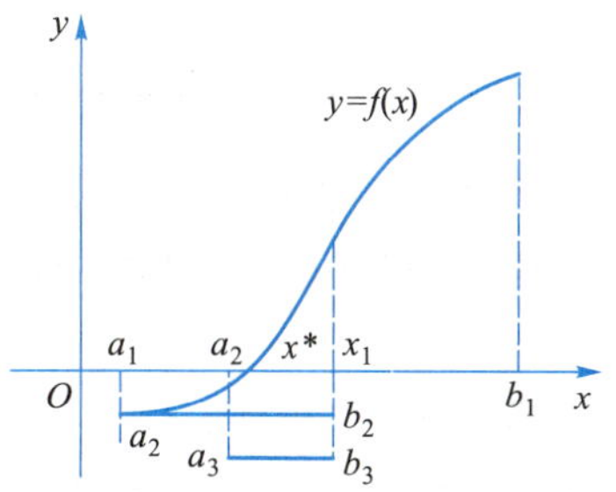

图 15-2

重复上述过程 n 次后，有根区间 $[a_n,b_n]$ 的长度为

$$b_n-a_n=\frac{b-a}{2^n}.$$

由极限思想可知：当 $n\to\infty$ 时，区间 $[a_n,b_n]$ 的长度必趋向于零，这些区间最终将收敛于一点 x^*，则该点 x^* 就是方程 $f(x)=0$ 的根.

综合上述，二分法的求解过程可归纳为以下步骤：

（1）确定初始有根区间 $[a,b]$：计算 $f(a)$，$f(b)$；

（2）取区间 $[a,b]$ 的中点 $x=\dfrac{a+b}{2}$：计算 $f(x)$；

（3）根据连续函数的方程根判别定理：

若 $f(x)=0$，则 $x^*=\dfrac{a+b}{2}$，终止计算；否则，检验：

若 $f(x)$ 与 $f(a)$ 同号，则以 x 代替 a；

若 $f(x)$ 与 $f(a)$ 异号，则以 x 代替 b.

（4）终止判定：若 $|b-a|<\varepsilon$（ε 为预先给定的精度要求），则终止计算，取 $x^*=\dfrac{a+b}{2}$；否则转（2）.

二分法的算法简单，便于计算机编程实现，对函数 $f(x)$ 的性质要求不高，仅要求 $f(x)$ 连续且在区间端点的函数值异号，精确度也能得到保证，缺点是速度较慢.

例 3 求方程 $x^3-2x^2-5=0$ 的根，要求精确到小数点后的第二位.

解 由例 1 可知：$f(x)=0$ 在区间 $(2,3)$ 内有根，因此取 $a=2$，$b=3$，由于要求精确到小数点后的第二位，故方程根的近似值 x^* 的绝对误差为 $\varepsilon=0.005$. 其详细计算结果见表 15－3.

表 15－3

n	a_n	b_n	x_n	$f(x_n)$ 的符号
0	2	3	2.5	+
1	2	2.5	2.25	+
2	2	2.25	2.125	+
3	2	2.125	2.062 5	−
4	2.062 5	2.125	2.093 75	−
5	2.093 75	2.125	2.109 375	+

所以，方程的近似根 $x^*=2.10$.

例 4 求方程 $x^3-2x^2-4x-7=0$ 在区间 $[3,4]$ 内的根，要求精确到小数点后的第二位.

解 由例 2 可知，$f(x)=x^3-2x^2-4x-7=0$ 在区间 $[3,4]$ 内有根，因此取 $a=3$，$b=4$，由于要求精确到小数点后的第二位，故方程根近似值 x^* 的绝对误差为 $\varepsilon=0.005$. 其详细计算结果见表 15－4.

表 15-4

n	a_n	b_n	x_n	$f(x_n)$的符号
0	3	4	3.5	-
1	3.5	4	3.75	+
2	3.5	3.75	3.625	-
3	3.625	3.75	3.688	+
4	3.625	3.688	3.657	+
5	3.625	3.657	3.641	+
6	3.625	3.641	3.633	+
7	3.625	3.633	3.629	-

所以,方程的近似根 $x^* = 3.63$.

MATLAB 中没有现成的二分法指令命令函数,但可以自己编写二分法程序 M 函数,然后通过调用 M 函数进行运算.下面是用 MATLAB 语言编写的函数文件.

```
function rtn = bisection(fx,xa,xb,n,delta)
% 二分法解方程
% fx 是由方程转化的关于 x 的函数,有 fx = 0
% xa 解区间上限
% xb 解区间下限
% 解区间人为判断输入
%  n 最多循环步数,防止死循环
%  delta 为允许误差
x = xa;
fa = eval(fx);
x = xb;
fb = eval(fx);
disp('  [   n        xa        xb        xc        fc   ]');
for i = 1:n
    xc = (xa + xb)/2;
    x = xc;
    fc = eval(fx);
    X = [i,xa,xb,xc,fc];
    disp(X),
    if fc * fa < 0
        xb = xc;
    else
        xa = xc;
```

```
        end
        if (xb - xa) < delta
           break;
        end
end
```

例 5 用二分法求方程 $x^4-2x-1=0$ 在区间[1,1.5]内的一个实根,要求两次近似值之间的误差不超过 0.001.

解

输入命令:

```
>>f ='x^4 -2 * x -1';
>>bisection(f,1,1.5,20,10^( -3))
```

输出结果:

```
[  n          xa          xb          xc          fc  ]
 1.0000     1.0000      1.5000      1.2500     -1.0586
 2.0000     1.2500      1.5000      1.3750     -0.1755
 3.0000     1.3750      1.5000      1.4375      0.3950
 4.0000     1.3750      1.4375      1.4063      0.0982
 5.0000     1.3750      1.4063      1.3906     -0.0415
 6.0000     1.3906      1.4063      1.3984      0.0276
 7.0000     1.3906      1.3984      1.3945     -0.0071
 8.0000     1.3945      1.3984      1.3965      0.0102
 9.0000     1.3945      1.3965      1.3955      0.0015
```

15.2.3 迭代法

迭代法是数值计算中一类典型的“不精确”算法,主要是用某种收敛于所给问题的精确解的极限过程来逐步逼近精确解,从而可以用有限步骤算出精确解的具有指定精确度的近似解的一种计算方法,是求方程根最重要的方法之一,也是其他各种迭代法的基础.迭代法的**基本思想**:已知非线性方程的一个近似根,通过构造一个递推关系,即迭代公式,使用这个迭代公式反复校正根的近似值,计算出方程的一个根的近似值序列,使之逐步精确化,直到满足给定的精确度要求为止.其特点是算法的逻辑结构、数据组织清晰简单,容易编程实现.随着计算机在各学科的普遍使用,迭代法的应用更为广泛.

1. 不动点迭代法

迭代法是一种逐次逼近的方法.其本质是用某种收敛于所给问题精确值的极值过程,逐步逼近精确解.该方法使用某个固定公式,通过反复校正根的近似值,直到满足精确要求为止.对于给定方程

$$f(x)=0, \tag{1}$$

其中,$f(x)$在有根区间$[a,b]$上是连续函数,将其改写为等价形式,即

$$x=\varphi(x). \tag{2}$$

在$[a,b]$上任取初值 x_0 作为根的初始近似值，并代入式(2)的右端，得到根的改进初始近似值 $x_1=\varphi(x_0)$，如此反复进行，便得到迭代公式

$$x_{n+1}=\varphi(x_n),\quad n=0,1,2,\cdots, \tag{3}$$

如果 $\varphi(x)$是连续函数，且$\lim\limits_{n\to\infty}x_n=x^*$存在，则对式(3)两边取极限，即得

$$x^*=\varphi(\lim_{n\to\infty}x_n)=\varphi(x^*),$$

所以 x^* 是 $f(x)=0$ 的一个根. 这时称迭代公式(3)是收敛的；否则，就是发散的. x_0 称为初始近似值. x_n 称为 n 次近似值. $\varphi(x)$称为迭代函数.

$$x_{n+1}=\varphi(x_n),n=0,1,2,\cdots,$$

称为迭代公式.

2. 不动点迭代的几何意义

几何上来看迭代过程(15-3)，即方程 $x=\varphi(x)$的求根问题实际上就是求曲线 $y=\varphi(x)$与直线 $y=x$ 的交点 P^* 的横坐标. 对于 x^* 的某个近似值 x_0，在曲线 $y=\varphi(x)$上可以确定一个点 $P_0(x_0,y_0)$，过 P_0 引平行于 x 轴的直线，设交直线 $y=x$ 于点 Q_1，然后过 Q_1 再做平行于 y 轴的直线，它与曲线 $y=\varphi(x)$的交点记为 P_1，则点 P_1 的横坐标为 x_1，纵坐标等于 $\varphi(x_1)=x_2$. 继续下去，则在曲线 $y=\varphi(x)$上得到一个点列 $P_1,P_2,\cdots$，此点列沿曲线趋向于 P^*，而点列的横坐标 $x_{n+1}=\varphi(x_n)$收敛到所求的根 x^*. 若曲线 $y=\varphi(x)$与直线 $y=x$ 无交点，则 x_n 将发散.

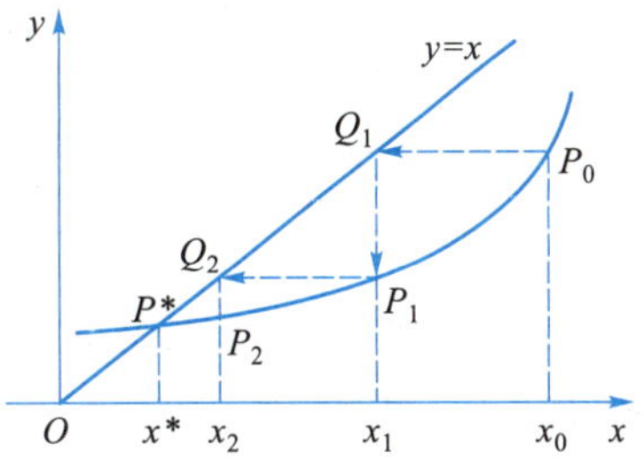

图 15-3

迭代法的几何过程

无锡职业技术学院—杨先伟

若迭代序列收敛，则必收敛到方程的根，因此迭代法的核心问题是迭代序列是否收敛. 用迭代法确定方程的近似根，必须解决下述两个问题：

(1) 如何确定迭代函数 $\varphi(x)$使迭代序列对任意给定的初值收敛，如果无法保证迭代法对任意初值都收敛，则必须给出选取 x_0 的可执行的量化标准.

(2) 当迭代序列收敛时，如何估计 n 次近似解的误差以决定迭代过程是否结束.

例 6 用迭代法求方程 $x^3-x-1=0$ 的根，要求误差不超过 0.005.

解 将原方程 $x^3-x-1=0$ 改写成 $x=\sqrt[3]{x+1}$，从而得迭代公式

$$x_{n+1}=\sqrt[3]{x_n+1},n=0,1,2,3,\cdots,$$

取初始值 $x_0=1$，迭代结果见表 15-5.

表 15-5

n	x_n	n	x_n
0	1.500 0	4	1.324 9
1	1.357 2	5	1.324 8
2	1.330 9	6	1.324 7
3	1.325 9	7	1.324 7

由表 15 - 5 可见，如果误差不超过 0.005，可以认为 x_7 实际已经满足方程，从而得到所求的根 $x^* = 1.324\,7$.

例 7 求方程 $x = e^{-x}$ 在 $x_0 = 0.5$ 附近的近似根，要求误差不超过 0.000 5.

解 设 $f(x) = x - e^{-x}$. 首先取 $h = 0.1$，采用逐步搜索法确定有根区间，由 $f(0.5) \times f(0.6) < 0$ 知方程在区间[0.5, 0.6]上有一个根，取迭代公式

$$x_{n+1} = e^{-x_n}, n = 0, 1, 2, \ldots,$$

取初始值 $x_0 = 0.5$，迭代结果见表 15 - 6.

表 15 - 6

n	x_n	n	x_n
0	0.5	6	0.564 86
1	0.606 53	7	0.568 44
2	0.545 24	8	0.566 41
3	0.579 70	9	0.567 56
4	0.560 07	10	0.566 91
5	0.571 17	11	0.567 28

由表 15 - 6 可见，如果误差不超过 0.005，可以认为 x_7 实际已经满足方程，从而得到所求的根 $x^* = 0.567$.

3. 不动点迭代 MATLAB 求解

MATLAB 中没有现成的不动点迭代指令命令函数，但可以自己编写不动点迭代程序 M 函数，然后通过调用 M 函数进行运算. 下面是用 MATLAB 语言编写的函数文件.

```
%不动点迭代法程序:
function  [y,n] = BDD(f,x,m,delta)
x1 = eval(f);
n = 1;
disp('  [   n        x   ]');
while (norm(x1 - x) > = delta)&&(n < = m)
        x = x1;
        x1 = eval(f);
        X = [n,x1];
        disp(X),
        n = n + 1;
end
y = x1;
```

例 8 采用不动点迭代法计算非线性方程 $x^3 + 4x^2 - 10 = 0$，在区间[1,2]上的一个根，要求误差不超过 0.001.

解

输入命令：

```
>>syms  x;
>>f=sqrt(2.5-(x^3)/4);
>>BDD(f,1,100,10^(-3))
```

输出结果：

```
      [   n          x  ]
        1.0000    1.2870
        2.0000    1.4025
        3.0000    1.3455
        4.0000    1.3752
        5.0000    1.3601
        6.0000    1.3678
        7.0000    1.3639
        8.0000    1.3659
        9.0000    1.3649
       10.0000    1.3654
ans =
        1.3654
```

15.2.4　牛顿法（切线法）

一般的迭代法是建立等价的代数方程，从而得到迭代公式，但构造出来的迭代公式是否收敛往往随意性比较大，对同一个方程如果迭代公式取得好则收敛；否则不收敛. 牛顿法是方程求根问题的一个基本方法，它的**基本思想**：将非线性方程 $f(x)=0$ 逐步线性化而形成迭代公式，用近似线性方程代替原方程的构造方法.

1. 牛顿迭代公式

设方程 $f(x)=0$ 的一个近似根为 x_0，用 $f(x)$ 在 x_0 处的微分来代替函数的改变量，即有

$$f(x)\approx f(x_0)+f'(x_0)(x-x_0),$$

则得到 $f(x)=0$ 的近似方程

$$f(x)\approx f(x_0)+f'(x_0)(x-x_0)=0,$$

这是一个线性方程，设 $f'(x_0)\neq 0$，则得

$$x=x_0-\frac{f(x_0)}{f'(x_0)},$$

取 $x_1=x_0-\dfrac{f(x_0)}{f'(x_0)}$ 作为原方程的一个新的近似根 x_1，即

$$x_1=x_0-\frac{f(x_0)}{f'(x_0)},$$

继续上述过程，得到一般迭代公式

$$x_{n+1}=x_n-\frac{f(x_n)}{f'(x_n)},\qquad n=0,1,2,\cdots,\tag{4}$$

这就是著名的牛顿迭代公式,这种迭代法称为牛顿迭代法.

2. 牛顿迭代法的几何意义

牛顿迭代法有明显的几何意义(图 15-4):方程 $f(x)=0$ 的根 x^* 在几何上为曲线 $y=f(x)$ 与 x 轴交点的横坐标. 设 x_n 是根 x^* 的某个近似值,过曲线 $y=f(x)$ 上横坐标为 x_n 的点 $p_n(x_n,f(x_n))$ 做切线,则该切线的方程为

$$y=f(x_n)+f'(x_n)(x-x_n),$$

于是该切线与 x 轴交点的横坐标 x_{n+1} 必满足

$$f(x_n)+f'(x_n)(x-x_n)=0,$$

若 $f'(x_n)\neq 0$,则解出 x_{n+1} 便得牛顿迭代公式(4). 所以牛顿迭代法就是用切线的根来逐步逼近方程 $f(x)=0$ 的根 x^*,因而也称为切线法.

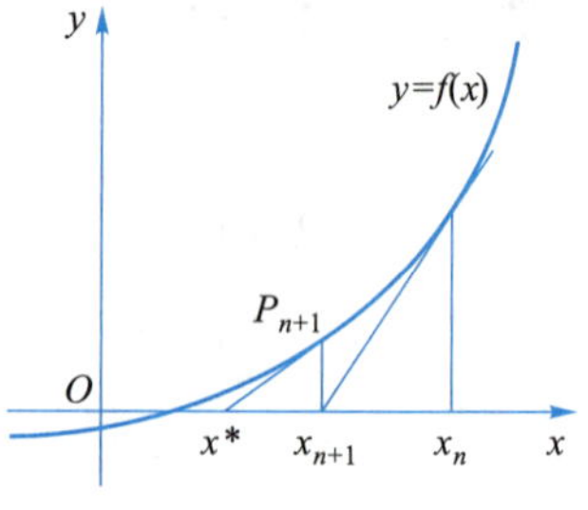

图 15-4

综前所述,牛顿法的计算步骤可归纳如下:

(1) 选定初始近似值 x_0,精度要求为 ε,计算 $f(x)$ 的导数 $f'(x)$,计算 $f(x_0)$,$f'(x_0)$;

(2) 确定迭代公式:$x_1=x_0-\dfrac{f(x)}{f'(x_0)}$,迭代一次得到 x_1,并计算 $f(x_1)$;

(3) 如果 $|x_1-x_0|<\varepsilon$,则终止迭代,x_1 就是方程式的近似根;否则,令 $x_1=x_0$,执行(2).

例 9 用牛顿法求方程 $x^3+2x^2+10x-20=0$ 在 1 附近的根.

解 令 $f(x)=x^3+2x^2+10x-20=0$,则 $f'(x)=3x^2+4x+10$,由牛顿迭代公式

$$x_{n+1}=x_n-\frac{f(x_n)}{f'(x_n)},$$

代入整理得

$$x_{n+1}=x_n-\frac{x_n^3+2x_n^2+10x_n-20}{3x_n^2+4x_n+10},n=0,1,2,\ldots,$$

取初始值 $x_0=1$,迭代结果见表 15-7.

由表 15-7 可见,经过 4 次迭代即可精确到小数点后 6 位,$x^*=1.368\ 808\ 1$.

例 10 用牛顿法求方程 $e^{2x}+3x-7=0$ 的根.

解 令 $f(x)=e^{2x}+3x-7$,由牛顿迭代公式得

$$x_{n+1}=x_n-\frac{e^{2x_n}+3x_n-7}{2e^{x_n}+3},$$

取初始值 $x_0=1$,迭代结果见表 15-8.

由表 15-8 可见,经过 5 次迭代即可精确到小数点后 6 位,$x^*=0.772\ 058$.

表 15-7

n	x_n
0	1
1	1.411 764 71
2	1.369 336 47
3	1.368 808 19
4	1.368 808 10

表 15-8

n	x_n
1	0.809 369
2	0.773 105
3	0.772 059
4	0.772 058
5	0.772 058

3. 牛顿迭代法 MATLAB 求解

MATLAB 中没有现成的牛顿迭代法指令命令函数,可以自己编写牛顿迭代法程序 M 函数,然后通过调用 M 函数进行运算.下面是用 MATLAB 语言编写的函数文件.

```
function [x,n] = Newtondd(f,x,m,delta)
%%牛顿迭代法,求 f(x) = 0 在某个范围内的根.
%%f 为 f(x),x 为迭代初值,m 为最大迭代步数,delta 为迭代精度.n 为迭代次数
x1 = x - eval(f)/eval(diff(f));
n = 1;
disp('  [    n          x   ]');
while abs(x - x1) > delta&&(n < = m),
        x = x1;
        x1 = x - eval(f)/eval(diff(f));
        X = [n,x1];
        disp(X),
        n = n + 1;
end
y = x1;
```

例 11 牛顿迭代法计求方程 $x^4+4x^3-7=0$,在 1 附近的根,要求误差不超过 0.001.

解

输入命令:

```
>> syms  x;
>> f = x^4 + 4 * x^3 - 7;
>> newton(f,1,100,10^( - 3))
```

输出结果:

```
    [    n          x    ]
      1.0000    1.1108
      2.0000    1.1106
ans =
      1.1108
```

15.2.5 弦截法

牛顿迭代法解非线性方程 $f(x)=0$ 时,是用曲线 $y=f(x)$ 上的点 $(x_k,f(x_k))$ 的切线代替曲线 $y=f(x)$,将切线与 x 轴交点的横坐标 x_{k+1} 作为方程 $f(x)=0$ 的近似根.由导数的几何意义可知,曲线 $y=f(x)$ 的切线可以看成割线的极限,用割线代替切线求方程的根得到迭代公式的方法称为**弦截法**.弦截法**基本思想**:设非线性方程 $f(x)=0$,$y=f(x)$ 在 $[a,b]$ 上连续,且 $f(a)f(b)<0$,将过曲线上两点 $(x_{k-1},f(x_{k-1}))$ 和 $(x_k,f(x_k))$ 的割线与 x 轴交点的横坐标 x_{k+1} 作为方程 $f(x)=0$ 的近似根.

1. 弦截法迭代公式

对于牛顿法迭代公式

$$x_{n+1}=x_n-\frac{f(x_n)}{f'(x_n)},$$

用 $\frac{f(x_n)-f(x_{n-1})}{x_n-x_{n-1}}$ 近似代替 $f'(x_n)$ 可得迭代公式

$$x_{n+1}=x_n-\frac{f(x_n)}{f(x_n)-f(x_{n-1})}(x_n-x_{n-1}). \tag{5}$$

2. 弦截法的几何意义

设方程 $f(x)=0$ 的一个有根区间为 $[a,b]$，连接曲线 $y=f(x)$ 上的两点 $A(a,f(a))$ 和 $B(b,f(b))$（图15－5）得弦 AB，令 $x_0=a,x_1=b$，则弦 AB 的方程为

$$y=f(x_1)+\frac{f(x_1)-f(x_0)}{x_1-x_0}(x-x_1).$$

令 $y=0$，得弦 AB 与 x 轴交点为

$$x_2=x_1-\frac{f(x_1)}{f(x_1)-f(x_0)}(x_1-x_0),$$

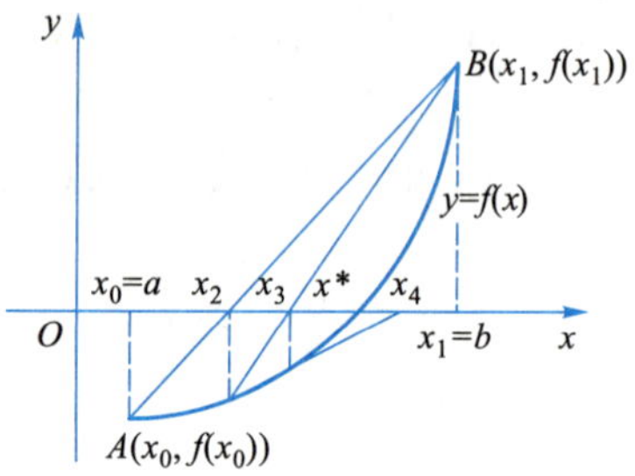

图 15－5

以 x_2 作为方程根 x^* 的一个近似值，又过曲线 $y=f(x)$ 上的两点 $(x_1,f(x_1))$ 和 $(x_2,f(x_2))$ 做弦，得它与 x 轴的交点为

$$x_3=x_2-\frac{f(x_2)}{f(x_2)-f(x_1)}(x_2-x_1),$$

则 x_3 作为根 x^* 的一个新近似根. 这样继续下去，得到一般迭代公式(5).

综上所述，弦截法的计算步骤可归纳如下：

(1) 选定初始近似值为 x_0 和 x_1，精度要求为 ε_1 和 ε_2，计算 $f(x_0),f(x_1)$；

(2) 写出迭代公式 $x_2=x_1-\frac{f(x_1)}{f(x_1)-f(x_0)}(x_1-x_0)$，迭代一次得到新的近似值 x_2 并计算 $f(x_2)$；

(3) 如果 $|f(x_2)|<\varepsilon_1$ 或 $|x_2-x_1|<\varepsilon_2$，则终止迭代，x_2 就是方程式的近似根；否则，以 $(x_1,f(x_1))$ 和 $(x_2,f(x_2))$ 分别代替 $(x_0,f(x_0))$ 和 $(x_1,f(x_1))$，转(2)继续迭代.

例 12 用弦截法求方程 $2x^3-5x-1=0$ 在区间 $[1,2]$ 内根的近似值.

解 令 $f(x)=2x^3-5x-1$，由弦截法迭代公式

$$x_{n+1}=x_n-\frac{f(x_n)}{f(x_n)-f(x_{n-1})}(x_n-x_{n-1}),$$

代入整理得

$$x_{n+1}=x_n-\frac{2x_n^3-5x_n-1}{2x_n^3-5x_n-2x_{n-1}^3+5x_{n-1}}(x_n-x_{n-1}),$$

取初值 $x_0=1,x_1=2$，迭代结果见表 15－9.

表 15 - 9

n	x_n	n	x_n
1	1.444 4	4	1.672 3
2	1.613 9	5	1.673 0
3	1.687 1	6	1.673 0

由表 15 - 9 可见，经过 6 次迭代即可精确到小数点后 4 位. 弦截法收敛速度比牛顿法较慢，但弦截法的优点是不用计算导数.

3. 弦截法 MATLAB 求解

MATLAB 中没有现成的弦截法指令命令函数，可以自己编写弦截法程序 M 函数，然后通过调用 M 函数进行运算. 下面是用 MATLAB 语言编写的函数文件.

```
function [y,n] = Secant(f,x0,x1,m,delta)
%%弦截法,求 f(x) = 0 在某个范围内的根.
%%f 为 f(x),x0,x1 为迭代初值,m 为最大迭代步数,delta 为迭代精度,n 为
迭代次数.
ff = inline(f,'x');
x2 = x1 - ff(x1)/ff(x1) - ff(x0) * (x1 - x0);
n = 1;
disp('    [    n           x    ]');
while abs(x2 - x1) > delta&&(n < = m),
        x0 = x1;
        x1 = x2;
        x2 = x1 - ff(x1)/(ff(x1) - ff(x0)) * (x1 - x0);
        X = [n,x2];
        disp(X),
        n = n + 1;
end
y = x2;
```

例 13 牛顿迭代法计求方程 $x^7 + 5x^2 - 9 = 0$ 在 [1,2] 内的根，要求误差不超过 0.001.

解

输入命令：

```
>> syms  x;
>> f = x^7 + 5 * x^2 - 9;
>> Secant(f,1,2,100,10^( - 3))
```

输出结果：

```
    [    n          x    ]
    1.0000    1.9830
```

```
        2.0000    1.9667
        3.0000    1.6813
        4.0000    1.5295
        5.0000    1.3672
        6.0000    1.2514
        7.0000    1.1767
        8.0000    1.1465
        9.0000    1.1404
       10.0000    1.1400
ans =
        1.1400
```

练习 15.2

1. 用二分法求方程.

(1) $x^3-2x^2-4x=0$ 在(3,4)内的根,精确到 0.001;

(2) $x^2-x-1=0$ 的正根,要求误差小于 0.001.

2. 用迭代法求方程.

(1) $x^3-2=0$ 在(1,2)内的根;

(2) $x-2^{-x}=0$ 在(0,1)内的根.

3. 用牛顿法求方程.

(1) $x^2-2x-4=0$ 的正根;

(2) $x^2-2x-1=0$ 的正根,要求误差小于 0.01.

4. 用弦截法求方程.

(1) $x^3-x^2-2x-1=0$ 的正根;

(2) $\cos x=\frac{1}{2}+\sin x$ 的最小正根.

习题 15.2

1. 用二分法求方程.

(1) $x-2^{-x}=0$ 在(0,1)内的根;

(2) $e^x-x^2+3x-2=0$ 在(0,1)内的根.

2. 证明方程 $x^3+1.1x^2+0.9x-1.4=0$ 在(0,1)内有唯一实根,并用迭代法求这个根的近似值,使其误差不超过 0.001 .

3. 分别用下列方法求方程 $4\cos x=e^x$ 在 $x_0=\frac{\pi}{4}$邻近的根,要求保留 3 位有效数字.

(1) 用牛顿法,取 $x_0=\frac{\pi}{4}$;

(2) 用割线法,取 $x_0=\frac{\pi}{4},x_1=\frac{\pi}{2}$.

4. 方程 $x^3-x^2-1=0$ 在 $x=1.5$ 附近有根,把方程写成下面三种不同的等价形式:

(1) $x=1+\frac{1}{x^2}$,对应的迭代公式为 $x_{k+1}=1+\frac{1}{x_k^2}$;

(2) $x^3=1+x^2$,对应的迭代公式为 $x_{k+1}=\sqrt[3]{1+x_k^2}$;

(3) $x^2=\frac{1}{x-1}$,对应的迭代公式为 $x_{k+1}=\sqrt{\frac{1}{x_k-1}}$.

判断以上三种迭代在 $x_0=1.5$ 时的收敛性,选一种收敛公式求出 $x_0=1.5$ 附近的根,精确到 4 位有效数字.

5. 用牛顿法求方程 $f(x)=x^3-2x^2-4x-7=0$ 在 $[3,4]$ 中的根.

§15.3 线性方程组的数值解法

在科学研究和工程计算中,经常会遇到求解线性方程组的问题,线性方程组的数值解法是数值计算中的重要内容. 线性方程组的解法比较多,比较常见的方法有两种,即克拉默法则和初等变换. 克拉默法则虽然给出了线性方程组解的具体形式,但当方程的个数比较多时,其计算量很大,解线性方程组很难实现,因此初等变换就成了更好的选择.

15.3.1 高斯消去法

如果一个线性方程组的系数矩阵是上三角矩阵时,这种方程组我们称之为上三角方程组,它是很容易求解的. 我们只要把方程组的最下面的一个方程求解出来,将求得的解代入倒数第二个方程,求出第二个解,依次往上回代求解. 然而,现实中大多数线性方程组都不是上面所说的上三角方程组,自然地,我们可以把不是上三角的方程组通过一定的算法化成上三角方程组,从而可以很方便地求出方程组的解. 高斯消元法的目的就是把一般线性方程组简化成上三角方程组. **高斯消元法的基本思想**是:通过逐次消元将所给的线性方程组化为上三角方程组,继而通过回代过程求解线性方程组.

设有线性方程组

$$\begin{cases} a_{11}x_1 + a_{12}x_2 + a_{13}x_3 = b_1, \\ a_{21}x_1 + a_{22}x_2 + a_{23}x_3 = b_2, \\ a_{31}x_1 + a_{32}x_2 + a_{33}x_3 = b_3, \end{cases} \tag{1}$$

若 $a_{11} \neq 0$,则以 $-\dfrac{a_{i1}}{a_{11}}$乘以第一个方程加到第 i 个方程($i=2,3$),就把方程组(1)化为

$$\begin{cases} a_{11}x_1 + a_{12}x_2 + a_{13}x_3 = b_1, \\ a_{22}^{(1)}x_2 + a_{23}^{(1)}x_3 = b_2^{(1)}, \\ a_{32}^{(1)}x_2 + a_{33}^{(1)}x_3 = b_3^{(1)}, \end{cases} \tag{2}$$

其中

$$a_{ij}^{(1)} = a_{ij} - \frac{a_{i1}}{a_{11}}a_{1j}, b_i^{(1)} = b_i - \frac{a_{i1}}{a_{11}}b_1, i=2,3, j=2,3. \tag{3}$$

(3)式右端的4个数,在原方程组中恰好是在某一矩形的顶点,并且这些矩形以 a_{11} 所在位置为公共顶点,按照这种规律计算比较方便. 由方程组(1)化为方程组(2)的过程中,元素 a_{11} 起着特殊的作用,故把元素 a_{11} 称为主元素.

若 $a_{22}^{(1)} \neq 0$,则以 $a_{22}^{(1)}$ 为主元素,又可把方程组(2)化为

$$\begin{cases} a_{11}x_1 + a_{12}x_2 + a_{13}x_3 = b_1, \\ a_{22}^{(1)}x_2 + a_{23}^{(1)}x_3 = b_2^{(1)}, \\ a_{33}^{(2)}x_3 = b_3^{(2)}, \end{cases} \tag{4}$$

其中

$$a_{33}^{(2)}=a_{33}^{(1)}-\frac{a_{32}^{(1)}}{a_{22}^{(1)}}a_{23}^{(1)},\quad b_3^{(2)}=b_3^{(1)}-\frac{a_{32}^{(1)}}{a_{22}^{(1)}}b_2^{(1)}$$

方程组(4)是一个上三角方程组,很容易求解. 如果 a_{11}、$a_{22}^{(1)}$、$a_{33}^{(2)}$ 均不等于零,则解为

$$\begin{cases}x_3=b_3^{(2)}/a_{33}^{(2)}\\x_2=(b_2^{(1)}-a_{23}^{(1)}x_3)/a_{22}^{(1)}\\x_1=(b_1-a_{12}x_2-a_{13}x_3)/a_{11}\end{cases},\tag{5}$$

把方程(1)化为方程组(4)的过程称为消元过程. 由方程组(4)按相反的顺序求解上三角方程组的过程称为回代过程. 消元过程与回代过程一起组成了解线性方程组的高斯消去法的整个过程. 计算步骤如下:

(1) 消元过程

设 $a_{kk}^{(k)}\neq 0$,对 $k=1,2,\cdots,n-1$ 计算

$$\begin{cases}m_{ik}^{(k)}=\dfrac{a_{ik}^{(k)}}{a_{kk}^{(k)}},\\a_{ij}^{(k+1)}=a_{ik}^{(k)}-m_{ik}a_{ik}^{(k)},\\b_i^{(k+1)}=b_i^{(k)}-m_{ik}b_i^{(k)},\end{cases}\quad\begin{matrix}i=k+1,k+2,\cdots,n,\\j=k+1,k+2,\cdots,n.\end{matrix}$$

(2) 回代过程

$$\begin{cases}x_n=\dfrac{b_n^{(n)}}{a_{kk}^{(k)}},\\x_i=\dfrac{1}{a_{ii}^{(i)}}(b_i^{(i)}-\sum\limits_{j=i+1}^{n}a_{ij}^{(i)}x_j),\end{cases}\quad i=n-1,n-2,\cdots,2,1.$$

只要各步主元素不为零,则一个三阶方程组经过两步就可得到一个等价的上三角方程组,然后利用回代过程求得该方程组的解. 同样,对于 n 阶方程组,只要各步主元素不为零,则经过 $n-1$ 步消元,就可得到一个等价的 n 阶上三角方程组,用回代过程就可求得其解.

例 1 用高斯消去法求解方程组 $\begin{cases}x_1-x_{23}=1,\\3x_1+2x_2=8.\end{cases}$

解 用高斯消去法,消元过程为

$$\begin{pmatrix}1&-1&1\\3&2&8\end{pmatrix}\xrightarrow{r_2-3r_1}\begin{pmatrix}1&-1&1\\0&5&5\end{pmatrix},\text{回代过程得 } x_2=\frac{5}{5}=1,\ x_1=2.$$

例 2 用高斯消去法求解方程组 $\begin{cases}2x_1+x_2+x_3=4,\\x_1+3x_2+2x_3=6,\\x_1+2x_2+2x_3=5.\end{cases}$

解 用高斯消去法,消元过程为

$$\begin{pmatrix}2&1&1&4\\1&3&2&6\\1&2&2&5\end{pmatrix}\xrightarrow[r_3-\frac{1}{2}r_1]{r_2-\frac{1}{2}r_1}\begin{pmatrix}2&1&1&4\\0&\frac{5}{2}&\frac{3}{2}&4\\0&\frac{3}{2}&\frac{3}{2}&3\end{pmatrix}\xrightarrow{r_3-\frac{3}{5}r_2}\begin{pmatrix}2&1&1&4\\0&\frac{5}{2}&\frac{3}{2}&4\\0&0&\frac{3}{5}&\frac{3}{5}\end{pmatrix},$$

回代过程得 $x_3=\dfrac{\frac{3}{5}}{\frac{3}{5}}=1$，$x_2=\dfrac{4-\frac{3}{2}}{\frac{5}{2}}=1$，$x_1=\dfrac{4-1-1}{2}=1.$

15.3.2 主元消去法

高斯消去法过程中，始终要求各主对角线元素不等于零，因此当主元素等于零时，消元过程就无法进行下去，或者当主元素很小时，消元过程虽然能进行下去，但由于舍入误差的影响，也可能引起很大的误差.

例如，用高斯消元法求解方程组 $\begin{cases}10^{-9}x_1+2x_2=2,\\x_1+2x_2=3,\end{cases}$ 则有

$$\begin{pmatrix}10^{-9}&2&2\\1&2&3\end{pmatrix}\xrightarrow{r_2-10^9r_1}\begin{pmatrix}10^{-9}&2&2\\0&2-2\times10^9&3-2\times10^9\end{pmatrix},$$ 回代解得

$$x_2=\frac{3-2\times10^9}{2-2\times10^9}\approx1,x_1=\frac{2-2}{10^{-9}}\approx0.$$

这个结果明显是错误的，其原因在于使用了小主元，导致在做运算之前的降阶过程中，扩大了舍入误差.

为了避免上述情况的发生，在消元过程中，选取合适的元素作为主元素是必要的，这就产生了列主元消去法. 列主元素消去法是为控制舍入误差而提出来的一种算法，在高斯消去法的消元过程中，若出现主元为零，则消元无法进行，即使其不为零，但很小，把它作为除数，就会导致其他元素量级的巨大增长和舍入误差的扩散，最后使计算结果不可靠. 使用列主元素消去法计算，基本上能控制舍入误差的影响，并且选主元素比较方便. 下面通过具体的例子说明按列选取主元消去法.

例 3 试用列主元消去法求解下列线性方程组 $\begin{cases}10^{-9}x_1+x_2=2,\\x_1+2x_2=3.\end{cases}$

解

$$\begin{pmatrix}10^{-9}&1&2\\1&2&3\end{pmatrix}\xrightarrow{r_2\leftrightarrow r_1}\begin{pmatrix}1&2&3\\10^{-9}&1&2\end{pmatrix}\xrightarrow{r_2-10^{-9}r_1}\begin{pmatrix}1&2&3\\0&1-2\times10^{-9}&2-3\times10^{-9}\end{pmatrix},$$

回代解得 $x_2=\dfrac{2-3\times10^{-9}}{1-2\times10^{-9}}\approx2,x_1\approx-1.$

例 4 用列主元消去法求解下列线性方程组 $\begin{cases}0.1x_1+0.2x_2+0.1x_3=3,\\4x_1-4x_2+4x_3=9,\\x_1-x_2+4x_3=6.\end{cases}$

解

$$\begin{pmatrix}0.1 & 0.2 & 0.1 & 3\\ 4 & -4 & 4 & 9\\ 1 & -1 & 4 & 6\end{pmatrix}\xrightarrow{r_2\leftrightarrow r_1}\begin{pmatrix}4 & -4 & 4 & 9\\ 0.1 & 0.2 & 0.1 & 3\\ 1 & -1 & 4 & 6\end{pmatrix}\xrightarrow[r_2-0.25r_1]{r_2-0.025r_1}\begin{pmatrix}4 & -4 & 4 & 9\\ 0 & 0.3 & 0 & 2.775\\ 0 & 0 & 3 & 3.75\end{pmatrix},$$

回代解得 $x_3=1.25$，$x_2=9.25$，$x_1=10.25$.

由此可以看出，列主元消去法的精度显著高于高斯消去法. 对于 n 阶方程组，用列主元消去法求解与用高斯消去法求解的方法基本相同，只不过在每步消元之前，必须先按列选取主元，选取了主元后，要适当调换方程在方程组中的位置，然后再消元，经过 $n-1$ 步同样可把方程组化为等价的上三角方程组，再用回代的方法就可求得方程组的解.

下面是用 MATLAB 语言编写的函数文件.

```
function x = gauss(A,b)
[n,n] = size(A);
x = zeros(n,1);
Aug = [A,b];
for k = 1:n-1
    [piv,r] = max(abs(Aug(k:n,k)));
    r = r + k - 1;
    if r>k
       temp =Aug(k,:);
       Aug(k,:) =Aug(r,:);
       Aug(r,:) =temp;
    end
    if Aug(k,k) = =0
      error(''对角元出现 0''),
    end
    for p = k+1:n
        Aug(p,:) =Aug(p,:) -Aug(k,:) * Aug(p,k)/Aug(k,k);
    end
end
A = Aug(:,1:n); b = Aug(:,n+1);
x(n) = b(n)/A(n,n);
for k = n-1:-1:1
    x(k) =b(k);
    for p =n:-1:k+1
        x(k) = x(k) -A(k,p) * x(p);
    end
    x(k) =x(k)/A(k,k);
end
```

例5 设金属原矿含有A,B,C三种有用金属,加工提炼三种金属对应的精矿,其加工提炼后剩下的矿石称为尾矿.其原始数据列如表15-10所示:

表15-10

项目	A金属品位(%)	B金属品位(%)	C金属品位(%)
A金属精矿	71.04	3.71	15.70
B金属精矿	1.20	51.50	30.80
C金属精矿	0.38	0.35	42.38
总尾矿	0.34	0.10	1.40
原矿	3.14	3.63	15.41
原矿	A金属收率	B金属收率	C金属收率
总产率	1	1	1

求三种金属精矿的产率以及总尾矿的产率.

解 设尾矿以及三种金属精矿的产率分别为x_1,x_2,x_3,x_4,则矩阵表达式为

$$\begin{pmatrix} 1 & 1 & 1 & 1 \\ 71.04 & 1.20 & 0.38 & 0.34 \\ 3.71 & 51.50 & 0.35 & 0.10 \\ 15.7 & 30.80 & 42.38 & 1.40 \end{pmatrix}\begin{pmatrix} x_1 \\ x_2 \\ x_3 \\ x_4 \end{pmatrix}=\begin{pmatrix} 1 \\ 3.14 \\ 3.63 \\ 15.41 \end{pmatrix}$$

输入命令:

```
>>A =[1 1 1 1;71.04 1.2 0.38 0.34;3.71 51.5 0.35 0.10;15.7 30.8  42.38
     1.40];
>>b =[1;3.14;3.63;15.41];
>>gaus(A,b)
```

输出结果:

```
ans =
        0.0387
        0.0646
        0.2820
        0.6147
```

用高斯消元法解方程组得解为$\begin{cases} x_1=0.038\,7, \\ x_2=0.064\,6, \\ x_3=0.282\,0, \\ x_4=0.614\,7. \end{cases}$

练习 15.3

用高斯消去法和列主元消去法解方程组.

(1) $\begin{pmatrix}2 & -1 & 3\\4 & 2 & 5\\1 & 2 & 0\end{pmatrix}\begin{pmatrix}x_1\\x_2\\x_3\end{pmatrix}=\begin{pmatrix}1\\4\\7\end{pmatrix}$;　(2) $\begin{pmatrix}11 & -3 & -2\\-23 & 11 & 1\\1 & 2 & 2\end{pmatrix}\begin{pmatrix}x_1\\x_2\\x_3\end{pmatrix}=\begin{pmatrix}3\\0\\-1\end{pmatrix}$.

习题 15.3

1. 高斯消元法解方程组.

(1) $\begin{pmatrix}3 & -1 & 4\\-1 & 2 & -2\\2 & -3 & -2\end{pmatrix}\begin{pmatrix}x_1\\x_2\\x_3\end{pmatrix}=\begin{pmatrix}7\\-1\\0\end{pmatrix}$;　(2) $\begin{pmatrix}2 & 1 & -5 & 1\\1 & -3 & 0 & -6\\0 & 2 & -1 & 2\\1 & 4 & -7 & 6\end{pmatrix}\begin{pmatrix}x_1\\x_2\\x_3\\x_4\end{pmatrix}=\begin{pmatrix}8\\9\\-5\\0\end{pmatrix}$.

2. 列主元消去法解方程组.

(1) $\begin{pmatrix}1 & 2 & 3\\5 & 4 & 10\\3 & -0.1 & 1\end{pmatrix}\begin{pmatrix}x_1\\x_2\\x_3\end{pmatrix}=\begin{pmatrix}1\\0\\2\end{pmatrix}$;　(2) $\begin{pmatrix}1 & 2 & 3 & 4\\2 & -1 & 5 & 12\\10 & 5 & -2 & 8\\-2 & 6 & 10 & -1\end{pmatrix}\begin{pmatrix}x_1\\x_2\\x_3\\x_4\end{pmatrix}=\begin{pmatrix}2\\4\\5\\-3\end{pmatrix}$.

§ 15.4　数据插值

在解决实际问题的生产(或工程)实践和科学实验过程中,通常需要通过研究某些变量之间的函数关系来帮助我们认识事物的内在规律和本质属性,而这些变量之间的未知函数关系又常常隐含在从实验、观测得到的一组数据之中. 因此,能否根据一组实验观测数据找到变量之间相对准确的函数关系就成为解决实际问题的关键. 通过观测数据能否正确揭示某些变量之间的关系,进而正确认识事物的内在规律与本质属性,往往取决于两方面因素:其一是观测数据的准确性或准确程度;其二是对观测数据处理方法的选择.

通过实验观测,得出函数 $y=f(x)$ 在区间 $[a,b]$ 上的一些两两互异的点 $x_0,x_1,\cdots,x_n$ 的函数值 $y_i=f(x_i)(i=0,1,\cdots,n)$,其中,$x_0,x_1,\cdots,x_n$ 称为**节点**. 为了从给定的函数值进一步研究函数的性质,人们往往希望找到一个既能反映函数的特征,又便于计算的简单函数 $P(x)$ 去近似代替 $f(x)$,并且还要求 $P(x)$ 满足条件:$P(x_i)=y_i,(i=1,2,\cdots,n)$,则称这类问题为**插值问题**,称 $P(x)$ 为**插值函数**.

15.4.1　线性插值与抛物线插值

1. 线性插值

线性插值

无锡职业技术学院
—杨先伟

线性插值是数学、计算机图形学等领域广泛使用的一种简单插值方法. 已知函数 $f(x)$ 的两个节点如下表 15－11 所示.

表 15－11

x	x_0	x_1
$f(x)$	y_0	y_1

用一元函数 $y=P_1(x)=ax+b$ 近似代替 $f(x)$,适当选择参数 a,b,使

$$P_1(x_0)=f(x_0),\quad P_1(x_1)=f(x_1),$$

则线性函数 $P_1(x)$ 称为 $f(x)$ 的线性插值函数.

线性插值的几何意义是利用通过两点 $A(x_0,f(x_0))$ 和 $B(x_1,f(x_1))$ 的直线去近似代替曲线 $y=f(x)$,如图 15－6 所示.

因为连接两点 $A(x_0,f(x_0))$ 和 $B(x_1,f(x_1))$ 直线的点斜式方程为

$$y=y_0+\frac{y_1-y_0}{x_1-x_0}(x-x_0),$$

所以可求得 $P_1(x)$ 的表达式为

$$P_1(x)=\frac{x-x_1}{x_0-x_1}y_0+\frac{x-x_0}{x_1-x_0}y_1.$$

这就是所求的线性插值函数.

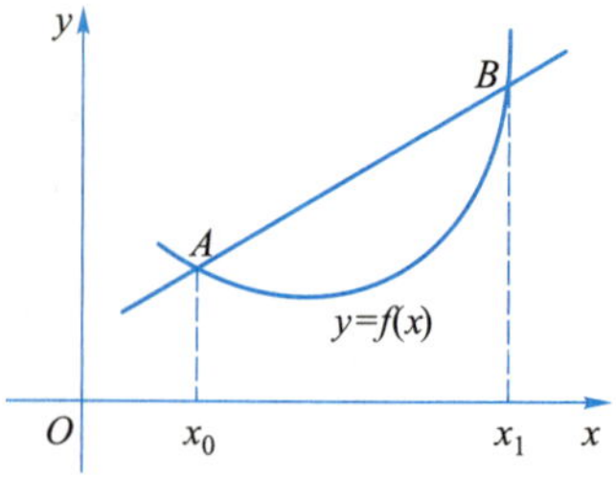

图 15－6

例 1　已知函数 $y=f(x)$ 的函数表 15－12.

表 15－12

x	0	1
$f(x)$	1	2

请建立线性插值函数 $P_1(x)$，计算 $f(0.3)$ 的近似值.

解　线性插值多项式为

$$P_1(x)=\frac{x-1}{0-1}\cdot 1+\frac{x-0}{1-0}\cdot 2=x+1,$$

$$f(0.3)\approx P_1(0.3)=1.3.$$

研究线性插值表达式 $P_1(x)=\dfrac{x-x_1}{x_0-x_1}y_0+\dfrac{x-x_0}{x_1-x_0}y_1$ 的结构. 令 $l_0(x)=\dfrac{x-x_1}{x_0-x_1}$，$l_1(x)=\dfrac{x-x_0}{x_1-x_0}$，不难发现

$$l_0(x_0)=1,\quad l_0(x_1)=0,$$
$$l_1(x_0)=0,\quad l_1(x_1)=1,$$

则线性插值表达式可写成

$$P_1(x)=l_0(x)y_0+l_1(x)y_1, \tag{1}$$

其中 $l_0(x)$，$l_1(x)$ 我们称为**线性插值基函数**. (1) 式说明，线性插值函数可用插值基函数 $l_0(x)$，$l_1(x)$ 的线性组合来构造，类似我们可以定义二次插值多项式.

2. 二次插值(抛物插值)

已知函数 $f(x)$ 的三个节点如下表 15－13 所示.

表 15－13

x	x_0	x_1	x_2
$f(x)$	y_0	y_1	y_2

用一元函数 $P_2(x)=ax^2+bx+c$ 近似代替 $f(x)$，适当选择参数 a，b，使

$$P_1(x_0)=f(x_0),P_1(x_1)=f(x_1),P_1(x_2)=f(x_2),$$

则线性函数 $P_2(x)$ 称为 $f(x)$ 的二次插值函数.

类似线性插值多项式，现在用插值基函数 $l_0(x)$，$l_1(x)$，$l_2(x)$ 的线性组合来构造二次插值函数.

首先求解 $l_0(x)$，由于 $l_0(x)$ 满足：$l_0(x_0)=1$，$l_0(x_1)=0$，$l_0(x_2)=0$，故 $l_0(x)$ 有因式 $(x-x_1)(x-x_2)$，因此存在常数 C，使 $l_0(x)=C(x-x_1)(x-x_2)$.

因为 $l_0(x_0)=1$，所以

$$C=\frac{1}{(x_0-x_1)(x_0-x_2)},$$

从而可求得

$$l_0(x)=\frac{(x-x_1)(x-x_2)}{(x_0-x_1)(x_0-x_2)}.$$

同理

$$l_1(x)=\frac{(x-x_0)(x-x_2)}{(x_1-x_0)(x_1-x_2)},$$

$$l_2(x)=\frac{(x-x_0)(x-x_1)}{(x_2-x_0)(x_2-x_1)}.$$

抛物插值

无锡职业
技术学院
—杨先伟

综上所述,可以求出经过三个节点如表 15－12 的二次插值函数

$$P_2(x)=y_0l_0(x)+y_1l_1(x)+y_2l_2(x).$$

例 2 已知函数 $y=2^x$ 的函数表 15－14.

表 15－14

x	-1	0	1
2^x	0.5	1	2

试建立二次线性插值多项式 $P_2(x)$,计算 $2^{0.3}$的近似值.

解 二次插值多项式为

$$P_2(x)=\frac{(x-0)(x-1)}{(-1-0)(-1-1)}\times 0.5+\frac{(x+1)(x-1)}{(0+1)(0-1)}\times 1+\frac{(x+1)(x-0)}{(2+1)(2-0)}\times 2$$
$$=0.25x^2+0.75x+1,$$

故 $2^{0.3}\approx P_2(0.3)=1.2475$.

例 3 抛物线插值方法求 $\sqrt{115}$.

解 取插值节点 $x_0=100, y_0=10$, $x_1=121$, $y_1=11, x_2=144, y_2=12$,按公式构造抛物线插值函数 $P_2(x)$,于是有

$$P_2(x)=\frac{(x-121)(x-144)}{(100-121)(100-144)}\times 10+\frac{(x-100)(x-144)}{(121-100)(121-144)}\times 11$$
$$+\frac{(x-100)(x-121)}{(144-100)(144-121)}\times 12,$$

带入插值节点

$$\sqrt{115}\approx\frac{(115-121)(115-144)}{(100-121)(100-144)}\times 10+\frac{(115-100)(115-144)}{(121-100)(121-144)}\times 11$$
$$+\frac{(115-100)(115-121)}{(144-100)(144-121)}\times 12=10.7228.$$

15.4.2 拉格朗日插值多项式

$y=f(x)$在区间$[a,b]$上的一些两两互异的点 $x_0,x_1,\cdots,x_n$ 的函数值 $y_i=f(x_i)$,如下数据表 15－15 所示.

表 15－15

n	0	1	…	n
x	x_0	x_1	…	x_n
y	y_0	y_1	…	y_n

求次数不高于 n 的函数 $P_n(x)$,满足:

$$y_i=P_n(x),\quad (i=0,1,\cdots,n).$$

为了确定插值多项式 $P_n(x)$,仍用构造 n 次插值基函数的方法构造 $P_n(x)$.

令

$$P_n(x)=\sum_{k=0}^{n} l_k(x)y_k, \tag{2}$$

其中 $l_k(x)$ 是满足条件

$$l_k(x_j)=\begin{cases}1, j=k,\\0, j\neq k\end{cases}$$

的 n 次多项式，$k=0,1,2\cdots,n$，显然(2)式表示的 $P_n(x)$ 是次数不超过 n 次的代数多项式. 由于

$$l_k(x_j)=0,\quad j\neq k,$$

所以

$$l_k(x)=A_k\prod_{\substack{j=0\\j\neq k}}^{n}(x-x_j).$$

又因为 $l_k(x_k)=1$，可知

$$A_k=\frac{1}{\prod\limits_{\substack{j=0\\j\neq k}}^{n}(x_k-x_j)},$$

于是得到

$$l_k(x)=\prod_{\substack{j=0\\j\neq k}}^{n}\frac{x-x_j}{x_k-x_j}, \tag{3}$$

代入(2)式得

$$P_n(x)=\sum_{k=0}^{n}\left(\prod_{\substack{j=0\\j\neq k}}^{n}\frac{x-x_j}{x_k-x_j}\right)\cdot y_k. \tag{4}$$

(4) 式的插值多项式称为**拉格朗日插值函数**. 由(3)式所表示的 n 次代数多项式 $l_k(x)(k=0,1,2,\cdots,n)$ 称为**拉格朗日插值基函数**.

从(3)式可看到，插值基函数 $l_k(x)(k=0,1,2,\cdots,n)$ 仅与节点有关，与被插值函数 $f(x)$ 无关. 从(4)式则可看到，插值多项式仅由数对 $(x_k,y_k)(k=0,1,2,\cdots,n)$ 确定，但与数对排列序无关.

例 4 试求 4 次拉格朗日插值多项式，满足表 15－16 的插值条件，并求 $x=3$ 时的值.

表 15－16

x	1	2	4	5	6
y	0	2	12	20	70

解 插值条件有 5 个，应求 4 次拉格朗日插值多项式 $P_4(x)$.

由公式(4)得

$$P_4(x)=\frac{(x-2)(x-4)(x-5)(x-6)}{(1-2)(1-4)(1-5)(1-6)}\times 0+\frac{(x-1)(x-4)(x-5)(x-6)}{(2-1)(2-4)(2-5)(2-6)}\times 2$$

$$+\frac{(x-1)(x-2)(x-5)(x-6)}{(4-1)(4-2)(4-5)(4-6)}\times 12+\frac{(x-1)(x-2)(x-4)(x-6)}{(5-1)(5-2)(5-4)(5-6)}\times 20$$

$$+\frac{(x-1)(x-2)(x-4)(x-5)}{(6-1)(6-2)(6-4)(6-5)}\times 70$$

$$=-\frac{1}{12}(x-1)(x-4)(x-5)(x-6)+(x-1)(x-2)(x-5)(x-6)$$

$$-\frac{5}{3}(x-1)(x-2)(x-4)(x-6)+\frac{7}{4}(x-1)(x-2)(x-4)(x-5),$$

故 $$P_4(3)=-\frac{1}{12}\times(-12)+12-\frac{5}{3}\times 6+\frac{7}{4}\times 4=10.$$

15.4.3 拉格朗日插值多项式 MATLAB 求解

从拉格朗日插值多项式公式中可以看出,生成的多项式与用来插值的数据密切相关,数据变化则函数就要重新计算,所以当插值数据特别多的时候,计算量会比较大. MATLAB 中没有现成的拉格朗日插值命令,下面是用 MATLAB 语言编写的 M 函数文件.

```
function yy = Lagrange(x,y,xi)
m = length(x);
n = length(y);
if m ~ = n , error('向量 x 与 y 的长度必须一致'); end;
s =0;
for i =1 : n
   z = ones(1,length(xi));
    for j =1 : n
        if j ~ = i
          z = z.* (xi - x(j))./(x(i) - x(j));
        end
    end
   s = s + z * y(i);
end
yy = s;
```

例 5 在不同的高度水平抛出一个小球,落在不同位置,随机抽取几个高度和对应落点的水平距离,取值如表 15-17 所示.

表 15-17

球号	1	2	3	4	5
距离	0.4	0.7	0.9	1.2	1.5
高度	0.8	1.0	1.2	1.5	1.8

试求满足该表差的拉格朗日插值多项式在高度为 1.0 时对应落点的水平距离.

解

输入命令:

```
>> x = [0.4  0.7  0.9  1.2  1.5];
```

```
>>y =[0.8  1.0  1.2  1.5  1.8];
>>xi =1.0;
>>yi =Lagrange(x,y,xi);
```

输出结果:

```
yi =
     1.3023.
```

15.4.4 分段插值

用插值多项式 $P_n(x)$ 代替被插值函数 $f(x)$，总希望余项 $R_n(x)$ 的绝对值充分小. 当插值节点较多时，插值多项式次数也比较高，这时常有数值不稳定的缺点，即在两个节点之间插值函数与 $f(x)$ 的值相差很大，所以高次插值是不可取的. 由余项表达式可知，适当缩小插值区间的长度，同样可以提高插值精度，所以在实际工作中，常用的是分段一、二、三次插值.

1. 分段线性插值

设在区间 $[a,b]$ 上取 $n+1$ 个节点，满足

$$f(x_0)=y_0, f(x_1)=y_1, \cdots, f(x_n)=y_n,$$

连接相邻两点 (x_{i-1},y_{i-1})，(x_i,y_i)，$(i=0,1,2,\cdots,n)$，得 n 条线段，由 n 条线段可组成一条折线. 把由区间 $[a,b]$ 上这条折线表示的函数称为函数 $f(x)$ 的分段线性插值函数，记做 $\varphi(x)$. $\varphi(x)$ 具有下列性质:

(1) $\varphi(x)$ 可以分段表示，在每个小区间 $[x_i,x_{i+1}]$ 上是线性函数;

(2) $\varphi(x_i)=f(x_i)=y_i(i=0,1,2\cdots,n)$;

(3) 在整个区间 $[a,b]$ 上 $\varphi(x)$ 连续.

分段线性函数的基本函数和分段线性插值函数本身都只能分段表示，其基本函数的图形如图 15－7 所示.

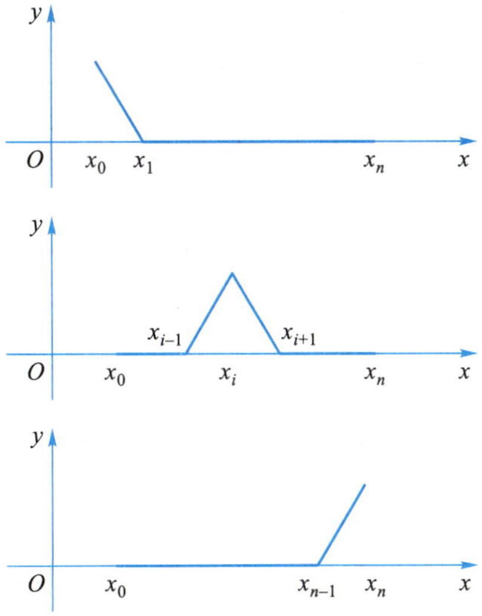

图 15－7

如果只改变一个数据点(x_i,y_i)的纵坐标y_i，则分段线性插值函数仅仅在以x_i为端点的小区间$[x_{i-1},x_i]$，$[x_i,x_{i+1}]$上有相应的改变，在不以x_i为端点的小区间上，分段线性插值函数不会因y_i的改变而有所改变，这是分段线性插值的优点.

2. 分段二次插值

给定区间$[a,b]$上互不相同的节点及函数$y=f(x)$在这些节点处的函数值$y_i=f(x_i)$，可知，二次插值函数为

$$l_2(x)=\frac{(x-x_i)(x-x_{i+1})}{(x_{i-1}-x_i)(x_{i-1}-x_{i+1})}y_{i-1}+\frac{(x-x_{i-1})(x-x_{i+1})}{(x_i-x_{i-1})(x_i-x_{i+1})}y_i+\frac{(x-x_{i-1})(x-x_i)}{(x_{i+1}-x_{i-1})(x_{i+1}-x_i)}y_{i+1},\tag{5}$$

把$\varphi(x)$定义为按(5)式分段表示的区间$[a,b]$上的函数，则称$\varphi(x)$为$f(x)$在区间$[a,b]$上的**分段二次插值函数**，$\varphi(x)$具有下列性质：

(1) $\varphi(x)$在区间$[a,b]$上是连续函数；

(2) $\varphi(x_i)=y_i(i=0,1,2,\cdots,n)$；

(3) 在每个区间$[x_i,x_{i+1}]$上，$\varphi(x)$是次数不超过二次的多项式.

应用二次插值的关键是如何恰当地选择插值节点，应尽可能地在插值点的邻近选取插值节点.

练习 15.4

1. 测得$y=f(x)$的数据表如表 15－18 所示.

表 15－18

x_i	-1	0	1	3
$f(x_i)$	4	-1	2	6

(1) 以分段相连的折线作为$f(x)$图像的近似，试求$f(0.5)$的近似值；

(2) 以线性插值、二次插值多项式作为$f(x)$的近似表达式，试计算$f(0.5)$的近似值.

2. 已知函数$y=f(x)$的数据如表 15－19 所示.

表 15－19

x_i	0	1	2	3
$f(x_i)$	1	3	9	27

求三次拉格朗日插值多项式，并计算$f\left(\frac{1}{2}\right)$的近似值.

习题 15.4

1. 设$x_0=0,x_1=1$，求出$f(x)=3^x$的插值多项式$P_1(x)$.

2. 已知函数表如表 15－20 所示，试用线性插值多项式计算$f(5)$.

表 15－20

x_i	1	4	9
$f(x_i)$	1	2	3

3. 已知函数表如表 15－21 所示,求 $f(x)$ 的二次插值多项式.

表 15－21

x_i	－1	1	2
$f(x_i)$	－3	0	4

4. 已知函数表如表 15－22 所示,求 $f(x)$ 的二次插值多项式.

表 15－22

x_i	－1	0	1
$f(x_i)$	0	2	1

§15.5 最小二乘拟合

15.5.1 最小二乘拟合

最小二乘法

无锡职业技术学院—杨先伟

通过前面的学习我们知道，插值法是用插值多项式来近似函数，并要求它们在某些节点上的函数值相一致. 因此，利用插值多项式可以复制函数在某些节点上的部分特性，而在其他节点上，插值多项式只能近似表示函数，其近似程度随节点数目的多少、节点分布的状况及函数的特性而差异很大. 在实际问题中，当数据点的数量很大时，要求插值函数通过所有数据点，可能失去原函数所表示的规律. 如果数据是由测量所得，必然带有误差，插值法要求函数准确通过这些不准确的数据点的确不合适. 在这种情况下，不用插值而用近似更合理. 因此，怎样从看上去杂乱无章的数据中拟合出合理的近似函数，使近似函数最佳地逼近函数，正是我们下面要来讨论的问题.

例如　已知实验数据表 15－23.

表 15－23

x_i	1	2	3	4
y_i	2	4	5	9

不难发现，上表中的数据的点近乎位于一条直线. 因此可设

$$y=a_0+a_1x, \tag{1}$$

其中，a_0,a_1 为待定的常数. 由于所得到的数据不一定是严格的线性函数，所以表中数据代入(1)式，使 $y=y_i$ 显然是不可能的. 因此在计算 a_0,a_1 时，应使 y 和 y_i 之差要尽可能地接近，则偏差平方和的均值最小，即使得

$$S=\frac{1}{4}\sum_{i=0}^{3}(a_0+a_1x_i-y_i)^2$$

最小. 这时得到的(1)式称为测量数据的**最小二乘拟合一次多项式**.

设变量 x 与 y 的一组数据

$$(x_i,y_i)\ (i=1,2,\cdots,m), \tag{2}$$

任意选取一组系数 $a_0,a_1,\cdots,a_n\ (n\leqslant m)$ 构成多项式

$$P(x)=\sum_{j=0}^{n}a_jx^j=a_0+a_1x+\cdots+a_nx^n, \tag{3}$$

则(2)式与 $P(x)=\sum_{j=0}^{n}a_jx^j=a_0+a_1x+\cdots+a_nx^n$ 偏差平方和的均值为

$$S=\sum_{i=1}^{n}\frac{1}{m}[P(x_i)-y_i]^2, \tag{4}$$

当 S 取到最小时，$P(x)=\sum_{j=0}^{n}a_jx^j=a_0+a_1x+\cdots+a_nx^n$ 与数据(2)式最接近，由偏导数可知，a_k 应满足下列条件，即

$$\frac{\partial S}{\partial a_k}=0, k=1,2,\cdots,n, \tag{5}$$

由于

$$\begin{aligned}\frac{\partial S}{\partial a_k} &= \frac{2}{m}\sum_{i=1}^{m}[P(x_i)-y_i]\frac{\partial P(x_i)}{\partial a_k}\\ &= \frac{2}{m}\sum_{i=1}^{m}\left[\sum_{j=0}^{n}a_j x_i^j - y_i\right]x_i^k\\ &= \frac{2}{m}\left\{\sum_{j=0}^{n}a_j\sum_{i=1}^{m}x_i^{j+k}-\sum_{i=1}^{m}x_i^k y_i\right\},\end{aligned}$$

令

$$s_l=\sum_{i=1}^{m}x_i^l, t_l=\sum_{i=1}^{m}x_i^l y_i, \tag{6}$$

则(5)式可写成

$$\sum_{j=0}^{n}S_{j+k}a_j=t_k, k=1,2,\cdots,n, \tag{7}$$

即 $P(x)$ 的系数 $a_0,a_1,\cdots,a_n$ 满足的方程组,称为**正则方程组**.

便于记忆,记 $\boldsymbol{a}=\begin{pmatrix}a_0\\a_1\\\vdots\\a_n\end{pmatrix}$, $\boldsymbol{y}=\begin{pmatrix}y_0\\y_1\\\vdots\\y_m\end{pmatrix}$, $\boldsymbol{A}=\begin{pmatrix}1 & x_1 & x_1^2 & \cdots & x_1^n\\1 & x_2 & x_2^2 & \cdots & x_2^n\\\vdots & \vdots & \vdots & & \vdots\\1 & x_m & x_m^2 & \cdots & x_m^n\end{pmatrix}$,

则方程组(7)可写成矩阵形式为

$$\boldsymbol{A}^{\mathrm{T}}\boldsymbol{A}\boldsymbol{a}=\boldsymbol{A}^{\mathrm{T}}\boldsymbol{y}. \tag{8}$$

满足正则方程组的多项式 $P(x)=\sum_{j=0}^{n}a_j x^j=a_0+a_1x+\cdots+a_nx^n$ 称为数据(2)式的**最小二乘拟合 n 次多项式**.

例 1 设有一组测得的数据如表 15-24 所示.

表 15-24

x	-1	1	2
y	-3	0	4

试求一条一次曲线,对它们进行最小二乘拟合.

解 设所求的一次曲线为 $y(x)=a_0+a_1x$,则 $\boldsymbol{a}=\begin{pmatrix}a_0\\a_1\end{pmatrix}$,根据表 15-24 我们有

$\boldsymbol{y}=\begin{pmatrix}-3\\0\\4\end{pmatrix}$,$\boldsymbol{A}=\begin{pmatrix}1 & -1\\1 & 1\\1 & 2\end{pmatrix}$,代入(8)式可得正则方程组为$\begin{cases}3a_0+2a_1=1\\2a_0+6a_1=11\end{cases}$,

解得

$$a_0=-\frac{8}{7},\quad a_1=\frac{31}{14},$$

于是所求的拟合曲线为

$$y(x)=-\frac{8}{7}+\frac{31}{14}x.$$

例 2 设有一组测得的数据如表 15-25 所示.

表 15-25

x	-3	-2	-1	0	1	2	3
y	4	2	3	0	-1	-2	-5

试求一条二次曲线,对它们进行最小二乘拟合.

解 设所求的二次曲线为 $y(x)=a_0+a_1x+a_2x^2$,则 $\boldsymbol{a}=\begin{pmatrix}a_0\\a_1\\a_2\end{pmatrix}$,根据表 15-25 我们

有 $\boldsymbol{y}=\begin{pmatrix}4\\2\\3\\0\\-1\\-2\\-5\end{pmatrix}$, $\boldsymbol{A}=\begin{pmatrix}1&-3&9\\1&-2&4\\1&-1&1\\1&0&0\\1&1&1\\1&2&4\\1&3&9\end{pmatrix}$, 代入(8)式可得正则方程组为

$$\begin{cases}7a_0+0\cdot a_1+28a_2=1,\\0\cdot a_0+28a_1+0\cdot a_2=-39,\\28a_0+0\cdot a_1+196a_2=-7,\end{cases}$$

解得

$$a_0=\frac{2}{3},\quad a_1=-\frac{39}{28},\quad a_2=-\frac{11}{84},$$

于是所求的拟合曲线为

$$y(x)=\frac{1}{84}(56-117x-11x^2).$$

15.5.2 最小二乘拟合 MATLAB 求解

MATLAB 软件为最小二乘拟合提供了指令命令函数,用于绘制三维网格图的指令命令函数是 ployfit 函数,具体调用格式如下:

```
ployfit (x,y,n)
```

其中 X 和 Y 表示将要拟合的数据, n 表示多项式的最高阶数.

例 3 弹簧挂上一定重量的物体之后,会按照一定的规律拉伸,弹簧拉伸的数据如表 15-26 所示.

表 15-26

x(cm)	5	10	20	30	40	50	60	70	80
y(kg)	0	19	57	94	134	173	216	256	297

其中 x 表示弹簧长度，y 表示弹簧所挂物体的重量. 试用 MATLAB 软件求一条一次曲线和一条二次曲线，对它们进行最小二乘拟合.

解

输入命令：

```
>>x=[5  10  20  30  40   50   60   70   80];
>>y=[0  19  57  94  134  173  216  256  297];
>>polyfit(x,y,1)
```

输出结果：

```
ans =

        3.9607   -22.1828
```

故最小二乘拟合的一次曲线为 $y=3.9607x-22.1828$.

输入命令：

```
>>x=[5  10  20  30  40   50   60   70   80];
>>y=[0  19  57  94  134  173  216  256  297];
>>polyfit(x,y,2)
```

输出结果：

```
ans =

        0.0035    3.6697   -18.3194
```

故最小二乘拟合的一次曲线为 $y(x)=0.0035x^2+3.6697x-18.3194$.

例 4 下列数据是美国黄松的两个特征值，变量 x 是树身中部测得的直径，单位为 mm，y 是体积的测量值，数据如表 15－27 所示.

表 15－27

x	17	19	20	22	23	25	28	31	32	33	36	37
y	19	25	32	51	57	71	113	140	153	187	192	205

试求 x 和 y 之间的一条一次曲线和一条二次曲线，对它们分别进行最小二乘拟合.

解

输入命令：

```
>>x=[17  19  20  22  23  25  28   31   32   33   36   37];
>>y=[19  25  32  51  57  71  113  140  153  187  192  205];
>>polyfit(x,y,1)
```

输出结果：

```
ans =

        10.0650   -167.1654
```

故最小二乘拟合的一次曲线为 $y(x)=10.0650x-167.1654$.

输入命令：

```
>>x=[5  10  20  30  40   50   60   70   80];
>>y=[0  19  57  94  134  173  216  256  297];
```

```
>>polyfit(x,y,2)
```

输出结果：

```
ans =
        0.1152    3.8152   -87.3804
```

故最小二乘拟合的一次曲线为 $y(x)=0.1152x^2+3.8152x-87.3804$.

练习 15.5

1. 已知数据如下表 15－28 所示，试求拟合公式 $y(x)=a_0+a_1x$.

表 15－28

x	-1	-0.5	0	0.5	1
y	-0.2	0.8	2.0	3.1	4.3

2. 已知数据如下表 15－29 所示，试求拟合公式 $y(x)=a_0+a_1x+a_2x^2$.

表 15－29

x	-2	-1	0	1	3
y	3.4	4.3	2	1.7	7.1

习题 15.5

1. 已知数据如下表 15－30 所示，试求拟合公式 $y(x)=a_0+a_1x$.

表 15－30

x	-1	1	2	5
y	-7	7	-4	5

2. 已知数据如下表 15－31 所示，试求拟合公式 $y(x)=a_0+a_1x+a_2x^2$.

表 15－31

x	1	2	4	5	7
y	-2.1	-0.2	11.4	22.1	48.5

3. 已知数据如下表 15－32 所示，试求拟合公式 $y(x)=a_0+a_1x+a_2x^2$.

表 15－32

x	1	3	5	6	7	8	9	10
y	2	7	8	10	11	10	9	8

§ 15.6 数 值 积 分

15.6.1 数值积分的基本思想

在实际工程应用中，经常遇到进行积分计算的问题. 如果被积函数 $f(x)$ 解析式已知，则可以利用牛顿－莱布尼茨公式 $\int_a^b f(x)\mathrm{d}x = F(b) - F(a)$ 计算积分. 若被积函数 $f(x)$ 解析式未知，仅知道其一些离散的函数值，或者积分函数 $f(x)$ 的原函数 $F(x)$ 根本不存在 $\left(\text{如}\dfrac{\sin x}{x}\right)$；对于这些问题，无法应用牛顿－莱布尼茨公式. 因此，有必要研究计算定积分的数值方法.

由积分中值定理可知：若 $f(x)$ 在区间 $[a,b]$ 连续，则至少存在一点 $\xi \in [a,b]$，使得 $\int_a^b f(x)\mathrm{d}x = (b-a)f(\xi)$ ，$\xi \in [a,b]$ 成立. 曲边梯形的面积等于底为 $b-a$，而高为 $f(\xi)$ 的矩形面积. 如果能为平均高度 $f(\xi)$ 提供一种具体的算法，相应地便获得一种数值积分方法.

一般地，在区间 $[a,b]$ 上适当选取某些节点 x_k，将 $f(x_k)$ 作为 $f(\xi)$ 的近似值，则可构造出如下的求积公式

$$\int_a^b f(x)\mathrm{d}x \approx \sum_{k=0}^{n} f(x_k)A_k, \tag{1}$$

其中 x_k 称为求积节点，A_k 称为求积系数，A_k 仅与节点 x_k 的选取有关，与被积函数 $f(x)$ 无关.

为了使求积公式的形式简单，本节讨论等距节点下，在区间 $[a,b]$ 上用拉格朗日插值函数近似代替被积函数 $f(x)$ 的方法构造求积公式.

15.6.2 牛顿－科茨(Newton－Cotes)求积公式

设 $\int_a^b f(x)\mathrm{d}x$ 为所求定积分. 对积分区间 $[a,b]$ 作 n 等分，记步长 $h=\dfrac{b-a}{n}$，求积节点 $x_i = a+ih\,(i=0,1,2,\cdots,n)$，且对应节点的函数值为 $f(x_i)=y_i$，作变换 $x=a+sh$，则 $\mathrm{d}x = h\mathrm{d}s, x_i - x_j = (i-j)h, x - x_j = (s-j)h, (i,j=0,1,2,\cdots,n)$，从而拉格朗日插值基函数

$$l_i(x) = \prod_{\substack{j=0\\j\neq i}}^{n} \frac{x-x_j}{x_i-x_j} = \prod_{\substack{j=0\\j\neq i}}^{n} \frac{s-j}{i-j}$$

故

$$\begin{aligned}\int_a^b l_i(x)\mathrm{d}x &= h\int_0^n \prod_{\substack{j=0\\j\neq i}}^{n} \frac{s-j}{i-j}\mathrm{d}s\\ &= (b-a)\frac{1}{n}\int_0^n \prod_{\substack{j=0\\j\neq i}}^{n} \frac{s-j}{i-j}\mathrm{d}s\end{aligned}$$

$$= (b-a)\frac{(-1)^{n-i}}{n\cdot i!(n-i)!}\int_0^n \prod_{\substack{j=0\\ j\neq i}}^{n}(s-j)\,\mathrm{d}s$$

记
$$C_i^{(n)} = \frac{(-1)^{n-i}}{n\cdot i!(n-i)!}\int_0^n \prod_{\substack{j=0\\ j\neq i}}^{n}(s-j)\,\mathrm{d}s, \tag{2}$$

则等距节点下的用拉格朗日插值函数代替被积函数 $f(x)$ 的求积公式如下

$$\int_a^b f(x)\,\mathrm{d}x \approx (b-a)\sum_{i=0}^{n} C_i^{(n)} f(x_i), \tag{3}$$

我们称公式(3)为**牛顿－科茨求积公式**,其中 $C_i^{(n)}$ 称为**科茨系数**.

下面给出两个比较常见的牛顿－科茨求积公式.

(1) 当 $n=1$ 时,$x_0=a,x_1=b$,则由公式(2)得

$$C_0^{(1)} = C_0^{(1)} = \frac{1}{2},$$

于是
$$\int_a^b f(x)\,\mathrm{d}x \approx \frac{b-a}{2}[f(a)+f(b)], \tag{4}$$

我们称公式(4)为**梯形公式**.

(2) 当 $n=1$ 时,$x_0=a,x_1=\frac{a+b}{2},x_2=b$,则由公式(2)得

$$C_0^{(2)} = C_2^{(2)} = \frac{1}{6}, \quad C_1^{(2)} = \frac{4}{6},$$

于是

$$\int_a^b f(x)\,\mathrm{d}x \approx \frac{b-a}{6}\left[f(a)+4f\left(\frac{a+b}{2}\right)+f(b)\right], \tag{5}$$

我们称公式(5)为**抛物线求积公式或辛普森(Simpson)求积公式**.

15.6.3 复合梯形求积公式

设 $\int_a^b f(x)\,\mathrm{d}x$ 为所求定积分. 对积分区间 $[a,b]$ 作 n 等分

$$a = x_0 < x_1 < x_2 < \cdots < x_n = b,$$

步长 $h=\frac{b-a}{n}$,积分节点为 $x_i=a+ih(i=0,1,2,\cdots,n)$,且满足 $f(x_i)=y_i$,则

$$\int_a^b f(x)\,\mathrm{d}x = \sum_{i=1}^{n}\int_{x_{i-1}}^{x_i} f(x)\,\mathrm{d}x, \tag{6}$$

对于区间 $[x_i,x_{i+1}]$,应用梯形公式,则

$$\int_{x_{i-1}}^{x_i} f(x)\,\mathrm{d}x \approx \frac{h}{2}(y_{i-1}+y_i),$$

代入(6)式,从而可得

$$\int_a^b f(x)\,\mathrm{d}x \approx \frac{h}{2}[(y_0+y_1)+(y_1+y_2)+(y_2+y_3)+\cdots+(y_{n-1}+y_n)],$$
$$= h\left[\frac{1}{2}(y_0+y_n)+\sum_{i=1}^{n-1} y_i\right]. \tag{7}$$

当 $f(x)$ 在 $[a,b]$ 上连续且非负时，公式(7)有明显的几何意义：$\int_a^b f(x)\mathrm{d}x$ 表示由 $y=f(x)$、x 轴上线段 $[a,b]$ 及直线 $x=a, x=b$ 所界定的曲边梯形的面积；等分 $[a,b]$，把曲边梯形分成 n 个小曲边梯形，以连接 (x_{i-1}, y_{i-1})，(x_i, y_i) 的线段替代曲边得到小梯形，公式(7)表示以小梯形面积和作为积分 $\int_a^b f(x)\mathrm{d}x$ 的近似值(图 15-8). 因此公式(7)称为**复合梯形求积公式**. 这种计算积分的近似值的方法称为**梯形法**.

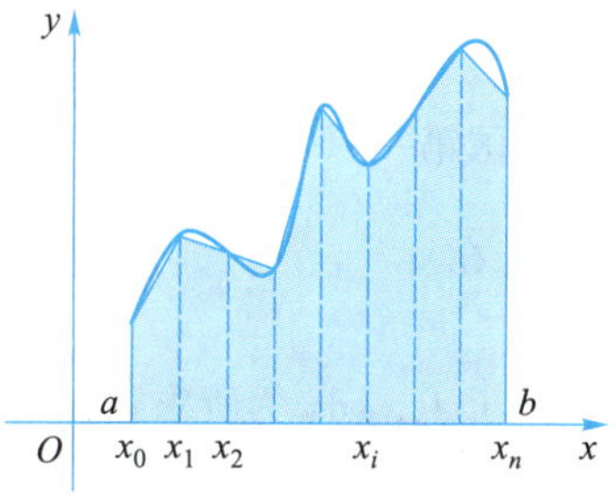

图 15-8

例 1 用复合梯形求积公式计算定积分 $\int_0^1 \frac{\mathrm{d}x}{\sqrt{1+x^3}}$ 的近似值(取 $n=10$，精确到 0.001).

解 被积函数 $y=\frac{1}{\sqrt{1+x^3}}$，步长 $h=\frac{1}{10}=0.1$，分点 $hx_i=\frac{i}{10}(i=1,2,\cdots,10)$，列分点函数值如表 15-33 所示.

表 15-33

x	0	0.1	0.2	0.3	0.4	0.5
y	1	0.999 5	0.996 0	0.986 8	0.969 5	0.942 8
x	0.6	0.7	0.8	0.9	1.0	
y	0.906 8	0.862 9	0.813 3	0.760 5	0.707 1	

应用公式(7)得

$$\int_0^1 \frac{\mathrm{d}x}{\sqrt{1+x^3}} \approx 0.1\times[0.5\times(1+0.707\,1)+(0.999\,5+0.996\,0+0.986\,8)$$
$$+0.969\,5+0.942\,8+0.906\,8+0.862\,9+0.813\,3+0.760\,5]$$
$$\approx 0.909.$$

例 2 【本章导例】 卫星轨道

解 带入参数得我国第一颗人造地球卫星的轨道周长计算公式为：

$$S=311\,30\times\int_0^{\frac{\pi}{2}}\sqrt{1-\frac{\sin^2 x}{64}}\mathrm{d}x$$

令被积函数 $y=\sqrt{1-\frac{\sin^2 x}{64}}$，步长 $h=\frac{\pi}{8}$，列分点函数值如表 15-34 所示.

表 15-34

x	0	$\frac{\pi}{8}$	$\frac{\pi}{4}$	$\frac{3\pi}{8}$	$\frac{\pi}{2}$
y	1.000 0	0.998 9	0.996 1	0.993 3	0.992 1

应用公式得

$$\int_0^{\frac{\pi}{2}}\sqrt{1-\frac{\sin^2 x}{64}}\mathrm{d}x=\frac{\pi}{24}[1.0000+0.9921+2\times0.9961+4\times(0.9989+0.9933)]$$
$$=1.56464231(\mathrm{km})$$

则 $S=31130\times1.56464231=48707.31508764(\mathrm{km})$

所以我国第一颗人造地球卫星的轨道周长约为 48 707.315 千米.

15.6.4 辛普森公式(抛物线公式)

设 $\int_a^b f(x)\mathrm{d}x$ 为所求定积分. 对积分区间$[a,b]$作 n 等分,分点为 $x_i(i=0,1,2,\cdots,n)$. 在小区间$[x_i,x_{i+1}]$上以 $f(x)$ 的线性(拉格朗日)插值 $P_{1,i}(x)$ 近似替代 $f(x)$,得到梯形法;若对积分区间$[a,b]$作 $2n$ 等分

$$a=x_0<x_1<x_2<\cdots<x_{2n}=b,$$

步长 $h=\dfrac{b-a}{2n}$,积分节点为 $x_i=a+ih(i=0,1,2,\cdots,2n)$,且满足 $f(x_i)=y_i$,则

$$\int_a^b f(x)\mathrm{d}x=\sum_{i=0}^{n-1}\int_{x_{2i}}^{x_{2i+1}}f(x)\mathrm{d}x, \tag{8}$$

对于区间$[x_{2i},x_{2i+2}]$,应用抛物线求积公式,则

$$\int_{x_{2i}}^{x_{2i+2}}f(x)\mathrm{d}x\approx\frac{h}{3}(y_{2i}+4y_{2i+1}+y_{2i+2}),$$

代入公式(8)从而可得

$$\int_a^b f(x)\mathrm{d}x\approx\frac{h}{3}[(y_0+y_{2n})+2(y_2+y_4+\cdots+y_{2n-2})+4(y_1+y_3+\cdots+y_{2n-1})]$$
$$=\frac{h}{3}\left[y_0+y_{2n}+2\sum_{i=1}^{n-1}y_i+4\sum_{i=0}^{n-1}y_{2i+1}\right]. \tag{9}$$

公式(9)称为复合**抛物线求积公式**或**辛普森求积公式**,这种计算积分的近似值的方法称为**抛物线法**.

例 3 以抛物线法计算定积分 $\int_0^1\dfrac{\mathrm{d}x}{\sqrt{1+x^3}}$ 的近似值,仍然等分积分区间为 10 等分.

解 应用公式(5)得

$$\int_0^1\frac{\mathrm{d}x}{\sqrt{1+x^3}}\approx\frac{0.1}{3}\times[(1+0.7071)+2(0.9960+0.9695+0.9068+0.8133)$$
$$+4(0.9995+0.9868+0.9428+0.8629+0.7605)]$$
$$\approx0.910.$$

例 4 有一条河,在它的某一横截面处测得河宽为 200 m,从一岸边起,每隔 20 m 测一次河的深度直到对岸,得到如下表 15-35 数据(单位:m).

表 15-35

x	0	20	40	60	80	100	120	140	160	180	200
y	2	5	9	11	13	17	21	15	11	6	2

其中 x_i 表示第 i 个测试点到岸的距离，y_i 表示对应的深度，求这条河在该横截面处的截面面积 A 的近似值.

解 设横截面河底曲线所确定的函数关系为 $y=f(x)$，则定积分 $\int_0^{200} f(x)\mathrm{d}x$ 的值即为截面面积 A. 由于函数 $y=f(x)$ 的表达式未知，所以只能用函数在表格中给出的对应值来计算定积分的近似值.

$2n=10$，$h=\frac{b-a}{2n}=20$. 利用公式(5)，得

$$A=\int_0^{200} f(x)\mathrm{d}x \approx \frac{20}{3}[(2+2)+2(9+13+21+11)+4(5+11+17+15+6)]$$

$$=\frac{20}{3}\times 328 \approx 2\ 187(\mathrm{m}^2).$$

因此，这条河在该横截面处的截面面积约为 2 187(m^2).

练习 15.6

1. 请思考：为什么在抛物线法中必须将积分区间分成偶数个小区间？

2. 用梯形公式和抛物线法计算定积分 $\int_0^1 x\mathrm{e}^x\mathrm{d}x$ 的近似值(取 $2n=10$).

3. 用抛物线法计算定积分 $\int_{1.05}^{1.35} f(x)\mathrm{d}x$ 的近似值，其中函数 $f(x)$ 的值由表 15-36 给出：

表 15-36

x	1.05	1.10	1.15	1.20	1.25	1.30	1.35
y	2.36	2.50	2.74	3.04	3.46	3.98	4.60

习题 15.6

1. 用梯形公式计算 $\int_0^1 \frac{1}{\sqrt{4-x^2}}\mathrm{d}x$ 的近似值(取 $2n=10$).

2. 用抛物线法计算 $\int_0^1 \mathrm{e}^{-x^2}\mathrm{d}x$ 的近似值(取 $2n=10$).

3. 有一条河，在它的某一横截面处测得河宽为 10 m；每隔 1 m 测得河的深度列表如表 15-37 所示.

表 15 – 37

x	0	1	2	3	4	5	6	7	8	9	10
y	0	1.0	1.2	1.4	1.7	2.0	1.9	1.7	1.5	1.3	0

其中 x 表示到一岸的距离，y 表示对应的深度(均以 m 为单位)．若河水流速为 2 m/s，试算该截面处的最大流量．

本章小结

一、本章内容

本章的主要内容是：误差分析，方程数值解法，解线性方程组的直接法、数据插值、最小二乘法、数值积分．

1. 误差的基本概念

(1) **误差概念** $E(x)=x-x^*$.

(2) **绝对误差** $|E(x)|=|x-x^*|\leqslant\eta$.

(3) **相对误差** $E_\gamma^*(x)=\dfrac{E(x)}{x^*}=\dfrac{x-x^*}{x^*}$.

2. 方程数值解法

(1) **二分法** 将 $f(x)=0$ 有根 x^* 的区间 $[a,b]$ 从中点一分为二，通过判断中点函数值的符号，逐步对半缩小有根区间，直至将有根区间的长度缩小到小于或等于最大允许误差，然后取区间的中点为根 x^* 的近似值．

(2) **迭代法** 已知一元函数方程的一个近似根，通过构造一个递推关系，即迭代公式，使用这个迭代公式反复校正根的近似值，计算出方程的一个根的近似值序列，使之逐步精确化，直到满足给定的精确度要求为止．

(3) **牛顿法** 将非线性方程 $f(x)=0$ 逐步线性化而形成迭代公式，用近似线性方程代替原方程的构造方法．

(4) **弦截法** 设非线性方程 $f(x)=0$，$y=f(x)$ 在 $[a,b]$ 上连续，且 $f(a)f(b)<0$，将过曲线上两点 $(x_{k-1},f(x_{k-1}))$ 和 $(x_k,f(x_k))$ 的割线与 x 轴交点的横坐标 x_{k+1} 作为方程 $f(x)=0$ 的近似根．

3. 解线性方程组

解线性方程组最常用的方法是高斯消去法，其基本思想是用非零常数乘某个方程或用一个非零常数乘一个方程后加至另一个方程，逐步消去变元的系数，把方程组化为等价而系数矩阵为三角形的方程组，再用回代过程解此等价的方程组．

4. 数据插值

(1) **线性插值** 设函数 $f(x)$ 在区间 $[x_0,x_1]$ 两端点的值为 $y_0=f(x_0)$，$y_1=f(x_1)$，要求用线性函数 $y=P_1(x)=ax+b$ 近似代替 $f(x)$．

(2) **二次插值** 二次插值问题，即求经过数据点 (x_0,y_0)，(x_1,y_1)，(x_2,y_2)，要求

用抛物线函数 $P_2(x)=y_0l_0(x)+y_1l_1(x)+y_2l_2(x)$ 近似代替 $f(x)$.

5. 最小二乘拟合

利用插值多项式可以复制函数在某些节点上的部分特性，而在其他节点上，插值多项式只能近似表示函数.

6. 数值积分

(1) 梯形法

小区间 $[x_i,x_{i+1}]$ 上以 $f(x)$ 的线性(拉格朗日)插值 $L_{1,i}(x)$ 近似替代 $f(x)$，以小梯形面积和作为积分 $\int_a^b f(x)\mathrm{d}x$ 的近似值的方法称为梯形法. 梯形公式如下

$$\int_a^b f(x)\mathrm{d}x\approx h\left[\frac{1}{2}(y_0+y_n)+\sum_{i=1}^{n-1}y_i\right].$$

(2) 抛物线法

在包含分点 x_{i-1},x_i,x_{i+1} 的小区间 $[x_{i-1},x_{i+1}]$ 上，以 $f(x)$ 的二次(拉格朗日)插值 $L_{2,i}(x)$ 近似替代 $f(x)$，也能得到近似计算积分的公式，称这种方法为抛物线法. 抛物线公式如下

$$\int_a^b f(x)\mathrm{d}x\approx\frac{h}{3}[(y_0+y_{2n})+2(y_2+y_4+\cdots+y_{2n-2})+4(y_1+y_3+\cdots+y_{2n-1})].$$

二、学习指导

1. 在学习本章时，注意复习误差相关概念、线性方程及线性方程组的不同解法、数据插值和数据拟合之间的区别、数值积分的不同解法.

2. 本章知识可以用计算机编程语言实现，也可通过计算机检验算法的优劣.

3. 应用 MATLAB 软件，可更快捷、有效地求相关的结果.

复习题十五

1. 按四舍五入原则得到 x 的近似值 $x^*=0.3015$，求 x 的绝对误差、相对误差以及有效数字的位数.

2. 分别用二分法、迭代法、切线法和割线法求解方程 $xe^x-1=0$ 在区间 $[0,1]$ 上的近似根.

3. 求解方程组 $\begin{cases}10x_1-x_2-2x_3=7.2,\\-x_1+10x_2-2x_3=8.3,\\-x_1-2x_2+5x_3=4.2.\end{cases}$

4. 根据下表 15－38 给出的平方根值

表 15－38

x	1	4	9
$\sqrt{x}$	1	2	3

分别用线性插值和抛物线插值计算$\sqrt{5}$.

5. 试求一个多项式拟合下列数据见表15－39：

表15－39

x	1	3	5	6	7	8	9	10
y	10	5	2	1	1	2	3	4

6. 分别用梯形法和抛物线法求定积分$\int_{\frac{1}{2}}^{1}\sqrt{x}\,dx$.

阅读材料

计算数学发展史

计算数学,也叫做数值计算方法或数值分析,是一门研究计算问题的解决方法和有关数学理论问题的学科,其主要研究有关的数学和逻辑问题怎样由计算机加以有效解决,具体有代数方程、线性代数方程组、微分方程的数值解法,函数的数值逼近问题,矩阵特征值的求法,最优化计算问题,概率统计计算问题等,还包括解的存在性、唯一性、收敛性和误差分析等理论问题.

计算是与生活联系最直接、最密切的一环.在数学发展史中,计算占非常重要的地位,它是古代数学最重要的组成部分.因此计算数学的历史至少可追溯到我国魏晋时代数学家刘徽的"割圆术".

随着15世纪欧洲资本主义工商业兴起,科学技术有了新发展.以解析几何与微积分为标志的近代数学发展,计算数学也有相应的发展.牛顿、瑞士数学家欧拉(Euler)等发展了一般插值方法与差分方法,德国数学家高斯和俄国数学家切比雪夫(Chebyshev)发展了最优逼近的方法与理论.在高次代数方程方面发展了牛顿迭代解法.在线性代数方面发展了高斯消元法以及各种迭代法.微积分发展的同时,也出现微分方程的离散化与数值解法.

但是这些发展都受到具体计算速度的限制.随着科学技术发展,人们需要处理的数据量更大.计算机的出现为大规模的数据处理创造了条件,人们也开始真正认识到计算数学的重要性.集中而系统地研究适用于计算机的计算数学立刻变得非常迫切和必要.计算数学的方法正是在大量的数值计算实践和理论分析工作的基础上真正发展起来,它不仅仅是一些数值方法的简单积累,而且揭示包含在多种多样的数值方法之间的相同的结构和统一的原理.计算机和计算数学的发展是相辅相成、相互制约和相互促进的.计算数学的发展启发了新的计算机体系结构,而计算机的更新换代对计算数学提出了新的标准和要求.自计算机诞生以来经典的计算数学已经历了一个重新评价、筛选、改造和创新的过程.与此同时,涌现了许多新概念、新课题和许多能够充分发挥计算机潜力、有更大解题能力的新方法. 这就构成了现代意义下的计算数学.

如果没有计算机的问世,那么今天也许就不会有作为数学中独立分支的计算数学. 因此现代意义下的计算数学是数学与计算机应用相结合产生的交叉学科,其基本目标是为科学与工程计算提供高效的数值方法及其应用软件,内容更突出了数学的计算(即重点研究适宜于在计算机上运行的求解各种数学模型的数值方法及其应用软件)和计算的数学(即重点研究分析舍入误差影响所必需的数值分析理论). 它的内容从数值代数和数值逼近开始,逐步扩展为包括最优化计算、计算概率统计、计算几何和数学物理方程数值解法等内容的学科,并且将进一步扩展.

参考文献

1. 同济大学数学系. 高等数学 . 7 版. 北京:高等教育出版社,2014

2. Ross L. Finney. 托马斯微积分 . 10 版. 叶其孝,等,译. 北京:高等教育出版社,2004

3. 吕同富. 高等数学及其应用 . 3 版. 北京:高等教育出版社,2018

4. 同济大学数学系. 线性代数 . 6 版. 北京:高等教育出版社,2014

5. 陈建龙,周建华,韩瑞珠,周后型. 线性代数. 北京:科学出版社,2006

6. 董晓波. 线性代数 . 2 版. 北京:机械工业出版社,2016